Lecture Notes in Mathematics

Edited by A. Dold, Heidelberg and B. Eckmann, Zürich

383

Séminaire Bourbaki vol. 1972/73 Exposés 418-435

Springer-Verlag
Berlin · Heidelberg · New York 1974

AMS Subject Classifications (1970): 81A17, 20Cxx, 70Gxx, 17B55, 31Bxx, 14F20, 14G13, 58Dxx, 17B10, 17B20, 50Exx, 58Dxx, 14Mxx, 55Dxx, 20Cxx, 20G40, 14G10, 82A05, 35Lxx, 46B99, 57D25, 20G15

ISBN 3-540-06796-5 Springer-Verlag Berlin · Heidelberg · New York
ISBN 0-387-06796-5 Springer-Verlag New York · Heidelberg · Berlin

Printed in Germany.

Offsetdruck: Julius Beltz, Hemsbach/Bergstr.

TABLE DES MATIÈRES

18, 19, 20 novembre 1972

10, 11, 12 février 1973

2, 3, 4 juin 1973

Séminaire BOURBAKI
25e année, 1972/73, n° 418

Novembre 1972

PROBLÈMES MATHÉMATIQUES DE LA THÉORIE QUANTIQUE DES CHAMPS II : PROLONGEMENT ANALYTIQUE

par Pierre CARTIER

Dans le premier exposé de cette série [1], après avoir décrit la structure générale de la Mécanique Quantique, on a caractérisé le champ libre selon Segal, et esquissé les méthodes de Glimm-Jaffe et Segal pour construire le champ de type $(\varphi^4)_2$ (interaction en φ^4, à 2 dimensions d'espace-temps). Depuis, Nelson [5,6,7,8] a introduit une méthode nouvelle très puissante qui permet d'associer un champ quantique à certaines distributions aléatoires satisfaisant à une propriété markovienne. Le champ quantique est situé dans l'espace-temps $\mathbb{M}^4$ avec la métrique de Minkowski $x_1^2 + x_2^2 + x_3^2 - t^2$, alors que la distribution aléatoire de Nelson se trouve dans l'espace euclidien $\mathbb{E}^4$ avec la métrique $x_1^2 + x_2^2 + x_2^3 + t^2$. On passe de l'un à l'autre en changeant t en it avec $i = \sqrt{-1}$; heuristiquement ce passage transforme les intégrales de Feynman (qui n'existent pas stricto sensu) en des intégrales par rapport à de vraies mesures positives sur des espaces fonctionnels. La méthode de Nelson est en plein développement ; Rosen, Guerra et Simon [3,14] entre autres ont appliqué les méthodes de la mécanique statistique à la distribution aléatoire de Nelson et obtenu des résultats prometteurs. Nous espérons revenir là-dessus dans l'avenir.

Voici le plan de l'exposé. Dans la première partie, nous indiquons les arguments heuristiques de Schwinger [10,11] et Symanzik [16,17,18] qui conduisent par prolongement analytique à associer à un champ quantique une mesure dans un espace fonctionnel sur $\mathbb{E}^4$. La deuxième partie est un résumé de la théorie de Wightman [15] qui justifie les prolongements analytiques nécessaires. Enfin, la troisième partie est consacrée à décrire la méthode de Nelson.

§ 1. Considérations heuristiques

1.1. Equation du champ

Soit $\varphi(x) = \varphi(\vec{x},t)$ le champ associé aux mésons de masse m en interaction quartique. Pour chaque $x = (\vec{x},t)$ dans l'espace-temps $\mathbb{M}^4$ (on note $\vec{x}$ un vecteur de l'espace euclidien $\mathbb{E}^3$ et t le temps), $\varphi(x)$ est un opérateur auto-adjoint dans un espace de Hilbert $\underline{K}$ et l'on a l'équation d'évolution

$$(1) \qquad \frac{\partial^2}{\partial t^2}\varphi(\vec{x},t) - \Delta\varphi(\vec{x},t) + m^2\varphi(\vec{x},t) + 4g\,\varphi(\vec{x},t)^3 = 0$$

et les relations de commutation canoniques à temps fixé

$$(2) \qquad [\varphi(\vec{x},t)\,,\,\varphi(\vec{y},t)] = [\dot{\varphi}(\vec{x},t)\,,\,\dot{\varphi}(\vec{y},t)] = 0$$

$$(3) \qquad [\varphi(\vec{x},t)\,,\,\dot{\varphi}(\vec{y},t)] = i\,\delta(\vec{x}-\vec{y}) \;.$$

On note comme d'habitude par un point la dérivée par rapport au temps et Δ est le laplacien dans $\mathbb{E}^3$; de plus, g est une constante positive et le système d'unités choisi est tel que $\hbar = c = 1$.

Les équations précédentes sont ambiguës. En effet, la présence de la "fonction" de Dirac δ dans (3) indique que $\varphi(\vec{x},t)$ est en réalité une distribution en $\vec{x}$, et le cube $\varphi(\vec{x},t)^3$ doit donc être défini par régularisation. Formellement, l'équation (1) se résout comme suit : on se donne une solution des relations de commutation

$$(4) \qquad [\varphi_0(\vec{x})\,,\,\varphi_o(\vec{y})] = [\pi_o(\vec{x})\,,\,\pi_o(\vec{y})] = 0 \quad , \quad [\varphi_o(\vec{x})\,,\,\pi_o(\vec{y})] = i\delta(\vec{x}-\vec{y}) \;,$$

puis on construit un opérateur auto-adjoint H , l'hamiltonien, tel que

$$(5) \qquad \frac{1}{i}\,[\varphi_0(\vec{x})\,,\,H] = \pi_0(\vec{x})$$

$$(6) \qquad \frac{1}{i}\,[\pi_0(\vec{x})\,,\,H] = \Delta\varphi_0(\vec{x}) - m^2\varphi_0(\vec{x}) - 4g\,\varphi_0(\vec{x})^3 \quad ;$$

enfin, le champ à l'instant t est donné par

(7) $$\varphi(\vec{x},t) = e^{itH}\, \varphi_o(\vec{x})\, e^{-itH} .$$

On a donc les conditions initiales

(8) $$\varphi(\vec{x},0) = \varphi_o(\vec{x}) \quad , \quad \frac{\partial}{\partial t}\varphi(\vec{x},0) = \pi_o(\vec{x}) .$$

De plus, on souhaite que H soit positif, et qu'il existe un vecteur Ψ_o de norme 1 , défini à la multiplication près par une constante de module 1 , qui satisfasse à $H\Psi_o = 0$. L'état correspondant à Ψ_o est le vide physique.

1.2. Définition des fonctions de Schwinger

Supposons qu'on ait rempli le programme précédent (ce que personne ne sait faire complètement). La valeur moyenne dans le vide d'une variable quantique A est $\langle A\rangle = \langle\Psi_o|A|\Psi_o\rangle$. En principe, les quantités physiques mesurables dans une expérience de diffusion nucléaire peuvent se calculer à l'aide des fonctions de Green $G_\pm(x_1 ;\ldots; x_n)$ dont nous rappelons la définition.

Soient $x_1 = (\vec{x}_1,t_1) ,\ldots, x_n = (\vec{x}_n,t_n)$ des points de $\mathbb{M}^4$; supposons d'abord que les temps $t_1,\ldots,t_n$ soient deux à deux distincts ; il existe une unique permutation $(j_1,\ldots,j_n)$ de $(1\ 2 \ldots n)$ telle que $t_{j_1} > \ldots > t_{j_n}$. On pose alors

(9) $$G_+(x_1 ;\ldots; x_n) = \langle\varphi(\vec{x}_{j_1}, t_{j_1}) \ldots \varphi(\vec{x}_{j_n}, t_{j_n})\rangle .$$

La définition de G_- est analogue et utilise cette fois l'inégalité $t_{j_1} < \ldots < t_{j_n}$. On peut alors prolonger la définition de $G_\pm(x_1 ;\ldots; x_n)$ au cas où les arguments $x_1,\ldots,x_n$ sont deux à deux distincts de manière à avoir les propriétés :

a) chacune des fonctions $G_\pm(x_1 ;\ldots; x_n)$ dépend symétriquement de $x_1,\ldots,x_n$;

b) pour tout élément Λ du groupe de Poincaré $\underline{P}_+^\uparrow$ (cf. 2.1), on a

(10) $$G_{\pm}(\Lambda x_1 ;\ldots; \Lambda x_n) = G_{\pm}(x_1 ;\ldots; x_n)$$

("invariance relativiste") ;

c) <u>on a</u> $G_-(x_1 ;\ldots; x_n) = \overline{G_+(x_1 ;\ldots; x_n)}$ (car $\varphi(x)$ est hermitien).

D'après (7) et l'invariance du vide $e^{-itH}\Psi_o = \Psi_o$, on a

(11) $$G_+(x_1 ;\ldots; x_n) = \langle\varphi_o(\vec{x}_1)e^{-i(t_1-t_2)H}\varphi_o(\vec{x}_2) \ldots \varphi_o(\vec{x}_{n-1})e^{-i(t_{n-1}-t_n)H}\varphi_o(\vec{x}_n)\rangle .$$

Supposons d'abord qu'on ait chaque fois que $t_1 > \ldots > t_n$. Comme l'opérateur H est positif, on peut définir les opérateurs $e^{-i(t_j-t_{j+1})\zeta H}$ pour $j = 1,\ldots,n-1$ et ζ complexe avec $\mathrm{Im}\,\zeta \leq 0$. Utilisant (11) et la propriété de symétrie de $G_\pm$, on en déduit l'existence d'une fonction $H(x_1 ;\ldots; x_n|\zeta)$ holomorphe pour $\mathrm{Im}\,\zeta < 0$ avec les valeurs au bord $G_+(\vec{x}_1 , \zeta t_1 ;\ldots; \vec{x}_n , \zeta t_n)$ pour $\zeta > 0$ et $G_-(\vec{x}_1 , \zeta t_1 ;\ldots; \vec{x}_n , \zeta t_n)$ pour $\zeta < 0$. Les <u>fonctions de Schwinger</u> sont définies par

(12) $$S_n(x_1 ;\ldots; x_n) = H(x_1 ;\ldots; x_n \mid -i) .$$

De manière heuristique, on a remplacé $t_1,\ldots,t_n$ par $-it_1,\ldots,-it_n$ dans $G_+(x_1 ;\ldots; x_n)$ ou $G_-(x_1 ;\ldots; x_n)$; on doit considérer S_n comme définie dans l'espace euclidien $\mathbb{E}^4$.

1.3. Propriétés des fonctions de Schwinger

Par prolongement analytique des propriétés de $G_\pm$, on "démontre" les propriétés suivantes des fonctions de Schwinger :

a) $S_n(x_1 ;\ldots; x_n)$ <u>est fonction symétrique des arguments distincts</u> $x_1,\ldots,x_n$;

b) <u>les fonctions</u> S_n <u>sont invariantes par le groupe des déplacements de l'espace euclidien</u> $\mathbb{E}^4$;

c) <u>on a</u> $S_o = 1$, $S_1 = 0$ <u>et le système infini d'équations</u> (pour $n \geq 2$)

(13) $$(-\Delta_1 + m^2) S_n(x_1 ; \ldots ; x_n) =$$

$$\sum_{j=2}^{n} \delta(x_1 - x_j) S_{n-2}(x_2 ; \ldots ; \widehat{x_j} ; \ldots ; x_n) - 4g\, S_{n+2}(x_1 ; x_1 ; x_1 ; x_2 ; \ldots ; x_n) .$$

Dans cette équation, Δ est le laplacien dans $\mathbb{E}^4$, l'indice 1 de Δ indique que cet opérateur agit sur le premier argument de S_n et le chapeau sur x_j signifie qu'il faut omettre cette variable.

Lorsque $g > 0$, l'équation (13) pose de grosses difficultés, car il faut d'abord prolonger la définition de S_n au cas d'arguments égaux, et il y a certainement des singularités sur ce lieu. Une solution perturbative de (13) est une série formelle en g satisfaisant formellement à cette équation. On peut donner des prescriptions précises de renormalisation pour décrire une telle solution ; on consultera Symanzik [18] sur ce sujet.

Au lieu de la suite des fonctions $S_n(x_1 ; \ldots ; x_n)$, Schwinger introduit aussi la fonctionnelle génératrice

(14) $$J(u) = \sum_{n=0}^{\infty} \frac{i^n}{n!} \int \cdots \int S_n(x_1 ; \ldots ; x_n) u(x_1) \ldots u(x_n)\, dx_1 \ldots dx_n .$$

De manière générale, la dérivée fonctionnelle $F_x(u) = \frac{\delta}{\delta u(x)} F(u)$ est définie par la formule

(15) $$\int F_x(u) v(x)\, dx = \lim_{\varepsilon \to 0} \frac{F(u + \varepsilon v) - F(u)}{\varepsilon}$$

et l'on pose $F_{xy}(u) = \frac{\delta}{\delta u(x)} \frac{\delta}{\delta u(y)} F(u)$, etc... Avec ces notations, on déduit de (13) l'équation

(16) $$(-\Delta + m^2) J_x(u) = - u(x) J(u) + 4g\, J_{xxx}(u) ,$$

et l'on retrouve S_n par la formule

(17) $$S_n(x_1 ; \ldots ; x_n) = i^{-n} J_{x_1 \ldots x_n}(0) .$$

Dans le cas général, il est douteux qu'une solution (S_n) de (13) rende la série (14) convergente pour suffisamment de "fonctions tests" u ; il est plus raisonnable de partir d'une solution $J(u)$ de l'équation (16) et de <u>définir</u> S_n par (17) ; on peut espérer obtenir ainsi une solution de (13).

Un cas où tout ceci fonctionne parfaitement est celui du champ libre $g = 0$. Notons G la solution élémentaire de l'opérateur $-\Delta + m^2$ et posons

(18) $$G(u,v) = \iint G(x - y)u(x)v(y)dx\, dy .$$

Les fonctions de Schwinger sont alors données par $S_{2m+1} = 0$ et

(19) $$S_{2m}(x_1 ;\ldots; x_{2m}) = \sum \prod_{k=1}^{m} G(x_{i(k)} - x_{j(k)})$$

avec une sommation étendue aux permutations $(i(1) \ldots i(m)\ j(1) \ldots j(m))$ de $(1\ldots 2m)$ telles que $i(1) < \ldots < i(m)$, $i(1) < j(1)$,..., $i(m) < j(m)$. Cette relation compliquée équivaut à

(20) $$J(u) = \exp - \tfrac{1}{2} G(u,u) .$$

1.4. <u>La méthode du champ euclidien</u>

Schwinger et Symanzik ont considéré les solutions de l'équation (13) de la forme

(21) $$S_n(x_1 ;\ldots; x_n) = \langle \Psi^E | \varphi^E(x_1)\ldots\varphi^E(x_n) | \Psi^E \rangle .$$

Dans cette équation, φ^E et π^E sont deux champs hermitiens $(\varphi^E(x)^* = \varphi^E(x))$ définis sur l'espace euclidien $\mathbb{E}^4$ et Ψ^E un vecteur de norme 1 dans l'espace de Hilbert $\underline{H}$ où agissent $\varphi^E(x)$ et $\pi^E(x)$; on impose les relations

(22) $$[\varphi^E(x),\varphi^E(y)] = [\pi^E(x),\pi^E(y)] = 0 \quad , \quad [\varphi^E(x),\pi^E(y)] = i\delta(x - y)$$

(23) $$\{2i\, \pi^E(x) - \Delta\varphi^E(x) + m^2\varphi^E(x) + 4g :\varphi^E(x)^3 :\}\Psi^E = 0 .$$

Il est facile de donner une version plus rigoureuse de ces relations en remplaçant les S_n par la fonctionnelle $J(u)$ et les champs $\varphi^E(x)$ et $\pi^E(x)$ par les opérateurs unitaires A_u et B_u définis formellement par

$$A_u = \exp i \int u(x)\varphi^E(x)\, dx \quad , \quad B_u = \exp i \int u(x)\pi^E(x)\, dx .$$

On prend pour fonctions tests les éléments de l'espace $\underline{S} = \underline{S}(\mathbb{E}^4)$ de Schwartz. Les équations (21) à (23) prennent alors les formes respectives

$$(24) \qquad J(u) = \langle \Psi^E | A_u | \Psi^E \rangle$$

$$(25) \qquad A_{u+v} = A_u A_v \quad , \quad B_{u+v} = B_u B_v \quad , \quad A_u B_v = \{\exp - i \int uv\, dx\} . B_v A_u$$

$$(26) \qquad B_u \Psi^E = \{\exp - \tfrac{1}{2} M(u , \varphi^E)\} . \Psi^E$$

avec

$$(27) \qquad M(u,\varphi^E) = \int \left[\frac{1}{2} \sum_{j=1}^{4} \left(\frac{\partial u}{\partial x_j} \right)^2 + \frac{1}{2} m^2 u^2 + (-\Delta u + m^2 u)\varphi^E + g \sum_{k=1}^{4} \binom{4}{k} u^k :(\varphi^E)^{4-k}: \right] dx \; .$$

La définition de $M(u,\varphi^E)$ demanderait quelques élucidations. Enfin, il est raisonnable de postuler que les opérateurs A_u et B_u sont fonctions fortement continues de $u \in \underline{S}$.

Pour qu'on puisse représenter J sous la forme (24), il est nécessaire et suffisant que ce soit une fonction continue de type positif sur $\underline{S}$. D'après le théorème de Minlos, il revient au même de dire que J est la transformée de Fourier d'une mesure de probabilité μ sur le dual $\underline{S}'$ de $\underline{S}$. En formulant explicitement les propriétés des puissances régularisées $:\varphi^E(x)^n:$, on aboutit à l'énoncé suivant du problème :

Construire une mesure de probabilité μ sur $\underline{S}'$ et des applications μ-mesurables $T \mapsto :T^n:$ de $\underline{S}'$ dans lui-même, satisfaisant aux conditions suivantes :

a) μ est invariante par le groupe des déplacements de $\mathbb{E}^4$.

b) Le support de $:T^n:$ est contenu dans celui de T pour tout $n \geq 0$ et μ-presque tout T .

c) Pour $n \geq 1$, $u \in \underline{S}$ et μ-presque tout $T \in \underline{S}'$, on a $:T^0: = 1$, $:T^1: = T$ et

$$(28) \qquad :(T + u)^n: = \sum_{k=0}^{n} \binom{n}{k} u^k :T^{n-k}:$$

(29) $$\int_{\underline{S}'} \langle u, :T^n: \rangle \, d\mu(T) = 0 \, .$$

d) Pour $u \in \underline{S}$ et $T \in \underline{S}'$, posons

(30) $$L(u,T) = \exp\langle \Delta u - m^2 u, -T + \tfrac{1}{2} u \rangle - g \sum_{k=1}^{4} \binom{4}{k} \langle (-u)^k, :T^{4-k}: \rangle \; ;$$

on a alors

(31) $$\int_{\underline{S}'} F(T+u)\,d\mu(T) = \int_{\underline{S}'} F(T) L(u,T)\,d\mu(T)$$

pour tout $u \in \underline{S}$ et toute fonctionnelle mesurable et positive F sur $\underline{S}'$. ([1])

Si μ et les puissances $:T^n:$ sont ainsi définies, on construit le champ euclidien par une méthode due à Gelfand [2]. On pose $\underline{H} = L^2(\underline{S}', \mu)$ et Ψ^E est la fonction constante 1 sur $\underline{S}'$; de plus, on a

$$A_u F(T) = e^{i\langle u,T \rangle} F(T) \quad , \quad B_u F(T) = L(-u,T)^{\frac{1}{2}} F(T+u)$$

pour $u \in \underline{S}$, $T \in \underline{S}'$ et $F \in \underline{H}$.

1.5. Epilogue

Le problème initial était la résolution de l'équation d'évolution

$$\frac{\partial^2}{\partial t^2} \varphi(\vec{x},t) - \Delta\varphi(\vec{x},t) + m^2 \varphi(\vec{x},t) + 4g :\varphi(\vec{x},t)^3: = 0$$

où φ et la dérivée temporelle $\dot{\varphi}$ satisfont aux relations de commutation canoniques (2) et (3). De plus, φ satisfait implicitement à un certain nombre de conditions, dont la meilleure expression est donnée par les axiomes de Wightman (cf. 2.2), et il s'agit de formuler précisément les exigences requises par les puissances $:\varphi^n:$.

A la fin du n° 1.4, nous avons formulé de manière entièrement rigoureuse des conditions portant sur une mesure de probabilité μ sur $\underline{S}'$; une telle μ définit une fonctionnelle J et des distributions tempérées S_n par

(32) $$J(u) = \int_{\underline{S}'} e^{i\langle u,T \rangle} d\mu(T) \quad , \quad S_n = \int_{\underline{S}'} (\overbrace{T \otimes \ldots \otimes T}^{n})\,d\mu(T)$$

([1]) voir Notes, page 27.

et (S_n) est une "solution" des équations de Schwinger (13) (qui sont mal définies). Connaissant les fonctions de Schwinger S_n, on pourrait essayer de reconstruire par prolongement analytique les fonctions de Green $G_\pm(x_1;\ldots;x_n)$ et les valeurs moyennes de vide $\langle\varphi(x_1)\ldots\varphi(x_n)\rangle$, d'où le champ $\varphi(x)$ par la méthode de Wightman (cf. 2.3).

La situation est actuellement la suivante. Nelson a donné une méthode directe (sans passer par les fonctions S_n) pour associer un champ quantique φ au sens de 2.2 à toute mesure de probabilité μ sur $\underline{S}'$ satisfaisant à un certain nombre de conditions énumérées en 3.2 et 3.3. Pour l'instant, on ne sait pas construire de solution μ au problème posé en 1.4, encore moins vérifier les conditions de Nelson, ni montrer en quel sens le champ φ de la construction de Nelson résout le problème initial. ([2])

§ 2. La théorie des champs selon Wightman

2.1. Géométrie de l'espace-temps complexe

Comme d'habitude, $\mathbb{C}^4$ se compose des vecteurs à 4 composantes complexes $x = (x_0, x_1, x_2, x_3)$, et l'on y définit un produit scalaire par

(33) $$x \cdot y = - x_0 y_0 + x_1 y_1 + x_2 y_2 + x_3 y_3 \ .$$

L'espace de Minkowski $\mathbb{M}^4$ est identifié à l'ensemble des vecteurs à composantes réelles, et l'espace euclidien $\mathbb{E}^4$ à l'ensemble des vecteurs $[x_0, x_1, x_2, x_3] = (ix_0, x_1, x_2, x_3)$ avec x_0, x_1, x_2, x_3 réels. Le cône futur V_+ (resp. passé V_-) dans $\mathbb{M}^4$ se compose des vecteurs x avec $x_0 > 0$ (resp. $x_0 < 0$) et $x.x < 0$. On note $\bar{V}_+$ l'adhérence de V_+ et $\bar{V}_-$ celle de V_-. Le groupe de Lorentz complexe $L(\mathbb{C})$ se compose des transformations linéaires dans $\mathbb{C}^4$ conservant le produit scalaire (33) ; la composante connexe de l'identité $L_+(\mathbb{C})$ dans $L(\mathbb{C})$ se compose des matrices de déterminant 1. Les matrices

---

([2]) voir Notes, page 27.

réelles appartenant à $L(\mathbf{C})$ forment le groupe de Lorentz L ; la composante connexe $L_+^\uparrow$ de L se compose des $\Lambda \in L$ tels que $\det \Lambda = 1$, $\Lambda(V_+) = V_+$. Le groupe de Poincaré complexe $\underline{P}(\mathbf{C})$ (resp. réel $\underline{P}$) se compose des transformations $x \longmapsto \Lambda x + a$ avec $\Lambda \in L(\mathbf{C})$ et $a \in \mathbf{C}^4$ (resp. $\Lambda \in L$ et $a \in \mathbb{M}^4$). Notations $\underline{P}_+(\mathbf{C})$ et $\underline{P}_+^\uparrow$ pour les composantes connexes de ces derniers groupes.

Par ailleurs, soit $M_2(\mathbf{C})$ l'ensemble des matrices complexes de type 2×2 . On note $G(\mathbf{C})$ l'ensemble des transformations $X \longmapsto AXB + C$ dans $M_2(\mathbf{C})$ avec A , B , C dans $M_2(\mathbf{C})$ et $\det A = \det B = 1$; le sous-groupe G de $G(\mathbf{C})$ s'obtient en imposant les relations $B = A^*$, $C = C^*$. On définit un isomorphisme $\gamma : \mathbf{C}^4 \to M_2(\mathbf{C})$ par

$$(34) \qquad \gamma(x_0,x_1,x_2,x_3) = \begin{pmatrix} x_0 + x_3 & x_1 - ix_2 \\ x_1 + ix_2 & x_0 - x_3 \end{pmatrix} .$$

On a $\det \gamma(x) = -x.x$; de plus $x \in \mathbb{M}^4$ (resp. $x \in \bar{V}_+$) si et seulement si $\gamma(x)$ est hermitienne (resp. et positive). Enfin, il existe un homomorphisme $\Lambda_{\mathbf{C}} : G(\mathbf{C}) \to \underline{P}(\mathbf{C})$ caractérisé par $g.\gamma(x) = \gamma(\Lambda_{\mathbf{C}}(g).x)$ pour $g \in G(\mathbf{C})$ et $x \in \mathbf{C}^4$; le noyau de $\Lambda_{\mathbf{C}}$ se compose des transformations $X \longmapsto \pm X$ et son image est $\underline{P}_+(\mathbf{C})$. Donc $G(\mathbf{C})$ est un <u>revêtement universel</u> (à deux feuillets) de $\underline{P}_+(\mathbf{C})$. La restriction Λ de $\Lambda_{\mathbf{C}}$ à G définit G comme revêtement universel (à deux feuillets) de $\underline{P}_+^\uparrow$.

On définit ensuite des ouverts $\underline{T}_n$, $\underline{T}'_n$, $\underline{S}_n$, $\underline{S}'_n$ et $\underline{S}_n^P$ de $(\mathbf{C}^4)^n$. Tout d'abord $\underline{T}_n$ se compose des $x = (x_1,\ldots,x_n)$ tels que $\operatorname{Im} x_j \in V_-$ pour $1 \leq j \leq n$, et $\underline{T}'_n = \bigcup_{\Lambda \in L_+(\mathbf{C})} \Lambda.\underline{T}_n$. Par ailleurs, $\underline{S}_n$ (resp. $\underline{S}'_n$) se compose des $(x_1,\ldots,x_n)$ tels que $(x_1 - x_2 , x_2 - x_3 ,\ldots, x_{n-1} - x_n)$ appartienne à $\underline{T}_{n-1}$ (resp. $\underline{T}'_{n-1}$). Enfin, $\underline{S}_n^P$ se compose des $(x_1,\ldots,x_n)$ pour lesquels il existe une permutation σ de $(1\ 2\ \dots\ n)$ avec $(x_{\sigma.1},\dots,x_{\sigma.n}) \in \underline{S}'_n$; il revient au même de dire qu'il existe Λ dans $L_+(\mathbb{C})$ tel que $\mathrm{Im}(\Lambda x_j - \Lambda x_k) \in V_+ \cup V_-$ quels que soient $j \neq k$.

Un point $(x_1,\dots,x_n)$ de $(\mathbb{M}^4)^n$ est un <u>point de Jost</u> s'il appartient à $\underline{T}'_n$. D'après Jost, ceci signifie que pour $\lambda_1,\dots,\lambda_n$ positifs non tous nuls le vecteur $\lambda_1 x_1 + \dots + \lambda_n x_n$ n'appartient pas à $\bar{V}_+ \cup \bar{V}_-$ (i.e., est du genre d'espace).

Le théorème de connexité suivant est de démonstration élémentaire mais astucieuse ([15], page 66 et [4], appendice).

PROPOSITION 1.- a) <u>Pour tout point</u> $(x_1,\dots,x_n)$ <u>de</u> $\underline{T}_n$, <u>l'ensemble des</u> $\Lambda \in L_+(\mathbb{C})$ <u>tels que</u> $(\Lambda x_1,\dots,\Lambda x_n) \in \underline{T}_n$ <u>est connexe dans</u> $L_+(\mathbb{C})$.

b) <u>L'ensemble des points de Jost est une partie ouverte connexe non vide de</u> $(\mathbb{M}^4)^n$.

c) <u>Soit</u> σ <u>une permutation de</u> $(1\ 2\ \dots\ n)$ <u>et soit</u> S <u>l'ensemble des éléments</u> $(x_1,\dots,x_n)$ <u>de</u> $\underline{S}'_n$ <u>tels que</u> $(x_{\sigma.1},\dots,x_{\sigma.n})$ <u>appartienne à</u> $\underline{S}'_n$. <u>Alors</u> S <u>est connexe et contient un ensemble ouvert non vide de points réels.</u>

2.2. <u>Définition d'un champ quantique</u>

Conformément aux principes généraux de la mécanique quantique [1], on suppose donné un espace de Hilbert complexe $\underline{K}$; un <u>état</u> est un ensemble de vecteurs de $\underline{K}$ de la forme λa avec $\|a\| = 1$ fixé et λ complexe de module 1. L'ensemble Σ des états est muni de la topologie quotient évidente. On suppose que la théorie est "relativiste", c'est-à-dire que le groupe de Poincaré $\underline{P}_+^\uparrow$ agit continuement et "linéairement" sur Σ et qu'on s'est donné un état σ_0 invariant par $\underline{P}_+^\uparrow$ ("le vide"). Il est facile de montrer que l'action de $\underline{P}_+^\uparrow$ dans Σ se relève en une <u>représentation unitaire</u> U <u>de</u> G <u>dans</u> $\underline{K}$, et qu'il existe un <u>vecteur</u> Ψ_0

invariant par G définissant l'état σ_o .

D'après le théorème de Stone, il existe des opérateurs auto-adjoints P_o , P_1 , P_2 , P_3 , dont les décompositions spectrales commutent, et tels que

(35) $$U(x) = \exp i(x_o P_o - x_1 P_1 - x_2 P_2 - x_3 P_3)$$

pour toute translation $x = (x_o, x_1, x_2, x_3)$ dans M^4 .

AXIOME 0 ("Condition spectrale").- Pour tout vecteur $a = (a_o, a_1, a_2, a_3)$ dans V_+ , l'opérateur auto-adjoint $-a\cdot P = a_o P_o - \sum_{j=1}^{3} a_j P_j$ est positif.

Cela signifie que la mesure spectrale associée à P_o , P_1 , P_2 , P_3 a son support dans $\bar{V}_+$. Vu l'action du groupe de Lorentz, il suffit d'ailleurs de postuler que l'hamiltonien $H = P_o$ est positif.

Un champ quantique φ est défini par la donnée d'un sous-espace vectoriel $\underline{D}$ de $\underline{K}$, et pour toute fonction $u \in \underline{S}(M^4)$ d'une application linéaire $\varphi(u) : \underline{D} \to \underline{D}$ qui satisfait aux axiomes suivants :

AXIOME 1.- a) On a $\Psi_o \in \underline{D}$, et les vecteurs $\varphi(u_1)\ldots\varphi(u_r)\Psi_o$ pour $r \geq 1$ et $u_1,\ldots,u_r$ dans $\underline{S}(M^4)$ forment un ensemble total dans $\underline{K}$ ("irréductibilité").

b) Pour Φ , Φ' dans $\underline{D}$, la forme linéaire $u \mapsto \langle\Phi|\varphi(u)|\Phi'\rangle$ sur $\underline{S}(M^4)$ est une distribution tempérée ("continuité").

AXIOME 2 ("Invariance relativiste").- Pour tout $g \in G$, on a $U(g)\underline{D} = \underline{D}$ et

$$U(g)\varphi(u)U(g)^{-1} = \varphi(g\cdot u)$$ avec

$g\cdot u(x) = u(\Lambda(g)^{-1}.x)$ pour $u \in \underline{S}(M^4)$ et $x \in M^4$.

AXIOME 3 ("Causalité").- Soient u et v dans $\underline{S}(M^4)$ tels que $x - y$ soit du genre d'espace (i.e. n'appartient pas à $\bar{V}_+ \cup \bar{V}_-$) pour x dans le support de u et y dans celui de v . Alors $\varphi(u)$ et $\varphi(v)$ commutent.

Les axiomes 1 et 2 parlent d'eux-mêmes. D'après le principe d'Einstein, le <u>domaine de causalité</u> d'un point x de $\mathbb{M}^4$ est l'ensemble des points y de $\mathbb{M}^4$ tels que $y - x$ appartienne à $\bar{V}_+$. L'hypothèse faite dans l'axiome 3 signifie qu'aucun point du support de v n'est dans le domaine de causalité des points du support de u et vice-versa. Autrement dit, $\varphi(u)$ et $\varphi(v)$ sont sans influence mutuelle.

On supposera désormais pour simplifier que $\underline{D}$ se compose des sommes finies $\Sigma\, \varphi(u_1)\ldots\varphi(u_r)\Psi_o$ et que φ est <u>hermitien</u>, c'est-à-dire

(36) $$\langle \Phi | \varphi(u)\Phi' \rangle = \langle \varphi(u)\Phi | \Phi' \rangle$$

pour u réelle et Φ, Φ' dans $\underline{D}$. On renvoie à Wightman [15] pour le cas plus général d'un spin non nul. Il y a seulement des complications d'écriture.

2.3. Valeurs moyennes dans le vide

En appliquant le théorème des noyaux de Schwartz, on voit que pour tout $n \geq 1$, il existe une distribution tempérée $\underline{W}_n$ sur $(\mathbb{M}^4)^n$ telle que

(37) $$\langle \Psi_o | \varphi(u_1)\ldots\varphi(u_n) | \Psi_o \rangle = \langle u_1 \otimes \ldots \otimes u_n , \underline{W}_n \rangle$$

pour $u_1, \ldots, u_n$ dans $\underline{S}(\mathbb{M}^4)$. On nous permettra d'employer la notation symbolique des distributions avec des variables et d'écrire par exemple

(38) $$\varphi(u) = \int_{\mathbb{M}^4} \varphi(x)u(x)dx$$

(39) $$\langle \Psi_o | \varphi(x_1)\ldots\varphi(x_n) | \Psi_o \rangle = \underline{W}_n(x_1, \ldots, x_n) .$$

Traduisons sur les distributions de Wightman $\underline{W}_n$ les axiomes 0 à 3. L'invariance relativiste s'écrit symboliquement

(40) $$U(g)\varphi(x)U(g)^{-1} = \varphi(\Lambda(g).x)$$

pour le champ et entraîne que les distributions $\underline{W}_n$ sont invariantes par le groupe de Poincaré $\underline{P}_+^\uparrow$, soit symboliquement

(41) $$\underline{W}_n(\Lambda x_1 + a_1 , \ldots, \Lambda x_n + a_n) = \underline{W}_n(x_1, \ldots, x_n)$$

pour $\Lambda \in L_+^\uparrow$ et $a \in \mathbb{M}^4$. En particulier, on a

(42) $$\underline{W}_n(x_1 + a, \ldots, x_n + a) = \underline{W}_n(x_1, \ldots, x_n)$$

d'où l'existence d'une distribution tempérée W_{n-1} sur $(\mathbb{M}^4)^{n-1}$ telle que

(43) $$\underline{W}_n(x_1, \ldots, x_n) = W_{n-1}(x_1 - x_2, x_2 - x_3, \ldots, x_{n-1} - x_n).$$

La condition spectrale entraîne alors que la transformée de Fourier de W_{n-1} a son support dans $\bar{V}_+ \times \ldots \times \bar{V}_+$ ($n-1$ facteurs). L'axiome de causalité entraîne que $\underline{W}_n(x_1, \ldots, x_j, x_{j+1}, \ldots, x_n)$ et $\underline{W}_n(x_1, \ldots, x_{j+1}, x_j, \ldots, x_n)$ coïncident dans l'ensemble ouvert défini par la relation " $x_j - x_{j+1}$ est du genre d'espace ". Enfin, la définition (37) et les propriétés du produit scalaire dans $\underline{K}$ entraînent les relations

(44) $$\underline{W}_n(x_1, \ldots, x_n) = \overline{\underline{W}_n(x_n, \ldots, x_1)}$$

(45) $$\sum_{j,k=0}^{N} \int \ldots \int \overline{u_j(x_1, \ldots, x_j)}\, u_k(y_1, \ldots, y_k)\, \underline{W}_{j+k}(x_1, \ldots, y_k) dx_1 \ldots dy_k \geq 0$$

pour $N \geq 0$, $u_0 \in \mathbf{C}$, $u_1 \in \underline{S}(\mathbb{M}^4)$, ..., $u_N \in \underline{S}((\mathbb{M}^4)^N)$ (on fait la convention $\underline{W}_0 = 1$).

Par les arguments d'analyse fonctionnelle rendus familiers par Gelfand, on démontre le <u>théorème de reconstruction</u> de Wightman.

THÉORÈME 1.- *Supposons donnée pour tout entier* $n \geq 1$ *une distribution tempérée* $\underline{W}_n$ *sur* $(\mathbb{M}^4)^n$ *satisfaisant aux relations* (41), (44) *et* (45). *On suppose que* $\underline{W}_n(x_1, \ldots, x_j, x_{j+1}, \ldots, x_n)$ *coïncide avec* $\underline{W}_n(x_1, \ldots, x_{j+1}, x_j, \ldots, x_n)$ *lorsque* $x_j - x_{j+1}$ *est du genre d'espace, et que la transformée de Fourier de la distribution* W_{n-1} *définie par* (43) *a son support dans* $\bar{V}_+ \times \ldots \times \bar{V}_+$ ($n-1$ facteurs). *Il existe alors une théorie du champ* $(\underline{K}, U, \Psi_0, \varphi)$ *et une seule ayant les* W_n *pour distributions de Wightman.*

2.4. Prolongement analytique

Le théorème suivant est dû aux efforts conjugués de Wightman, Jost, Hall, Bargmann, ...

THÉORÈME 2.- Pour tout entier $n \geq 1$, il existe une fonction holomorphe $\mathbb{W}_n$ définie dans $\underline{S}_n^P$ avec les propriétés suivantes :

a) On a $\underline{W}_n(x_1,\dots,x_n) = \lim_{y_1,\dots,y_n \to 0} \mathbb{W}_n(x_1 - iy_1,\dots,x_n - iy_n)$ au sens des distributions tempérées dans $(\mathbb{M}^4)^n$ (avec $y_1 - y_2,\dots,y_{n-1} - y_n$ dans V_+).

b) On a $\mathbb{W}_n(gx_1,\dots,gx_n) = \mathbb{W}_n(x_1,\dots,x_n)$ pour g dans $\underline{P}_+(\mathbb{C})$.

c) On a $\mathbb{W}_n(x_{\sigma.1},\dots,x_{\sigma.n}) = \mathbb{W}_n(x_1,\dots,x_n)$ pour toute permutation σ de $(1\ 2\ \dots\ n)$.

Noter que l'ouvert $\underline{S}_n^P$ de $(\mathbb{C}^4)^n$ est stable par le groupe de Poincaré complexe $\underline{P}_+(\mathbb{C})$ et le groupe des permutations de $(1\ 2\ \dots\ n)$.

Démonstration.

(A) On introduit d'abord la distribution W_{n-1} par (43). Sa transformée de Fourier

(46) $$\widetilde{W}_{n-1}(p_1,\dots,p_{n-1}) = \int W_{n-1}(x_1,\dots,x_{n-1}) \exp i(x_1.p_1 + \dots + x_{n-1}.p_{n-1}) dx_1 \dots dx_{n-1}$$

a son support dans le cône convexe $\bar{V}_+ \times \dots \times \bar{V}_+$ ($n-1$ facteurs). On peut donc définir la transformée de Laplace inverse de $\widetilde{W}_{n-1}$; c'est une fonction H définie et holomorphe dans $\underline{T}_{n-1}$, avec W_{n-1} comme valeur au bord. Il est clair qu'on a

(47) $$H(\Lambda x_1,\dots,\Lambda x_{n-1}) = H(x_1,\dots,x_{n-1})$$

pour tout Λ dans $L_+^{\uparrow}$.

(B) Soit $(x_1,\dots,x_{n-1})$ dans $\underline{T}_{n-1}$; l'ensemble S des $\Lambda \in L_+(\mathbb{C})$ tels que $(\Lambda x_1,\dots,\Lambda x_{n-1}) \in \underline{T}_{n-1}$ est connexe par la prop. 1, a) et contient $L_+^{\uparrow}$. Comme H est holomorphe, on voit que l'égalité (47) reste vraie pour $\Lambda \in S \subset L_+(\mathbb{C})$. Comme l'holomorphie est locale, il existe une unique fonction holomorphe H' sur $\underline{T}'_{n-1} = \bigcup_{\Lambda \in L_+(C)} \Lambda.\underline{T}_{n-1}$, invariante par $L_+(C)$ et coïncidant avec H sur $\underline{T}_{n-1}$.

(C) Posons $H''(x_1,\dots,x_n) = H'(x_1 - x_2 , x_2 - x_3 ,\dots, x_{n-1} - x_n)$ pour $(x_1,\dots,x_n)$ dans $\underline{S}'_n$. Il est clair que H'' est une fonction holomorphe dans $\underline{S}'_n$, invariante par le groupe de Poincaré complexe $\underline{P}_+(C)$, admettant $\underline{W}_n$ comme valeur au bord dans $(M^4)^n$ au sens du th. 2, a).

(D) Soient $(x_1,\dots,x_n)$ un point de S (cf. prop. 1, c) et σ une permutation de $(1\ 2\ \dots\ n)$. Posons $y_j = x_{\sigma.j}$, $\hat{x}_j = x_j - x_{j+1}$, $\hat{y}_j = y_j - y_{j+1}$. Supposons d'abord que $x_1,\dots,x_n$ soient réels ; alors $(\hat{x}_1,\dots,\hat{x}_{n-1})$ et $(\hat{y}_1,\dots,\hat{y}_{n-1})$ sont des points de Jost. On a $x_j - x_k = \hat{x}_j + \dots + \hat{x}_{k-1}$ pour $j < k$; d'après la caractérisation des points de Jost, le vecteur $x_k - x_j$ est donc du genre d'espace. La fonction H'' est holomorphe au voisinage des points $(x_1,\dots,x_n)$ et $(y_1,\dots,y_n)$ et l'on a

(48) $$H''(x_1,\dots,x_n) = H''(y_1,\dots,y_n) = H''(x_{\sigma.1},\dots,x_{\sigma.n})$$

d'après l'axiome de causalité. La prop. 1, b) et c), permet de prolonger analytiquement cette relation et la formule (48) reste vraie lorsque $(x_1,\dots,x_n)$ et $(x_{\sigma.1},\dots,x_{\sigma.n})$ appartiennent à $\underline{S}'_n$. On en déduit immédiatement l'existence d'un prolongement analytique de H'' à $\underline{S}^P_n = \bigcup_{\sigma} \sigma.\underline{S}'_n$, invariant par les permutations de $(1\ 2\ \dots\ n)$. C'est la fonction W_n cherchée.

C.Q.F.D.

On peut maintenant justifier l'introduction des fonctions de Schwinger (cf. Ruelle [9]). En effet, on montre élémentairement que si $x_1,\dots,x_n$ sont des points distincts de E^4 , on a $(x_1,\dots,x_n) \in \underline{S}^P_n$; on peut donc poser

(49) $$S_n(\vec{x}_1,t_1\ ;\dots;\ \vec{x}_n,t_n) = W_n(\vec{x}_1,it_1\ ;\dots;\ \vec{x}_n,it_n)$$

dans ces conditions. Il est clair que S_n est analytique réelle dans son domaine de définition, invariante par le groupe des déplacements de $\mathbb{E}^4$, et fonction symétrique de ses n arguments.

L'axiome de causalité permet de justifier la construction des "fonctions" de Green indiquée au n°1.2 ; ce sont des distributions sur l'ouvert de $(\mathbb{M}^4)^n$ formé des systèmes de n points distincts. Les propriétés a), b) et c) du n° 1.2 sont immédiates et l'on démontre facilement le théorème limite

$$G_{\pm}(\vec{x}_1,t_1 ;\ldots; \vec{x}_n,t_n) = \lim_{\substack{\zeta \to \pm 1 \\ \operatorname{Im}\zeta<0}} \mathbb{W}_n(\vec{x}_1,\zeta t_1 ;\ldots; \vec{x}_n,\zeta t_n) . \tag{50}$$

2.5. Les théorèmes généraux

A) L'unicité du vide (i.e. d'un état invariant par le groupe de Poincaré) est équivalente à la propriété suivante d'Araki, Ruelle, Jost, Hepp, etc...

Si le vecteur a est du type d'espace, on a

$$\lim_{\lambda \to \infty} \underline{W}_n(x_1,\ldots,x_j , x_{j+1} + \lambda a, x_{j+2} + \lambda a ,\ldots, x_n + \lambda a) = \underline{W}_j(x_1,\ldots,x_j)W_{n-j}(x_{j+1},\ldots,x_n) ,$$

au sens des distributions tempérées.

B) L'axiome de causalité peut être remplacé par la forme plus faible suivante : Fixons une fois pour toutes deux ouverts non vides Ω et Ω' de $\mathbb{M}^4$ tels que $x - y$ soit du genre d'espace pour $x \in \Omega$ et $y \in \Omega'$. Alors $\varphi(u)$ commute à $\varphi(v)$ lorsque u a son support dans Ω et v dans Ω' .

C) Propriétés d'irréductibilité : tout d'abord, soit Ω un ouvert non vide de $\mathbb{M}^4$. On prouve que l'ensemble des vecteurs $\varphi(u_1)\ldots\varphi(u_n)\Psi_0$ où $u_1,\ldots,u_n$ ont leur support dans Ω est total dans $\underline{K}$. Soit C une forme sesquilinéaire continue sur $\underline{K}$. Si l'on a

$$C(\varphi(u)\Phi,\Phi') = C(\Phi,\varphi(u)\Phi') \qquad (\Phi , \Phi' \text{ dans } \underline{D}) \tag{51}$$

lorsque u a son support dans Ω et $C(\Phi,\Psi_0) = C(\Psi_0,\Phi) = 0$ lorsque Φ est orthogonal à Ψ_0 , alors il existe un nombre complexe c tel que $C(\Phi,\Phi') = c\langle\Phi|\Phi'\rangle$. La deuxième hypothèse est même inutile si $\Omega = \mathbb{M}^4$.

D) Théorème PCT : On a $\underline{W}_n(x_1,\ldots,x_n) = \overline{\underline{W}_n(-x_1,\ldots,-x_n)}$ pour toutes les distributions de Wightman $\underline{W}_n$. Une forme équivalente est l'existence d'un opérateur anti-unitaire Θ dans $\underline{K}$ tel que $\Theta\Psi_0 = \Psi_0$ et $\Theta\varphi(u) = \varphi(u^-)\Theta$ pour u réelle dans $\underline{S}(\mathbb{M}^4)$ (avec $u^-(x) = u(-x)$ pour $x \in \mathbb{M}^4$) .

§ 3. Distributions aléatoires et théorie des champs, d'après Nelson

3.1. Distributions aléatoires

On note $(\Omega,\underline{F},P)$ un espace de probabilité et L^0 l'ensemble des variables aléatoires, c'est-à-dire le quotient de l'espace des fonctions complexes mesurables sur $(\Omega,\underline{F})$ par le sous-espace des fonctions P-négligeables. On munit L^0 de la convergence en probabilité ; une base de voisinages de 0 dans L^0 est formée des ensembles $V_n = \{X \in L^0 \mid P[|X| > 1/n] < 1/n\}$.

Une <u>distribution</u> (tempérée) <u>aléatoire</u> sur l'espace euclidien $\mathbb{E}^4$ (*) est une application linéaire continue $T : \underline{S}(\mathbb{E}^4) \to L^0$. Une <u>version</u> de T est une application mesurable $\tilde{T}$ de $(\Omega,\underline{F})$ dans $\underline{S}'(\mathbb{E}^4)$ (muni de sa tribu borélienne) telle que $T(u)$ soit la classe de la fonction $\omega \mapsto \langle u,\tilde{T}(\omega)\rangle$ pour tout $u \in \underline{S}(\mathbb{M}^4)$. D'après le théorème de Minlos [2], une telle version existe toujours, et deux versions sont égales P-presque partout. L'image de P par $\tilde{T}$ est une mesure de probabilité μ_T sur $\underline{S}'$, <u>la loi de</u> T .

Soit T une distribution aléatoire sur $\mathbb{E}^4$. Pour toute partie ouverte U de $\mathbb{E}^4$, on note $\underline{\mathcal{O}}(U)$ la tribu engendrée par les variables aléatoires $T(u)$ où u garde son support dans U .(**) On dit que T est <u>markovienne</u> si l'on a

$$E[X|\underline{\mathcal{O}}(U^c)] = E[X|\underline{\mathcal{O}}(\partial U)]$$

chaque fois que $U \subset \mathbb{E}^4$ est ouvert, de complémentaire U^c et de frontière ∂U , et que X est une variable aléatoire intégrable $\underline{\mathcal{O}}(U)$-mesurable.

(*) On peut généraliser !

(**) Lorsque F est fermé, on pose $\underline{\mathcal{O}}(F) = \bigcap_{U\supset F} \underline{\mathcal{O}}(U)$ où U est un ouvert contenant F

3.2. Construction de l'hamiltonien

On suppose donnée une distribution markovienne réelle T sur $\mathbb{E}^4$, dont la loi de probabilité est invariante par le groupe des déplacements de $\mathbb{E}^4$. On suppose que l'application $T : \underline{S}(\mathbb{E}^4) \to L^0$ se prolonge par continuité à l'espace de Sobolev $\underline{H}_{-1}(\mathbb{E}^4)$ des distributions de la forme $f + \sum_{j=1}^{4} \frac{\partial g_j}{\partial x_j}$ avec f, g_j dans $L^2(\mathbb{E}^4)$. (3)

L'idée de ce n° est de considérer T comme une distribution aléatoire sur $\mathbb{E}^3$, dépendant de manière markovienne du temps t.

Posons $\underline{H} = L^2(\Omega, \underline{\mathcal{O}}(\mathbb{E}^4), P)$. Pour tout nombre réel t, on note A_t (resp. A_t^0) l'ensemble des points $[x_0, x_1, x_2, x_3]$ de $\mathbb{E}^4$ tels que $x_0 \leq t$ (resp. $x_0 = t$) ; on pose aussi $\underline{H}_t = L^2(\Omega, \underline{\mathcal{O}}(A_t), P)$ et $\underline{H}_t^0 = L^2(\Omega, \underline{\mathcal{O}}(A_t^0), P)$. Pour $s \leq t$, on note $P_{s,t}$ l'opérateur de projection orthogonale de $\underline{H}_t$ sur $\underline{H}_s$; d'après la propriété markovienne appliquée au complémentaire du fermé A_s, l'opérateur $P_{s,t}$ applique $\underline{H}_t^0$ dans $\underline{H}_s^0$, donc définit un opérateur $P_{s,t}^0 : \underline{H}_t^0 \to \underline{H}_s^0$ de norme ≤ 1. On a évidemment

(52) $$P_{s,t} P_{t,u} = P_{s,u} \quad , \quad P_{s,t}^0 P_{t,u}^0 = P_{t,u}^0 \qquad \text{pour } s \leq t \leq u .$$

Par ailleurs, la loi de probabilité μ_T sur $\underline{S}'(\mathbb{E}^4)$ étant invariante par les déplacements euclidiens, le groupe de ces déplacements agit dans l'espace de Hilbert $L^2(\underline{S}'(\mathbb{E}^4), \mu_T)$, donc dans l'espace canoniquement isomorphe $\underline{H}$. En particulier, la translation $[x_0, x_1, x_2, x_3] \mapsto [x_0 + h, x_1, x_2, x_3]$ définit un opérateur unitaire T^h dans $\underline{H}$. On a évidemment $T^h \underline{H}_s = \underline{H}_{s+h}$, $T^h \underline{H}_s^0 = \underline{H}_{s+h}^0$ et

(53) $$T^h P_{s,t}^0 = P_{s+h\,,\,t+h}^0 T^h .$$

Enfin, la symétrie $\rho : [x_0, x_1, x_2, x_3] \mapsto [-x_0, x_1, x_2, x_3]$ dans $\mathbb{E}^4$ induit un opérateur R dans $\underline{H}$. On a évidemment $R\underline{H}_t^0 = \underline{H}_{-t}^0$ et l'on prouve facilement

(3) voir Notes, page 27.

les identités

(54) $RT^t = T^{-t}R \quad , \quad RP^o_{-t,t} = (P^o_{-t,t})^*R$ pour $t \geq 0$.

Les théorèmes connus sur les espaces de Sobolev montrent que toute distribution dans $\underline{H}_{-1}(\mathbb{E}^4)$ à support dans l'hyperplan A^o_o est invariante par la symétrie ρ par rapport à cet hyperplan, d'où l'on déduit

(55) $R\Phi = \Phi$ pour $\Phi \in \underline{H}^o_o$.

Posons alors $\underline{K}^{prov} = \underline{H}^o_o$. Pour tout $t \geq 0$, on note P_t l'opérateur $P^o_{o,t}T^t$ dans $\underline{K}^{prov}$ qui applique Φ sur la projection orthogonale de $T^t\Phi$ sur $\underline{K}^{prov}$. Des formules (52) à (55), on déduit $P_sP_t = P_{s+t}$ et $P^*_t = P_t$. Comme on a $\|P_t\| \leq 1$, il existe un opérateur auto-adjoint $H \geq 0$ sur $\underline{K}^{prov}$ tel que $P_t = e^{-tH}$ pour tout $t \geq 0$. C'est l'hamiltonien cherché.

3.3. Construction du champ

Nous disposons pour l'instant de l'espace de Hilbert $\underline{K}^{prov}$, de l'opérateur auto-adjoint positif H et du vecteur Ψ_o de $\underline{K}^{prov}$, la fonction constante 1 sur Ω . On a évidemment $P_t\Psi_o = \Psi_o$, d'où $H\Psi_o = 0$.

Soit $u_o \in \underline{S}(\mathbb{E}^3)$; la distribution $u_o \otimes \delta = u_o(\vec{x})\delta(t)$ appartient à $\underline{H}_{-1}(\mathbb{E}^4)$, et l'on peut donc définir la variable aléatoire $\varphi_o(u_o) = T(u_o \otimes \delta)$ sur $(\Omega, \underline{\mathcal{O}}(A^o_o), P)$; remarquer qu'on a $\underline{K}^{prov} = L^2(\Omega, \underline{\mathcal{O}}(A^o_o), P)$. Pour tout entier $m \geq 0$, notons $C^m(H)$ l'intersection des domaines des puissances $H^o, H^1, \ldots, H^m$, et posons $C^\infty(H) = \bigcap_{m \geq 0} C^m(H)$. Nous faisons l'hypothèse supplémentaire suivante :

(A) <u>Il existe un entier</u> $m \geq 0$ <u>tel que</u> $\int |\varphi_o(u_o)| |\Phi|^2 \, dP < \infty$ <u>pour tout</u> $u_o \in \underline{S}(\mathbb{E}^3)$ <u>et</u> $\Phi \in C^m(H)$.

On peut maintenant définir le champ φ : on a déjà le champ φ_o à l'instant

0 , et il suffit de poser $\varphi(\vec{x},t) = e^{itH}\varphi_0(\vec{x})e^{-itH}$. De manière plus précise, soit $u \in \underline{S}(\mathbb{M}^4)$; pour tout nombre réel t , définissons $u_t \in \underline{S}(\mathbb{E}^3)$ par $u_t(\vec{x}) = u(\vec{x},t)$. Pour Φ , Φ' dans $C^\infty(H)$, on pose

(56) $$\gamma_u(\Phi,\Phi') = \int dt \int_\Omega T(u_t \otimes \delta)(e^{-itH}\Phi)\overline{(e^{-itH}\Phi')}\, dP .$$

PROPOSITION 2.- Il existe un opérateur continu $\varphi(u) : C^\infty(H) \to C^\infty(H)$ tel que $\gamma_u(\Phi,\Phi') = \langle \Phi | \varphi(u) | \Phi' \rangle$ pour Φ , Φ' dans $C^\infty(H)$.

La démonstration [6] repose sur l'identité

$$\gamma_v(\Phi,\Phi') = \sum_{j=0}^{r} (-1)^j \binom{r}{j} \gamma_u(H^j\Phi , H^{r-j}\Phi')$$

avec $v(\vec{x},t) = \left(\frac{1}{i}\frac{d}{dt}\right)^r u(\vec{x},t)$, et des majorations faciles résultant de l'hypothèse (A).

3.4. Vérification des axiomes de Wightman

Comme on a $\Psi_0 \in C^\infty(H)$, on peut encore appliquer le théorème des noyaux de Schwartz et définir des distributions de Wightman $\underline{W}_n$ sur $(\mathbb{M}^4)^n$ par $\langle u_1 \otimes \ldots \otimes u_n , \underline{W}_n\rangle = \langle \Psi_0 | \varphi(u_1)\ldots\varphi(u_n) | \Psi_0 \rangle$.

PROPOSITION 3.- Les distributions $\underline{W}_n$ sont invariantes par le groupe de Poincaré $\underline{P}_+^\uparrow$.

Par construction, $\underline{W}_n$ est invariante par les translations de $\mathbb{M}^4$ et par le groupe des rotations SO(3) dans $\mathbb{E}^3$. Comme $\underline{P}_+^\uparrow$ est un groupe de Lie connexe, il suffit de vérifier que $\underline{W}_n$ est invariante par les transformations infinitésimales de Lorentz, c'est-à-dire satisfait à l'équation différentielle

(57) $$\sum_{j=1}^{n} \left(t_j \frac{\vec{\partial}}{\partial \vec{x}_j} + \vec{x}_j \frac{\partial}{\partial t_j}\right) \underline{W}_n(\vec{x}_1 , t_1 ;\ldots; \vec{x}_n , t_n) = 0 .$$

L'idée de la démonstration est de faire un prolongement analytique en remplaçant $t_1,\ldots,t_n$ par des variables complexes avec $\mathrm{Im}\, t_1 > \ldots > \mathrm{Im}\, t_n$. Ceci est possible car l'hamiltonien H est positif (cf. les calculs du n° 1.2, formule (11)).

Or on a, pour $t_1 > \ldots > t_n$ réels

(58) $$\underline{W}_n(\vec{x}_1, it_1 ; \ldots ; \vec{x}_n, it_n) = \int_\Omega \prod_{j=1}^n T(\vec{x}_j, t_j)\, dP \ ;$$

comme la loi de probabilité de T est invariante par déplacements dans $\mathbb{E}^4$, il en est de même des deux membres de (58), d'où l'équation différentielle

(59) $$\sum_{j=1}^n \left(t_j \frac{\partial}{\partial \vec{x}_j} - \vec{x}_j \frac{\partial}{\partial t_j}\right) \underline{W}_n(\vec{x}_1, it_1 ; \ldots ; \vec{x}_n, it_n) = 0 .$$

Par prolongement analytique, on déduit (57) de (59).

C.Q.F.D.

Remplaçons finalement l'espace de Hilbert provisoire $\underline{K}^{prov}$ par le sous-espace $\underline{K}$ sous-tendu par les éléments $\varphi(u_1)\ldots\varphi(u_n)\Psi_0$ et prenons pour domaine $\underline{D}$ l'ensemble des sommes finies de vecteurs du type précédent. La prop. 3 permet de construire une représentation unitaire U du groupe de Poincaré $\underline{P}_+^\uparrow$ dans $\underline{K}$ caractérisée par

(60) $$U(g)\varphi(u_1)\ldots\varphi(u_n)\Psi_0 = \varphi(g.u_1)\ldots\varphi(g.u_n)\Psi_0$$

pour $u_1,\ldots,u_n$ dans $\underline{S}(\mathbb{M}^4)$ et $g \in \underline{P}_+^\uparrow$. Il est clair que Ψ_0 est invariant par $\underline{P}_+^\uparrow$ et que si g est la translation temporelle d'amplitude t, on a $U(g) = e^{itH}$; avec les notations du n° 2.2, on a donc $H = P_0$. Les axiomes 0, 1 et 2 sont alors satisfaits car $H \geq 0$.

Pour établir l'axiome de causalité, on peut raisonner comme suit.

D'après la démonstration du théorème 2 du n° 2.4, les axiomes 0, 1 et 2 entraînent l'existence d'une fonction holomorphe $\mathbb{W}_n$ dans $\underline{S}'_n$ invariante par le groupe de Lorentz complexe $\underline{P}_+(\mathbb{C})$ et ayant $\underline{W}_n$ comme valeur au bord. Par ailleurs, à l'aide de la mesure μ_T sur $\underline{S}'(\mathbb{E}^4)$ on définit une distribution tempérée S_n sur $(\mathbb{E}^4)^n$ par

(61) $$S_n = \int_{\underline{S}'(\mathbb{E}^4)} (\tau \otimes \ldots \otimes \tau)\, d\mu_T(\tau) \qquad (n \text{ facteurs}).$$

Elle est évidemment invariante par les déplacements euclidiens et les permutations de $(1\ 2\ \ldots\ n)$. De plus la formule (58) exprime que sur l'ouvert $t_1 > \ldots > t_n$ de $(\mathbb{E}^4)^n$, la distribution S_n coïncide avec $W_n(\vec{x}_1, it_1 ; \ldots ; \vec{x}_n, it_n)$ [c'est donc la fonction de Schwinger (cf. formule (32))]. Par un raisonnement de Jost [4, page 83], on déduit de là que W_n est fonction symétrique de ses n arguments, d'où l'axiome de causalité.

3.5. Grand final

Nelson montre d'abord comment retrouver le champ libre. Soit Δ le laplacien dans $\mathbb{E}^4$ et soit G la solution élémentaire de $-\Delta + m^2$. Avec les notations du n° 1.3, la fonctionnelle $J(u) = \exp - \frac{1}{2} G(u,u)$ est continue de type positif sur $\underline{S}(\mathbb{E}^4)$; d'après le théorème de Minlos [2], c'est la transformée de Fourier d'une mesure μ_o sur $\underline{S}'(\mathbb{E}^4)$ et μ_o est la loi de probabilité d'une distribution aléatoire gaussienne T sur $\mathbb{E}^4$. Or $G(u,v)$ est le produit scalaire dans l'espace de Sobolev $\underline{H}_{-1}(\mathbb{E}^4)$. D'après les propriétés des variables aléatoires gaussiennes, la propriété markovienne est conséquence de la propriété suivante de $\underline{H}_{-1}(\mathbb{E}^4)$:

PROPOSITION 4.- Soit $U \subset \mathbb{E}^4$ ouvert, de complémentaire U^c et de frontière ∂U . Soit L le sous-espace fermé de $\underline{H}_{-1}(\mathbb{E}^4)$ constitué des éléments à support dans U^c . Si $u \in \underline{H}_{-1}(\mathbb{E}^4)$ a son support dans U , la projection orthogonale de u sur L a son support dans ∂U .

La proposition résulte immédiatement du caractère local de l'opérateur $- \Delta + m^2$.

D'après ce qui précède, on peut donc construire l'hamiltonien H_o du champ libre de masse m . Les puissances de Wick sont bien connues dans ce cas [13]. Plaçons-nous maintenant dans la situation analogue à 2 dimensions d'espace-temps. Pour tout nombre réel $\ell > 0$, on peut définir d'après Glimm et Jaffe l'hamiltonien d'interaction tronqué

$$(62)\qquad H_\ell = H_0 + g\int_{-\ell/2}^{\ell/2} :\varphi_0(x)^4: dx \ ,$$

où φ_0 est le champ libre à l'instant 0 . Nelson a pu déterminer la distribution markovienne correspondante. Il démontre en particulier la formule

$$(63)\qquad \langle\Psi_0|e^{-tH_\ell}|\Psi_0\rangle = \int_{\underline{S}'}\left[\exp - g\int_{-\ell/2}^{\ell/2} dx \int_0^t :\tau(x,t_1)^4: dt_1\right] d\mu_0(\tau) \ .$$

Or l'échange des coordonnées x et t dans $\mathbb{E}^2$ est un déplacement, d'où la <u>loi de symétrie de Nelson</u>

$$(64)\qquad \langle\Psi_0|e^{-tH_\ell}|\Psi_0\rangle = \langle\Psi_0|e^{-\ell H_t}|\Psi_0\rangle \ .$$

Guerra, Rosen et Simon ont déduit dans [3] d'importantes conséquences de cette relation. Par exemple, notons $-E_\ell$ la borne inférieure du spectre de l'opérateur auto-adjoint H_ℓ . Alors $\frac{E_\ell}{\ell}$ <u>tend en croissant vers une limite finie</u>.

BIBLIOGRAPHIE

[1] P. CARTIER - Problèmes Mathématiques de la Théorie Quantique des Champs, Séminaire Bourbaki, février 1971, in Lecture Notes in Maths, vol. 244, p. 106-122, Springer, 1971.

[2] I. M. GELFAND and N. Ya. VILENKIN - Generalized functions, vol. 4, Academic Press, New York, 1964.

[3] F. GUERRA, L. ROSEN and B. SIMON - Nelson's symmetry and the infinite volume behavior of the vacuum in $P(\Phi)_2$, Comm. Math. Phys., 27 (1972), p. 10-22.

[4] R. JOST - General theory of quantized fields, American Math. Society Publications, 1963.

[5] E. NELSON - Partial differential equations (D.C. SPENCER éditeur), p. 413-420, Amer. Math. Soc. Symposia vol. XXIII, Providence, 1973.

[6] E. NELSON - Time-ordered operator products of sharp-time quadratic forms, Journ. Funct. Anal., 11 (1972), p. 211-219.

[7] E. NELSON - Construction of quantum fields from Markoff fields, Journ. Funct. Anal., 12 (1973), p. 97-112.

[8] E. NELSON - The free Markov field, Journ. Funct. Anal., idem, p. 211-227.

[9] D. RUELLE - Connection between Wightman functions and Green functions in p-space, Nuovo Cimento (10), 19 (1961), p. 356-376.

[10] J. SCHWINGER - On the Euclidean structure of relativistic field theory, Proc. Nat. Acad. Sci. USA, 44 (1958), p. 956-965.

[11] J. SCHWINGER - Euclidean quantum electodynamics, Phys. Rev. 115 (1959), p. 721-731.

[12] I. SEGAL - Foundations of the theory of dynamical systems of infinitely many degrees of freedom, I, Mat. Phys. Medd. Kong. Danske Vides. Selskal, 31 (1959), n° 12.

[13] I. SEGAL - Non-linear functions of weak processes : I, Journ. Funct. Anal., 4 (1969), p. 404-457 ; II, Journ. Funct. Anal., 6 (1970), p. 29-75.

[14] B. SIMON - On the Glimm-Jaffe linear bound in $P(\Phi)_2$ field theories, Journ. Funct. Anal., 10 (1972), p. 251-258.

[15] R. STREATER and A. WIGHTMAN - PCT, spin, statistics and all that, Benjamin, New York, 1964.

[16] K. SYMANZIK - Application of functional integrals to euclidean quantum field theory, in Analysis in Function space, M.I.T. Press, Cambridge, Mass., 1964, p. 197-206.

[17] K. SYMANZIK - A method for euclidean quantum field theory, in Mathematical Theory of elementary particules, M.I.T. Press, Cambridge, Mass., 1966, p. 125-140.

[18] K. SYMANZIK - Euclidean quantum field theory, in Rendiconti della Scuola Internazionale di Fisica "E. FERMI", XLV Corso, p. 152-226.

NOTES

(1) Les puissances $:T^n:$ pour $0 \le n \le 3$ sont entièrement déterminées par les relations (30) et (31), et celles-ci entraînent (28) pour $0 \le n \le 3$. Il est peut-être raisonnable dans certains cas de ne postuler l'existence de $:T^n:$ que lorsque $0 \le n \le 3$.

(2) [Ajouté en novembre 1973] On sait maintenant construire des mesures de probabilité μ sur $\underline{S}'(\mathbb{E}^2)$ qui satisfont aux conditions de Nelson pour l'espace-temps à <u>deux</u> dimensions, et sont de bons candidats à la solution du problème formulé en (1.4) (Feldman, Guerra-Rosen-Simon).

(3) Pour des raisons techniques, il faut ici définir $\underline{\mathcal{O}}(F)$, pour F fermé, comme la tribu engendrée par les variables aléatoires $T(u)$ où $u \in H_{-1}(\mathbb{E}^4)$ a son support dans F . Il n'est pas clair qu'on a encore $\underline{\mathcal{O}}(F) = \bigcap_{U \supset F} \underline{\mathcal{O}}(U)$ (U ouvert).

APPENDICE (1)

PROPRIÉTÉS DES FONCTIONS DE SCHWINGER
(d'après Osterwalder et Schrader)

1. L'article d'Osterwalder et Schrader [OS] est une contribution importante à la théorie, parue postérieurement à l'exposé précédent de novembre 1972. Les auteurs donnent deux nouvelles propriétés des fonctions de Schwinger (cf. (A3) et (A4) plus loin). Mais surtout, ils montrent comment reconstruire un champ quantique à partir des fonctions de Schwinger (*). On peut déduire les résultats de Nelson (décrits au §3) des résultats d'Osterwalder-Schrader, et surtout la nouvelle formulation se transpose aux fermions : c'est le cas où l'on suppose dans l'axiome de causalité que l'on a $\phi(u)\phi(v) = -\phi(v)\phi(u)$ au lieu de $\phi(u)\phi(v) = \phi(v)\phi(u)$; d'après un résultat fameux de Pauli, les particules de spin demi-entier sont des fermions.

2. Soit $n \geq 1$ un entier. On définit trois ouverts Ω_n, $\Omega_n^>$ et Ω_n^+ de $(\mathbb{E}^4)^n$ comme suit : un point $x = (x_1,\dots,x_n)$ de $(\mathbb{E}^4)^n$ avec $x_j = (\vec{x}_j, t_j)$ appartient à Ω_n si $x_1,\dots,x_n$ sont deux à deux distincts, à $\Omega_n^>$ si $t_1 > t_2 > \dots > t_n$ et à Ω_n^+ si $t_1 > t_2 > \dots > t_n > 0$. On a $\Omega_n \supset \Omega_n^> \supset \Omega_n^+$. Par convention, $(\mathbb{E}^4)^0$, $\Omega_0^>$, Ω_0^+ sont réduits à un point.

(*) Le lemme 8.8 de [OS] est faux, et les résultats de cet article sont donc incomplètement démontrés ; il est nécessaire d'introduire une restriction du type de (68).

(1) Ajouté en novembre 1973.

A la fin du n° 2.4, on a associé à un champ quantique ϕ une suite de fonctions analytiques $S_n : \Omega_n \longrightarrow \mathbb{C}$, les fonctions de Schwinger. On a en particulier $S_o = 1$ et les deux propriétés suivantes d'invariance :

(A1) Invariance euclidienne : la fonction S_n est invariante par les transformations $(x_1,\ldots,x_n) \longmapsto (\Lambda x_1+a,\ldots,\Lambda x_n+a)$ de Ω_n, où Λ parcourt le groupe $SO(4,\mathbb{R})$ et a parcourt $\mathbb{E}^4$.

(A2) Symétrie : la fonction S_n est invariante par les transformations $(x_1,\ldots,x_n) \longmapsto (x_{\sigma.1},\ldots,x_{\sigma.n})$ de Ω_n où σ parcourt les permutations de $(1\ 2\ \ldots\ n)$.

Osterwalder et Schrader ont établi dans [OS] deux propriétés nouvelles des fonctions de Schwinger.

(A3) Croissance tempérée : la fonction S_n est la restriction à Ω_n d'une distribution tempérée sur $(\mathbb{E}^4)^n$.

Pour formuler la condition de positivité, introduisons quelques notations :

a) on note Θ la symétrie temporelle dans $\mathbb{E}^4$ definie par $\Theta(\vec{x},t) = (\vec{x},-t)$

b) si f est une fonction sur Ω_n, la fonction Tf sur Ω_n est définie par

$$Tf(x_1,\ldots,x_n) = \overline{f(\Theta x_n,\ldots,\Theta x_1)} \tag{64}$$

(c'est-à-dire $Tf = \Theta f^*$ avec les notations de [OS]).

c) Si f est une fonction sur Ω_n, on pose

(65) $$S_n(f) = \int f(x_1,\dots,x_n)\, S_n(x_1,\dots,x_n)dx_1\dots dx_n$$

pourvu que l'intégrale converge absolument.

d) Si f est une fonction sur Ω_m et g une fonction sur Ω_n, la fonction $f\otimes g$ sur Ω_{m+n} est définie par

(66) $$(f\otimes g)(x_1,\dots,x_{m+n}) = f(x_1,\dots,x_m)g(x_{m+1},\dots,x_{m+n}) .$$

Avec ces notations, on a

(A4) Positivité : quels que soient l'entier $N \geq 0$ et les fonctions $f_0,f_1,\dots,f_N$ où f_n est de classe C^∞ à support compact sur Ω_n, on a

(67) $$\sum_{m,n=0}^{N} S_{m+n}(Tf_m \otimes f_n) \geq 0 .$$

3. La réciproque est peut-être plus importante. Supposons donnée pour tout entier $n \geq 0$ une distribution sur Ω_n, de telle sorte que les conditions (A1) à (A4) soient satisfaites (au remplacement près de "fonction" par "distribution"). Supposons de plus qu'il existe des constantes positives C, L et un entier $p \geq 0$ tels que

(68) $$|S_n(f_1\otimes\dots\otimes f_n)| \leq C(n!)^L \, \|f_1\|_m \dots \|f_n\|_m$$

pour tout système de fonctions $f_1,\dots,f_n$ de classe C^∞ sur $\mathbb{E}^4$, dont les supports sont compacts et deux à deux disjoints. Pour f de classe C^∞ sur $\mathbb{E}^4$, on a posé

(69) $$\|f\|_m = \sup_{x\in\mathbb{E}^4} \left|(1+x.x)^m\,(1-\Delta)^m f(x)\right| ;$$

les normes $\|f\|_m$ définissent la topologie de $\underline{S}(\mathbb{E}^4)$.

Sous ces hypothèses, il existe un champ quantique, et à isomorphisme près un seul, dont les fonctions de Schwinger soient les distributions S_n .

4. Donnons quelques indications sur la démonstration de (A3). On remarque d'abord que Ω_n est réunion d'un nombre fini de transformés de $\Omega_n^>$ par un élément du groupe $SO(4,\mathbb{R})$, et que S_n est invariante par ce même groupe. Moyennant l'utilisation d'une partition de l'unité convenable, on se ramène à prouver que S_n coïncide sur $\Omega_n^>$ avec une distribution tempérée. L'invariance par translation de S_n montre qu'elle est de la forme

$$(70) \qquad S_n(x_1,\ldots,x_n) = H_{n-1}(x_1-x_2,\ldots,x_{n-1}-x_n) \ .$$

Il s'agit alors de montrer que pour tout entier $n \geq 1$, la fonction H_n coïncide avec une distribution tempérée sur l'ouvert $(\mathbb{E}_+^4)^n$ de $(\mathbb{E}^4)^n$ (on note $\mathbb{E}_+^4$ l'ensemble des points $(\vec{x},t)$ de $\mathbb{E}^4$ avec $t > 0$). Or, la démonstration du théorème 2 du n° 2.4 montre qu'il existe une distribution $\widetilde{W}_n$ à support dans $(\overline{V}_+)^n$ et telle que l'on ait

$$(71) \qquad H_n(x_1,\ldots,x_n) = \int W_n(p_1,\ldots,p_n)\exp\left\{-\sum_{j=1}^{n}(p_j^0 t_j + i\vec{p}_j.\vec{x}_j)\right\}dp_r\ldots dp_n$$

avec $x_j = (\vec{x}_j,t_j)$ et $p_j = (\vec{p}_j,p_j^0)$ pour $1 \leq j \leq n$. Comme $\overline{V}_+$ est contenu dans l'adhérence de $\mathbb{E}_+^4 = \mathbb{E}^3 \times \mathbb{R}_+$, on se ramène à prouver que toute distribution F sur $\mathbb{R}^p \times (\mathbb{R}_+^*)^q$ de la forme

$$(72) \quad F(y_1,\ldots,y_p;z_1,\ldots,z_q) = \int G(\eta_1,\ldots,\eta_p;\zeta_1,\ldots,\zeta_q) \exp\left\{-\sum_{j=1}^{p} y_j\eta_j - i\sum_{k=1}^{q} z_k\zeta_k\right\}d\eta_1 \ldots d\zeta_q$$

(avec $G \in \underline{S}'(\mathbb{R}^{p+q})$ à support dans $\mathbb{R}^p \times (\mathbb{R}_+)^q$) se prolonge en une distribution tempérée sur $\mathbb{R}^{p+q}$. Pour cela, il suffit de remarquer que G est de la forme $G = \sum_{\alpha,\beta} c_{\alpha,\beta}\, x^{\alpha} D^{\beta} G_{\alpha,\beta}$ où les fonctions $G_{\alpha,\beta}$ sont intégrables et à support dans $\mathbb{R}^p \times (\mathbb{R}_+)^q$.

5. Indiquons le sens de la condition de positivité (A4). Pour simplifier, supposons que le champ quantique ϕ ait un sens à temps fixé. De manière précise, on suppose qu'il existe des opérateurs $\phi_t(v) : \underline{D} \longrightarrow \underline{D}$ définis pour t réel et v dans $\underline{S}(\mathbb{R}^3)$ tels que

$$(73) \qquad \langle \Phi | \phi(u) \Phi' \rangle = \int_{-\infty}^{+\infty} dt \, \langle \Phi | \phi_t(u_t) \Phi' \rangle$$

pour Φ, Φ' dans $\underline{D}$ et u dans $\underline{S}(M^4)$ (avec $u_t(\vec{x}) = u(\vec{x},t)$).
L'invariance relativiste entraîne en particulier

$$(74) \qquad \phi_t(u) = e^{itH} \phi_0(u)\, e^{-itH} \qquad (u \in \underline{S}(\mathbb{E}^3)) .$$

On montre alors facilement que S_n est donnée dans l'ouvert $\Omega_n^>$ par

$$(75) \quad S_n(\vec{x}_1, t_1; \ldots ; \vec{x}_n, t_n) = \langle \Psi_0 | \phi_0(\vec{x}_1) \prod_{j=1}^{n-1} e^{-(t_j - t_{j+1})H} \phi_0(\vec{x}_{j+1}) \Psi_0 \rangle$$

(au sens des distributions) ; on notera que l'opérateur hermitien H est positif et qu'on a $t_j - t_{j+1} \geq 0$ dans $\Omega_n^>$. On peut alors, pour toute fonction f_n de classe C^{∞} à support compact dans Ω_n^+ , définir l'élément

$$(76) \quad a_n(f_n) = \int_{\Omega_n^>} f_n(x_1, \ldots, x_n) \phi_0(\vec{x}_1) \left[\prod_{j=1}^{n-1} e^{-(t_j - t_{j+1})H} \phi_0(\vec{x}_{j+1}) \right] \Psi_0 \, dx_1 \ldots dx_n$$

de $\underline{K}$. Un calcul immédiat donne

$$(77) \qquad \sum_{m,n=0}^{N} S_{m+n}(Tf_m \otimes f_n) = \left\| \sum_{n=0}^{N} a_n(f_n) \right\|^2$$

d'où la propriété de positivité (A4).

6. Réciproquement, si l'on a une suite de distributions S_n satisfaisant aux conditions (A1) à (A4) et (68), la positivité permet de construire un espace de Hilbert $\underline{K}$ et des applications linéaires $a_n : C_c^{\infty}(\Omega_n^+) \longrightarrow \underline{K}$ satisfaisant à (77). On pose $\Psi_o = a_o(1)$ et l'on reconstitue le champ $\phi_o(\vec{x})$ et l'hamiltonien H de manière à satisfaire à (76). On pose ensuite $\phi_t(\vec{x}) = e^{itH}\, \phi_o(\vec{x})\, e^{-itH}$. L'invariance relativiste du champ ϕ se déduit de l'invariance euclidienne des distributions S_n par la méthode infinitésimale de Nelson (cf. 3.4).

RÉFÉRENCE

[OS] K. OSTERWALDER et R. SCHRADER, Axioms for Euclidean Green's functions, Comm. Math. Phys. 31 (1973), p. 83-112.

THÉORIE DES BLOCS

par Claude CHEVALLEY

Références

La théorie des représentations d'un groupe fini G sur un corps K de caractéristique p a été fondée par R. Brauer, qui lui a consacré, ainsi qu'à ses applications, une longue série de mémoires, dans lesquels il se limite généralement au cas des K-représentations simples de G sont absolument simples. On trouvera un exposé des théorèmes principaux - exclusion faite de ceux qui se rapportent à la théorie des blocs - dans Serre [10]. Pour la théorie des blocs, on pourra se reporter à l'exposé de R. Brauer dans [1], ou au livre de Curtis-Reiner [4]. La définition des groupes de défaut que nous donnons ici n'est pas celle initialement présentée par Brauer ; elle est due à Rosenberg [9]. De nombreux résultats de la théorie générale sont dus à J. A. Green (cf. [5], [6], [7], [8]). La définition des groupes de défaut galoisiens, ainsi qu'un certain nombre de résultats cités dans cet exposé, sont dus à M. Broué [3].

1. Définition

On sait le parti que l'on tire dans l'étude d'un groupe fini G de l'étude des représentations de G , c'est-à-dire des homomorphismes de G dans les groupes linéaires GL(V) (V étant un espace vectoriel, GL(V) désigne le groupe de tous les automorphismes de V). La donnée d'une représentation de G (par des automorphismes d'un espace vectoriel sur un corps K) équivaut à celle d'une représentation de l'algèbre de groupe K[G] (qui se compose des combinaisons linéaires formelles des éléments de G à coefficients dans K). Si K est de caractéristique 0 , ou plus généralement si sa caractéristique ne divise pas l'ordre de G , l'algèbre $K[G]$ est semi-simple ; c'est-à-dire que les $K[G]$-modules se décomposent en somme directe de $K[G]$-modules simples (un $K[G]$-module simple étant un module $\neq \{0\}$ qui n'admet que les sous-modules évidents) ; et la théorie des représentations des algèbres semi-simples est bien connue : l'algèbre elle-même est somme directe d'idéaux à gauche simples, et ceux-ci fournissent des modèles de tous les modules simples ; de plus, l'élément unité est somme d'idempotents centraux mutuellement orthogonaux primitifs $e_1,\dots,e_n$ (i.e. qui sont $\neq 0$ mais qui ne se laissent plus décomposer de manière non triviale en sommes d'idempotents centraux), et ces idempotents centraux correspondent bi-univoquement aux classes de modules simples. Pour chaque module simple V , il existe un indice i et un seul, soit $i(V)$, tel que $e_{i(V)} V \neq \{0\}$, et, pour que deux modules simples V , V' soient isomorphes, il faut et suffit que $i(V) = i(V')$.

Par contre, si K est de caractéristique $p > 0$ et si p divise l'ordre de G , $K[G]$ n'est jamais semi-simple. Cette algèbre admet un radical $R \neq \{0\}$ (R est l'ensemble des éléments qui sont annulés dans toute représentation simple) ; l'algèbre $K[G]/R$ est semi-simple ; les $K[G]$-modules simples sont isomorphes aux idéaux à gauche minimaux de $K[G]/R$; les classes de $K[G]$-modules simples correspondent donc bi-univoquement aux idempotents primitifs du centre de $K[G]/R$. Malheureusement, la détermination de R est en général un problème difficile ; cet idéal n'est lié d'aucune manière simple connue aux propriétés du groupe G , de sorte que la détermination des classes de représentations simples de G sur un corps de caractéristique p est un problème pour la solution duquel on ne dispose d'aucune méthode générale.

La détermination du centre Z de $K[G]$ est par contre facile : si on associe à chaque classe C d'éléments conjugués la somme z_C des éléments de C dans $K[G]$, on obtient une base de Z . Mais l'image de Z dans $K[G]/R$, qui est naturellement contenue dans le centre Z' de cette algèbre, est en général une sous-algèbre propre de Z' ; les idempotents primitifs de $Z/(R \cap Z)$ (qui sont simplement les images des idempotents primitifs de Z) ne sont en général plus primitifs dans Z' .

Néanmoins, ils se décomposent en sommes d'idempotents primitifs de Z' ; à chacun d'eux se trouve donc associé non pas une classe de représentations simples équivalentes de G mais un ensemble fini (non vide) de telles classes. Les idempotents primitifs de Z sont appelés les <u>blocs</u> de $K[G]$; si b est l'un de ces blocs, on dit qu'un $K[G]$-module V " appartient " au bloc b si $bx = x$ pour tout $x \in V$ (dans le cas où V est simple, cette condition équivaut à $bV \neq \{0\}$).

La considération des blocs fait donc apparaître certaines liaisons entre les diverses classes de $K[G]$-modules simples, en contraste avec ce qui se passe dans le cas de la caractéristique 0 , où les diverses représentations simples se comportent de manière complètement indépendante les unes des autres (indépendance qui s'exprime par exemple par les relations d'orthogonalité entre les coefficients des représentations matricielles, ou par le fait que l'algèbre du groupe est somme directe d'idéaux à gauche simples).

2. Blocs et modules projectifs

Soit e un idempotent primitif de $K[G]$; $K[G]e$ est alors un $K[G]$-module projectif (car le module libre $K[G]$ est somme directe de $K[G]e$ et de $K[G](1 - e)$), et il est indécomposable (i.e. il est $\neq \{0\}$ et ne se laisse décomposer que d'une manière triviale en somme directe de deux sous-modules). Réciproquement, tout $K[G]$-module projectif indécomposable est isomorphe à l'un des $K[G]e$. Si $K[G]$ était semi-simple, $K[G]e$ serait simple ; dans le cas général, il n'en est plus ainsi, mais, si R est le radical de $K[G]$, $M_e = K[G]e/Re$ est simple, et tout $K[G]$-module simple peut s'obtenir de cette manière. Le module $K[G]e$ peut d'ailleurs se reconstruire à partir de M_e : c'est son enveloppe projective P_e caractérisée par le fait qu'elle admet un homomorphisme surjectif φ sur M_e tel que tout sous-module propre de P_e soit contenu dans $\operatorname{Ker} \varphi$. Le module P_e admet une suite de Jordan-Hölder $P_e^{(0)} = P_e \supset P_e^{(1)} \supset \ldots \supset P_e^{(m)} = \{0\}$ (les $P_e^{(k)}$ sont des sous-modules de P_e et les $P_e^{(k-1)}/P_e^{(k)}$ sont simples). Nous dirons qu'un module simple M <u>intervient</u> dans P_e si l'un des $P_e^{(k-1)}/P_e^{(k)}$ est isomorphe à M .

Voici maintenant la relation de ce qui précède à la théorie des blocs. A chaque idempotent primitif e de $K[G]$ correspond un bloc b , caractérisé par la condition que $eb \neq 0$; ce qui équivaut à dire que M_e appartient à b . La relation " M_e et $M_{e'}$ appartiennent au même bloc " est alors la relation d'équivalence engendrée par la relation : " il existe au moins un module simple qui intervient à la fois dans P_e et $P_{e'}$ ".

3. Blocs et représentations en caractéristique 0

Il est facile de voir que pour étudier les représentations d'un groupe fini G sur des corps K de caractéristique $p > 0$, il suffit de considérer le cas où K est fini. On peut alors remonter de K à un corps L de caractéristique 0 ; il existe un corps L et un sous-anneau $\underline{\mathfrak{o}}$ de L qui possèdent les propriétés suivantes : $\underline{\mathfrak{o}}$ est l'anneau d'une valuation discrète v de L (i.e. v est une fonction $L \to R_+$ telle que $v(xy) = v(x)v(y)$, $v(x+y) \leq \operatorname{Sup}(v(x), v(y))$ et le groupe des valeurs prises par v sur L^* est un groupe cyclique infini ; $\underline{\mathfrak{o}}$ est l'anneau des x tels que $v(x) \leq 1$) ; si $\mathfrak{p}$ est l'idéal de v (i.e. l'ensemble des x tels que $v(x) < 1$), $\underline{\mathfrak{o}}/\mathfrak{p}$ est un corps isomorphe à K ; de plus, L est complet (i.e. muni de la distance $(x,y) \to v(x-y)$, c'est un espace métrique complet). On a alors un homomorphisme évident : $\underline{\mathfrak{o}}[G] \to K[G]$; les blocs de $K[G]$ peuvent se remonter en idempotents centraux de $\underline{\mathfrak{o}}[G]$, donc de $L[G]$. Or, à chaque idempotent central $\tilde{b}$ de $L[G]$ se trouve associé un ensemble de classes de $L[G]$-modules simples, à savoir celui des classes de modules simples V tels que $\tilde{b}.V \neq \{0\}$. On obtient ainsi une répartition dans les divers blocs des représentations simples de G sur le corps L de caractéristique 0.

Les idempotents centraux $\tilde{b}$ que l'on obtient en remontant les blocs de $K[G]$ sont les idempotents primitifs de $\underline{\mathfrak{o}}[G]$; leurs sommes fournissent tous les idempotents de $L[G]$ qui appartiennent à $\underline{\mathfrak{o}}[G]$.

Nous allons maintenant dire à quelle condition deux $L[G]$-modules simples appartiennent au même bloc. Il nous faut pour cela parler de la descente (ou réduction modulo $\mathfrak{p}$) des $L[G]$-modules simples. Soit V l'un deux ; il est facile de voir qu'il existe toujours un $\underline{\mathfrak{o}}[G]$-module $V_{\underline{\mathfrak{o}}}$ tel que $V \simeq L \otimes_{\underline{\mathfrak{o}}} V_{\underline{\mathfrak{o}}}$; la connaissance de $V_{\underline{\mathfrak{o}}}$ permet naturellement de construire un $K[G]$-module $K \otimes_{\underline{\mathfrak{o}}} V_{\underline{\mathfrak{o}}}$. Les divers $K[G]$-modules qu'on obtient ainsi à partir de V (relativement aux divers choix possibles de $V_{\underline{\mathfrak{o}}}$) ne sont en général pas isomorphes ; mais ils fournissent le même élément du groupe de Grothendieck, ce qui signifie que, si $K \otimes V_{\underline{\mathfrak{o}}}$, $K \otimes V'_{\underline{\mathfrak{o}}}$ sont deux d'entre eux, pour tout $K[G]$-module simple W, le nombre des quotients d'une suite de Jordan-Hölder de $K \otimes V_{\underline{\mathfrak{o}}}$ qui sont isomorphes à W est égal au nombre analogue pour $K \otimes V'_{\underline{\mathfrak{o}}}$; si ce nombre est $\neq 0$, nous dirons pour abréger que le $K[G]$-module simple W " intervient " dans V.

Ceci dit, la relation " V et W appartiennent au même bloc " entre $L[G]$-modules simples V et W est la relation d'équivalence engendrée par la relation suivante : " il existe au moins un $K[G]$-module simple qui intervient à la fois dans V et W ".

On peut exprimer autrement la condition pour que V et V' appartiennent à un même bloc. Nous supposerons pour simplifier que L est assez grand pour que toutes les représentations simples de $L[G]$ soient absolument simples (i.e. restent simples quand on fait une extension quelconque du corps de base) ; on dit alors que L est neutralisant pour G ; il suffit pour cela que L contienne des racines primitives n-ièmes de l'unité, n étant le P.P.C.M. des ordres des éléments de G . Soit $Z_{\underline{o}}$ le centre de $\underline{o}[G]$; si V est un $L[G]$-module simple, et $z \in Z_{\underline{o}}$, l'opération de z dans V est une homothétie de rapport $\lambda_V(z) \in \underline{o}$, et λ_V est un homomorphisme de $Z_{\underline{o}}$ dans $\underline{o}$. Comme on a un homomorphisme canonique $\underline{o} \to \underline{o}/p = K$, on déduit de λ_V un homomorphisme $\bar{\lambda}_V : Z_{\underline{o}} \to K$. Ceci étant, pour que deux $L[G]$-modules V et V' appartiennent à un même bloc, il faut et suffit que $\bar{\lambda}_V = \bar{\lambda}_{V'}$. Ce critère se prête facilement au calcul dès qu'on connait les $L[G]$-modules simples, ou même seulement les caractères (ceux-ci permettent en effet évidemment de calculer les fonctions λ_V).

4. Groupes de défaut d'un bloc

Nous allons maintenant associer à tout bloc b de $K[G]$ (K étant comme ci-dessus un corps dont la caractéristique p divise l'ordre de G) une classe de p-sous-groupes conjugués de G .

Le groupe G opère comme groupe d'automorphismes de $K[G]$ (à tout élément $s \in G$ étant associé l'automorphisme de $K[G]$ qui "prolonge" l'automorphisme intérieur $\mathrm{Int}(s)$). Les éléments du centre de $K[G]$ sont évidemment ceux qui sont invariants par G .

Soit d'une manière générale A un groupe additif sur lequel opère G ; il y a une manière évidente de construire des éléments de A invariants par G , qui est de former $\sum_{s \in G} s.a$, où a est un élément quelconque de G . Mais on n'obtient naturellement pas ainsi tous les invariants. On peut généraliser le procédé : si H est un sous-groupe de G et si a est un élément H-invariant, l'élément $\sum_{s \bmod H} s.a$ est G-invariant (cet élément est $\sum_{s \in R} s.a$, où R est un système de représentants des classes de G suivant H ; la somme ne dépend évidemment pas du choix de R). Les éléments $\sum_{s \bmod H} s.a$, pour tous les éléments H-invariants a , forment un sous-groupe A_H de A , évidemment d'autant plus grand que H est plus grand ; de plus, A_H ne dépend évidemment que de la classe de conjugaison de H .

Supposons maintenant que A soit muni d'une structure d'algèbre de dimension finie sur K , G opérant comme groupe d'automorphismes de cette algèbre. On montre alors que, pour tout idempotent primitif e de l'algèbre des éléments G-invariants de A , les groupes H tels que $e \in A_H$ sont tous ceux qui contiennent des conjugués de l'un d'entre eux, soit H_o ; la classe de conjugaison de H_o est bien déterminée par cette condition ; les groupes de cette classe sont appelés les <u>groupes de défaut de</u> e (relativement à l'opération de G dans A). La démonstration se fonde sur les faits suivants :

1) si $x \in A_H$, $x' \in A_{H'}$, xx' appartient à $\sum_{s \in G} A_{sHs^{-1} \cap H'}$;

2) A_H est un idéal bilatère de l'algèbre des éléments G-invariants de A ;

3) si un idempotent primitif d'une algèbre B de dimension finie sur K appartient à la somme de deux idéaux bilatères de B , il appartient déjà à l'un de ces idéaux. De plus, on voit tout de suite que les groupes de défaut de e sont des p-groupes.

Appliquant ceci au cas où $A = K[G]$, on obtient la notion de <u>groupe de défaut d'un bloc</u> b ; l'ordre commun des groupes de défaut d'un bloc s'appelle le <u>défaut du bloc</u> ; l'indice d'un groupe de défaut dans un p-groupe de Sylow de G qui le contient s'appelle le <u>codéfaut</u> du bloc.

Les groupes de défaut d'un bloc ne sont pas des p-sous-groupes quelconques de G ; si D est l'un d'eux, D est intersection de deux p-groupes de Sylow de G ; D est un groupe de Sylow du centralisateur d'un élément p-régulier (i.e. d'ordre premier à p) de G, et son normalisateur n'admet aucun p-sous-groupe distingué contenant D et $\neq D$. On ne connait pas de caractérisation des groupes de défaut des blocs.

A tout bloc b, nous avons associé un idempotent primitif $\tilde{b}$ de $\underline{\mathfrak{o}}[G]$. Tout ce que nous venons de dire peut se répéter en remplaçant la considération de b par celle de $\tilde{b}$ et celle de $K[G]$ par celle de $\underline{\mathfrak{o}}[G]$.

Il y a une autre espèce de groupes de défaut qu'on peut associer à b (ou à $\tilde{b}$), dont la définition a été donnée par M. Broué. Soit L' une extension de L obtenue par adjonction d'une racine primitive n-ième de l'unité ζ, n étant le P.P.C.M. des ordres des éléments de G. Le groupe de Galois Γ de L'/L opère alors comme groupe de permutations sur G : si $\sigma \in \Gamma$, σ change ζ en ζ^r, où $r \in \mathbb{Z}$, et on pose $\sigma.s = s^r$ pour $r \in G$ (c'est l'opération qui intervient dans la démonstration du théorème de Brauer-Tate sur un corps quelconque). On en déduit une opération de Γ comme groupe de transformations linéaires de $\underline{\mathfrak{o}}[G]$; ces transformations ne sont pas en général des automorphismes d'algèbre, mais on montre qu'elles sont compatibles avec la multiplication dans le centre $Z_{\underline{\mathfrak{o}}}$ de $\underline{\mathfrak{o}}[G]$. On peut donc associer à l'idempotent primitif $\tilde{b}$ de $Z_{\underline{\mathfrak{o}}}$ un groupe de défaut D qui est un p-sous-groupe de Γ (on notera que Γ est abélien) ; D s'appelle le <u>groupe de défaut galoisien de</u> $\tilde{b}$ (ou de b) ; son ordre s'appelle le <u>défaut galoisien</u>, et son indice dans le p-groupe de Sylow de Γ le <u>codéfaut galoisien</u>.

5. Groupes de défaut et H-projectivité

On rappelle qu'un module sur un anneau est dit projectif quand il est isomorphe à un facteur direct d'un module libre. Quand l'anneau est une algèbre semi-simple de dimension finie sur un corps, les modules sont tous projectifs. Il n'en est plus ainsi pour l'anneau $K[G]$ (où K est, comme précédemment, un corps dont la caractéristique divise l'ordre de G). Dans ce cas, on peut associer à tout sous-groupe H de G une notion affaiblie de projectivité. Rappelons qu'un module M est projectif si et seulement si toute suite exacte de la forme $0 \to M_1 \to M_2 \to M \to 0$ est scindée (i.e. M_1 admet un supplémentaire dans M_2) ; on dit que M est H-projectif si toute suite exacte $0 \to M_1 \to M_2 \to M \to 0$ qui est scindée en tant que suite exacte de H-modules l'est également en tant que suite exacte de G-modules. Pour qu'il en soit ainsi, il faut et suffit (théorème de Higman) que l'application identique de M puisse se mettre sous la forme $\sum_{s \bmod H} s.u_s$ où les u_s sont des endomorphismes de la structure de H-module de M .

Soit M un $K[G]$-module indécomposable (i.e. qui ne se laisse décomposer que d'une manière triviale en somme directe). Alors, il existe un sous-groupe H_o de G tel que les sous-groupes H pour lesquels M est H-projectif soient exactement ceux qui contiennent des conjugués de H_o ; ces conditions déterminent H_o à conjugaison près. Les groupes conjugués à H_o sont appelés par Green les "vertex" de M ; je propose de les appeler ses vortex ; ce sont des p-sous-groupes de G .

On notera l'analogue de cette définition avec celle des groupes de défaut. Les deux cas ont été réunis par Green dans une axiomatique qui comprend également la théorie des représentations induites et de l'inflation en cohomologie.

Il résulte immédiatement du théorème de Higman que, si un bloc b admet le groupe de défaut H , tous les $K[G]$-modules simples qui appartiennent à b

sont H-projectifs. Il n'est pas vrai cependant en général que leurs vortex soient les conjugués de H ; on peut seulement affirmer que l'un au moins des K[G]-modules simples qui appartiennent à b admet H comme vortex ; d'autres peuvent avoir des vortex contenus strictement dans H .

Ici encore, on peut remplacer la considération des K[G]-modules simples par celle des $\underline{\mathfrak{o}}$[G]-modules M tels que $L \otimes_{\underline{\mathfrak{o}}} M$ soit un L[G]-module simple.

La démonstration du fait qu'il existe au moins un K[G]-module simple appartenant à b qui admet les groupes de défaut de b comme vortex est assez longue. Elle est basée d'une part sur un théorème de Green, d'autre part sur une nouvelle définition des groupes de défaut de b .

a) Le théorème de Green est le suivant :

le degré de tout K[G]-module indécomposable M est divisible par l'indice d'un vortex de M dans un p-groupe de Sylow le contenant.

La démonstration dépend d'une étude approfondie de la construction des représentations de p-groupes.

Il résulte de là que le degré de tout K[G]-module simple appartenant à b est divisible par le codéfaut de b ; on voit d'ailleurs facilement que cela reste vrai si on remplace le degré par le degré absolu (le degré absolu d'un K[G]-module simple M étant le degré des modules en lesquels se décompose $\bar{K} \otimes_K M$, si $\bar{K}$ est une clôture algébrique de K). Pour établir le résultat énoncé ci-dessus, il suffit donc de montrer que le P.G.C.D. des contributions de p aux degrés absolus des K[G]-modules simples appartenant à b divise le codéfaut de b .

b) La nouvelle définition que nous avons mentionnée des groupes de défaut est la suivante :

Pour toute classe C , soit z_C la somme des éléments de C dans K[G] ;

les z_C forment donc une base du centre de $K[G]$. Appelons par ailleurs groupes de défaut de C les p-groupes de Sylow des centralisateurs des éléments de C . Ceci étant, soit $b = \Sigma_C a_C z_C$ l'expression de b comme combinaison linéaire des z_C ; on montre qu'il y a au moins une classe C telle que $a_C \neq 0$ et que bz_C ne soit pas nilpotent, et que toute classe C satisfaisant à ces conditions admet comme groupes de défaut les groupes de défaut de b .

La démonstration permet donc d'exprimer le codéfaut d'un bloc au moyen d'invariants numériques des modules simples appartenant au bloc. On peut aussi exprimer le codéfaut galoisien. Pour tout $L[G]$-module simple, soient δ_M la dimension de M comme espace vectoriel sur son corps gauche d'endomorphismes $\mathfrak{K}_M$, s_M^2 la dimension de $\mathfrak{K}_M$ sur son centre L_M et ν_M la dimension de L_M sur M (i.e. le nombre de modules simples mutuellement inéquivalents intervenant dans $\bar{L} \otimes_L M$, si $\bar{L}$ est une clôture algébrique de L). Le P.G.C.D. des δ_M pour les M appartenant à b est le même que le P.G.C.D. des degrés absolus des $K[G]$-modules simples appartenant à b ; la contribution de p à ce nombre est donc le codéfaut de b . Le codéfaut galoisien de b est égal à la contribution de p au P.G.C.D. des ν_M (pour les M appartenant à b) ; quant au P.G.C.D. des s_M , il est $\not\equiv 0 \pmod p$. Plus précisément, il y a un $L[G]$-module simple M_0 appartenant à b tel que les contributions de p à $\delta(M_0)$, $s(M_0)$, $\nu(M_0)$ soient simultanément égales au codéfaut de b , à 1 et au codéfaut galoisien de b .

Le théorème de Green mentionné ci-dessus permet d'obtenir des résultats numériques sur les caractères : supposons qu'un $\mathfrak{o}[G]$-module M de type fini soit H-projectif, où H est un p-sous-groupe de G ; soit χ le caractère de $L \otimes_{\mathfrak{o}} M$; si s est un p-élément qui n'est conjugué à aucun élément de H, on a $\chi(s) = 0$; si s est un élément p-régulier et D un p-groupe de Sylow du centralisateur de s, $\chi(s)$ est multiple (dans l'anneau des entiers algébriques) du P.G.C.D. des nombres $|D : (D \cap tHt^{-1})|$ pour tous les $t \in G$. On retrouve comme cas particulier le fait que, si M est projectif, on a $\chi(s) = 0$ pour tout p-élément s.

La détermination des blocs

Alors que la détermination des $K[G]$-modules simples est en général un problème très difficile, R. Brauer a donné une méthode de détermination des blocs qui permet de se ramener à la détermination de certains caractères de sous-groupes de G (donc à des problèmes de caractéristique 0). Cette méthode consiste à se donner un p-sous-groupe H de G et à chercher les blocs admettant H comme groupe de défaut.

Première réduction. Soit N le normalisateur de H ; on se ramène d'abord à la détermination des blocs de N admettant H comme groupe de défaut. Désignons pour cela par Z_N la sous-algèbre de $K[G]$ formée des éléments qui commutent à ceux de N. Soit φ l'application de $K[G]$ dans $K[N]$ définie par $\varphi(s) = s$ si s centralise H, $\varphi(s) = 0$ dans le cas contraire ; on montre alors que φ induit un homomorphisme de Z_N dans le centre de $K[N]$ (il suffit d'ailleurs pour qu'il en soit ainsi que N soit un groupe contenu dans le normalisateur de H et contenant le centralisateur de H ; le fait que K soit de caractéristique p est ici essentiel). On montre que φ induit une bijection de l'ensemble des blocs de G admettant H comme groupe de défaut sur celui des blocs de N admettant H comme groupe de défaut.

Deuxième réduction. Supposons maintenant que H soit distingué dans G. Soit W le centralisateur de H. Alors, si f est un bloc de $K[W]$, la somme des transformés distincts de f par les opérations de G (qui opère de manière évidente dans $K[W]$) est un bloc de G , et tout bloc b de G peut s'obtenir de cette manière ; pour que b admette H comme groupe de défaut, il faut que f admette $H \cap W$ comme groupe de défaut ; cette condition n'est en général pas suffisante ; pour obtenir une condition nécessaire et suffisante, introduisons un sur-corps $\bar{K}$ de K qui soit neutralisant pour G et un homomorphisme ψ de centre Z_W de $K[W]$ dans $\bar{K}$ tel que $\psi(f) \neq 0$; on impose alors de plus la condition que le groupe d'isotropie de ψ dans G (qui opère sur $\mathrm{Hom}(Z_W, \bar{K})$) contienne HW comme sous-groupe d'indice $\not\equiv 0 \pmod p$.

Troisième réduction. Supposons maintenant que H soit dans le centre de G . On a un homomorphisme ψ de $K[G]$ dans $K[G/H]$; ψ induit une bijection de l'ensemble des blocs de G admettant H comme groupe de défaut sur l'ensemble des blocs de G/H admettant $\{1\}$ comme groupe de défaut.

Blocs de défaut un

Les réductions précédentes ont ramené le problème de la détermination des blocs d'un groupe G à celui de la détermination des blocs de défaut un de certains quotients H de sous-groupes de G . Or ce dernier problème peut se résoudre dès que l'on connait les caractères des représentations simples de H , au moins quand L est neutralisant. On a en effet le théorème suivant :

Soit b un bloc de G . Les conditions suivantes sont alors équivalentes :

(i) *b est de défaut un ;*

(ii) *il existe au moins un $L[G]$-module simple M appartenant à b tel que la dimension de M comme espace vectoriel sur son corps d'endomorphismes soit divisible par la contribution de p à $|G|$ (cette dimension se réduit au degré de M quand L est neutralisant) ;*

(iii) *tous les $L[G]$-modules simples appartenant à b sont isomorphes ;*

(iv) *il y a au moins autant de types de $K[G]$-modules simples appartenant à b*

<u>que de types de</u> L[G]-<u>modules simples appartenant à</u> b ;

(v) <u>il existe un</u> L[G]-<u>module simple appartenant à</u> b <u>dont le caractère est combinaison linéaire à coefficients entiers des caractères des modules de la forme</u> $L \otimes_{\mathfrak{o}} P$ <u>où</u> P <u>est un</u> $\mathfrak{o}$[G]-<u>module projectif de type fini</u> ;

(vi) <u>il existe un</u> K[G]-<u>module simple appartenant à</u> b <u>qui est projectif</u>.

Un résultat sur les nombres de blocs

Les résultats précédents montrent comment on peut déterminer les blocs de défaut un d'un groupe G . A l'autre extrême, la détermination des blocs dont le défaut est le plus grand possible se fait facilement au moyen du théorème suivant :

<u>si</u> L <u>est neutralisant pour</u> G , <u>le nombre des blocs admettant un</u> p-<u>groupe de Sylow</u> S <u>de</u> G <u>comme groupe de défaut est égal au nombre des classes de conjugaison de</u> G <u>qui contiennent des éléments</u> p-<u>réguliers du centralisateur de</u> S .

Les blocs de codéfaut p

Nous supposerons dans ce qui suit que L est un corps neutralisant pour G . R. Brauer a donné toute une série de résultats très précis sur les blocs de codéfaut p (cf. [2]). Parmi ceux-ci, nous nous contenterons de citer les suivants ; b désigne un bloc de défaut p .

<u>Soit</u> M <u>un</u> $\mathfrak{o}$[G]-<u>module tel que</u> $L \otimes_{\mathfrak{o}} M$ <u>soit un</u> L[G]-<u>module simple appartenant à</u> b ; <u>soit</u> $(V_o, \ldots, V_n)$ <u>une suite de Jordan-Hölder de</u> $K \otimes_{\mathfrak{o}} M$; <u>alors les</u> V_{i-1}/V_i <u>sont mutuellement non isomorphes</u>.

Pour formuler les autres résultats, il nous faut d'abord définir la notion de caractères p-conjugués de G . Soit g l'ordre de G , et soit L_o le corps des nombres p-adiques ; nous pouvons supposer que L est le corps déduit de L_o par adjonction des racines primitives g-ièmes de l'unité ; soit L_1 la plus grande extension non ramifiée de L_o contenue dans L_1 ; deux $L[G]$-modules simples sont dits p-conjugués quand leurs caractères se déduisent l'un de l'autre par un automorphisme de L/L_1 ; R. Brauer appelle "familles" les classes d'équivalence de caractères simples pour la relation de p-conjugaison. On dit bien entendu qu'un caractère appartient à un bloc b si c'est le caractère d'un $L[G]$-module simple appartenant à b . Les caractères d'une même famille appartiennent à un même bloc.

Supposant b de défaut p , si w est le nombre des familles de caractères appartenant à b , celui des types de $K[G]$-modules simples appartenant à b est $w - 1$.

A chaque bloc b on peut associer un graphe défini comme suit : ses sommets $P_1, \dots, P_w$ sont les familles de caractères simples appartenant à b ; P_i et P_j sont joints par une arête s'il y a un $K[G]$-module simple qui intervient à la fois dans les $L[G]$-modules simples dont les caractères appartiennent l'un à la famille P_i et l'autre à la famille P_j . Ceci étant, si b est de défaut p , le graphe associé à b est un arbre.

BIBLIOGRAPHIE

[1] R. BRAUER - Zur Darstellungstheorie der Gruppen endlicher Ordnung, Math. Zeit. 63 (1956), p. 406, et 72 (1959), p. 25.

[2] R. BRAUER - Investigations on group characters, Ann. of Math., 42 (1941), p. 936.

[3] M. BROUÉ - Groupes de défaut d'un bloc pour un corps quelconque, C. R. Acad. Sci., 1972.

[4] CURTIS-REINER - Representation theory of finite groups and associative algebras, Interscience, New York.

[5] J. A. GREEN - On the indecomposable representations of a finite group, Math. Zeit. 70 (1959), p. 430.

[6] J. A. GREEN - Blocks of modular representations, Math. Zeit. 79 (1962), p. 100.

[7] J. A. GREEN - Some remarks on defect groups, Math. Zeit. 107 (1968), p. 133.

[8] J. A. GREEN - Axiomatic representation theory for finite groups, Journ. of Alg., 1 (1971), p. 41.

[9] A. ROSENBERG - Blocks and centers of group algebras, Math. Zeit. 76 (1961), p. 209.

[10] J.-P. SERRE - Représentations linéaires des groupes finis, Hermann, Paris.

Séminaire BOURBAKI
25e année, 1972/73, n° 420

LE THÉORÈME D'ISOMORPHISME D'ORNSTEIN ET LA CLASSIFICATION DES SYSTÈMES DYNAMIQUES EN THÉORIE ERGODIQUE

par Jean-Pierre CONZE

Introduction, systèmes dynamiques

Un système dynamique est, ici, la donnée d'un espace X , d'une tribu $\mathfrak{a}$ de parties de X , d'une mesure de probabilité m sur $\mathfrak{a}$ et d'une transformation T de X inversible, $\mathfrak{a}$-mesurable ainsi que son inverse, conservant la mesure m .

Pour éviter les difficultés liées à la structure de l'espace mesuré $(X, \mathfrak{a}, m)$, nous supposerons que cet espace est isomorphe à l'espace mesuré formé par l'intervalle $[0,1]$ muni de la tribu des ensembles mesurables au sens de Lebesgue, et de la mesure de Lebesgue. Dans toute la suite de l'exposé, les ensembles considérés seront supposés mesurables, ou construits comme tels. D'autre part, nous sous-entendrons souvent l'expression " à un ensemble de mesure nulle près ".

La notion de système dynamique et les origines de la Théorie Ergodique sont liées, comme on le sait, à l'étude du système formé par n particules en Mécanique. En effet, sur l'espace X des configurations de ce système, la transformation T qui fait passer de la configuration à l'instant 0 à la configuration à l'instant 1 laisse invariante la mesure induite sur X par la mesure de Lebesgue de $\mathbb{R}^{6n}$.

Après des relations étroites avec la Mécanique, la Théorie Ergodique a été influencée, à une époque récente, par la Théorie de l'Information. Des méthodes nouvelles, qui en sont issues, ont permis d'aborder l'étude de la structure des systèmes dynamiques. La définition par Kolmogorov et Sinaï, en 1958, de l'entropie comme invariant des systèmes dynamiques, a été suivie par les travaux de Sinaï, Rokhlin, Pinsker,..., puis par les progrès décisifs accomplis par Ornstein dans les questions d'isomorphisme de systèmes.

Ce sont ces résultats d'Ornstein, principalement l'isomorphisme des schémas de Bernoulli de même entropie, que nous voudrions exposer ici. Outre les articles d'Ornstein cités en références, nous avons utilisé la présentation qu'en a donnée Smorodinsky dans [14].

2. Définitions, Schémas de Bernoulli et K-systèmes

2.1. Isomorphisme, ergodicité, théorème de Birkhoff

Deux systèmes dynamiques $(X,\mathfrak{a},m,T)$ et $(X',\mathfrak{a}',m',T')$ sont <u>isomorphes</u> s'il existe un isomorphisme φ de l'espace mesuré $(X,\mathfrak{a},m)$ sur l'espace mesuré $(X',\mathfrak{a}',m')$ tel que $\varphi \circ T = T' \circ \varphi$.

Dans le cas où φ est seulement un homomorphisme de $(X,\mathfrak{a},m)$ sur $(X',\mathfrak{a}',m')$ tel que $\varphi \circ T = T' \circ \varphi$, nous dirons que $(X',\mathfrak{a}',m',T')$ est un <u>facteur</u> de $(X,\mathfrak{a},m,T)$. Remarquons que la donnée d'un facteur de $(X,\mathfrak{a},m,T)$ est simplement, à un isomorphisme près, la donnée d'une sous-tribu de $\mathfrak{a}$, invariante par T .

Un système dynamique $(X,\mathfrak{a},m,T)$ est <u>ergodique</u> si toute fonction (mesurable) sur X invariante par T est constante (presque partout).

Rappelons encore le <u>théorème de Birkhoff</u> :

Soient $(X,\mathfrak{a},m,T)$ un système dynamique, et f une fonction dans $L^1(m)$. Alors, pour presque tout x , la limite de $\frac{1}{n}\sum_{i=1}^{n-1} f(T^i x)$ existe, et, si le système est ergodique, est égale à $m(f)$.

2.2. Partitions, indépendance et ε-indépendance

Soit $(X,\mathcal{A},m,T)$ un système dynamique. Une partition P de X est une famille finie ordonnée de sous-ensembles ($\mathcal{A}$-mesurables) de X, disjoints deux à deux et de réunion X.

Etant données deux partitions P et Q de X, leur borne supérieure est la partition, ordonnée par l'ordre lexicographique,

$$P \vee Q = \{P_i \cap Q_j \ , \ P_i \in P \ , \ Q_j \in Q\} \ .$$

Si les éléments de la partition P sont réunion d'éléments de la partition Q, on dit que P est contenue dans Q, et on note $P \subset Q$.

On note également :

$$T^k P = \{T^k P_i \ , \ P_i \in P\} \ , \qquad k \in \mathbb{Z} \ ,$$

$$\bigvee_{-m}^{n} T^i P = T^{-m}P \vee \ldots \vee T^{-1}P \vee P \vee TP \vee \ldots \vee T^n P \ , \qquad \text{pour } n \ , m \geq 0 \ .$$

La distribution d'une partition $P = (P_1,\ldots,P_k)$ est le vecteur de probabilité $\quad \text{dist } P = (m(P_1),\ldots,m(P_k))$.

Deux partitions P et Q sont indépendantes, si l'on a

$$m(P_i \cap Q_j) = m(P_i)m(Q_j) \ , \qquad \text{quels que soient } P_i \in P \ , \ Q_j \in Q \ .$$

Supposons que tous les éléments de Q aient une mesure non nulle. Sur chaque élément Q_j de Q, la trace de la partition P a pour distribution le vecteur $\quad (m(P_i \cap Q_j)/m(Q_j) \ , \ i = 1,\ldots,k)$.

Si ces distributions coïncident avec celle de P, les partitions P et Q sont indépendantes. Si elles diffèrent peu de celle de P, nous avons une forme faible de l'indépendance, précisée dans la définition suivante :

La partition P est ε-indépendante de la partition $Q = (Q_1,\ldots,Q_r)$ si l'on a $\displaystyle\sum_{i=1}^{k} |m(P_i \cap Q_j)/m(Q_j) - m(P_i)| < \varepsilon$, pour tous les éléments Q_j de Q

n'appartenant pas à un ensemble de mesure au plus ε .

2.3. Dépendance entre partitions

Soient P et Q deux partitions. Quitte à les compléter par des ensembles négligeables, nous pouvons supposer qu'elles ont le même nombre d'éléments. La distance entre P et Q est le nombre

$$|P - Q| = \sum_i (m(P_i \cap Q_i^c) + m(P_i^c \cap Q_i)) .$$

On démontre facilement que, pour cette distance, les partitions de X forment un espace métrique complet.

A l'opposé de la notion d' ε-indépendance, nous avons une notion d' ε-inclusion. Une partition P est ε-contenue dans une partition Q , s'il existe une partition Q' telle que $Q' \subset Q$ et $|P - Q'| < \varepsilon$. On note cette relation $P \overset{\varepsilon}{\subset} Q$.

2.4. Interprétation, exemple, partition génératrice

Supposons que le système dynamique $(X,\mathfrak{A},m,T)$ représente un système physique dont l'évolution est décrite par l'action de la transformation T sur X . Une mesure, au sens physique, de notre système peut être considérée comme une application de X dans un espace que nous supposerons fini pour simplifier, soit encore comme une partition P de X . Faire une série d'observations à des temps entiers, revient à déterminer la suite des éléments de la partition P dans lesquels se trouvent les images de x par les itérées de T . Cette suite réalise un "codage" du système, qui le détermine plus ou moins suivant le choix de la partition P .

Dans le meilleur des cas, la partition P engendre le système dans le sens suivant. Désignons par $(P)_T$ la plus petite tribu complète contenant les éléments des partitions $\bigvee_{-n}^{n} T^i P$, pour tout n . La partition P est génératrice si la tribu $(P)_T$ est égale à $\mathfrak{A}$. Ceci équivaut à supposer que, sauf pour les points d'un ensemble négligeable dans X , deux points distincts ont des codages par P différents.

En théorie de l'Information et en Calcul des Probabilités, beaucoup de systèmes sont munis par construction d'un codage naturel. C'est en particulier le cas des Schémas de Bernoulli.

La méthode du codage, ou représentation symbolique, a été également utilisée dans l'étude des systèmes dynamiques classiques, en particulier par Morse dans l'étude du flot géodésique sur les variétés de courbure négative. Donnons encore l'exemple géométrique du billard triangulaire.

Considérons une particule se déplaçant à l'intérieur d'un triangle, avec réflexions sur les parois. Le système dynamique associé a pour espace des états X l'ensemble des couples (x,ξ) , où x est un point sur un côté du triangle différent des sommets, et ξ un vecteur unitaire en x orienté vers l'intérieur du triangle. La transformation T est définie sur X par réflexion sur les parois du triangle (T n'est pas définie sur l'ensemble négligeable des couples (x,ξ) qui aboutiraient à un sommet). Elle laisse invariante une mesure équivalente à la mesure induite sur X par la mesure de Lebesgue.

Un codage est obtenu en observant les incidences sur les côtés du triangle. Si c_1 , c_2 , c_3 sont les côtés du triangle, ce codage correspond à la partition P de X dont les éléments sont $P_i = \{(x,\xi) \in X \text{ tels que } x \in c_i\}$, $i = 1,2,3$. Il donne des renseignements intéressants sur les propriétés ergodiques du "billard".

2.5. <u>Distribution d'une suite, distribution des P-n noms</u>

Soit $K = (k_1,\ldots,k_n)$ une suite d'entiers à valeurs dans $\{1,\ldots,k\}$. La <u>distribution de</u> K est le vecteur de probabilité $\text{dist}\, K$ de dimension k , dont les composantes sont $\frac{1}{n}\,\text{Card}\,\{j : k_j = i\}$, $i = 1,\ldots,k$.

Soient $(X,\mathfrak{A},m,T)$ un système dynamique, et P une partition de X .

Nous appellerons P-n **nom** d'un point $x \in X$ la suite $(k_1,\dots,k_n)$, telle que

$$x \in T^{-j}P_{k_j} \quad , \qquad j = 0,\dots,n-1 \ .$$

D'après le théorème de Birkhoff appliqué à la fonction caractéristique de chaque ensemble P_i , pour presque tout x dans X , la distribution du P-n nom de x converge vers la distribution de P , quand n tend vers l'infini.

Soit alors C un élément de la partition $\bigvee_0^{n-1} T^{-j}P$. Son P-n nom (= le P-n nom de ses points) est la suite $(k_1,\dots,k_n)$ telle que $C = \bigcap_0^{n-1} T^{-j}P_{k_j}$.

D'après ce qui précède, pour tout $\varepsilon > 0$, il existe un entier n tel que la distribution des P-n noms de chaque élément de $\bigvee_0^{n-1} T^{j}P$ soit égale à ε près à la distribution de P , sauf pour un ensemble d'éléments de mesure totale au plus ε .

Ce résultat montre comment, dans l'étude d'un système physique, la répartition statistique des mesures effectuées au cours d'une série d'observations permet de déterminer la structure du système.

2.6. Schémas de Bernoulli

Soient $\{a_1,\dots,a_k\}$ un alphabet formé de k lettres, et $\Pi = (\Pi_1,\dots,\Pi_k)$, $\Pi_i \geq 0$, $i = 1,\dots,k$, $\sum_{i=1}^{k} \Pi_i = 1$; un vecteur de probabilité. Considérons l'espace des suites bilatères à valeurs dans $\{a_1,\dots,a_k\}$. On note x_n , la coordonnée d'indice n d'un point x de X . La transformation T est définie sur X par $(Tx)_n = x_{n+1}$, $n \in \mathbb{Z}$, $x \in X$.

L'application de X dans $\{a_1,\dots,a_k\}$ définie par $x \mapsto x_0$ détermine une partition P de X en les ensembles $P_i = \{x \in X : x_0 = a_i\}$, $i = 1,\dots,k$.

Rappelons qu'il existe sur la tribu borélienne de X une unique mesure m invariante par T telle que

$$\text{dist } P = \Pi \ ,$$

et, pour tout $n > 0$, T^nP est indépendante de $\bigvee_0^{n-1} T^iP$. Pour obtenir cette mesure, il suffit de poser

$$m\{x \in X : x_{i_1} = a_{i_1}, \ldots, x_{i_n} = a_{i_n}\} = m(T^{i_1}P_{i_1} \cap \ldots \cap T^{i_n}P_{i_n}) = \Pi_{i_1} \ldots \Pi_{i_n} ,$$

pour tous les choix d'indices $i_1, \ldots, i_n$, et d'éléments $P_{i_1}, \ldots, P_{i_n}$ dans P, et de prolonger m par le théorème de Kolmogorov à la tribu borélienne.

Soit $\mathcal{A}$ la tribu complétée pour la mesure m de la tribu borélienne. A tout vecteur de probabilité Π, on a ainsi associé un système dynamique $(X, \mathcal{A}, m, T)$, appelé <u>schéma de Bernoulli</u> de distribution Π, dont on vérifie qu'il est caractérisé par les propriétés suivantes :

Il existe dans X une partition P telle que

(i) pour tout $n > 0$, T^nP est indépendante de $\bigvee_0^{n-1} T^iP$,

(ii) P est une partition génératrice,

(iii) dist $P = \Pi$.

Dans le cas général, une partition P vérifiant la condition (i) sera dite de <u>Bernoulli</u>.

2.7. K-systèmes et systèmes déterministes

Proches des schémas de Bernoulli, les K-systèmes ont été introduits par Kolmogorov dans l'étude de certains processus stationnaires.

Un système dynamique $(X, \mathcal{A}, m, T)$ est un <u>K-système</u> s'il existe dans X une partition P génératrice telle que, pour tout $k > 0$ et tout $\varepsilon > 0$, il existe n tel que $\bigvee_n^{n+m} T^{-i}P$ soit ε-indépendant de $\bigvee_1^k T^iP$, pour tout $m \geq 0$.

La tribu engendrée par les éléments des partitions T^iP, $i < 0$, (resp. $i > 0$), représente, si l'on interprète l'action de T comme celle du temps, le "passé" (resp. l' "avenir") associé à la partition P dans le système dynamique. La propriété de K-système traduit une condition d'indépendance asymptotique du passé et de l'avenir. Les schémas de Bernoulli, pour lesquels cette indépendance est exactement réalisée, d'après la condition (i) du n° 2.6 sont des K-systèmes. Dans des travaux récents [11,13], il a été prouvé que certains systèmes physiques sont des K-systèmes. Il serait important de savoir si ces systèmes sont, ou non, des schémas de Bernoulli.

A l'opposé des K-systèmes, les systèmes déterministes sont ceux pour lesquels le passé détermine entièrement l'avenir. Plus précisément, un système $(X,\mathfrak{a},m,T)$ est <u>déterministe</u>, si, pour toute partition P, la tribu $(P)_T^-$ engendrée par des partitions T^iP, $i<0$, contient P, donc est égale à $(P)_T$.

On montre facilement que, dans ce cas, la tribu $(P)_T^{-\infty}$, plus grande tribu contenue dans les tribus $T^{-n}(P)_T^-$, pour tout n, est égale à $(P)_T$. Cette tribu $(P)_T^{-\infty}$ s'interprète comme un "passé éloigné" pour la partition P. Ainsi, dans un système déterministe, le passé, et même le passé éloigné, déterminent l'avenir.

Pinsker a montré que tout système dynamique possède un plus grand facteur déterministe. A la suite des travaux de Pinsker, il était tentant de conjecturer que tout système dynamique se factorise en un produit d'un système déterministe et d'un K-système. D'autre part, on pensait alors pouvoir montrer que les K-systèmes sont isomorphes à des schémas de Bernoulli. Nous verrons plus loin comment Ornstein a répondu par la négative à ces deux conjectures.

3. Entropie des systèmes dynamiques, théorème de Mac-Millan

3.1. Entropie d'une partition

L'<u>entropie</u> d'un vecteur de probabilité $\Pi=(\Pi_1,\ldots,\Pi_k)$ est le nombre

$$H(\Pi) = -\sum_{i=1}^{k} \Pi_i \log \Pi_i .$$

Traditionnellement, le logarithme est pris en base 2 .

L'<u>entropie d'une partition</u> $P=(P_1,\ldots,P_k)$ dans un espace mesuré

$(X,\mathfrak{a},m)$ est l'entropie de sa distribution, soit

$$H(P) = - \sum_{i=1}^{k} m(P_i) \log m(P_i) .$$

Etant données deux partitions P et Q, l'entropie conditionnelle de P par rapport à Q est la moyenne des entropies des distributions de P sur les éléments de Q, soit

$$H(P/Q) = - \sum_{j,i} m(P_i \cap Q_j) \log (m(P_i \cap Q_j)/m(Q_j)) .$$

Il est clair que $H(P/Q) = 0$ si et seulement si, sur chaque élément Q_j de Q, la trace de P est réduite à Q_j, c'est-à-dire si $P \subset Q$. A l'opposé, pour une partition P donnée, $H(P/Q)$ prend sa valeur maximale quand Q est indépendante de P. Dans ce cas, on a $H(P/Q) = H(P)$. On peut donc dire que $H(P) - H(P/Q)$ mesure l'indépendance de P et Q.

Lemme.- Pour tout $\varepsilon > 0$, il existe $\delta = \delta(\varepsilon) > 0$ tel que, si $H(P) - H(P/Q) < \delta$, P est ε-indépendante de Q.

3.2. Entropie $H(P,T)$; entropie d'un système dynamique

Soient $(X,\mathfrak{a},m,T)$ un système dynamique, et P une partition de X. Il résulte facilement des propriétés de l'entropie que la limite

$$\lim_n \frac{1}{n} H\left(\bigvee_0^{n-1} T^i P\right) = \lim_n H\left(P/\bigvee_1^{n-1} T^{-i} P\right) \text{ existe.}$$

On pose $H(P,T) = \lim_n \frac{1}{n} H\left(\bigvee_0^{n-1} T^i P\right)$, et on appelle entropie du système le nombre $h(T) = \sup_P H(P,T)$, où P décrit l'ensemble des partitions de X.

On peut donner des systèmes déterministes et des K-systèmes une caractérisation en termes d'entropie.

L'entropie $H\left(P/\bigvee_1^{n-1} T^{-i} P\right)$ tend vers 0 si et seulement si, pour tout $\varepsilon > 0$, il existe un n tel que P soit ε-contenue dans $\bigvee_1^{n-1} T^{-i} P$. Il en résulte que $H(P,T) = 0$ si et seulement si P est contenu dans la tribu $(P)_T^-$ du passé de P . Les systèmes d'entropie $h(T)$ nulle sont donc les systèmes déterministes.

D'autre part, d'après un résultat dû à Rokhlin et Sinaï, un système dynamique, tel que $h(T) < \infty$, est un K-système si et seulement si tous ses facteurs non triviaux sont d'entropie > 0 .

3.3. L'entropie comme invariant, application aux schémas de Bernoulli

D'après la définition même de l'entropie, deux systèmes dynamiques isomorphes ont la même entropie. L'entropie d'un facteur est inférieure ou égale à l'entropie du système initial. Le résultat suivant, dû à Kolmogorov, permet dans de nombreux cas le calcul explicite de l'entropie.

Théorème.- Soit $(X,\mathfrak{a},m,T)$ un système dynamique. Si P est une partition génératrice, on a $h(T) = H(P,T)$.

En particulier, l'entropie d'un schéma de Bernoulli construit sur un vecteur de probabilité Π est égale à $H(\Pi)$. Il existe donc des schémas de Bernoulli deux à deux non isomorphes. Ce résultat n'était pas connu avant la définition de l'entropie. Dix ans plus tard, Ornstein a montré que l'entropie est un invariant complet dans la classe des schémas de Bernoulli.

3.4. Le théorème de Mac-Millan

Le théorème de Mac-Millan est fondamental en Théorie de l'Information, dans les problèmes de codages. Il permet de classer les suites de longueur n émises par une source stationnaire ergodique, pour n suffisamment grand, en deux classes complémentaires. L'une de grande mesure rassemble des suites de probabilités élevées et voisines, l'autre est de petite mesure.

En terme de partitions, il s'énonce ainsi : soient $(X,\mathfrak{a},m,T)$ un système ergodique, et P une partition de X . Soit $C_n(x)$ l'élément de la partition $\bigvee_0^{n-1} T^i P$ contenant x . Alors, pour presque tout x , $-\frac{1}{n}\log m(C_n(x))$ converge vers $h(P,T)$.

On en déduit que, pour tout $\varepsilon > 0$, il existe un entier n et des éléments $C_1,\dots,C_\ell$ dans la partition $\bigvee_0^{n-1} T^i P$, tels que l'on ait

$$2^{-n(H(P,T)+\varepsilon)} < m(C_i) < 2^{-n(H(P,T)-\varepsilon)} \quad , \; i = 1,\dots,\ell \; ,$$

et $m(\bigcup_{i=1}^{\ell} C_i) > 1 - \varepsilon$.

On remarque que ces conditions impliquent que $\ell < 2^{n(H(P,T)+\varepsilon)}$.

4. Isomorphisme des schémas de Bernoulli

4.1. Enoncé des résultats

Nous en venons maintenant au théorème d'Ornstein : Deux schémas de Bernoulli de même entropie sont isomorphes [4].

En 1962, Sinaï [12] avait montré qu'étant donnés un système dynamique ergodique $(X,\mathfrak{a},m,T)$ d'entropie $h(T)$ et un vecteur de probabilité Π tel que $h(T) \geq H(\Pi)$, il existe un schéma de Bernoulli de distribution Π facteur de $(X,\mathfrak{a},m,T)$. Ce résultat est obtenu, par une méthode différente, au cours de la démonstration du théorème d'Ornstein.

Nous allons donner les idées de la démonstration, en détaillant plus celle du théorème de Sinaï. Dans toute la suite, $(X,\mathfrak{a},m,T)$ sera un système dynamique ergodique fixé, et les partitions considérées seront prises dans X .

4.2. Lemme

Soient Π un vecteur de probabilité, P une partition à k éléments et $\varepsilon > 0$ un nombre donné. Il existe des entiers n et r , tels que, si $K_1 = (k_1^1,\dots,k_n^1)$, ..., $K_r = (k_1^r,\dots,k_n^r)$ sont r suites d'entiers à valeurs dans $\{1,\dots,k\}$, deux à deux distinctes, telles que $|\text{dist } K_i - \Pi| < \varepsilon$, $i=1,\dots,r$, alors il existe une partition R vérifiant $|\text{dist } R - \Pi| < 2\varepsilon$, et

$H(R,T) > H(P,T) - \varepsilon$.

Démonstration. Nous allons préciser le rôle des suites K_i dans la construction de R . D'après le théorème de Mac-Millan, δ étant donné, il existe un entier n et des éléments $C_1,\dots,C_\ell$ dans la partition $\bigvee_0^{n-1} T^i P$, tels que l'on ait $\ell < 2^{n(H(P,T)+\delta)}$, et $m(A) > 1 - \delta$, où $A = \bigcup_{j=1}^{\ell} C_j$. Le nombre δ sera choisi par la suite, en fonction de ε , et on suppose que l'on a $r \geq \ell$.

Considérons un sous-ensemble F tel que $F , T^{-1}F ,\dots, T^{-n+1}F$ soient disjoints, et $m(B) > 1 - \delta$, où $B = \bigcup_0^{n-1} T^{-i}F$. L'existence de l'ensemble F est assurée par un lemme de Rokhlin, classique en théorie ergodique. On peut supposer de plus que l'on a $m(F \cap A^c) < \delta/n$.

Les ensembles $T^i(F \cap C_j)$, $i = 0,\dots,n-1$, $j = 1,\dots,\ell$, recouvrent B à δ près. On définit la partition R sur B en choisissant $R_1,\dots,R_k$ de la façon suivante : R_s est formé des ensembles $T^{-i}(F \cap C_j)$ tels que $k_i^j = s$, $s = 1,\dots,k$. Pour chaque j , les ensembles $T^{-i}(F \cap C_j)$, $i = 1,\dots,n$, ont la même mesure. La distribution de la partition R , là où elle est définie, reproduit donc celles des suites K_i . Elle diffère de la distribution de Π de moins de ε . Nous complétons la définition de R en ajoutant à R_1 l'ensemble de mesure inférieure à 2δ sur lequel elle n'a pas été définie.

Ainsi, pour δ assez petit, on a construit une partition R vérifiant $|\mathrm{dist}\, R - \Pi| < 2\varepsilon$. Les suites K_i étant deux à deux distinctes, la partition $\bigvee_0^{n-1} T^i(R \vee \{F,F^c\})$ contient les ensembles $F \cap C_j$, $j = 1,\dots,\ell$. Il en résulte que la partition P est ε'-contenue dans $\bigvee_{-n+1}^{n-1} T^i(R \vee \{F,F^c\})$, où ε' dépend de δ . On a donc $H(R \vee \{F,F^c\},T) = H(\bigvee_{-n+1}^{n-1} T^i(R \vee \{F,F^c\}),T) > H(P,T) - \varepsilon/2$, si δ

a été choisi assez petit. Enfin, l'entropie $H(R \vee \{F,F^c\},T)$ est inférieure à $H(R,T) + H(\{F,F^c\})$, et comme $H(\{F,F^c\}) \sim -[\frac{1}{n} \log \frac{1}{n} + (1 - \frac{1}{n}) \log(1 - \frac{1}{n})]$ peut être rendu inférieur à $\varepsilon/2$ pour n assez grand, on a bien $H(R,T) > H(P,T) - \varepsilon$, pour un choix convenable de δ et de n.

4.3. Lemme d'approximation

Soient Π un vecteur de probabilité et P une partition tels que

(i) $H(\Pi) = h(T)$,

(ii) $|\text{dist } P - \Pi| < \frac{1}{2}\,\delta(\varepsilon^2/3)$, (δ étant la fonction du lemme 3.1),

(iii) $H(P) - H(P,T) < \frac{1}{2}\,\delta(\varepsilon^2/3)$.

Alors, pour tout nombre $\delta > 0$, il existe une partition P' telle que

(1) $|\text{dist } P' - \Pi| < \delta$

(2) $H(P') - H(P',T) < \delta$,

(3) $|P' - P| < \varepsilon$.

Schéma de la démonstration. Oublions provisoirement la partition P, et cherchons à construire une partition P' vérifiant les conditions (1) et (2) du lemme. Pour δ petit, une telle partition est presque une partition de Bernoulli, puisque d'après l'inégalité $H(P') - H(P',T) > H(P') - H(P'/\bigvee_1^n T^{-i}P')$, pour $n > 0$, P' est ε-indépendante de $\bigvee_1^n T^{-i}P'$, pour tout $n > 0$, si $\delta = \delta(\varepsilon)$ comme dans le lemme 3.1.

Le lemme 4.2 donne un procédé pour construire P'. Considérons une partition Q telle que $H(Q,T) > h(T) - \delta/3$. Appliquons le lemme 4.2 à la partition Q, et à des suites $K_1,\dots,K_r$ à valeurs dans $1,\dots,k$, de distributions proches de Π et deux à deux distinctes. (On construit ces suites en appliquant au schéma de Bernoulli de distribution Π', où Π' est un vecteur de probabilité d'entropie légèrement supérieure à celle de Π , le théorème de Birkhoff, cf. 2.5, et le théorème de Mac-Millan.) On obtient une partition P' de distribution proche de celle de Π , et vérifiant

$$H(P') - H(P',T) = (H(P') - H(\Pi)) + (h(T) - H(Q,T)) + (H(Q,T) - H(P',T)) < \delta .$$

La difficulté dans le lemme 4.3 est d'obtenir une partition P' proche de la partition P donnée. Ceci est réalisé par un choix convenable des suites K_i utilisant le "lemme des mariages", et l'application du lemme 4.2.

4.4. <u>Démonstration du théorème de Sinaï</u>

En construisant par le lemme 4.3 une suite convergente de partitions réalisant de mieux en mieux les conditions de Bernoulli, on montre l'existence d'une partition de Bernoulli au voisinage d'une partition qui est presque de Bernoulli :

Si P est une partition et Π un vecteur de probabilité tels que

(i) $\quad H(P) - H(P,T) < \frac{1}{2}\delta(\varepsilon^2/3)$,

(ii) $\quad |\text{dist } P - \Pi| < \frac{1}{2}\delta(\varepsilon^2/3)$,

(iii) $\quad h(T) = H(\Pi)$,

alors, il existe une partition P' telle que

(1) $\quad \text{dist } P' = \Pi$,

(2) $\quad P'$ est une partition de Bernoulli,

(3) $\quad |P - P'| < 8\varepsilon$.

En particulier, soit ρ un vecteur de probabilité tel que $H(\rho) \leq h(T)$. Considérons une partition Q telle que $H(Q,T) = H(\rho)$. En appliquant ce qui précède au système $(X , (Q)_T , m , T)$, on obtient une partition de Bernoulli R de distribution ρ , ce qui constitue le résultat de Sinaï.

4.5. Démonstration du théorème d'isomorphisme

Soit $(X,\mathfrak{a},m,T)$ un schéma de Bernoulli de distribution Π. Soit ρ un vecteur de probabilité tel que $H(\rho) = H(\Pi)$. Nous savons par le théorème de Sinaï qu'il existe une partition de Bernoulli R dans X de distribution ρ . Le problème est maintenant d'obtenir R génératrice, ce qui prouvera l'isomorphisme entre les schémas de Bernoulli de distributions Π et ρ (le "codage" du premier système associé à la partition R réalisant l'isomorphisme cherché).

Le résultat essentiel dans cette deuxième partie de la démonstration est le

Lemme.- Soit R une partition de Bernoulli de distribution ρ . Soit P une partition de Bernoulli de distribution Π génératrice dans X . Pour tout $\varepsilon > 0$, il existe une partition de Bernoulli R' de distribution ρ et un entier n tels que $|R' - R| < \varepsilon$ et $P \overset{\varepsilon}{\subset} \bigvee_{-n}^{n} T^i R'$.

A l'aide du lemme, on peut alors construire une partition R génératrice de la façon suivante. Soit R_0 une partition de Bernoulli de distribution ρ donnée par le théorème de Sinaï. Si P est la partition de Bernoulli de distribution Π génératrice dans $(X,\mathfrak{a},m,T)$, étant donné $\varepsilon_1 > 0$, il existe, d'après le lemme, un entier n_1 et une partition de Bernoulli R_1 de distribution ρ telle que $|R_0 - R_1| < \varepsilon_1$, et $P \overset{\varepsilon_1}{\subset} \bigvee_{k=-n_1}^{n_1} T^k R_1$. Si R_2 est une partition très proche de R , la relation d'inclusion précédente est peu modifiée. En appliquant à nouveau le lemme, on peut donc trouver un nombre $\varepsilon_2 > 0$, un entier n_2 et une partition R_2 de distribution ρ telle que $|R_1 - R_2| < \varepsilon_2$,

$P \overset{\varepsilon_2}{\subset} \bigvee_{k=-n_2}^{n_2} T^k R_2$, et $P \overset{(1+\frac{1}{2})\varepsilon_1}{\subset\!\!=\!\!=} \bigvee_{k=-n_1}^{n_1} T^k R_2$. De même, pour un choix convenable

de ε_3 , il existe une partition de Bernoulli R de distribution ρ et un entier n_3 tels que $|R_2 - R_3| < \varepsilon_3$, $P \overset{\varepsilon_3}{\subset} \bigvee_{k=-n_3}^{n_3} T^k R_3$, $P \overset{(1+\frac{1}{2})\varepsilon_2}{\subset\!\!=\!\!=} \bigvee_{k=-n_2}^{n_2} T^k R_3$,

$$P \overset{(1+\frac{1}{2}+1/2^2)\varepsilon_1}{\subset} \bigvee_{k=-n_1}^{n_1} T^k R_3 .$$

Par cette méthode, on obtient une suite de partition de Bernoulli R_i de distribution ρ , et des suites de nombres $\varepsilon_i > 0$ et d'entiers n_i tels que $|R_i - R_{i+1}| < \varepsilon_{i+1}$ et $P \overset{2\varepsilon_j}{\subset} \bigvee_{k=-n_j}^{n_j} T^k R_i$, pour $i \geq j$. Comme on a pu choisir la série (ε_i) convergente, et comme l'espace des partitions est complet, la suite (R_i) converge vers une partition de Bernoulli R de distribution ρ telle que $P \overset{2\varepsilon_j}{\subset} \bigvee_{k=-n_j}^{n_j} T^k R$, pour tout j . On a donc $P \subset (R)_T$, d'où $(P)_T = (R)_T$, et P, étant génératrice, R est également génératrice.

5. Nouveaux développements

5.1. Recherche de schémas de Bernoulli

Après la démonstration du théorème d'isomorphisme, Ornstein et Friedman et Ornstein ont introduit les notions suivantes (weak Bernoulli, very weak Bernoulli) [2,7].

Une partition P dans un système dynamique est <u>faiblement de Bernoulli</u>, si pour tout $\varepsilon > 0$, il existe un n tel que $\bigvee_{n}^{n+k} T^i P$ soit ε-indépendante de $\bigvee_{-k}^{0} T^i P$, pour tout $k > 0$.

La propriété de faible Bernoulli est plus faible que celle de Bernoulli, et plus forte que celle de K-système définie en 2.7.

Si $\{P^i\}_1^n = \{P^1,\dots,P^n\}$ et $\{\bar{P}^i\}_1^n = \{\bar{P}^1,\dots,\bar{P}^n\}$ sont deux suites de partitions (éventuellement sur des espaces différents), on définit leur distance $\bar{d}$ par

$$\bar{d}(\{P^i\}_1^n, \{\bar{P}^i\}_1^n) = \inf \frac{1}{n} \sum_{i=1}^{n} |Q^i - \bar{Q}^i|$$

où la borne inférieure est prise sur toutes les suites de partitions $\{Q^i\}_1^n$ et $\{\bar{Q}^i\}_1^n$ telles que $\mathrm{dist}(\bigvee_{i=1}^{n} Q^i) = \mathrm{dist}(\bigvee_{i=1}^{n} P^i)$ et $\mathrm{dist}(\bigvee_{i=1}^{n} \bar{Q}^i) = \mathrm{dist}(\bigvee_{i=1}^{n} \bar{P}^i)$.

Une suite de partitions $\{P^i\}_1^n$ est ε-indépendante d'une partition Q s'il existe un sous-ensemble A d'éléments de Q tel que $m(A) > 1 - \varepsilon$, et $\bar{d}(\{P^i/Q_j\}_1^n, \{P^i\}_1^n) < \varepsilon$, pour tous les éléments Q_j de Q dans A. (On a désigné par P^i/Q_j la trace de la partition P^i sur Q_j.)

Une partition P dans un système dynamique est <u>très faiblement de Bernoulli</u>, si, pour tout $\varepsilon > 0$, il existe n tel que pour tout $k > 0$ et tout $m > 0$, $\{T^i P\}_0^{k+n}$ est ε-indépendante de $\bigvee_{-m}^{-1} T^i P$.

Ornstein a montré [7] que l'existence d'une partition très faiblement de Bernoulli (<u>a fortiori</u> faiblement de Bernoulli) génératrice dans un système dynamique, implique que ce système est isomorphe à un schéma de Bernoulli.

Lui-même ou ses élèves ont appliqué ces critères pour montrer que les systèmes dynamiques suivants sont isomorphes à des schémas de Bernoulli :

- un facteur de schéma de Bernoulli [6],
- une limite projective de schémas de Bernoulli [5],
- une chaîne de Markov mélangeante [2],
- un C-système transitif pour sa mesure d'entropie maximale [1],
- un automorphisme ergodique de tore [3], etc...

Les systèmes dynamiques ergodiques classiques (c'est-à-dire réalisés par des difféormorphismes de variétés laissant invariante une mesure différentiable) paraissent devoir être, en général, isomorphes à des schémas de Bernoulli, dès qu'ils satisfont à des conditions d'hyperbolicité suffisantes.

Dans cette direction, mentionnons deux problèmes ouverts :

les extensions à spectre continu par des groupes compacts des schémas de Bernoulli,

les automorphismes ergodiques de nilvariétés,

sont-ils isomorphes à des schémas de Bernoulli ?

Nous n'avons pas abordé ici les résultats d'Ornstein concernant les schémas de Bernoulli d'entropie infinie [5], et le plongement des schémas de Bernoulli dans des flots [7].

5.2. Classification des K-systèmes

Peu après, Ornstein a construit une famille non dénombrable de K-systèmes de même entropie deux à deux non isomorphes, donc en particulier non isomorphes à des schémas de Bernoulli, montrant ainsi que l'entropie n'est pas un invariant complet pour la classe des K-systèmes [8] et (avec P. C. Shields) [10].

Comme corollaire, il a construit des systèmes qui ne se décomposent pas en un produit d'un K-système et d'un système déterministe, ce qui répond par la négative à la conjecture de Pinsker [8].

Ces travaux ouvrent la voie à l'étude de la structure des K-systèmes. En même temps, ils montrent quelle est la complexité de ce problème. Une question particulièrement intéressante dans ce domaine est l'étude de la structure des K-systèmes obtenus comme modèles mathématiques de systèmes physiques.

BIBLIOGRAPHIE

[1] R. AZENCOTT - Difféomorphismes d'Anosov et Schémas de Bernoulli, C. R. Acad. Sci. 270, 1970.

[2] N. A. FRIEDMAN, D. S. ORNSTEIN - On isomorphism of weak Bernoulli transformations, Advances in Math. 5, 3 (1970), p. 365-394.

[3] Y. KATZNELSON - Ergodic automorphisms of T^n are Bernoulli shifts, à paraître.

[4] D. S. ORNSTEIN - Bernoulli shifts with the same entropy are isomorphic, Advances in Math. 4, 3 (1970), p. 337-352.

[5] D. S. ORNSTEIN - Bernoulli shifts with infinite entropy are isomorphic, Advances in Math. 5, 3 (1970), p. 339-348.

[6] D. S. ORNSTEIN - Factors of Bernoulli shifts are Bernoulli shifts, Advances in Math. 5, 3 (1970), p. 349-364.

[7] D. S. ORNSTEIN - Imbedding Bernoulli shifts in flows, Midwest Conference, Ergodic Theory and Probability, Lecture Notes in Maths. 160, p. 178-218, Springer-Verlag.

[8] D. S. ORNSTEIN - A K-automorphism with no square root and Pinsker's conjecture, à paraître (1971).

[9] D. S. ORNSTEIN - An application of Ergodic Theory to Probability Theory, à paraître (1972).

[10] D. S. ORNSTEIN, P. C. SHIELDS - An uncountable family of K-automorphisms, à paraître (1972).

[11] D. RUELLE - Statistical Mechanics of a one dimensional lattice gas, Comm. Math. Phys. 9, (1968), p. 267-278.

[12] Ya. G. SINAÏ - A weak isomorphism of transformations with an invariant measure Dokl. Ak. Nauk, 147 (1962), p. 797-800.

[13] Ya. G. SINAÏ - Dynamical systems with elastic reflections, Usp. Mat. Nauk, (= Russian Math. Surveys), 25, 6 (1970).

[14] M. SMORODINSKY - Ergodic theory, Entropy, Lecture Notes in Maths. 214, 1971, Springer-Verlag.

Séminaire BOURBAKI 421-01
25e année, 1972/73, n° 421 Novembre 1972

COHOMOLOGIES D'ALGÈBRES DE LIE DE CHAMPS DE VECTEURS FORMELS

par Claude GODBILLON

1. Introduction

Soit k un corps commutatif de caractéristique 0 , et soient E l'espace vectoriel k^n , $\mathfrak{g} = \mathfrak{gl}(n,k)$ l'algèbre de Lie des endomorphismes de E et $k[[E]] = \prod_{p\geq 0} S^p(E^*)$ l'algèbre des séries formelles sur E . Chaque vecteur u de E opère sur $k[[E]]$ par la dérivation $D(u)$ égale sur E^* au produit intérieur par u .

On désigne par $\mathfrak{a}(n)$, ou plus souvent simplement par $\mathfrak{a}$, le produit tensoriel $k[[E]] \otimes E$: $\mathfrak{a}$ s'identifie au produit $\prod_{p\geq -1} \mathfrak{g}^{(p)}$, où $\mathfrak{g}^{(p)} = S^{p+1}(E^*) \otimes E$ (on notera X^p la composante dans $\mathfrak{g}^{(p)}$ d'un élément X de $\mathfrak{a}$). En particulier $\mathfrak{g}^{(-1)}$ est isomorphe à E et $\mathfrak{g}^{(0)}$ à $\mathfrak{g}$; H sera alors l'élément de $\mathfrak{g}^{(0)}$ correspondant à l'automorphisme identique de E .

On munit $\mathfrak{a}$ de la structure d'algèbre de Lie obtenue en posant $[f\otimes u , g\otimes v] = (f.D(u)(g))\otimes v - (g.D(v)(f))\otimes u$: $\mathfrak{a}$ est l'<u>algèbre de Lie des champs de vecteurs formels à</u> n <u>variables sur</u> k . On a $[X,Y]^p = \sum_{r+s=p} [X^r,Y^s]$; et $\mathfrak{g}^{(0)}$ est une sous-algèbre de $\mathfrak{a}$ isomorphe à $\mathfrak{g}$. De plus, les sous-algèbres $\mathfrak{a}^p = \mathfrak{a}$ pour $p\leq -1$ et $\mathfrak{a}^p = \prod_{r\geq p} \mathfrak{g}^{(r)}$ pour $p\geq -1$ définissent une filtration décroissante de l'algèbre de Lie $\mathfrak{a}$ (on a $[\mathfrak{a}^r,\mathfrak{a}^s] \subset \mathfrak{a}^{r+s}$).

Si $e_1,\dots,e_n$ est une base de E , et si $\xi_1,\dots,\xi_n$ est la base duale de E^* , tout élément de $\mathfrak{a}$ s'écrit $\sum_{i=1}^{n} p_i(\xi_1,\dots,\xi_n)e_i$ où $p_i(\xi_1,\dots,\xi_n)$ est une série formelle en $\xi_1,\dots,\xi_n$. On a alors

$[\Sigma\, p_i e_i , \Sigma\, q_j e_j] = \Sigma (p_j \frac{\partial q_i}{\partial \xi_j} - q_j \frac{\partial p_i}{\partial \xi_j}) e_i$; et par exemple $H = \Sigma\, \xi_i e_i$ et

$[H , \Sigma\, p_i e_i] = \Sigma\, \xi_j \frac{\partial p_i}{\partial \xi_j} e_i - \Sigma\, p_i e_i$. Le sous-espace $\mathfrak{g}^{(p)}$ de $\mathfrak{a}$ est donc l'ensemble des champs de vecteurs formels X tels que $[H,X] = pX$.

On munit le corps k de la topologie discrète et l'algèbre $\mathfrak{a}$ de la topologie associée à sa filtration : $\mathfrak{a}$ est alors une algèbre de Lie topologique sur k .

Si M est un $\mathfrak{a}$-module topologique (i.e. M est un espace vectoriel topologique sur k et l'application $\mathfrak{a} \times M \to M$ est continue), on désigne ici par $C^q(\mathfrak{a},M)$ l'espace M pour $q = 0$, l'espace des cochaînes continues de degré q sur $\mathfrak{a}$ à valeurs dans M pour $q > 0$ (*). L'algèbre $\mathfrak{a}$ opère sur $C^q(\mathfrak{a},M)$ (pour $X \in \mathfrak{a}$ et $\omega \in C^q(\mathfrak{a},M)$, $q > 0$, $X.\omega = \theta(X)\omega$ est la cochaîne $(X_1,\dots,X_q) \longmapsto X.\omega(X_1,\dots,X_q) - \sum_i \omega(X_1,\dots,[X,X_i],\dots,X_q)$) ; et $C^q(\mathfrak{a},M)$ est un $\mathfrak{a}$-module topologique lorsqu'on le munit de la topologie faible.

Le complexe des cochaînes continues sur $\mathfrak{a}$ à valeurs dans M est alors la somme directe $C^*(\mathfrak{a},M) = \sum_{q \geq 0} C^q(\mathfrak{a},M)$ avec le cobord d défini par

$$dm(X) = X.m \qquad \text{pour } m \in C^0(\mathfrak{a},M) ,$$

(*) Naturellement les notions qui suivent sont en fait valables pour toute algèbre de Lie topologique sur un corps topologique commutatif.

$$d\omega(X_1,\dots,X_{q+1}) = \sum_i (-1)^{i+1} X_i.\omega(X_1,\dots,\hat{X}_i,\dots,X_{q+1})$$
$$+ \sum_{i<j} (-1)^{i+j} \omega([X_i,X_j],X_1,\dots,\hat{X}_i,\dots,\hat{X}_j,\dots,X_{q+1}) \quad \text{pour } \omega \in C^q(\mathfrak{a},M) \text{ , } q>0 \text{ .}$$

La cohomologie $H^*(\mathfrak{a},M) = \sum_{q\geq 0} H^q(\mathfrak{a},M)$ de ce complexe est la <u>cohomologie continue de $\mathfrak{a}$ à valeurs dans</u> M .

Lorsque M est une $\mathfrak{a}$-algèbre topologique sur k le produit extérieur définit sur $C^*(\mathfrak{a},M)$ une structure d'algèbre différentielle graduée, anticommutative si M est commutative.

Dans [5] et [6] I. M. Gelfand et D. B. Fuks ont déterminé $H^*(\mathfrak{a},M)$ pour divers $\mathfrak{a}$-modules topologiques M . Ces cohomologies jouent un rôle essentiel dans la théorie des classes caractéristiques des feuilletages [9].

On fera usage dans cet exposé de la suite spectrale de Hochschild-Serre associée à une sous-algèbre $\mathfrak{b}$ de $\mathfrak{a}$ image d'un projecteur continu de $\mathfrak{a}$. Dans cette situation on filtre le complexe $C^*(\mathfrak{a},M)$ par les sous-espaces $A^p = \sum_q A^{p,q}$ où $A^{p,q}$ est nul pour $q<0$, est l'espace $C^{p+q}(\mathfrak{a},M)$ pour $p \leq 0$, et l'ensemble des cochaînes $\omega \in C^{p+q}(\mathfrak{a},M)$ telles que $\omega(X_1,\dots,X_{p+q}) = 0$ si $q+1$ des X_i sont dans $\mathfrak{b}$ pour $p>0$ et $q \geq 0$. Chaque $A^{p,q}$ est un $\mathfrak{b}$-module topologique ; et on vérifie comme dans [10] que le terme $E_1^{p,q}$ de la suite spectrale correspondant à cette filtration est isomorphe à $H^q(\mathfrak{b},A^{p,0})$ ($A^{p,0} = \{\omega \in C^p(\mathfrak{a},M) \mid i(X)\omega = 0 \ \forall X \in \mathfrak{b}\}$ est l'espace des cochaînes de degré p sur $\mathfrak{a}$ semi-basiques relativement à $\mathfrak{b}$).

On rappelle enfin que l'algèbre de Weil $W(\mathfrak{h})$ d'une algèbre de Lie $\mathfrak{h}$ sur k est le produit tensoriel $\Lambda(\mathfrak{h}^*) \otimes S(\mathfrak{h}^*)$ des algèbres extérieure et symétrique de $\mathfrak{h}^*$, gradué par les sous-espaces $W^p = \sum_{r+2s=p} \Lambda^r(\mathfrak{h}^*) \otimes S^s(\mathfrak{h}^*)$ et muni du cobord d déterminé par la relation $d\gamma = d_{\mathfrak{h}}\gamma + \Gamma$, $\gamma \in \Lambda^1(\mathfrak{h}^*)$, où $d_{\mathfrak{h}}$ est le cobord du complexe $\Lambda(\mathfrak{h}^*)$ des cochaînes sur $\mathfrak{h}$ à valeurs dans k , et Γ l'élément γ de $S^1(\mathfrak{h}^*)$ [2]. Les produits intérieurs par les éléments de $\mathfrak{h}$ sont étendus à $W(\mathfrak{h})$ par 0 sur $S(\mathfrak{h}^*)$.

2. La cohomologie de $\mathfrak{a}$ à valeurs dans k

Lorsque M est un $\mathfrak{a}$-module topologique dont la topologie est discrète l'espace $C^q(\mathfrak{a},M)$, $q > 0$, est l'ensemble des applications q-linéaires alternées ω de $\mathfrak{a}$ dans M pour lesquelles il existe un entier m tel que $\omega(X_1,\ldots,X_q) = 0$ si l'un des X_i est de filtration supérieure à m . La topologie de $C^q(\mathfrak{a},M)$ est alors discrète.

En particulier, pour le $\mathfrak{a}$-module trivial k , on a
$C^1(\mathfrak{a},k) = \sum_{p\geq -1} \mathfrak{g}_{(p)}$, où $\mathfrak{g}_{(p)} = (\mathfrak{g}^{(p)})^* = S^{p+1}(E) \otimes E^*$; et
$C^q(\mathfrak{a},k) = \Lambda^q(C^1(\mathfrak{a},k))$ est la somme directe pour $p_{-1} + p_o + p_1 + \ldots = q$ des sous-espaces $\Lambda^{p_{-1}}(\mathfrak{g}_{(-1)}) \otimes \Lambda^{p_o}(\mathfrak{g}_{(o)}) \otimes \Lambda^{p_1}(\mathfrak{g}_{(1)}) \otimes \ldots$ (on remarquera que ces sous-espaces sont invariants par $\mathfrak{g}^{(o)}$).

La projection continue $\pi : X \mapsto X^o$ de $\mathfrak{a}$ sur $\mathfrak{g}^{(o)}$ est, si on identifie $\mathfrak{g}^{(o)}$ à $\mathfrak{g}$, une forme de connexion sur $\mathfrak{a}$ à valeurs dans $\mathfrak{g}$: on a $\pi(X) = X$ et $\pi([X,Y]) = [X , \pi(Y)]$ quels que soient $X \in \mathfrak{g}^{(o)}$ et $Y \in \mathfrak{a}$.
La forme de courbure $\Pi = d\pi + \frac{1}{2}[\pi,\pi]$ de cette connexion est alors
$(X,Y) \mapsto [Y^1,X^{-1}] - [X^1,Y^{-1}]$.

Cette forme de connexion détermine un morphisme φ du complexe $W = W(\mathfrak{g})$ dans $C^*(\mathfrak{a},k)$ [2] ; ce morphisme est caractérisé par les relations suivantes, où γ est un élément de $\Lambda^1(\mathfrak{g}^*)$ et Γ l'élément correspondant de $S^1(\mathfrak{g}^*)$:

$$\varphi(\gamma)(X) = \gamma(\pi(X)) , \qquad X \in \mathfrak{a} ;$$

$$\varphi(\Gamma)(X,Y) = (d\varphi(\gamma) - \varphi(d\gamma))(X,Y)$$

$$= \Gamma(\Pi(X,Y)) \qquad X , Y \in \mathfrak{a} .$$

Il envoie donc $\Lambda^p(\mathfrak{g}^*)$ dans $\Lambda^p(\mathfrak{g}_{(o)})$ et $S^p(\mathfrak{g}^*)$ dans $\Lambda^p(\mathfrak{g}_{(-1)}) \otimes \Lambda^p(\mathfrak{g}_{(1)})$ et par conséquent s'annule sur l'idéal J de W engendré par $\sum_{r>n} S^r(\mathfrak{g}^*)$. Cet idéal est un sous-complexe de W , et on désignera par W_n le complexe quotient W/J : en tant qu'algèbre graduée W_n est isomorphe au produit tensoriel $\Lambda(\mathfrak{g}^*) \otimes (S(\mathfrak{g}^*)/(\sum_{r>n} S^r(\mathfrak{g}^*)))$. Le morphisme φ induit un morphisme ψ de W_n dans $C^*(\mathfrak{a},k)$.

Le premier résultat de Gelfand et Fuks est alors :

THÉORÈME 1.- <u>Le morphisme</u> $\psi : W_n \to C^*(\mathfrak{a},k)$ <u>induit un isomorphisme de</u> $H(W_n)$ <u>sur</u> $H^*(\mathfrak{a},k)$.

On en déduit :

COROLLAIRE 1.- <u>Les espaces</u> $H^q(\mathfrak{a},k)$ <u>sont de dimensions finies et nuls pour</u> $q > n^2 + 2n$.

Désignant par <u>jet d'ordre</u> r , $r \geq 0$, d'un champ de vecteurs formel $X \in \mathfrak{a}$ la somme $\sum_{s<r} X^s$, on a :

COROLLAIRE 2.- <u>Toute classe de cohomologie de</u> $H^*(\mathfrak{a},k)$ <u>contient un cocycle dont les valeurs ne dépendent que des jets d'ordre</u> 2 <u>des champs de vecteurs formels.</u>

En effet l'image de ψ est en degré q contenue dans

$$\sum_{r+2s=q} \Lambda^s(\mathfrak{g}_{(-1)}) \otimes \Lambda^r(\mathfrak{g}_{(o)}) \otimes \Lambda^s(\mathfrak{g}_{(1)}) .$$

Remarque 1.- On peut démontrer directement le corollaire 1 de la façon suivante :

Une cochaîne $\omega \in C^*(\mathfrak{a},k)$ est dite de poids r si elle vérifie $\theta(H)\omega = -r\omega$. En particulier une cochaîne dans $\Lambda^{p_{-1}}(\mathfrak{g}_{(-1)}) \otimes \Lambda^{p_o}(\mathfrak{g}_{(o)}) \otimes \Lambda^{p_1}(\mathfrak{g}_{(1)}) \otimes \ldots$, $p_{-1} + p_o + p_1 + \ldots = q$, est de poids $-p_{-1} + p_1 + 2p_2 + \ldots$.

L'ensemble C_r des cochaînes de poids r est un sous-complexe de $C^*(\mathfrak{a},k)$ stable par le produit intérieur $i(H)$; et $C^*(\mathfrak{a},k)$ est la somme directe des C_r. De plus, pour $r \neq 0$, le complexe C_r est acyclique : si ω est un cocycle de C_r , on a $-r\omega = \theta(H)\omega = di(H)\omega$. Et par conséquent l'inclusion de C_o dans $C^*(\mathfrak{a},k)$ induit un isomorphisme en cohomologie.

Enfin le complexe C_o est de dimension finie en chaque degré et nul en degré supérieur à $n^2 + 2n$.

Par exemple lorsque $n = 1$, les composantes non nulles de C_o sont k , $\mathfrak{g}_{(o)}$, $\mathfrak{g}_{(-1)} \otimes \mathfrak{g}_{(1)}$ et $\mathfrak{g}_{(-1)} \otimes \mathfrak{g}_{(o)} \otimes \mathfrak{g}_{(1)}$ respectivement en degrés 0 , 1 , 2 et 3 . On peut alors trouver un générateur α_i de $\mathfrak{g}_{(i)}$, $i = -1, 0, 1$, de façon que $d\alpha_o = \alpha_{-1} \otimes \alpha_1$. On en déduit que $H^q(\mathfrak{a}(1),k) = 0$ pour $q \neq 0, 3$ et $H^3(\mathfrak{a}(1),k) = k$, avec pour générateur la classe du cocycle $\alpha_o \otimes d\alpha_o$.

Démonstration du théorème 1

On filtre le complexe $C^*(\mathfrak{a},k)$ par les sous-complexes A_p correspondant à la sous-algèbre $\mathfrak{g}^{(o)}$. Le terme $E_1^{p,q}$ de la suite spectrale associée à cette filtration est alors isomorphe à $H^q(\mathfrak{g},A^{p,o})$, où $A^{p,o}$ est la somme directe pour

$p_{-1} + p_1 + \dots = p$ des sous-espaces $\Lambda^{p_{-1}}(\mathfrak{g}_{(-1)}) \otimes \Lambda^{p_1}(\mathfrak{g}_{(1)}) \otimes \dots$. Ces sous-espaces sont invariants par $\mathfrak{g}^{(o)}$ et semi-simples pour $\theta(H)$. Par conséquent, $E_1^{p,q}$ est encore isomorphe à $H^q(\mathfrak{g}, B^p)$ où B^p est l'ensemble des éléments de $\Lambda^{p,o}$ invariants par $\mathfrak{g}^{(o)}$ ($B^p = \{\omega \in C^p(\mathfrak{a},k) \mid i(X)\omega = \theta(X)\omega = 0 \ \forall\ X \in \mathfrak{g}^{(o)}\}$ est l'espace des <u>cochaînes de degré</u> p <u>sur</u> $\mathfrak{a}$ <u>basiques relativement à</u> $\mathfrak{g}^{(o)}$).

On filtre d'autre part le complexe W_n par les sous-complexes $U_p = \sum_{q \geq 0} U^{p,q}$, $p \geq 0$, où

$$U^{p,q} = \{w \in W_n^{p+q} \mid i(X_1) \dots i(X_{q+1})w = 0 \ \forall\ X_1,\dots,X_{q+1} \in \mathfrak{g}\}$$

($U^{p,q}$ est l'image dans W_n de la somme directe pour $r + 2s = p + q$ et $r \leq q$ des sous-espaces $\Lambda^r(\mathfrak{g}^*) \otimes S^s(\mathfrak{g}^*)$). Le terme $E_1^{p,q}$ de la suite spectrale correspondant à cette filtration est nul pour p impair ou $p > 2n$, et isomorphe à $H^q(\mathfrak{g}, S^r)$ pour $p = 2r \leq 2n$; soit encore comme précédemment à $H^q(\mathfrak{g}, I_S^r(\mathfrak{g}))$, où $I_S^r(\mathfrak{g})$ est l'espace des invariants symétriques de degré r sur $\mathfrak{g}$ (éléments basiques de W_n pour la filtration (U_p)).

Enfin le morphisme $\psi : W_n \to C^*(\mathfrak{a},k)$ induit un morphisme des premiers termes de ces suites spectrales compatible avec les isomorphismes précédents.

Le théorème 1 sera donc une conséquence directe de la proposition ci-dessous. C.Q.F.D.

PROPOSITION 1.- <u>Le morphisme</u> $\psi : W_n \to C^*(\mathfrak{a},k)$ <u>induit un isomorphisme de la sous-algèbre</u> P_n <u>des basiques de</u> W_n <u>sur la sous-algèbre</u> B <u>des basiques de</u> $C^*(\mathfrak{a},k)$ <u>relativement à</u> $\mathfrak{g}^{(o)}$.

La démonstration de cette proposition, dont la version exposée ici est due à J. Vey, fera l'objet du paragraphe suivant.

3. Détermination des basiques de $C^*(\mathfrak{a},k)$

Lemme 1.- Toute forme linéaire sur $\Lambda^q(\mathfrak{g}^{(-1)}) \otimes \mathfrak{g}^{(\ell_1)} \otimes \ldots \otimes \mathfrak{g}^{(\ell_r)}$,

$1 \leq \ell_1 \leq \ldots \leq \ell_r$, invariante par $\mathfrak{g}^{(0)}$ est nulle lorsque $r < q$.

Démonstration. Soit ω une telle forme invariante. Il suffit de vérifier que ω est nulle sur les éléments de la forme

$(u_1 \wedge \ldots \wedge u_q) \otimes (\xi_1^{\ell_1+1} \otimes v_1) \otimes \ldots \otimes (\xi_r^{\ell_r+1} \otimes v_r)$, où $u_1,\ldots,u_q$, $v_1,\ldots,v_r$ sont des éléments de $\mathfrak{g}^{(-1)} = E$ et $\xi_1,\ldots,\xi_r$ des éléments de $\mathfrak{g}_{(-1)} = E^*$.

On peut supposer que $\xi_1,\ldots,\xi_r$ sont choisis dans une base $\zeta_1,\ldots,\zeta_n$ de E^*. Désignant par $e_1,\ldots,e_n$ la base duale de E, on est ramené à vérifier que ω est nulle sur tout élément Z de la forme

$(e_{i_1} \wedge \ldots \wedge e_{i_q}) \otimes (\xi_1^{\ell_1+1} \otimes e_{j_1}) \otimes \ldots \otimes (\xi_r^{\ell_r+1} \otimes e_{j_r})$, $i_1 < \ldots < i_q$.

Lorsqu'on a $q > r$ une des formes $\zeta_{i_1},\ldots,\zeta_{i_q}$, soit ζ_{i_k}, n'apparaît pas dans la suite des ζ_i correspondant à $\xi_1,\ldots,\xi_r$. Dans ces conditions, si X est le champ de vecteurs formel $\zeta_{i_k} e_{i_k}$, on a $[X,e_i] = 0$ pour $i \neq i_k$, $[X,e_{i_k}] = - e_{i_k}$ et $\theta(X)\xi_i = 0$ pour $i = 1,\ldots,r$; et donc $\theta(X)Z = - cZ$ où c est un entier positif non nul.

Mais alors, $c\omega(Z) = - \omega(\theta(X)Z) = \theta(X)\omega(Z) = 0$.

C.Q.F.D.

Lemme 2.- On a $B^p = 0$ pour p impair et $B^p \subset \Lambda^r(\mathfrak{g}_{(-1)}) \otimes \Lambda^r(\mathfrak{g}_{(1)})$ pour $p = 2r$.

Démonstration. Puisque $A^{p,0}$ est la somme directe pour $p_{-1} + p_1 + \ldots = p$ des sous-espaces $\Lambda^{p_{-1}}(\mathfrak{g}_{(-1)}) \otimes \Lambda^{p_1}(\mathfrak{g}_{(1)}) \otimes \ldots$, on déduit du lemme 1 que B^p est contenu dans la somme de ces sous-espaces pour lesquels $p_{-1} \leq p_1 + p_2 + \ldots$.

D'autre part, une cochaîne basique étant invariante par $\theta(H)$, B^p est également contenu dans la somme de ces sous-espaces pour lesquels on a de plus $p_{-1} = p_1 + 2p_2 + \ldots$. Ce qui correspond à $p_i = 0$ pour $i > 1$ et $p_{-1} = p_1$.

C.Q.F.D.

<u>Lemme</u> 3.- <u>Soit</u> c <u>un invariant symétrique de degré</u> r <u>sur</u> $\mathfrak{g}$, <u>et soient</u> $u_1,\ldots,u_r$, $v_1,\ldots,v_r$ <u>des éléments de</u> $\mathfrak{g}^{(-1)}$ <u>et</u> $\xi_1,\ldots,\xi_r$ <u>des éléments de</u> $\mathfrak{g}_{(-1)}$. <u>On a</u>

$$\varphi(c)((u_1\wedge\ldots\wedge u_r)\otimes(\xi_1^2\otimes v_1)\otimes\ldots\otimes(\xi_r^2\otimes v_r)) =$$
$$(-1)^r\, 2^{r+1} \det(\xi_j(u_i))\; c(\xi_1\otimes v_1 ,\ldots, \xi_r\otimes v_r) .$$

<u>Démonstration</u>. On a en effet $\Pi(u_i,u_j) = \Pi(\xi_i^2\otimes v_i , \xi_j^2\otimes v_j) = 0$ et $\Pi(u_i , \xi_j^2\otimes v_j) = [\xi_j^2\otimes v_j , u_i] = -2\xi_j(u_i)\xi_j\otimes v_j$. Et par conséquent

$$\varphi(c)((u_1\wedge\ldots\wedge u_r)\otimes(\xi_1^2\otimes v_1)\otimes\ldots\otimes(\xi_r^2\otimes v_r))$$
$$= \frac{2}{r!}\sum_{\sigma,\tau\in\mathfrak{S}_r}\varepsilon(\sigma)\varepsilon(\tau)c(\Pi(u_{\sigma 1},\xi_{\tau 1}^2\otimes v_{\tau 1}),\ldots,\Pi(u_{\sigma r},\xi_{\tau r}^2\otimes v_{\tau r}))$$
$$= (-1)^r\, 2^{r+1}\det(\xi_j(u_i))\; c(\xi_1\otimes v_1,\ldots,\xi_r\otimes v_r) .$$

C.Q.F.D.

<u>Lemme</u> 4.- <u>Soit</u> β <u>une cochaîne invariante de degré</u> $2r$, <u>et soit</u> $Z = (u_1\wedge\ldots\wedge u_r)\otimes(\xi_1^2\otimes v_1)\otimes\ldots\otimes(\xi_r^2\otimes v_r)$, $u_1,\ldots,u_r$, $v_1,\ldots,v_r \in \mathfrak{g}^{(-1)}$ <u>et</u> $\xi_1,\ldots,\xi_r \in \mathfrak{g}_{(-1)}$. <u>On a</u> $\beta(Z) = 0$ <u>si</u> $\det(\xi_j(u_i)) = 0$.

<u>Démonstration</u>. On peut tout d'abord supposer que $u_1,\ldots,u_r$ sont les premiers éléments d'une base $u_1,\ldots,u_n$ de $\mathfrak{g}^{(-1)}$, dont on désignera par $\zeta_1,\ldots,\zeta_n$ la base duale, et que $v_1,\ldots,v_r$ sont choisis dans cette base. Si $\det(\xi_j(u_i)) = 0$ on peut de plus supposer que $\xi_j(u_1) = 0$ pour $j = 1,\ldots,r$.

Soit alors X le champ de vecteurs formel $\zeta_1 u_1$. On a $[X,u_1] = -u_1$, $[X,u_i] = 0$ pour $i > 1$ et $\theta(X)\xi_j = 0$ pour $j = 1,\ldots,r$.

On conclut alors comme dans la démonstration du lemme 2.

C.Q.F.D.

Démonstration de la proposition 1. On déduit tout d'abord du lemme 3 que ψ est injective, et du lemme 2 qu'elle est bijective en degrés impairs et en degrés supérieurs à $2n$.

Soit alors $\beta \in B^{2r}$, $r \leq n$. Le lemme 4 montre que l'on peut écrire

$$\beta((u_1 \wedge \ldots \wedge u_r) \otimes (\xi_1^2 \otimes v_1) \otimes \ldots \otimes (\xi_r^2 \otimes v_r)) = \det(\xi_j(u_i)) f(\xi_1,\ldots,\xi_r, v_1,\ldots,v_r)$$

où f est linéaire en les ξ_i et v_j et symétrique en les $\xi_i \otimes v_i$.

C.Q.F.D.

Remarque 2.- Dans le cas où k est le corps des nombres réels, Gelfand et Fuks ont donné l'interprétation géométrique suivante de $H^*(a(n),\mathbb{R})$ [5] :

Soit $\eta : E \to BU(n, \mathbb{C})$ un fibré principal universel de groupe $U(n, \mathbb{C})$, et soient K le squelette de dimension $2n$ du classifiant $BU(n, \mathbb{C})$ et X_n l'espace total du fibré induit par η sur K : la cohomologie réelle de X_n est isomorphe à celle de $H^*(a(n),k)$.

En effet, $U(n, \mathbb{C})$ et $Gl(n, \mathbb{R})$ ont des algèbres de Weil isomorphes, et une connexion sur le fibré $\eta|_K$ détermine un morphisme de W_n dans le complexe singulier de X_n induisant un isomorphisme du deuxième terme de la suite spectrale de W_n sur le deuxième terme de la suite spectrale de Leray-Serre du fibré $\eta|_K$.

4. Description de $H^*(\mathfrak{a}(n), k)$

On rappelle tout d'abord les résultats suivants concernant le terme E_1 de la suite spectrale associée à la filtration de W_n [3] :

(i) il existe des éléments $u_q \in E_1^{o,2q-1} = H^{2q-1}(\mathfrak{g},k)$, $q = 1,\ldots,n$, tels que $E_1^o = \sum_p E_1^{o,p}$ soit isomorphe à l'algèbre extérieure $E[u_1,\ldots,u_n]$ du sous-espace engendré par $u_1,\ldots,u_n$;

(ii) chaque u_q possède un représentant w_q dans $U^{o,2q-1}$ tel que $c_q = dw_q$ appartienne à $U^{2q,o}$, et par conséquent soit un élément basique de W_n ;

(iii) l'algèbre P_n des éléments basiques de W_n est isomorphe à l'algèbre $P_n[c_1,\ldots,c_n]$ des polynômes en $c_1,\ldots,c_n$, où c_q est de degré $2q$, à coefficients dans k tronqués en degrés supérieurs à $2n$.

Soit alors V_n l'algèbre graduée $E[u_1,\ldots,u_n] \otimes P_n[c_1,\ldots,c_n]$ munie du cobord d déterminé par $du_q = c_q$ et filtrée par les idéaux T_p engendrés par les polynômes de degrés au moins p en les c_q . La correspondance $u_q \mapsto w_q$ et $c_q \mapsto dw_q$ détermine un morphisme de complexes $\chi : V_n \to W_n$ compatible avec les filtrations et induisant un isomorphisme des premiers termes des suites spectrales correspondantes, et par conséquent également des anneaux de cohomologie. Ce qui ramène la description de $H^*(\mathfrak{a}(n),k)$ à celle de $H(V_n)$.

Dans un travail non publié, J. Vey a plus généralement déterminé pour toute partie I de $\{1,\ldots,n\}$ la cohomologie de la sous-algèbre $V_{n,I}$ de V_n engendrée par $c_1,\ldots,c_n$ et les u_q avec $q \in I$.

Soit $\mathcal{S}_n$ l'ensemble des suites croissantes finies (éventuellement vides) d'entiers positifs dont la somme est inférieure à n . Pour une telle suite

$j = (j_1, j_2, \ldots)$, on posera $|j| = j_1 + j_2 + \ldots$ et on désignera par j_o le plus petit élément de j dans I s'il y en a un et $+\infty$ sinon. De même pour toute partie i de I , on désignera par i_o le plus petit élément de i si i est non vide et $+\infty$ sinon.

A toute partie $i = (i_1, i_2, \ldots)$, $i_1 < i_2 < \ldots$, de I et à toute suite $j = (j_1, j_2, \ldots)$ de $\mathcal{S}_n$ on associe l'élément $v_{ij} = (u_{i_1} \wedge u_{i_2} \wedge \ldots) \otimes (c_{j_1} c_{j_2} \ldots)$ de $V_{n,I}$; v_{ij} est un cocycle de $V_{n,I}$ si et seulement si on a $i_o + |j| > n$.

THÉORÈME 2 (J. Vey).- <u>Les classes de cohomologie des cocycles</u> v_{ij} , $i \subset I$, $j \in \mathcal{S}_n$ <u>et</u> $i_o + |j| > n$, <u>vérifiant</u> $i_o \leq j_o$ <u>forment une base de</u> $H(V_{n,I})$.

<u>Démonstration</u>. La suite spectrale associée à la filtration de $V_{n,I}$ induite par celle de V_n a ses différentielles d_o et d_{2r+1} , $r \geq 0$, nulles.

On va alors montrer par récurrence sur r que l'on obtient une base de E_{2r} en prenant les classes des éléments v_{ij} vérifiant l'une des deux conditions suivantes :

A_r : $i_o < r$, $i_o + |j| > n$ et $i_o \leq j_o$;

B_r : $i_o \geq r$ et $j_o \geq r$.

Pour $r = 1$, E_2 est isomorphe au gradué associé à $V_{n,I}$, et la condition B_1 est satisfaite par tous les v_{ij} .

On subdivise le type B_r en quatre sous-types :

B_r^1 : $i_o = r$, $i_o + |j| \leq n$ et $j_o \geq r$;

B_r^2 : $i_o = r$, $i_o + |j| > n$ et $j_o \geq r$;

B_r^3 : $i_o > r$ et $j_o = r$; B_r^4 : $i_o > r$ et $j_o > r$.

La différentielle d_{2r} annule les classes des éléments v_{ij} de type A_r, B_r^2, B_r^3 ou B_r^4. D'autre part, si r n'est pas dans I les types B_r^1, B_r^2 et B_r^3 sont vides, et par conséquent d_{2r} est nulle. Mais dans ce cas, on a $A_r = A_{r+1}$ et $B_r = B_{r+1}$.

Si r est dans I, soit $v_{ij} = (u_r \wedge u_{i_2} \wedge \ldots) \otimes (c_{j_1} \ldots)$ un élément de type B_r^1. La différentielle d_{2r} envoie la classe de v_{ij} sur celle de l'élément $(u_{i_2} \wedge \ldots) \otimes (c_{j_1} \ldots c_{j_\alpha}, c_r, c_{j_{\alpha+1}}, \ldots)$, où j_α est le dernier terme de la suite j inférieur à r. La suite $j' = (j_1, \ldots, j_\alpha, r, j_{\alpha+1}, \ldots)$ est alors dans $\mathcal{S}_n$ et vérifie $j'_0 = r$. Ce qui montre que d_{2r} transforme bijectivement les classes de type B_r^1 en celles de type B_r^3.

Une base du noyau (resp. de l'image) de d_{2r} est donc constituée par les classes de types A_r, B_r^2, B_r^3 et B_r^4 (resp. B_r^3) ; et on obtient une base de $E_{2r+1} = E_{2r+2}$ en prenant les classes de types A_r et B_r^2, ce qui coïncide avec A_{r+1}, et de type $B_r^4 = B_{r+1}$.

Le résultat voulu est ainsi démontré, et le théorème 2 s'en déduit immédiatement.

C.Q.F.D.

COROLLAIRE 3.- <u>La dimension de</u> $H^q(\mathfrak{a}(n),k)$, $q > 0$, <u>est égale au nombre d'écritures de l'entier</u> q <u>de la forme</u> $2(i_1 + \ldots + i_r + j_1 + \ldots + j_s) - r$ <u>où</u> $i_1, \ldots, i_r, j_1, \ldots, j_s$ <u>sont des entiers vérifiant les relations suivantes</u> :

(i) $1 \leq i_1 < \ldots < i_r \leq n$;

(ii) $1 \leq j_1 \leq \ldots \leq j_s \leq n$;

(iii) $j_1 + \ldots + j_s \leq n$;

(iv) $i_1 + j_1 + \ldots + j_s > n$;

(v) $i_1 \leq j_1$.

Par exemple, $H^q(\mathfrak{a}(2),k)$ est nul pour $q \neq 0$, 5 , 7 et 8 et respectivement de dimension 2 , 1 et 2 pour $q = 5$, 7 et 8 .

COROLLAIRE 4.- <u>L'espace</u> $H^q(\mathfrak{a}(n),k)$ <u>est nul pour</u> $1 \leq q \leq 2n$.

COROLLAIRE 5.- <u>La structure multiplicative de</u> $H^*(\mathfrak{a}(n),k)$ <u>est triviale</u>.

5. La cohomologie de $\mathfrak{a}$ à valeurs dans les formes différentielles [6]

Soit U (resp. V) l'algèbre enveloppante de $\mathfrak{a}$ (resp. de la sous-algèbre $\mathfrak{a}_o$ de $\mathfrak{a}$). Puisque $\mathfrak{g}^{(-1)}$ est une sous-algèbre commutative de $\mathfrak{a}$ supplémentaire de $\mathfrak{a}_o$, U est isomorphe (en tant qu'espace vectoriel) au produit tensoriel de V et de l'algèbre symétrique de E . Par conséquent si M est un $\mathfrak{a}_o$-module, l'extension contravariante $\widetilde{M} = \mathrm{Hom}_V(U,M)$ de M est isomorphe à $k[[E]] \otimes M$.

En particulier, si M est le $\mathfrak{a}_o$-module déduit du $\mathfrak{g}$-module $\Lambda(E^*)$ par la projection de $\mathfrak{a}_o$ sur $\mathfrak{g}$, $\widetilde{M}$ est le $\mathfrak{a}$-module des formes différentielles formelles sur E ; et $H^*(\mathfrak{a},\widetilde{M})$ est isomorphe à $H^*(\mathfrak{a}_o,M)$ [4].

Avant de déterminer cette dernière algèbre de cohomologie, on remarquera que le complexe $C^*(\mathfrak{a}_o,M)$ est une algèbre différentielle bigraduée par les sous-espaces $C^p(\mathfrak{a}_o,\Lambda^r(E^*))$, et que l'on a $\alpha\wedge\beta = (-1)^{pq+rs}\beta\wedge\alpha$ pour $\alpha \in C^p(\mathfrak{a}_o,\Lambda^r(E^*))$ et $\beta \in C^q(\mathfrak{a}_o,\Lambda^s(E^*))$.

PROPOSITION 2.- <u>Il existe des éléments</u> $u_q \in H^{2q-1}(\mathfrak{a}_o,k)$ <u>et</u> $c_q \in H^q(\mathfrak{a}_o,\Lambda^q(E^*))$, $q = 1,\dots,n$, <u>tels que l'algèbre de cohomologie</u> $H^*(\mathfrak{a}_o,M)$ <u>soit isomorphe au produit tensoriel</u> $E[u_1,\dots,u_n] \otimes P_n[c_1,\dots,c_n]$ <u>de l'algèbre extérieure</u> $E[u_1,\dots,u_n]$ <u>en</u> $u_1,\dots,u_n$ <u>et de l'algèbre</u> $P_n[c_1,\dots,c_n]$ <u>des polynômes en</u> $c_1,\dots,c_n$, <u>où</u>

c_q <u>est de degré</u> q , <u>tronquée en degrés supérieurs à</u> n .

<u>Démonstration</u>. La suite spectrale de Hochschild-Serre associée à la sous-algèbre $\mathfrak{g}^{(0)}$ de $\mathfrak{a}_o$ a son terme $E_1^{p,q}$ isomorphe à $H^q(\mathfrak{g},k) \otimes D^p$ où D^p est l'espace des cochaînes de $C^p(\mathfrak{a}_o,M)$ basiques relativement à $\mathfrak{g}^{(0)}$.

L'intersection $D^p \cap C^p(\mathfrak{a}_o , \Lambda^r(E^*))$ est isomorphe au sous-espace des éléments invariants par $\mathfrak{g}$ de la somme directe des $\Lambda^r(E^*) \otimes \Lambda^{p_1}(\mathfrak{g}_{(1)}) \otimes \Lambda^{p_2}(\mathfrak{g}_{(2)}) \otimes \dots$ pour $p_1 + p_2 + \dots = p$. On déduit donc de l'étude du paragraphe 3 que D^p est isomorphe à l'espace B^p des éléments invariants de $\Lambda^p(\mathfrak{g}_{(-1)}) \otimes \Lambda^p(\mathfrak{g}_{(1)})$; et plus précisément que l'algèbre D des basiques de $C^*(\mathfrak{a}_o,M)$ est isomorphe à l'algèbre B des basiques de $C^*(\mathfrak{a},k)$.

Ce qui montre que le terme E_1 est isomorphe au produit tensoriel (non gradué) de $H^*(\mathfrak{g},k)$ et de D , et que les différentielles d_s , $s \geq 1$, sont nulles.

C.Q.F.D.

6. <u>Cohomologies relatives</u> [9]

Lorsque $k = \mathbb{R}$, on identifie l'algèbre de Lie $\underline{\mathfrak{o}}(n)$ des matrices antisymétriques à une sous-algèbre de $\mathfrak{g}^{(0)}$, et on désigne par $C^*(\mathfrak{a},O)$ le sous-complexe des cochaînes de $C^*(\mathfrak{a},\mathbb{R})$ basiques relativement au groupe orthogonal $O(n)$: $C^*(\mathfrak{a},O)$ est l'ensemble des cochaînes ω invariantes par $O(n)$ et telles que $i(X)\omega = 0$ pour tout $X \in \underline{\mathfrak{o}}(n)$.

On introduit de même le sous-complexe $C^*(\mathfrak{a},SO)$ des cochaînes de $C^*(\mathfrak{a},\mathbb{R})$ basiques relativement au groupe spécial orthogonal $SO(n)$, ainsi que les sous-complexes WO_n et WSO_n des éléments de W_n basiques relativement à $O(n)$ et

$SO(n)$ respectivement. L'homomorphisme $\psi : W_n \to C^*(\mathfrak{a},R)$ envoie WO_n dans $C^*(\mathfrak{a},O)$ et WSO_n dans $C^*(\mathfrak{a},SO)$.

On désigne par $H^*(\mathfrak{a},O)$, $H^*(\mathfrak{a},SO)$, $H^*(WO_n)$ et $H^*(WSO_n)$ les algèbres de cohomologie de ces complexes.

PROPOSITION 3.- <u>L'homomorphisme</u> ψ <u>induit un isomorphisme de</u> $H^*(WSO_n)$ <u>sur</u> $H^*(\mathfrak{a},SO)$ <u>et de</u> $H^*(WO_n)$ <u>sur</u> $H^*(\mathfrak{a},O)$.

<u>Démonstration</u>. La filtration (A_p) de $C^*(\mathfrak{a},R)$ détermine une filtration de $C^*(\mathfrak{a},SO)$, et le terme E_1^p de la suite spectrale correspondante est isomorphe à $H^*(\mathfrak{g},\underline{\mathfrak{o}}) \otimes B^p$ où $H^*(\mathfrak{g},\underline{\mathfrak{o}})$ est l'algèbre de cohomologie des cochaînes sur $\mathfrak{g}$ à valeurs réelles, basiques relativement à $\underline{\mathfrak{o}}(n)$.

De même, la filtration (U_p) de W_n détermine une filtration de WSO_n , et le terme E_1^p de la suite spectrale correspondant à cette filtration est nul pour p impair et isomorphe à $H^*(\mathfrak{g},\underline{\mathfrak{o}}) \otimes I_S^r(\mathfrak{g})$ pour $p = 2r$. La proposition 1 permet alors de conclure.

La vérification est analogue pour $H^*(WO_n)$.

C.Q.F.D.

PROPOSITION 4.- <u>L'algèbre de cohomologie</u> $H^*(WO_n)$ <u>est isomorphe à l'algèbre de cohomologie du complexe</u> $V_{n,I}$ <u>où</u> I <u>est l'ensemble des entiers impairs de</u> $\{1,\ldots,n\}$.

<u>Démonstration</u>. Le terme E_1^p de la suite spectrale associée à la filtration de WO_n est nul pour p impair et isomorphe à $H^*(\mathfrak{g},O) \otimes I_S^r(\mathfrak{g})$ pour $p = 2r$. On peut alors préciser la description donnée au début du paragraphe 4 de la façon suivante [1] :

(i) pour q impair les représentants $w_q \in U^{0,2q-1}$ des classes u_q peuvent être choisis dans WO_n ;

(ii) si l'on désigne encore par u_q , $q = 1, 3, 5, \dots$, la classe de w_q dans $H^{2q-1}(\mathfrak{g}, O)$, $H^*(\mathfrak{g}, O)$ est isomorphe à l'algèbre extérieure $E[u_1, u_3, \dots]$.

On vérifie alors comme précédemment que l'homomorphisme $\chi : V_{n,I} \to WO_n$ déterminé par $\chi(u_q) = w_q$, $q \in I$, et $\chi(c_q) = dw_q$, $q = 1, \dots, n$, induit un isomorphisme de $H^*(V_{n,I})$ sur $H^*(WO_n)$.

C.Q.F.D.

On déduit alors du théorème 2 que, pour n pair, c_n est un cocycle de $V_{n,I}$ dont la classe de cohomologie n'est pas nulle. On désignera encore par c_n la classe de cohomologie correspondante dans $H^*(WO_n)$.

PROPOSITION 5.- <u>L'algèbre de cohomologie</u> $H^*(WSO_n)$ <u>est isomorphe à</u> $H^*(WO_n)$ <u>pour</u> n <u>impair et à</u> $H^*(WO_n)[\chi]/(\chi^2 - c_n)$ <u>pour</u> n <u>pair</u>.

<u>Démonstration</u>. Lorsque n est impair la description donnée dans la démonstration précédente pour WO_n est également valable pour WSO_n . Dans le cas $n = 2r$, il faut la modifier de la façon suivante [1] :

(i) pour $q = 1, 3, \dots, 2r-1$, les représentants $w_q \in U^{0,2q-1}$ des classes u_q peuvent être choisis dans WSO_n (en fait dans WO_n) ;

(ii) il existe un élément $v \in U^{0,2r-1}$ et un choix de $w_n \in U^{0,2n-1}$ tel que $(dv)^2 = dw_n$;

(iii) si l'on désigne encore par u_q , $q = 1, 3, \dots, 2r-1$, la classe de w_q dans $H^{2q-1}(\mathfrak{g}, \underline{\mathfrak{o}})$ et par $\chi \in H^{2r}(\mathfrak{g}, \underline{\mathfrak{o}})$ la classe de dv , $H^*(\mathfrak{g}, \underline{\mathfrak{o}})$ est isomorphe à l'algèbre extérieure $E[u_1, \dots, u_{2r-1}, \chi]$.

On vérifie alors que la correspondance $u_q \mapsto w_q$, $c_q \mapsto dw_q$ et $\chi \mapsto dv$ détermine un homomorphisme du complexe $V_{n,I} \otimes R[\chi]/(\chi^2 - c_n)$, où $I = \{1,3,\ldots,2r-1\}$ et $d\chi = 0$, dans WSO_n induisant un isomorphisme en cohomologie.

C.Q.F.D.

7. Appendice

Des résultats plus ou moins complets ont également été obtenus concernant la cohomologie des algèbres de Lie infinies transitives et primitives [11], [12]. On sait qu'une telle algèbre s'identifie à une sous-algèbre d'une algèbre de Lie de champs de vecteurs formels ; et dans la situation où cette sous-algèbre contient l'élément H , on peut montrer, comme dans la remarque 1, que sa cohomologie est de dimension finie. Par contre, on ignore si la cohomologie de l'algèbre de Lie des champs de vecteurs formels hamiltoniens est de dimension finie [8].

Signalons enfin que la cohomologie $H^*(\mathfrak{a},R)$ joue un rôle essentiel dans la détermination de la cohomologie de l'algèbre de Lie des champs de vecteurs différentiables sur une variété [7].

BIBLIOGRAPHIE

[1] A. BOREL - Sur la cohomologie des espaces fibrés principaux et des espaces homogènes de groupes de Lie compacts, Ann. of Math., 57 (1953), p. 115-207.

[2] H. CARTAN - Notions d'algèbres différentielles ; applications aux groupes de Lie et aux variétés où opèrent un groupe de Lie, Colloque de Topologie, Bruxelles (1950), p. 15-27.

[3] H. CARTAN - La transgression dans un groupe de Lie et dans un espace fibré principal, Colloque de Topologie, Bruxelles (1950), p. 57-71.

[4] H. CARTAN and S. EILENBERG - Homological algebra, Princeton Univ. Press, 1956.

[5] I. M. GELFAND and D. B. FUKS - Cohomology of the Lie algebra of formal vector fields, Izv. Akad. Nauk SSSR, 34 (1970), p. 322-337.

[6] I. M. GELFAND and D. B. FUKS - Cohomologies of Lie algebra of vector fields with nontrivial coefficients, Funct. Anal., 4 (1970), p. 10-25.

[7] I. M. GELFAND and D. B. FUKS - Cohomology of Lie algebra of tangential vector fields, Funct. Anal., 4 (1970), p. 23-31.

[8] I. M. GELFAND, D. B. FUKS and D. I. KALININ - Cohomology of the Lie algebra of formal hamiltonian vector fields, Funct. Anal., 6 (1972), p. 25-29.

[9] A. HAEFLIGER - Sur les classes caractéristiques des feuilletages, Sém. Bourbaki, exposé n° 412, juin 1972, Springer, Lecture Notes in Maths.

[10] G. HOCHSCHILD and J.-P. SERRE - Cohomology of Lie algebras, Ann. of Math., 57 (1953), p. 591-603.

[11] B. I. ROZENFELD - Cohomology of some infinite-dimensional Lie algebras, Funct. Anal., 5 (1971), p. 84-85.

[12] S. D. SCHNIDER - Invariant theory and the cohomology of infinite Lie algebras, Thèse, Harvard (1972).

LE THÉORÈME DE DÉRIVATION DE LEBESGUE PAR RAPPORT A UNE RESOLVANTE

[d'après G. MOKOBODZKI]

par Paul-André MEYER

Introduction

Le théorème de dérivation de Lebesgue sur la droite peut s'énoncer de la manière suivante.

Soit f une fonction décroissante et positive sur $\mathbb{R}$, continue à droite, bornée et telle que $f(+\infty) = 0$: f s'écrit

(1) $$f(x) = \int_x^\infty \mu(dt)$$ où μ est une mesure positive bornée.

Formons $D_h f(x) = \frac{1}{h}(f(x) - f(x+h))$. Alors :

1) $D_h f$ converge p.p. au sens de Lebesgue lorsque $h \to 0$;

2) la limite de $D_h f$ est la densité de la partie absolument continue de μ ;

3) on a le lemme maximal de Hardy-Littlewood : soit $D^* f = \sup_h D_h f$. Alors

(2) $$\int_x^\infty \varphi_{\{D^*f > c\}}(t)dt \leq \frac{f(x)}{c}$$ pour tout $c > 0$.

[On rappelle que $\varphi_{\{..\}}$ est la fonction caractéristique de $\{..\}$! .]

Ce théorème ne passe pas pour évident. Il en existe des généralisations à $\mathbb{R}^n$, et aux intégrales multiples, mais on sait que la situation est plus compliquée que dans $\mathbb{R}$. En voici maintenant une généralisation d'un type tout différent :

Soit f une fonction surharmonique positive dans $\mathbb{R}^3$, potentiel newtonien d'une mesure positive bornée μ

(1') $$f(x) = \int n(x,t)\,\mu(dt) .$$

Formons $D_h f(x) = \frac{c}{h^2}(f(x) - M_{x,h}f)$, où c est une constante convenable, et $M_{x,h}(f)$ est la moyenne de f sur la boule de centre x et de rayon h . Alors :

1) $D_h f$ converge p.p. au sens de Lebesgue lorsque $h \to 0$;

2) la limite de $D_h f$ est la densité de la partie absolument continue de μ ;

3) on a le "lemme maximal" suivant : soit $D^* f = \sup_h D_h f$. Alors

(2') $$\int n(x,t)\, \varphi_{\{D^*f > c\}}(t)dt \leq \frac{f(x)}{c} \qquad \text{pour tout } c > 0 .$$

C'est vraiment le même théorème ! Personne n'a, semble-t-il, essayé de démontrer des résultats de ce genre en théorie du potentiel avant que Mokobodzki fasse une théorie entièrement générale de la dérivation par rapport à un semi-groupe sous-markovien (ou plus généralement encore une résolvante), qui comprend les deux théorèmes ci-dessus comme cas particuliers. Les résultats de Mokobodzki sont déjà anciens (1969), et n'ont absolument pas été diffusés comme ils le méritent : leur auteur lui-même semble les négliger. On peut renvoyer le lecteur à l'excellente rédaction de Mokobodzki (cf. [1]).

Notations générales

- E est un ensemble muni d'une tribu $\underline{\underline{B}}$. $(V_\lambda)_{\lambda>0}$ est une résolvante sousmarkovienne, c'est-à-dire une famille de noyaux positifs sur $(E,\underline{\underline{B}})$ possédant les propriétés

$$\lambda V_\lambda 1 \leq 1 \qquad\qquad V_\lambda - V_\mu = -(\lambda-\mu)V_\lambda V_\mu$$

les noyaux V_λ croissent lorsque λ décroît. Leur limite pour $\lambda \to 0$ est un noyau V , le noyau potentiel, qui n'est en général pas borné. Nous lui imposerons plus loin, toutefois, de n'être "pas trop grand".

- Une fonction f sur E est dite surmédiane si elle est $\underline{\underline{B}}$-mesurable positive, et $\lambda V_\lambda f \leq f$ pour tout $\lambda > 0$. Si de plus on a $\lim_{\lambda\to\infty} \lambda V_\lambda f = f$, f est dite excessive (la limite au premier membre existe pour toute f surmédiane, on la note $\hat{f}$, et c'est une fonction excessive). On notera $\underline{\underline{S}}$ (resp. $\underline{\underline{S}}_b$) le cône convexe $\wedge$-stable des fonctions surmédianes finies (resp. bornées).

- L'expression négligeable s'applique à un ensemble négligeable à la fois pour toutes les mesures $V(x,.)$ $(x \in E)$. L'expression presque partout signifie "sauf sur un ensemble négligeable". Par exemple, si $f \in \underline{\underline{S}}$, on a $f = \hat{f}$ p.p. .

- La notation $f \ll g$ (ordre fort) signifie $g = f + h$, où h est <u>surmédiane</u>.

- Nous nous donnons (et donc supposons qu'il existe) un espace vectoriel Λ-stable $\underline{\underline{C}}$ de fonctions $\underline{\underline{B}}$-mesurables bornées sur E , satisfaisant aux propriétés suivantes :

a) si $f \in \underline{\underline{C}}^+$, Vf est une fonction bornée, et $\lambda V_\lambda f \xrightarrow[\lambda \to \infty]{} f$ p.p. ,

b) il existe une suite (a_n) d'éléments de $\underline{\underline{C}}$ qui converge vers 1 en croissant,

c) la tribu $\underline{\underline{T}}(\underline{\underline{C}})$ engendrée par $\underline{\underline{C}}$ est égale à $\underline{\underline{B}}$ [il suffit même que $\underline{\underline{B}}$ soit contenue dans la complétion universelle de $\underline{\underline{T}}(\underline{\underline{C}})$, mais on n'insistera pas sur ce point].

Si le noyau potentiel V est borné, on peut prendre pour $\underline{\underline{C}}$ l'espace $\underline{\underline{S}}_b - \underline{\underline{S}}_b$.

DÉFINITION.- Soit D un opérateur défini sur $\underline{\underline{S}}$, à valeurs dans l'ensemble des fonctions $\underline{\underline{B}}$-mesurables positives finies ou non (D n'est pas supposé linéaire, pas même positivement homogène). On dit que D est <u>presque dérivant</u> si

1) $D(u + v) \geq Du$ $(u , v \in \underline{\underline{S}})$

2) $u \leq v$, $u(x) = v(x) \Rightarrow Du(x) \geq Dv(x)$ $(u , v \in \underline{\underline{S}})$.

On dit que D est <u>dérivant</u> si de plus

3) $h \in \underline{\underline{C}}^+ \Rightarrow DVh = h$ p.p.

4) si $h \in \underline{\underline{C}}^+$, $u \in \underline{\underline{S}} \Rightarrow D(u + Vh) > Du$ p.p. dans l'ensemble $\{Du < \infty , h > 0\}$.

Nous verrons plus loin que 4) est en fait une conséquence des trois autres. Nous abrégerons les mots "opérateur presque dérivant, dérivant" en o.p.d., o.d. . La terminologie de Mokobodzki est différente (opérateurs <u>presque positifs</u> pour les opérateurs satisfaisant à 2)).

Voici des exemples fondamentaux de tels opérateurs : posons $D_\lambda = \lambda(I - \lambda V_\lambda)$. Alors $\overline{D} = \limsup_{\lambda \to \infty} D_\lambda$ et $\underline{D} = \liminf_{\lambda \to \infty} D_\lambda$ sont des o.d. (sous les hypothèses précédentes d'existence de $\underline{\underline{C}}$) et $D^* = \sup_\lambda D_\lambda$ est un o.p.d. . Signalons tout de suite que l'on peut obtenir des résultats sur $\bar{D}$ et $\underline{D}$, sans aucune hypothèse quant à $\underline{\underline{C}}$, en travaillant sur la résolvante $(V_{\lambda+\mu})_{\lambda>0}$, μ fixe > 0 , et en faisant ensuite tendre μ vers 0 .

Si la résolvante est de la forme $V_\lambda = \int_0^\infty e^{-\lambda t} P_t dt$, où (P_t) est un semi-groupe, on obtient d'autres exemples en remplaçant D_λ par $\frac{1}{t}(I - P_t)$.

Les résultats fondamentaux : énoncés

On expliquera plus loin pourquoi le numérotage des énoncés commence à 2 . Dans les théorèmes 2, 3, 4, D est dérivant.

THÉORÈME 2.- Si u est surmédiane finie, on a $VDu \ll u$.

THÉORÈME 3.- Si h est positive, et Vh finie, alors $DVh = h$ p.p. .

COROLLAIRE.- Si $V|\varphi|$ est finie, $\lambda V_\lambda \varphi \to \varphi$ p.p. .

Noter que c'est un "théorème ergodique local" au sens abélien, dont les hypothèses sont différentes des hypothèses usuelles : il n'y a pas de mesure privilégiée sur E .

COROLLAIRE.- Si f et g sont positives, Vf et Vg finies, alors
$(f \leq g \text{ p.p.}) \Leftrightarrow (Vf \ll Vg)$.

Voici le théorème de dérivation de Lebesgue, au moins pour les fonctions surmédianes finies. Pour s'en rendre compte, prendre $D = \underline{D}$.

THÉORÈME 4.- Si u est surmédiane finie, on a $Du = \bar{D}u$ p.p. .

Ce théorème donne aussi la décomposition de Lebesgue : posons $VDu = u'$ et $u - VDu = u''$. Alors u'' est excessive (th. 2) ; $Du'' = 0$ p.p., et tout potentiel $Vh \ll u$ est tel que $Vh \ll u'$. Ainsi u' est "absolument continue" et u'' "singulière" .

On suppose maintenant que D est presque dérivant. Le théorème suivant correspond au lemme maximal de Hardy-Littlewood, mais il a un champ d'application bien plus vaste. Dans la théorie de la dérivation classique, il sert à démontrer le th. de Lebesgue. Ici, il est assez curieux qu'on ne sache le démontrer qu'après les autres théorèmes.

THÉORÈME 5.- Supposons que $V1$ soit finie, et que D soit un opérateur presque dérivant tel que $DV\lambda \leq \lambda$ p.p. pour $\lambda \in R_+$. On a alors pour $u \in \underline{\underline{S}}$

$$u \geq \lambda . VI_{\{Du \geq \lambda\}} .$$

L'opérateur D^* satisfait aux hypothèses ci-dessus, et l'inégalité est vraie pour D^* même si $V1$ n'est pas finie.

La méthode de démonstration des quatre théorèmes repose entièrement sur l'emploi des réduites, dont l'existence et les propriétés essentielles sont données dans l'énoncé suivant.

THÉORÈME 1.- Soit u une fonction mesurable positive. Il existe une plus petite fonction surmédiane majorant u . On l'appelle la réduite au-dessus de u , et on la note Ru .

Si $u = v - w$ $(v \in \underline{\underline{S}}, w \in \underline{\underline{S}})$, on a $Ru \ll v$.

Si de plus $v = Vh$ $(h \geq 0)$ et $A = \{u = Ru\}$, alors $Ru \ll V(hI_A)$.

Remarque.- Soit D un opérateur satisfaisant à 1 , 2 , 3 ; l'opérateur $D' = tD + (1 - t)\bar{D}$ satisfait à 1 , 2 , 3 et 4 pour tout $t \in]0,1[$, donc $D'u = \bar{D}u$ p.p. si $u \in \underline{\underline{S}}$, d'où le même résultat pour D lui-même (en particulier, D satisfait à 4).

Le théorème 1 est vraiment le résumé de toute la théorie du potentiel par rapport à une résolvante. On ne va pas le démontrer ici, mais plutôt en déduire les autres théorèmes. Il s'établit à partir d'un énoncé analogue de théorie du potentiel discrète, par un "passage du discret au continu". Voir l'article [1] de Mokobodzki (particulièrement, la prop. 12, p. 184 pour la dernière assertion de l'énoncé, et les pages 178-182 pour la première ([1])).

([1]) Pour la seconde assertion, toutefois, Mokobodzki ne traite que le cas où V est borné et $h = 1$. On peut toujours se ramener au cas borné en considérant un noyau $V'f = V(af)$, où a est partout > 0 .

Démonstration du théorème 2

La notation $\underline{\underline{C}}$ est là pour suggérer un espace de fonctions continues bornées. Aussi dirons-nous qu'une fonction k , positive bornée, est "s.c.s." s'il existe des $k_n \in \underline{\underline{C}}^+$ tels que $k = \inf_n k_n$.

Lemme 1.- Pour toute fonction positive mesurable g et toute mesure positive bornée μ , $\mu(g) = \sup \mu(k)$, k s.c.s. $\leq g$.

Raisonnement par classes monotones. On utilise ici le fait que $\underline{\underline{B}}$ est la tribu engendrée par $\underline{\underline{C}}$.

Lemme 2.- Si k est positive s.c.s., alors $DVk \leq k$ p.p.

On prend des $k_n \in \underline{\underline{C}}^+$ qui décroissent vers k . Alors $DVk_n = k_n$ p.p. (propriété 3). D'autre part, $Vk \ll Vk_n$, donc $DVk \leq DVk_n$ (propriété 1). Ainsi $DVk \leq k_n$ p.p. pour tout n .

L'énoncé suivant est une forme du principe du maximum et de sa réciproque : cette forme n'est pas tout à fait classique, elle est par ex. établie dans Meyer [2]. L'assertion relative à f s.c.s. résulte du lemme 1 ci-dessus.

Lemme 3.- Si a est surmédiane, f positive, alors $(a \geq Vf$ sur $\{f > 0\}) \Rightarrow (a > Vf$ partout$)$. Inversement, si $a \geq 0$ a cette propriété (même seulement pour f s.c.s) alors a est surmédiane.

Démonstration principale.- Nous partons de $u \in \underline{\underline{S}}$, et nous voulons montrer que $u - VDu \in \underline{\underline{S}}$. Nous allons montrer

si k est s.c.s., $0 \leq k \leq Du$, alors $Vk \ll u$.

Cela suffira : cela entraînera d'abord $VDu \leq u$ (lemme 1). Puis il s'agit de voir si $(I - \lambda V_\lambda)(u - VDu) \geq 0$. Choisissons des k_n s.c.s., croissant avec n , tels que $0 \leq k_n \leq Du$, tels qu'à un x fixé on ait $Vk_n \uparrow VDu$ et $V_\lambda Vk_n \uparrow V_\lambda VDu$. Nous avons d'après la phrase soulignée $(I - \lambda V_\lambda)(u - Vk_n) \geq 0$, et au point x $(I - \lambda V_\lambda)(u - VDu) \geq 0$.

La phrase soulignée, à son tour, s'énonce ainsi (lemme 3). Si h est s.c.s. positive, et $u - Vk \geq Vh$ sur $\{h > 0\}$, alors $u - Vk \geq Vh$.

Supposons le contraire. Choisissons une fonction a partout > 0, somme d'une série (a_n) d'éléments de $\underline{\underline{C}}^+$, et telle que Va soit bornée. Comme $u - Vk \ngeq Vh$, nous pouvons choisir $\lambda > 0$ assez petit pour que $u - Vk + \lambda Va \ngeq Vh$. Posons alors $t = V(h + k) - (u + \lambda Va)$. Comme t prend des valeurs, nous avons $Rt \neq 0$. Soit $A = \{t = Rt\}$; nous avons $Rt \ll V((h + k)I_A)$, donc A n'est pas négligeable. D'autre part, nous avons $u - Vk \geq Vh$ sur $\{h > 0\}$ par hypothèse, donc (Va étant p.p. > 0) $t < 0$ sur $\{h > 0\}$, et $A \subset \{h \leq 0\}$ p.p. . Nous allons montrer que $Du < h + k$ p.p. sur A, et comme $k \leq Du$, $h \leq 0$ p.p. sur A, il en résultera que notre supposition était stupide.

Nous avons $u + \lambda Va + t = V(h + k)$ partout, donc $u + \lambda Va + Rt \geq V(h + k)$ partout, avec égalité sur A. D'après les propriétés 1 et 2 des o.p.d., on a alors $D(u + \lambda Va) \leq D(u + \lambda Va + Rt) \leq DV(h + k)$ sur A. D'après le lemme 2, on a $DV(h + k) \leq h + k$ p.p., et cette fonction étant finie, la propriété 1 entraîne que Du est finie p.p. sur A. Mais alors $D(u + \lambda Va) > Du$ p.p. sur A, d'après la propriété 4 appliquée à chacun des $a_n \in \underline{\underline{C}}^+$. Finalement, on a bien $Du < h + k$ p.p. sur A (c.q.f.d.).

Démonstration du théorème 3

1. Soit $h_n = h_n \wedge na_n$, et supposons le théorème établi pour h_n. Alors $DVh \geq DVh_n$ (propriété 1), qui vaut h_n p.p. d'après notre supposition. Donc $DVh \geq h$ p.p. et $VDVh \gg Vh$. D'autre part $VDVh \ll Vh$ (th. 2), donc $VDVh = Vh$, et la fonction positive $DVh - h$ (dont le potention est fini puisque Vh est finie par hypothèse) a un potentiel nul : donc $DVh = h$ p.p. et le théorème est aussi vrai pour h.

2. On se trouve donc ramené au cas où h est majorée par na_n. Il suffit de montrer que $VDVh = Vh$, pour la raison suivante. Considérons l'ensemble des h positives telles que $DV(h \wedge na_n) = h \wedge na_n$ p.p.. Il contient $\underline{\underline{C}}^+$ d'après la propriété 3, et le fait que $\underline{\underline{C}}$ est $\wedge$-stable. La limite d'une suite croissante

d'éléments de cet ensemble lui appartient encore (même raisonnement qu'en 1. ci-dessus). Si des h_n de cet ensemble décroissent vers h , alors $DV(h \wedge na_n) \leq DV(h_n \wedge na_n) = h_n \wedge na_n$ p.p. , et la relation $VDV(h_n \wedge na_n) = V(h_n \wedge na_n)$ entraîne l'égalité comme ci-dessus. Par classes monotones, $\underline{\underline{C}}$ engendrant la tribu $\underline{\underline{B}}$, on a l'égalité pour $h \wedge na_n$ pour toute h positive, et le th. est vrai pour les fonctions comprises entre 0 et na_n .

3. Soit donc h comprise entre 0 et na_n . Comme nous savons que $VDVh \leq Vh$ (th. 2), il suffit de montrer que $VDVh \geq Vh$. Introduisons sans définition formelle les fonctions s.c.i., qui satisfont à des lemmes analogues aux lemmes 1 et 2. Tout revient à montrer que si f est s.c.i. bornée, $f \geq DVh$, alors $Vf \geq Vh$. Supposons le contraire, reprenons la fonction a partout > 0 de la démonstration du th. 2, et choisissons $\lambda > 0$ tel que $V(h - f - \lambda a) \nleq 0$. Notons t cette fonction, A l'ensemble $\{t = Rt\}$. Rt n'est pas nulle, et comme $Rt \ll V(hI_A)$ A n'est pas négligeable. Mais $Vh = V(f + \lambda a) + t$, donc $Vh \leq V(f + \lambda a) + Rt$ avec égalité sur A , donc $DVh \geq DV(f + \lambda a)$ sur A . Comme $VDVh \leq Vh$, DVh est finie p.p., donc DVf finie p.p. sur A , et la propriété 4 entraîne que $DVh > DVf$ p.p. sur A . Mais le lemme 2 (retourné, f étant s.c.i.) nous dit que $DVf \geq f$ p.p., donc $DVh > f$ p.p. sur A , qui est absurde.

Les corollaires sont faciles : pour le premier, appliquer le résultat précédent aux opérateurs $\bar{D}$ et $\underline{D}$.

Démonstration du théorème 4

D'après le th. 2, nous avons $V\bar{D}u \ll u$, donc $\bar{D}u$ est finie p.p.. Posons $u' = V\bar{D}u$, $u'' = u - V\bar{D}u$. Si $h \geq 0$ est telle que $Vh \ll u$, nous avons $\bar{D}Vh \leq \bar{D}u$ (pr. 1), donc $V\bar{D}Vh \ll V\bar{D}u$, donc (comme $\bar{D}Vh = Vh$: th. 3) $Vh \ll u'$. D'après le th. 2, on a $VDu \ll u$, donc $VDu \ll u' = V\bar{D}u$, et $Du \leq \bar{D}u$ p.p. (Corol. 2). L'égalité s'obtient en échangeant les deux opérateurs.

Pour obtenir la décomposition de Lebesgue, nous remarquons que u'' est surmédiane (th. 2). Nous avons $\underline{D}u' + \bar{D}u'' \leq \bar{D}u$, donc $V(\underline{D}u' + \bar{D}u'') \ll V\bar{D}u \ll u$, donc $V(\underline{D}u' + \bar{D}'') << u' = V\underline{D}u'$. Donc $V\bar{D}u'' = 0$ et $Du'' = 0$ p.p. .

Démonstration du théorème 5

Lemme.- Soit D un o.p.d., et soient u une fonction surmédiane, h une fonction positive. Si l'on a p.p. $Du > DVh$ sur $\{Vh \geq u\}$, on a $u \geq Vh$.

En effet, supposons le contraire. Posons $t = Vh - u$, $A = \{t = Rt\}$; on a $Rt \neq 0$, $Rt << V(hI_A)$, donc A n'est pas négligeable. On a $u + t = Vh$, donc $u + Rt \geq Vh$ avec égalité sur A , et $Du \leq D(u + Rt) \leq DVh$ sur A . Cela contredit l'hypothèse que $Du > DVh$ p.p. sur $\{t \geq 0\}$.

Démontrons alors le théorème. Quitte à remplacer D par $\sup(D,\bar{D})$, qui est encore un o.p.d., nous pouvons supposer que pour toute $f \geq 0$ bornée on a $DVf \geq f$ p.p.. Soit $h = \lambda.I_{\{Du < \lambda\}}$. Alors $D(u + Vh) \geq \sup(Du,DVh)$; comme $DVh \geq h$ p.p., on a $D(u + Vh) \geq \lambda$ p.p. . Soit $\lambda' < \lambda$, on a par hypothèse $\lambda' \geq DV\lambda'$, et l'inégalité s'écrit $D(u + Vh) > DV\lambda'$ p.p., d'où l'on tire $u + Vh \geq V\lambda'$ p.p., et $u + Vh \geq V\lambda$ p.p.. Compte tenu de la définition de h , cela s'écrit $u \geq \lambda V(I_{\{Du \geq \lambda\}})$.

Supposons $V1$ finie ; on a $p(I - pV_p)V\lambda = pV_p\lambda \leq \lambda$, donc $D^* = \sup_p p(I - pV_p)$ satisfait à l'hypothèse précédente.

Lorsque $V1$ n'est pas finie, on peut encore appliquer le résultat précédent à la résolvante $(V_{\mu+\lambda})$, où $\mu > 0$ est fixé. L'opérateur D^*_μ correspondant est $\sup_p p(I - pV_{\mu+p})$, qui est plus grand que le précédent. Nous avons donc, u étant aussi μ-surmédiane

$$\lambda V_\mu(I_{\{D^*u \geq \lambda\}}) \leq \lambda V_\mu(I_{\{D^*_\mu u \geq \lambda\}}) \leq u$$

après quoi on fait tendre μ vers 0 .

BIBLIOGRAPHIE

[1] G. MOKOBODZKI - Densité relative de deux potentiels comparables ; Quelques propriétés remarquables des opérateurs presque positifs. Séminaire de Probabilités de Strasbourg IV (1969), Lecture Notes in Math., vol. 124, Springer-Verlag, 1970.

[2] P. A. MEYER - Deux petits résultats de théorie du potentiel, Séminaire de Probabilités de Strasbourg V (1970), Lecture Notes in Math., vol. 191, Springer-Verlag, 1971.

INDÉPENDANCE PAR RAPPORT À ℓ DES POLYNÔMES CARACTÉRISTIQUES DES ENDOMORPHISMES DE FROBENIUS DE LA COHOMOLOGIE ℓ-ADIQUE

[d'après P. DELIGNE]

par Jean-Louis VERDIER

1. Résultat

Soient X une variété algébrique propre sur un corps fini $\mathbb{F}_q$ à q éléments, $\overline{\mathbb{F}}_q$ une clôture algébrique de $\mathbb{F}_q$ et $\overline{X}$ la variété sur $\overline{\mathbb{F}}_q$ déduite de X par extension des scalaires. On dispose, pour tout nombre premier ℓ premier à q, d'une théorie cohomologique $H^{\cdot}(\overline{X}, \mathbb{Q}_\ell)$ à valeurs dans les $\mathbb{Q}_\ell$-espaces vectoriels [13]. Le $\overline{\mathbb{F}}_q$-endomorphisme de Frobenius $F_q : \overline{X} \to \overline{X}$ agit sur les espaces de dimension finie $H^r(\overline{X}, \mathbb{Q}_\ell)$. Les polynômes caractéristiques, en la variable t, de ces actions sont notés

1.1 $$\det(1 - tF_q ; H^r_\ell(\overline{X})) .$$

Ces polynômes sont à coefficients entiers ℓ-adiques et les racines de ces polynômes dans une clôture algébrique de $\mathbb{Q}_\ell$ sont des unités car ce sont des polynômes caractéristiques d'automorphismes de la cohomologie à coefficients dans $\mathbb{Z}_\ell$.

Lorsque X est propre et lisse, on a une égalité de séries formelles en la variable t à coefficients dans $\mathbb{Q}_\ell$:

1.2 $$\zeta(X,t) = \prod_r \det(1 - tF_q ; H^r_\ell(\overline{X}))^{(-1)^{r+1}}$$

avec

$$\zeta(X,t) = \prod_x (1 - t^{\deg(x)})^{(-1)}$$

où x décrit les points fermés du schéma X [7]. Ces séries formelles sont donc à coefficients dans $\mathbb{Z}$.

ON conjecture généralement que [19]

W 1) Les polynômes $\det(1 - tF_q ; H^r_\ell(\bar{X}))$ sont à coefficients entiers et sont indépendants de ℓ .

W 2) Les racines dans $\mathbb{C}$ de $\det(1 - tF_q ; H^r_\ell(\bar{X}))$ sont de module $q^{-r/2}$.

THÉORÈME A (P. Deligne).- Soit X une variété projective et lisse sur un corps fini $\mathbb{F}_q$ de caractéristique $\neq 2$, qui se remonte avec sa polarisation en caractéristique 0 . Alors les polynômes $\det(1 - tF_q ; H^r_\ell(\bar{X}))$ sont à coefficients entiers et indépendants de ℓ .

On dit que X propre sur $\mathbb{F}_q$ se remonte en caractéristique 0 s'il existe un anneau de valuation discrète A d'inégale caractéristique et de corps résiduel $\mathbb{F}_q$, et un schéma propre et plat Z sur spec A dont la fibre au-dessus du point fermé soit isomorphe à X . Si X est lisse, Z est lisse sur spec A , On dit que X projective se remonte avec sa polarisation, si on peut trouver un schéma Z , comme ci-dessus, projectif sur spec A qui induise sur X un multiple du plongement projectif donné.

2. Géométrie des pinceaux

Soient k un corps, $X \overset{i}{\hookrightarrow} P^N$ une sous-variété fermée lisse et connexe de l'espace projectif sur k de dimension N . L'ensemble des hyperplans de P^N est paramétré par un espace projectif $\check{P}^N$. Pour $s \in \check{P}^N$, on pose $Y_s = X \cap s$. Le lieu $\check{X} = \{s \in \check{P}^N \mid Y_s$ est singulier$\}$ est appelé la variété duale de X . Un pinceau de sections hyperplanes de X , ou simplement un pinceau, consiste en la donnée d'une droite projective $P^1 \subset \check{P}^N$, i.e. d'un point fermé de la grassmanienne $Gr(1,\check{P}^N)$, tel que $S = P^1 \cap \check{X}$ soit fini et tel que, pour tout $s \in S$, Y_s ne possède qu'un seul point singulier. Un pinceau d'hypersurfaces de degré d est un pinceau de sections hyperplanes du d-ième multiple du plongement i. L'axe d'un pinceau d'hyperplan est l'intersection commune des hyperplans du pinceau. On dit qu'un pinceau est de Lefschetz si pour les valeurs exceptionnelles $s \in S$ du paramètre, le point singulier de Y_s est un point singulier quadratique ordinaire [4] et si l'axe du pinceau est transverse à X. Le plongement $i : X \hookrightarrow P^N$ est dit de Lefschetz s'il existe un pinceau de Lefschetz de sections hyperplanes.

PROPOSITION 2.1.- a) Le carré du plongement i est de Lefschetz.

b) L'ensemble des pinceaux de Lefschetz est ouvert dans l'ensemble des points fermés de $Gr(1,\check{P}^N)$.

c) Soient Y_0 une section hyperplane lisse de X et $Gr(1,\check{P}^N)_{Y_0}$ la sous-variété des droites de $\check{P}^N$ passant par Y_0. L'ensemble des pinceaux de Lefschetz est ouvert dans l'ensemble des points fermés de $Gr(1,\check{P}^N)_{Y_0}$, ouvert dense si $X \overset{i}{\hookrightarrow} P^N$ est un plongement de Lefschetz.

d) Si le plongement $i : X \hookrightarrow P$ est de Lefschetz, un point fermé de $Gr(1,\check{P}^N)$ est un pinceau de Lefschetz si et seulement s'il est en position générale par rapport à $\check{X}$.

Voir [8] pour la démonstration.

3. Cohomologie des sections hyperplanes

3.1. Le théorème de Lefschetz facile. Soient k un corps algébriquement clos, $X \overset{i}{\hookrightarrow} P^N$ une sous-variété fermée lisse et connexe de dimension $n+1$ de l'espace projectif à N dimensions sur k et Y une section hyperplane lisse de X. Alors pour tout nombre premier ℓ premier à la caractéristique de k, l'homomorphisme de restriction

$$H^r(X,\mathbb{Q}_\ell) \rightarrow H^r(Y,\mathbb{Q}_\ell)$$

est bijectif pour $i < n$ et injectif pour $i = n$.

(Voir [9] et [16] pour le cas de la cohomologie ℓ-adique et [2] pour le cas de la cohomologie transcendante (cohomologie "ordinaire").)

3.2. Le théorème de Lefschetz difficile. Soit X une variété projective purement de dimension $n+1$ sur un corps algébriquement clos k . Soient $u \in H^2(X,\mathbb{Q}_\ell[1])$, ℓ premier à $\mathrm{car}(k)$, la classe de Chern du fibré $\mathcal{O}_X(1)$ et $L : H^{\cdot}(X,\mathbb{Q}_\ell) \rightarrow H^{\cdot+2}(X,\mathbb{Q}_\ell[1])$ la multiplication par u . On note (LV) la propriété :

(LV) Pour tout r tel que $0 \leq r \leq n$, l'application

$$L^{n-r+1} : H^r(X,\mathbb{Q}_\ell) \rightarrow H^{2n+2-r}(X,\mathbb{Q}_\ell[n-r+1]) ,$$

est bijective.

Lorsque $k = \mathbb{C}$ et lorsque X est lisse, la cohomologie ordinaire à coefficient dans $\mathbb{Q}$ possède la propriété (LV) (cf. [18] pour une démonstration utilisant la théorie des variétés kähleriennes). On en déduit par le théorème de comparaison [13] que la propriété (LV) est satisfaite lorsque X est lisse et k de caractéristique zéro et par le théorème de spécialisation [13] que la propriété (LV) est satisfaite si X est lisse et se remonte avec sa polarisation en caractéristique zéro.

Soit maintenant X une variété projective de dimension $n+1$ lisse et connexe sur un corps fini $\mathbb{F}_q$, qui se remonte en caractéristique zéro. Alors $\overline{X}$ possède la propriété (LV) . On en déduit les équations fonctionnelles pour $0 \leq r \leq n$:

3.2.1. $$\det(1 - tF_q \,;\, H_\ell^{2n+2-r}(\overline{X})) = \det(1 - q^{n+1-r}tF_q \,;\, H_\ell^r(\overline{X})) .$$

4. La cohomologie évanescente

Soient $\overline{k}$ un corps algébriquement clos, $\overline{X} \overset{i}{\hookrightarrow} P^N$ une sous-variété fermée de dimension $n+1$, lisse et connexe de l'espace projectif sur $\overline{k}$, qui se remonte en caractéristique zéro, $\bar{Y}$ une section hyperplane lisse. Le cup-produit

$$H^n(\bar{Y},\mathbb{Q}_\ell) \times H^n(\bar{Y},\mathbb{Q}_\ell) \rightarrow H^{2n}(\bar{Y},\mathbb{Q}_\ell)$$

induit sur $\mathrm{Im}(H^n(\bar{X},\mathbb{Q}_\ell) \rightarrow H^n(\bar{Y},\mathbb{Q}_\ell))$ une forme bilinéaire non dégénérée (la démonstration de cette propriété utilise (LV) pour X et pour Y [9]). On a donc une décomposition orthogonale

4.0 $$H^n(\bar{Y},\mathbb{Q}_\ell) = \mathrm{Im}(H^n(\bar{X},\mathbb{Q}_\ell) \rightarrow H^n(\bar{Y},\mathbb{Q}_\ell)) \oplus E^n_\ell .$$

Le sous-espace $E^n_\ell \hookrightarrow H^n(\bar{Y},\mathbb{Q}_\ell)$ est appelé l'espace de la cohomologie évanescente.

Soient maintenant X une sous-variété fermée de dimension n + 1 lisse et connexe de l'espace projectif P^N sur un corps k , $\bar{k}$ une clôture algébrique de k , $\bar{X} = X \otimes_k \bar{k}$. Soient $(Y_s)_{s \in P^1}$ un pinceau rationnel sur k , S l'ensemble des valeurs exceptionnelles du pinceau. Pour tout point géométrique $\bar{s}$ de $P_1 - S$ (à valeur dans $\bar{k}$) $Y_{\bar{s}}$ est une section lisse de $\bar{X}$ et $\bar{s} \longmapsto H^n(Y_{\bar{s}}, \mathbb{Q}_\ell)$ est un système local au sens étale sur $P^1 - S$. Si $\bar{s}_0$ est un point géométrique fixe de $P^1 - S$, ce système local est décrit par une action de $\hat{\Pi}_1(P_1 - S, \bar{s}_0)$ sur $H^n(Y_{\bar{s}_0},\mathbb{Q}_\ell)$ appelée action de monodromie globale.

On a une suite exacte :

4.1 $$0 \rightarrow \hat{\Pi}_1(P^1_{\bar{k}} - S_{\bar{k}}, \bar{s}_0) \rightarrow \hat{\Pi}_1(P_1 - S, \bar{s}_0) \rightarrow \mathrm{Gal}(\bar{k}/k) \rightarrow 0 ,$$

où $\hat{\Pi}_1(P^1_{\bar{k}} - S_{\bar{k}})$ est le $\hat{\Pi}_1$ géométrique, obtenu après extension des scalaires à $\bar{k}$. La restriction de la monodromie globale au $\hat{\Pi}_1$ géométrique est appelée monodromie globale géométrique.

Le système local $\bar{s} \longmapsto H^n(X_{\bar{s}}, \mathbb{Q}_\ell)$ s'identifie à un sous-système local de $\bar{s} \longmapsto H^n(Y_{\bar{s}}, \mathbb{Q}_\ell)$ (3.1) et l'action de $\hat{\Pi}_1(P^1 - S, \bar{s}_0)$ sur $H^n(X_{\bar{s}_0},\mathbb{Q}_\ell)$ se factorise par $\mathrm{Gal}(\bar{k}/k)$ et s'identifie alors à l'action naturelle de $\mathrm{Gal}(\bar{k}/k)$ sur $H^n(\bar{X},\mathbb{Q}_\ell)$.

Lorsque X se remonte en caractéristique zéro, la décomposition $H^n(Y_{\bar{s}_0},\mathbb{Q}_\ell) = \mathrm{Im}(H^n(\bar{X},\mathbb{Q}_\ell) \to H^n(Y_{\bar{s}_0},\mathbb{Q}_\ell)) \oplus E^n_\ell$ est préservée par l'action de la monodromie.

PROPOSITION 4.2.- _Si_ $\mathrm{car}(k) \neq 2$, _si_ X _se remonte en caractéristique zéro et si_ $(Y_s)_{s \in P^1}$ _est un pinceau de Lefschetz,_ $H^n(\bar{X},\mathbb{Q}_\ell)$ _s'identifie aux points fixes de_ $H^n(Y_{\bar{s}_0},\mathbb{Q}_\ell)$ _sous l'action de la monodromie géométrique._

Voir [9] pour la démonstration.

Etudions l'action de la monodromie sur la cohomologie évanescente. Notons $\mathrm{Sim}(E^n_\ell)(\mathbb{Q}_\ell)$ (resp. $\mathrm{Aut}(E^n_\ell)(\mathbb{Q}_\ell)$) le groupe des similitudes (resp. des automorphismes) de la forme bilinéaire sur E^n_ℓ induite par le cup-produit. Ce sont aussi les points rationnels sur $\mathbb{Q}_\ell$ de groupes algébriques définis sur $\mathbb{Q}_\ell$ et notés $\mathrm{Sim}(E^n_\ell)$ et $\mathrm{Aut}(E^n_\ell)$. On a une suite exacte

$$0 \to \mathrm{Aut}(E^n) \to \mathrm{Sim}(E^n) \to G_m \to 0 ,$$

donnant lieu à une suite exacte

$$0 \to \mathrm{Aut}(E^n_\ell)(\mathbb{Q}_\ell) \to \mathrm{Sim}(E^n_\ell)(\mathbb{Q}_\ell) \to \mathbb{Q}^*_\ell .$$

Notons $\chi : \mathrm{Gal}(\bar{k}/k) \to \mathbb{Q}^*_\ell$ le caractère décrivant l'opération de $\mathrm{Gal}(\bar{k}/k)$ sur $\mathbb{Q}_\ell[1]$. La monodromie induit sur E^n_ℓ des similitudes et on a un diagramme commutatif à lignes exactes :

$$\begin{array}{ccccccccc} 0 & \to & \hat{\Pi}_1(P^1_{\bar{k}} - S_{\bar{k}}, \bar{s}_0) & \to & \hat{\Pi}_1(P^1 - S, \bar{s}_0) & \to & \mathrm{Gal}(\bar{k}/k) & \to & 0 \\ & & \downarrow \bar{\rho} & & \downarrow \rho & & \downarrow \chi^{-n} & & \\ 0 & \to & \mathrm{Aut}(E^n_\ell)(\mathbb{Q}_\ell) & \to & \mathrm{Sim}(E^n_\ell)(\mathbb{Q}_\ell) & \to & \mathbb{Q}^*_\ell & & \end{array} \qquad (4.3)$$

où ρ (resp. $\bar{\rho}$) est la représentation de monodromie (resp. géométrique).

THÉORÈME B.- <u>On suppose que</u> car(k) $\neq 2$ <u>et que</u> X <u>se remonte en caractéristique zéro avec sa polarisation. Il existe un entier</u> $d_o > 0$, <u>tel que, pour tout nombre premier</u> ℓ <u>premier à</u> car(k) , <u>tout entier</u> $d \geq d_o$ <u>et tout pinceau de Lefschetz d'hypersurface de degré</u> d , <u>l'image de</u> $\bar{\rho}$ (4.3) <u>soit dense pour la topologie de Zariski dans</u> $\mathrm{Aut}(E^n_\ell)$.

Pour n impair, on peut prendre $d_o = 1$ et le théorème B dans ce cas est dû à Kajdan et Margoulis. Pour n pair, le théorème B est dû à P. Deligne. La démonstration de ce théorème est indiquée au n° 6.

5. <u>Théorème</u> B $\Rightarrow$ <u>Théorème</u> A

5.1. Soit $i : X \hookrightarrow P^N$ une sous-variété fermée lisse et connexe de dimension n + 1 d'un espace projectif sur un corps fini $\mathbb{F}_q$ de caractéristique $\neq 2$, qui se remonte en caractéristique zéro. Quitte à remplacer i par un multiple convenable, on peut supposer que i est un plongement de Lefschetz (2.1) et que l'entier d_o du théorème B est égal à 1 . On se propose de démontrer le théorème A pour X et pour cela on raisonne par récurrence sur la dimension de X , l'assertion étant triviale lorsque cette dimension est nulle.

5.2. <u>On se ramène tout d'abord au cas où</u> $i : X \hookrightarrow P^N$ <u>possède un pinceau de Lefschetz rationnel sur</u> $\mathbb{F}_q$ <u>ayant une section lisse rationnelle sur</u> $\mathbb{F}_q$. En effet, il existe un entier m_o tel que pour tout $m \geq m_o$, il existe un pinceau de Lefschetz rationnel sur $\mathbb{F}_{q^m}$ ayant une section lisse rationnelle sur $\mathbb{F}_{q^m}$ (2.1). Si on sait démontrer le théorème A sous cette hypothèse supplémentaire, on en déduit que pour tout $m \geq m_o$ et tout r , les polynômes $\det(1 - tF^m_q ; H^r_\ell(\bar{X}))$ sont à coefficients entiers et indépendants de ℓ . Il en résulte facilement le théorème A pour X .

5.3. Soit donc $(Y_s)_{s \in P^1}$ un pinceau de Lefschetz rationnel sur $\mathbb{F}_q$, $s_o \in P^1 - S$,

$\deg(s_o) = 1$, et $\bar{s}_o$ un point géométrique au-dessus de s_o à valeurs dans $\mathbb{F}_q$. D'après le théorème de Lefschetz facile (3.1), on a des isomorphismes, compatibles avec l'action du Frobenius

$$H^r(\bar{X},\mathbb{Q}_\ell) \simeq H^r(Y_{\bar{s}_o},\mathbb{Q}_\ell) \qquad r < n .$$

Utilisant alors 3.2.1, on voit que l'hypothèse de récurrence entraîne que les polynômes $\det(1 - tF_q ; H^r(\bar{X}))$ sont à coefficients entiers indépendants de ℓ pour $r \neq n , n+1 , n+2$.

5.4. <u>Il suffit alors de montrer que les polynômes</u> $\det(1 - tF_q ; H^n_\ell(\bar{X}))$ <u>sont à coefficients entiers et indépendants de</u> ℓ . En effet, en vertu de 3.2.1, on en déduit que $\det(1 - tF_q ; H^{n+2}_\ell(\bar{X}))$ est à coefficients entiers et ne dépend pas de ℓ et en utilisant la fonction $\zeta(X,t)$ (1.2) on en déduit que $\det(1 - tF_q ; H^{n+1}_\ell(\bar{X}))$ est à coefficients entiers et indépendants de ℓ .

5.5. Pour tout $s \in P^1 - S$, on a une section lisse Y_s définie sur le corps résiduel $\varkappa(s)$ de $X_s = X \otimes_{\mathbb{F}_q} \varkappa(s)$. Notons F_s la substitution de Frobenius relative à $\varkappa(s)$. La décomposition 4.0 fournit la relation

5.5.1. $$\det(1 - tF_s ; H^n_\ell(\bar{Y}_s)) = \det(1 - tF_q^{\deg(s)} ; H^n_\ell(\bar{X}))\det(1 - tF_s ; E^n_{\ell,s}) .$$

Le deuxième facteur du deuxième membre peut encore s'interpréter ainsi :

Pour tout $s \in P^1 - S$, on a un homomorphisme $\mathrm{Gal}(\bar{\mathbb{F}}_q/\varkappa(s)) \to \hat{\Pi}_1(P^1 - S , \bar{s}_o)$ défini à conjugaison près. L'image de F_s par cet homomorphisme est encore notée F_s . Elle est définie à conjugaison près dans $\hat{\Pi}_1(P^1 - S , \bar{s}_o)$. On a de plus la représentation de monodromie $\rho : \hat{\Pi}_1(P^1 - S , \bar{s}_o) \to \mathrm{Sim}(E^n_\ell)(\mathbb{Q}_\ell)$ et on a

$$\det(1 - tF_s ; E^n_{\ell,s}) = \det(1 - t\rho(F_s) ; E^n_\ell) .$$

PROPOSITION 5.6.- <u>Soient</u> $P(t) = \prod_i (1 - \alpha_i t)$ <u>et</u> $Q(t) = \prod_j (1 - \beta_j t)$ <u>deux polynômes tels que les</u> α_i <u>et les</u> β_j <u>soient des unités d'une extension algébrique</u>

finie $\mathbb{Q}'_\ell$ *de* $\mathbb{Q}_\ell$. *Pour tout point fermé* $s \in P^1 - S$ *posons*

$P^{\deg(s)}(t) = \prod_i (1 - \alpha_i^{\deg(s)} t)$, $Q^{\deg(s)}(t) = \prod_j (1 - \beta_j^{\deg(s)} t)$. *Si pour tout point fermé* $s \in P^1 - S$, $P^{\deg(s)}(t)$ *divise* $Q^{\deg(s)}(t).\det(1 - t\rho(F_s) ; E_\ell^n)$, *alors* $P(t)$ *divise* $Q(t)$.

5.7. *L'assertion* Théorème B $\Rightarrow$ Théorème A *résulte de* 5.6

En effet, 5.6 caractérise $\det(1 - tF_q ; H_\ell^n(\bar{X}))$ comme étant le plus petit commun multiple des polynômes $P(t) = \prod_i (1 - \alpha_i t)$, α_i unités dans la clôture algébrique de $\mathbb{Q}_\ell$, tels que $P^{\deg(s)}(t)$ divise pour tout $s \in P^1 - S$, les polynômes à coefficients entiers et indépendants de ℓ , $\det(1 - tF_s ; H_\ell^n(\bar{Y}_s))$.

5.8. *Démontrons la proposition* 5.6. Par récurrence sur le degré de P , on peut supposer que $P(t) = (1 - \alpha t)$ et par l'absurde, on peut supposer que $\alpha \neq \beta_j$ pour tout j . Comme α est une unité ℓ-adique, il existe un et un seul caractère continu $\sigma \mapsto \alpha^\sigma$ de $\hat{\Pi}_1(P^1 - S, \bar{s}_0)$ dans $\mathbb{Q}'^*_\ell$ tel que pour les Frobenius F_s , $s \in P^1 - S$, on ait

$$\alpha^{F_s} = \alpha^{\deg(s)} .$$

Le $\hat{\Pi}_1$ géométrique est contenu dans le noyau de ce caractère. Comme $\alpha \neq \beta_j$ pour tout j , l'ensemble des σ tels que $\alpha^\sigma \neq \beta_j^\sigma$ pour tout j , est un ouvert U non vide stable par translation à droite par le $\hat{\Pi}_1$ géométrique. Donc, pour tout s tel qu'un conjugué de F_s soit dans U . $\alpha^{\deg(s)}$ est racine de $\det(1 - \rho(F_s)t ; E_\ell^n)$. D'après le théorème de Čebotarev [12], les conjugués des F_s sont denses dans $\hat{\Pi}_1(P^1 - S, \bar{s}_0)$. Donc, pour tout σ dans U , α^σ est racine de $\det(1 - \rho(\sigma)t ; E_\ell^n)$. En particulier, soit $\sigma_0 \in U$; α^{σ_0} est racine de $\det(1 - \rho(\sigma_0)\rho(\tau) ; E_\ell^n)$ pour tout élément τ du $\hat{\Pi}_1$ géométrique. D'après le théorème B, l'image par ρ du $\hat{\Pi}_1$ géométrique est dense dans $\mathrm{Aut}(E^n_\ell)$ pour la topologie de Zariski. Donc α^{σ_0} est racine de $\det(1 - \rho(\sigma_0)v\,;\,E^n_\ell)$ pour tout $v \in \mathrm{Aut}(E^n_\ell)(\mathbb{Q}_\ell)$. On se convainc facilement que c'est idiot.

6. Démonstration du théorème B

6.1. Réduction à la caractéristique zéro. Soient k un corps algébriquement clos de caractéristique $\neq 2$, A un anneau de valuation discrète complet dont le corps des fractions soit de caractéristique zéro. Soient X un sous-schéma fermé lisse et connexe de dimension n + 1 sur spec(A) de P^N_A , X_0 la fibre spéciale, $X_{\bar{\eta}}$ la fibre générale au-dessus d'un point géométrique générique de spec(A) . Soit $(Y_s)_{s \in P^1(k)}$ un pinceau de Lefschetz pour X_0 . Alors ce pinceau se remonte en caractéristique zéro et s'étend en un pinceau paramétré par P^1_A avec un lieu exceptionnel S_A fini et étale sur spec(A) . La cohomologie évanescente pour ce pinceau est un système local sur $P^1_A - S_A$ [13]. On peut montrer que l'action de monodromie de $\hat{\Pi}_1(P^1_A - S_A)$ sur la cohomologie évanescente est modérément ramifiée [9]. On a un diagramme

$$\begin{array}{ccc} & & \hat{\Pi}^{mr}_1(P^1_k - S_k) \\ & & \downarrow \\ \hat{\Pi}_1(P^1_{\bar{\eta}} - S_{\bar{\eta}}) & \rightarrow & \hat{\Pi}^{mr}_1(P^1_A - S_A) \end{array}$$

où, faute de préciser les points bases, les flèches ne sont pas définies qu'à automorphisme intérieur près (mr indique la ramification modérée). On a aussi un théorème de spécialisation qui affirme que ces flèches sont des isomorphismes [17]. Par suite, les images dans $\mathrm{Aut}(E^n_\ell)$ de l'action de monodromie de la fibre spéciale et de la fibre géométrique générale sont égales. On est donc ramené à démontrer le théorème B lorsque car(k) = 0 .

De plus, par application du principe de Lefschetz, on peut supposer que $k = \mathbf{C}$.

6.2. Réduction à la cohomologie transcendante. Notons $\Pi_1(P^1 - S , s_0)$ le groupe d'homotopie des lacets, $\iota : \Pi_1(P^1 - S , s_0) \to \hat{\Pi}_1(P^1 - S , s_0)$ l'homomorphisme canonique dans son complété profini, E^n l'espace de cohomologie évanescente sur $\mathbb{Q}$, $\rho_t : \Pi_1(P^1 - S , s_0) \to \mathrm{Aut}(E^n)(\mathbb{Q})$ l'opération de monodromie transcendante. On en déduit une action $\rho_t \otimes \mathrm{Id}_{\mathbb{Q}_\ell}$ de $\Pi_1(P^1 - S , s_0)$ sur $E^n \otimes_{\mathbb{Q}} \mathbb{Q}_\ell$. Il résulte du théorème de comparaison qu'il existe un isomorphisme $E^n \otimes_{\mathbb{Q}} \mathbb{Q}_\ell \simeq E^n_\ell$ compatible avec les monodromies [13].

Notons $M(E^n)$ la fermeture de Zariski de $\rho_t(\Pi_1(P^1 - S , s_0))$ dans $\mathrm{Aut}(E^n)$, $\mathrm{Der}(E^n)$ l'algèbre de Lie de $\mathrm{Aut}(E^n)$, $\mathcal{M}(E^n)$ l'algèbre de Lie de $M(E^n)$, sous-algèbre de $\mathrm{Der}(E^n)$. Comme la formation de la fermeture de Zariski commute à l'extension des scalaires, il suffit pour démontrer le théorème B de montrer que $M(E^n) = \mathrm{Aut}(E^n)$.

6.3. La formule de Picard-Lefschetz. Soient $S = s_1,\dots,s_m$ les valeurs exceptionnelles du pinceau de Lefschetz $(Y_s)_{s \in P^1}$. Choisissons des lacets σ_j qui engendren[t] $\Pi_1(P^1 - S , s_0)$ et qui, pour tout j , tournent autour de s_j . Quitte à prendre un multiple convenable du plongement $X \hookrightarrow P^N$, il existe, pour tout j , des éléments $\delta_j \in E^n$ tels qu'on ait pour tout $x \in E^n$ la formule de Picard-Lefschetz :

6.3.1. $\rho_t(\sigma_j)(x) = x - (-1)^k(x \cup \delta_j)\delta_j$, $n = 2k$ ou $2k + 1$,

avec $(\delta_j \cup \delta_j) = (-1)^k 2$ si $n = 2k$.

Les éléments δ_j sont uniquement déterminés, au signe près, par ces propriétés. Ils engendrent la cohomologie évanescente. Ils sont conjugués sous l'action de la monodromie. (Cf. [6] pour le cas transcendant, et [9] pour le cas étale.)

On en déduit en particulier que dans le cas n pair, $M(E^n)$ comporte des symétries. Pour démontrer le théorème B, il suffit donc de montrer que $\mathcal{M}(E^n) = \mathrm{Der}(E^n)$.

6.4. Semi-simplicité. Il résulte de la formule de Picard-Lefschetz et du fait que les cycles évanescents sont conjugués et engendrent E^n que la représentation de $M(E^n)$ sur E^n est absolument simple.

PROPOSITION 6.4.1.- a) Si n est impair, $\mathcal{M}(E^n) \otimes \mathbf{C}$ est une algèbre simple, E^n est un $\mathcal{M}(E^n)$-module absolument simple.

b) Si n est pair, deux cas seulement sont possibles :

1) $\mathcal{M}(E^n)$ est semi-simple, $E^n \otimes \mathbf{C} \simeq V^k$ où V est un $\mathcal{M}(E^n) \otimes \mathbf{C}$ - module simple ;

2) $\mathcal{M}(E^n)$ est abélienne, E^n est un $\mathcal{M}(E^n)$-module semi-simple.

Supposons n impair. Il résulte de la formule de Picard-Lefschetz que $M(E^n)$ est engendré par des éléments unipotents et par suite $M(E^n)$ est connexe. Donc E^n est un $\mathcal{M}(E^n)$-module absolument simple. Le centre de $\mathcal{M}(E^n)$ opère scalairement. Comme il doit préserver une forme alternée, le centre est nul, d'où a).

Supposons que n soit pair. Notons $M^o(E^n)$ la composante neutre de $M(E^n)$. Le radical unipotent de $M^o(E^n)$ est trivial. Donc $M^o(E^n)$ est réductif. Soit $E^n \otimes \mathbf{C} = \bigoplus_\alpha V_\alpha^{k(\alpha)}$ une décomposition de E^n en modules isotypiques sous $M^o(E^n)(\mathbf{C})$. Le groupe $M(E^n)/M^o(E^n)$ opère sur l'ensemble des α . Comme E^n est un $M(E^n)$-module absolument simple, l'ensemble des α est un espace homogène sous $M(E^n)/M^o(E^n)$ et $k(\alpha)$ ne dépend pas de α . Mais $M(E^n)/M^o(E^n)$ est engendré par des symétries et les symétries laissent des hyperplans fixes. Si l'ensemble des

α n'est pas réduit à un élément, on a $\dim(V_\alpha^k) = 1$ pour tout α ; d'où $k = 1$ et $\dim(V_\alpha) = 1$. Par suite $\mathcal{M}(E^n)$ est abélienne. Sinon, on a $E^n \otimes \mathbb{C} \simeq V^k$. Le centre de $M^0(E^n)(\mathbb{C})$ opère scalairement. Comme il préserve une forme bilinéaire non nulle, ce centre est contenu dans $\{-1, +1\}$; d'où b).

6.5. Un lemme sur les algèbres de Lie

LEMME 6.5.1.- Soit $w : \mathcal{L} \to gl(V)$ une représentation simple et fidèle d'une algèbre de Lie semi-simple complexe. Soit $U \in \mathcal{L}$.

a) Si $w(U)^2 = 0$ et si $\dim \operatorname{Im} w(U) = 1$, trois cas seulement sont possibles

1) $\mathcal{L} \simeq \underline{sl}$ et w est la représentation usuelle.

2) $\mathcal{L} \simeq \underline{sl}$ et w est la représentation contragrédiante de la représentation usuelle.

3) $\mathcal{L} \simeq \underline{sp}$ et w est la représentation usuelle.

b) S'il existe une forme quadratique non dégénérée invariante par w, si $w(U)^2 = 0$ et si $\dim \operatorname{Im} w(U) = 2$, deux cas seulement sont possibles

1) $\mathcal{L} \simeq \underline{so}$ et w est la représentation usuelle.

2) $\mathcal{L} \simeq \underline{g_2}$ et w est la représentation sur les nombres de Cayley purs

La démonstration de ce lemme se fait en inspectant les tables [cf. 14].

6.6. Fin de la démonstration du théorème B dans le cas n impair. Soit δ_j un cycle évanescent relatif au lacet σ_j (6.3). Posons $U = \rho_t(\sigma_j) - \mathrm{Id}$. Alors $U^2 = 0$ et $\dim \operatorname{Im} U = 1$. D'après 6.4.1 et 6.5.1, on est dans un des cas a_1) a_2) a_3). Les cas a_1 et a_2 sont exclus, car il y a sur E^n une forme alternée invariante.

6.7. Démonstration dans le cas n pair : un énoncé intermédiaire.

Admettons provisoirement le lemme suivant (on suppose n pair) :

LEMME 6.7.1.- *Pour tout multiple assez grand du plongement* $X \hookrightarrow P^N$, *il existe* $\sigma \in \Pi_1(P^1 - S, s_0)$ *tel que* $(\rho_t(\sigma) - Id)^2 = 0$ *et* $\dim \operatorname{Im}(\rho_t(\sigma) - Id) = 2$.

Montrons que le lemme entraîne le théorème B. On pose $U = \rho_t(\sigma) - Id$. Tout d'abord $U \in \mathcal{M}(E^n)$ car $U^2 = 0$ et on a $E \otimes C \simeq V^k$ avec V simple et $k = 1$ ou 2 (6.4.1) sinon on ne pourrait pas avoir $\dim \operatorname{Im}(\rho_t(\sigma) - Id) = 2$ et on ne peut avoir $\mathcal{M}(E^n)$ abélienne car $U \in \mathcal{M}(E^n)$ est un nilpotent non trivial. Supposons $k = 2$. La forme quadratique de E^n induit sur V une forme quadratique qui est soit nulle, soit non dégénérée car V est simple. Comme $\dim \operatorname{Im}(U)(V) = 1$, on a d'après le lemme 6.5.1 $\mathcal{M}(E^n) \otimes C \simeq sp(V)$ ou $sl(V)$ et il ne peut y avoir sur V une forme quadratique invariante. Donc V est totalement isotrope. Il existe $s \in M(E^n)/M^o(E^n)$ tel que $sV \cap V = 0$ car E^n est simple sous $M(E^n)$. La forme quadratique sur E^n fournit une forme symétrique non dégénérée sur V , $b(x,y) = x \cup sy$.

La forme $b(x,y)$ fournit un isomorphisme de sV avec le dual V^* de V . Comme $E^n \otimes C \simeq V^2$, on a un isomorphisme de V avec son dual ce qui exclu le cas $\mathcal{M}(E^n) \otimes C = sl(V)$ avec $\dim V > 2$. On a donc, d'après 6.5.1 a), $\mathcal{M}(E^n) \otimes C \simeq sp(V)$. Comme $Sp(V)$ n'a pas d'automorphisme extérieur, $M(E^n)(C)$ est un quotient de $Z \times Sp(V)$ où Z est un groupe fini isomorphe au centralisateur de $Sp(V)$ dans $M(E^n)(C)$. La représentation simple $M(E^n) \to Aut(E^n)$ fournit une représentation de $Z \times Sp(V)$ du type $L \otimes V$ où L est une représentation simple de degré 2 de Z . Les formes bilinéaires invariantes sur $L \otimes V$ sont uniques à un scalaire près. Il existe sur L une forme bilinéaire invariante par l'action de Z et sur V une forme bilinéaire alternée invariante par l'action de $Sp(V)$. Le produit tensoriel de ces deux formes est symétrique et invariant par l'action de $Z \times Sp(V)$. Donc la forme bilinéaire sur L est alternée. Mais alors, les opérations de $Z \times Sp(V)$ sur $E^n \otimes \mathbf{C}$ sont unimodulaires, ce qui contredit le fait que ce groupe contient des symétries.

On a donc $k = 1$. Supposons $\mathcal{M}(E^n) \otimes \mathbf{C} = \underline{g}_2$, la représentation étant sur les nombres purs de Cayley. Le groupe G_2 opère transitivement sur les vecteurs de longueur 1. Donc $M(E^n)(\mathbf{C})$ contient toutes les symétries et par suite est égal au groupe orthogonal, contradiction. On a donc $\mathcal{M}(E^n) \otimes \mathbf{C} = \underline{so}(E^n \otimes \mathbf{C})$. Donc $M(E^n) = \mathrm{Aut}(E^n)$.

6.8. Changement de pinceaux. Le système local de la cohomologie évanescente sur $P^1 - S$ est la restriction à $P^1 - S$ du système local de la cohomologie évanescente sur $\check{P}^N - \check{X}$ (cf. 2). D'après un théorème de Lefschetz [10], l'application naturelle $\Pi_1(P^1 - S) \to \Pi_1(\check{P}^N - \check{X})$ est surjective. Il suffit donc de construire un lacet dans $\check{P}^N - \check{X}$ qui fournisse l'opération demandée sur E^n dans le lemme 6.7.1 pour démontrer celui-ci. Mais on peut prendre alors l'image d'un lacet provenant d'un pinceau qui n'est pas nécessairement un pinceau de Lefschetz.

6.9. Monodromie locale. Soit $f : \mathbf{C}^{n+1} \to \mathbf{C}$ un germe de fonction holomorphe à l'origine tel que $f(0) = 0$ et que 0 soit un point singulier isolé pour f. Soit B_ε une boule centrée en 0 de rayon ε petit. Pour η très petit $\neq 0$, $\eta \longmapsto \widetilde{H}^n(f^{-1}(\eta) \cap B_\varepsilon, \mathbf{Q})$ est un système local sur le disque pointé et est donc décrit par un automorphisme m_f d'un espace vectoriel E_f appelé automorphisme de monodromie locale.

PROPOSITION 6.9.1.- La monodromie locale ne dépend que de la classe d'isomorphisme de la singularité 0 de $f^{-1}(0)$

En effet la classe d'isomorphisme du germe de morphisme $f : \mathbf{C}^{n+1} \to \mathbf{C}$ ne dépend que de la classe d'isomorphisme analytique de la singularité de 0 dans $f^{-1}(0)$.

THÉORÈME 6.9.2 (N. A'Campo) [1].- Lorsque $n = 1$ et $f = (y^2 - x^3)(x^2 - y^3)$, on a

a) le polynôme caractéristique $\det(tm_f - 1 ; E_f)$ est $(t-1)(t+1)^2\left[\frac{(t^5+1)}{t+1}\right]^2$.

b) Le polynôme minimal de m_f est $(t-1)(t+1)^2\left[\frac{(t^5+1)}{t+1}\right]$.

En particulier, m_f^{10} est unipotent et $\dim \operatorname{Im}(m_f^{10} - 1) = 1$.

THÉORÈME 6.9.3 (Thom-Sebastiani) [15].- Soient $f : \mathbf{C}^n \to \mathbf{C}$ et $g : \mathbf{C}^p \to \mathbf{C}$ deux germes de fonctions holomorphes en 0 tels que $f(0) = g(0) = 0$ et tels que 0 soit un point singulier isolé pour f et g . Alors $E_{f+g} = E_f \otimes E_g$ et $m_{f+g} = m_f \otimes m_g$.

De ces deux théorèmes, on déduit

PROPOSITION 6.9.4.- Pour $f : \mathbf{C}^{n+1} \to \mathbf{C}$, $n \geq 2$, défini par l'équation

$$f = x_0^3 + (x_1^3 - x_2^2)(x_2^3 - x_1^2) + \sum_3^n x_i^2 ,$$

on a

1) $\dim E_f = 22$.

2) m_f n'a pas la valeur propre 1 .

3) $\dim \operatorname{Im}(m_f^{30} - \mathrm{Id})) = 2$, $(m_f^{30} - \mathrm{Id})^2 = 0$.

6.10. Fin de la démonstration. Soient Z une variété analytique (lisse), C une courbe, 0 un point de C , $z_0 \in Z$, $f : Z \to C$ une application holomorphe telle que

a) f soit propre, lisse en dehors de z_o , $f(z_o) = 0$;

b) la singularité de $f^{-1}(0)$ en z_o soit analytiquement isomorphe à celle décrite en 6.9.4.

Pour $\eta \in C$, posons $Z_\eta = f^{-1}(\eta)$. On a une suite exacte compatible avec l'action de monodromie autour de 0 [11] :

$$0 \to H^n(Z_o) \to H^n(Z_\eta) \to E_f \xrightarrow{\delta} H^{n+1}(Z_o) \to H^{n+1}(Z_\eta) \to 0 .$$

Par définition la monodromie agit trivialement sur $H^n(Z_o)$ et $H^{n+1}(Z_o)$. On en déduit (6.9.4, 2) et 6.9.1) un isomorphisme $H^n(Z_\eta) \simeq H^n(Z_o) \oplus E_f$ compatible avec l'action de la monodromie. Si m_f désigne l'automorphisme de monodromie sur $H^n(Z_\eta)$, on a :

$$(m_f^{30} - \mathrm{Id})^2 = 0 \quad \text{et} \quad \dim \mathrm{Im}(m_f^{30} - \mathrm{Id}) = 2 .$$

Pour terminer la preuve du lemme 6.7.1, il suffit, vu (6.8), de construire un pinceau d'hypersurfaces de degré d présentant pour une valeur s_o du paramètre, une singularité analytiquement isomorphe à celle décrite en 6.9.4. D'après [3], il suffit pour cela que l'équation locale de l'intersection, coïncide avec l'équation de 6.9.4 à un ordre M assez grand (il suffit de prendre $M \geq 13$). Ceci peut toujours se faire en prenant d assez grand (il suffit de prendre $d \geq 13$).

BIBLIOGRAPHIE

[1] N. A'CAMPO - Thèse, 1972/73, Orsay.

[2] A. ANDREOTTI and T. FRANKEL - In global analysis, Princeton Univ. Press, 1969.

[3] J.-C. TOUGERON - Idéaux de fonctions différentiables, Ergebnisse n° 71, Springer 1972

[4] P. DELIGNE - SGA 7, exp. XIII, Lecture Notes in Maths, Springer-Verlag, à paraître.

[5] P. DELIGNE - Théorie de Hodge II, Publ. Math. IHES, 40, 1971, p. 5-58.

[6] I. FÁRY - Cohomologie des variétés algébriques, Annals of Maths. 65 (1957), p. 21-73.

[7] A. GROTHENDIECK - Formule de Lefschetz et rationalité des fonctions L , Sém. Bourbaki, n° 279, 1964/65, Benjamin, New York.

[8] N. KATZ - SGA 7, exp. XVII, Lecture Notes in Maths, Springer-Verlag, à paraître.

[9] N. KATZ - SGA 7, exp. XVIII, Lecture Notes in Maths, Springer-Verlag, à paraître.

[10] S. LEFSCHETZ - L'Analysis Situs et la Géométrie Algébrique, Gauthier-Villars, Paris.

[11] J. MILNOR - Singular Points of Complex hypersurfaces, Annals of Maths. Studies n° 61, Princeton Univ. Press.

[12] J.-P. SERRE - Abelian ℓ-adic Representations and Elliptic curves, Benjamin, New York, 1968.

[13] SGA 4, Tome 3, Théorie des topos et cohomologie étale des schémas, Lecture Notes in Maths n° 305, Springer-Verlag.

[14] B. KOSTANT - A characterization of the classical groups, Duke J., 25(1958), p.107-123.

[15] R. THOM - M. SEBASTIANI - Un résumé sur la monodromie, Invent. M., 13 (1971), p.90-96.

[16] M. RAYNAUD - SGA 2, Exp. XIV, Profondeur et théorèmes de Lefschetz en cohomologie étale, North-Holland.

[17] M. RAYNAUD - Théorèmes de Lefschetz en cohomologie cohérente et cohomologie étale, Thèse, 1972.

[18] A. WEIL - Introduction à l'étude des variétés kähleriennes, Hermann, 1958.

[19] A. WEIL - Number of solutions of equations, Bulletin A.M.S. 55 (1949), p. 497-508.

TRAVAUX DE THOM ET MATHER SUR LA STABILITÉ TOPOLOGIQUE

par Alain CHENCINER

1. Introduction

Il s'agit de la stabilité topologique des applications C^∞ d'une variété C^∞ dans une autre, plus précisément de la conjecture suivante : les applications topologiquement stables forment un ouvert dense dans l'espace $C^\infty_{pr}(N,P)$ de toutes les applications propres C^∞ de la variété N dans la variété P, muni de la topologie fine de Whitney (les définitions précises sont données au paragraphe 2).

Thom a donné dans [11] et [13] les grandes lignes d'une démonstration directe de la densité dans $C^\infty(R^n, R^p)$ du sous-espace des applications localement topologiquement stables ; Mather esquisse dans [6] une démonstration du théorème global lorsque N est compacte, basée sur le même outil (la théorie de Thom des morphismes stratifiés sans éclatement) mais faisant jouer un rôle particulier à sa caractérisation des applications différentiablement stables (voir [3] et [14]). C'est cette démonstration qui est exposée ici.

2. Définitions et résultats

N et P sont des variétés C^∞ de dimensions respectives n et p ; $C^\infty(N,P)$ est l'espace des applications C^∞ de N dans P, muni de la topologie engendrée par les ouverts suivants : $\{f \in C^\infty(N,P), j^k f(N) \subset U$, k entier, U ouvert de l'espace des jets $J^k(N,P)\}$; ce dernier est muni de sa topologie naturelle de fibré localement trivial sur $N \times P$ à fibre R^q (voir [1]). $C^\infty_{pr}(N,P)$ est ouvert dans $C^\infty(N,P)$.

Soit $\mathrm{Diff}(N)$ (resp. $\mathrm{Homéo}(N)$) le groupe des difféomorphismes C^∞ (resp. homéomorphismes) de N. Le groupe produit $D \equiv \mathrm{Diff}(N) \times \mathrm{Diff}(P)$ (resp. $H \equiv \mathrm{Homéo}(N) \times \mathrm{Homéo}(P)$) agit sur $C^\infty(N,P)$ (resp. sur l'ensemble des applications continues de N dans P) par $(g,h)f = h \circ f \circ g^{-1}$.

2.1. DÉFINITION.- Soient f , $f' \in C^\infty(N,P)$; f' est différentiablement (resp. topologiquement) équivalente à f si f' est dans l'orbite de f sous l'action de D (resp. H). □

2.2. DÉFINITION.- $f \in C^\infty(N,P)$ est différentiablement (resp. topologiquement) stable si l'orbite de f sous l'action de D (resp. H) contient un voisinage de f dans $C^\infty(N,P)$. □

2.3. THÉORÈME.- Il existe une partie $\mathcal{N}$ de $\mathbb{N} \times \mathbb{N}$ (appelée par Mather le "nice range" ou "bon domaine") telle que

(i) Si $(n,p) \in \mathcal{N}$, les applications différentiablement stables forment un ouvert dense de $C^\infty_{pr}(N,P)$.

(ii) Si $(n,p) \notin \mathcal{N}$, il existe un ouvert non vide de $C^\infty_{pr}(N,P)$ formé d'applications qui ne sont pas différentiablement stables. □

2.4. THÉORÈME.- Si N est compacte, les applications topologiquement stables forment un ouvert dense de $C^\infty(N,P)$. □

La démonstration de ces théorèmes comporte deux réductions successives, des fonctions aux germes (ou plutôt aux multigermes), puis des germes aux jets (comparer à [14]).

Soit $J^k(n,p) \cong \mathbb{R}^q$ l'espace des jets en 0 de germes d'applications C^∞ de $(\mathbb{R}^n, 0)$ dans $(\mathbb{R}^p, 0)$. Alors $J^k(n,p)$ s'identifie naturellement à la fibre du fibré $J^k(N,P) \to N \times P$; le groupe structural de ce fibré est le groupe A^k défini au paragraphe suivant. Chaque partie $\Sigma^k \subset J^k(n,p)$ invariante sous l'action de A^k engendre un sous-fibré $\Sigma^k_{N,P}$ de $J^k(N,P)$.

Le théorème de transversalité de Thom (modifié légèrement dans [3] pour s'adapter à la topologie de Whitney) montre que le théorème 2.4 et le (i) du théorème 2.3 découlent du théorème suivant :

2.5. THÉORÈME.- Les entiers n et p étant fixés, il existe un entier k , un sous-ensemble algébrique fermé Σ^k de $J^k(n,p)$ invariant par A^k , et une stratification de Whithey (voir paragraphe 7) S^k de $J^k(n,p) - \Sigma^k$ invariante par A^k ayant les propriétés suivantes :

(a) codim $\Sigma^k > n$ et S^k n'a qu'un nombre fini de strates.

(b) Si N est compacte et si $f \in C^\infty(N,P)$ vérifie

(b_1) $j^k f(N) \cap \Sigma^k_{N,P} = \emptyset$,

(b_2) f est multitransverse par rapport à la stratification $S^k_{N,P}$ de $J^k(N,P) - \Sigma^k_{N,P}$ déduite de S^k ,

alors f est topologiquement stable.

(c) Si $(n,p) \in \mathcal{N}$ (bon domaine), on peut prendre $k = p + 1$, et choisir Σ^{p+1} et S^{p+1} de façon à remplacer la conclusion de (b) par : " f est différentiablement stable " ; de plus, on peut remplacer l'hypothèse " N compacte " par l'hypothèse " f propre ". □

Une application f satisfaisant (b_1), (b_2) sera dite générique (si $(n,p) \in \mathcal{N}$, on supposera (c) réalisé). On a

Bien entendu, la transversalité ne se conservant pas par homéomorphisme, les applications topologiquement stables n'ont aucune raison d'être génériques au sens précédent. De la démonstration du théorème 2.5, on déduit pour les applications génériques des propriétés locales très fortes : si n et p sont fixés, il existe une liste finie de germes d'applications $g_i : (\mathbb{R}^n, 0) \to (\mathbb{R}^p, 0)$ telle que le germe en un point quelconque de N d'une application générique soit topologiquement (resp. différentiablement, si $(n,p) \in \mathcal{N}$) équivalent à l'un des germes de la liste (l'équivalence des germes se définit de manière analogue à celle des applications).

Si l'on pense à la pathologie que peuvent présenter les applications C^∞ de $\mathbb{R}^n$ dans $\mathbb{R}^p$, même localement (l'image réciproque d'un point peut être un fermé quelconque de $\mathbb{R}^n$), on voit que de tels résultats de généricité sont précieux.

3. Rappel de résultats sur la stabilité différentiable

Je rappelle ici les premiers travaux de Mather, en particulier [3], dont une partie a fait l'objet d'un précédent exposé (voir [14]). Sur l'ensemble des germes d'applications C^∞ de $(R^n, 0)$ dans $(R^p, 0)$, on fait agir les groupes suivants :

R = germes en 0 de difféomorphismes C^∞ de $(R^n, 0)$

L = germes en 0 de difféomorphismes C^∞ de $(R^p, 0)$

K = germes en 0 de difféomorphismes C^∞ de $(R^n \times R^p, 0)$ de la forme $\alpha(x,y) = (g(x), h_x(y))$, où g représente un élément de R et, pour tout x, h_x représente un élément de L.

$A = R \times L$.

On a des inclusions de sous-groupes $\begin{matrix} R \\ L \end{matrix} \rightrightarrows A \hookrightarrow K$.

L'action de K sur un germe est définie par

$$[\alpha . f](x) = h_x(f(g^{-1}(x))) .$$

On en déduit une action C^∞ du groupe de Lie K^k des k-jets en 0 d'éléments de K sur la variété $J^k(n,p) \cong R^q$.

L'orbite d'un élément de $J^k(n,p)$ est donc l'image d'une variété lisse par une immersion injective ; en fait, c'est même une sous-variété ; la même propriété est valable si on remplace K^k par le sous-groupe A^k (voir [3], § 1).

On a déjà dit que A^k n'est autre que le groupe structural du fibré $J^k(N,P) \to N \times P$; la décomposition de la fibre $J^k(n,p)$ en K^k-orbites fournit donc une décomposition de l'espace total $J^k(N,P)$ en sous-variétés, appelées par Mather les "classes de contact". La décomposition de la fibre en A^k-orbites redonne, bien entendu, la décomposition de $J^k(N,P)$ provenant de l'action sur $C^\infty(N,P)$ du groupe $D = \mathrm{Diff}(N) \times \mathrm{Diff}(P)$.

Si r est un entier positif, on définit ${}_rJ^k(N,P)$ comme l'image réciproque par $\Pi^r_N : [J^k(N,P)]^r \to N^r$ du sous-espace $N^{(r)} = \{(x_1,\dots,x_r) \in N^r , x_i \neq x_j$ pour $i \neq j\}$. En particulier, ${}_1J^k(N,P)$ s'identifie à $J^k(N,P)$. A une application f correspond une extension ${}_rj^kf : N^{(r)} \to {}_rJ^k(N,P)$ (voir [3], § 1).

L'action diagonale de D sur $[C^\infty(N,P)]^r$ induit une action sur ${}_rJ^k(N,P)$ dont les orbites sont des sous-variétés. De même, on définit dans ${}_rJ^k(N,P)$ une partition en classes de contact qui sont des sous-variétés (voir [3], § 4).

La traduction géométrique de l'équivalence entre stabilité et stabilité infinitésimale (voir [3], [14], et le paragraphe 5) est le théorème suivant :

3.1. THÉORÈME.- Soit $f \in C^\infty_{pr}(N,P)$. Si $r \geq p+1$ et $k \geq p$, les propriétés suivantes sont équivalentes :

(i) f est différentiablement stable ;

(ii) ${}_rj^kf$ est transverse à chaque orbite de D dans ${}_rJ^k(N,P)$;

(iii) ${}_rj^kf$ est transverse à chaque classe de contact dans ${}_rJ^k(N,P)$. □

Rappelons que la transversalité de ${}_rj^kf$ aux classes de contact dans ${}_rJ^k(N,P)$ équivaut à la multitransversalité de j^kf aux classes de contact dans $J^k(N,P)$, c'est-à-dire à la transversalité jointe à la propriété suivante : si $t \leq r$, si $x_1,\dots,x_t \in N$ vérifient $f(x_1) = \dots = f(x_t) = y$, si U_i désigne la classe de contact de $j^kf(x_i)$, $1 \leq i \leq t$, et si g_i désigne le germe en x_i de l'application $f|(j^kf)^{-1}(U_i)$, les germes $g_1,\dots,g_t$ se coupent en position générale en y . (La même interprétation vaut, bien sûr, pour les orbites de D .)

Commentaire sur 3.1.

Les implications (i) ⇒ (ii) ⇒ (iii) sont claires, la première à cause du théorème de transversalité appliqué à chaque orbite, la deuxième parce que $K^k \supset A^k$.

L'implication profonde est (iii) $\Rightarrow$ (i) qui se décompose en (iii) $\Rightarrow$ f est infinitésimalement stable $\Rightarrow$ (i), chaque étape utilisant le théorème de préparation différentiable (voir [14] et [15]).

Remarquons que (ii) et (iii) font intervenir un nombre non dénombrable de conditions de transversalité ; ceci explique que la stabilité différentiable ne soit pas, en général, une propriété générique.

Enfin, (ii) est la condition de transversalité que l'on attend, alors que (iii) est celle avec laquelle on peut travailler.

4. Que se passe-t-il dans le bon domaine ? (voir [3], § 7)

Soit $\Pi^k(n,p) \subset J^k(n,p)$ la réunion de tous les modules d'orbites de K^k ; plus précisément, l'ensemble W_s des éléments de $J^k(n,p)$ appartenant à une orbite de codimension $\geq s$ est un sous-ensemble algébrique fermé de $J^k(n,p) \cong R^q$; on note W_s^* la réunion des composantes irréductibles de W_s de codimension $< s$; la réunion $\Pi^k(n,p) = \bigcup_{s \geq 0} W_s^*$ de ces composantes est le plus petit sous-ensemble algébrique fermé K^k-invariant de $J^k(n,p)$ dont le complémentaire ne contienne qu'un nombre fini de K^k-orbites. Soit $\sigma^k(n,p) = \operatorname{codim} \Pi^k(n,p)$ et soit $\sigma(n,p) = \inf_k \sigma^k(n,p)$ (il est clair que $\sigma^k \leq \sigma^\ell$ si $k \geq \ell$). Le bon domaine est défini par $n < \sigma(n,p)$, et est déterminé dans [4]. La densité des applications différentiablement stables dans ce cas est alors une conséquence immédiate du théorème de transversalité et du théorème 3.1. Par contre, le (ii) du théorème 2.3 est loin d'être immédiat (voir [3], §§ 9, 10, 11). Le premier exemple de couple $(n,p) \in \mathcal{N}$ a été donné par Thom dans [8] (il s'agit du cas $n = p = s^2$, $s \geq 4$); dans [16], un exemple très intuitif montre que $(9,8) \in \mathcal{N}$.

Par ailleurs, on voit que, dans le bon domaine, le théorème 2.5 est une conséquence du théorème 3.1 : on peut prendre $k = p + 1$, $\Sigma^{p+1} = \Pi^{p+1}(n,p)$, et la stratification de $J^{p+1}(n,p) - \Sigma^{p+1}$ par les K^{p+1}-orbites.

En dehors du bon domaine, on ne peut pas éviter de rencontrer $\Pi^k(n,p)$, c'est-à-dire des familles continues d'orbites de K^k ; on essaie alors de rassembler ces familles d'orbites en strates d'équisingularité topologique : génériquement, $j^k f(N)$ sera transverse aux strates de la stratification correspondante de $J^k(N,P) - \Sigma^k_{N,P}$ (mais pas aux classes de contact individuelles).

5. Les applications T. S. F. (ou de type singulier fini)

Disons, tout de suite, que les applications génériques obtenues au théorème 2.5 seront de ce type.

Il faut rappeler la notion de stabilité infinitésimale (les notations sont celles de Mather et diffèrent de celles de [14]) : Soient $\tau(f) : \tau(N) \to \tau(P)$ l'application tangente à f, $\theta(N)$ (resp. $\theta(f)$, resp. $\theta(P)$) le module sur $C^\infty(N)$, (resp. $C^\infty(P)$) des sections C^∞ de $\tau(N)$ (resp. $f^*\tau(P)$, resp. $\tau(P)$), et $tf : \theta(N) \to \theta(f)$, $\omega f : \theta(P) \to \theta(f)$ les applications définies par $tf(\xi) = \tau(f) \circ \xi$, $\omega f(\eta) = \eta \circ f$. Mather a montré (voir [14]) que f propre est différentiablement stable si et seulement si elle est infinitésimalement stable, c'est-à-dire si $tf(\theta(N)) + \omega f(\theta(P)) = \theta(f)$.

5.1. DÉFINITION.- $f \in C^\infty(N,P)$ est dite T. S. F. si $\theta(f)/tf(\theta(N))$ est un $C^\infty(P)$-module de type fini pour la structure définie <u>via</u> $f^* : C^\infty(P) \to C^\infty(N)$. □

<u>Remarques</u>.- (i) Rappelons que l'ensemble critique $\Sigma(f)$ de f est l'ensemble des $x \in N$ pour lesquels $\tau_x f$ n'est pas surjective ; il est clair que $\theta(f)/tf(\theta(N))$, qui est un $C^\infty(N)$-module de type fini, est, en fait, un $C^\infty(\Sigma(f))$-module de type fini ; on va voir que les applications T. S. F. sont exactement celles pour lesquelles $C^\infty(\Sigma(f))$ est un $C^\infty(P)$-module de type fini (§ 6, remarque).

(ii) L'analogue de la propriété T. S. F. pour les germes est d'avoir une K-codimension finie (voir plus loin la caractérisation locale des applications T. S. F.) ; or les germes de K-codimension finie sont exactement ceux qui s'obtiennent par changement de base à partir d'un germe stable (qu'on peut construire explicitement : voir [2]). L'intérêt des applications T. S. F. est de vérifier une propriété globale analogue.

5.2. DÉFINITION.- On appelle déploiement de f un carré cartésien

$$\begin{array}{ccc} N & \xrightarrow{f} & P \\ {\scriptstyle i}\downarrow & & \downarrow{\scriptstyle j} \\ N' & \xrightarrow{f'} & P' \end{array}$$

dans lequel i et j sont des plongements C^∞ , et f' une application C^∞ transverse à j . □

On dit que f admet un déploiement stable si f' est stable.

5.3. THÉORÈME.- Si f est T. S. F., f admet un déploiement infinitésimalement stable. □

On verra que la réciproque est vraie un peu plus loin.

Esquisse de démonstration (d'après [7]). Le premier pas est analogue à la construction dans [2] d'un germe stable ayant une algèbre locale donnée (qui n'est autre que la construction du déploiement stable d'un germe de K-codimension finie). Si U est un $C^\infty(P)$-module projectif de type fini, et si $\Omega : \theta(P) \oplus U \to \theta(f)/tf(\theta(N))$ est un morphisme de $C^\infty(P)$-modules qui étend $\omega f : \theta(P) \to \theta(f)/tf(\theta(N))$ (léger abus de notation), il existe un déploiement (i,j,f') de f qui rende commutatif le diagramme suivant :

$$\begin{array}{ccc} \theta(P) \oplus U & \xrightarrow{\quad\Omega\quad} & \theta(f)/tf(\theta(N)) \\ \alpha \ \Vert\wr & & \beta \ \Vert\wr \\ \theta(P') \otimes_{C^\infty(P')} C^\infty(P) & \xrightarrow{\quad\Omega'\quad} & \theta(f')/tf'(\theta(N')) \otimes_{C^\infty(N')} C^\infty(N) \end{array}$$

$C^\infty(N)$ (resp. $C^\infty(P)$) est un $C^\infty(N')$ (resp. $C^\infty(P')$)-module <u>via</u> i (resp. j) ; Ω' s'obtient par composition et passage au quotient naturels à partir de $\omega f'$ (on ne regarde que ce qui se passe au-dessus de $i(N)$ et $j(P)$). β est toujours un isomorphisme à cause de l'hypothèse de transversalité de f' et j .

Pour avoir un isomorphisme tel que α , il suffit de prendre pour P' l'espace total $E(\xi)$ d'un fibré vectoriel ξ sur P dont le module des sections est isomorphe à U . Il faut maintenant définir f' pour rendre le diagramme commutatif : on présente U comme facteur direct dans un $C^\infty(P)$-module libre de type fini V (ce qui revient à regarder ξ comme sous-fibré de $P \times R^t$) et on prolonge Ω en $\widetilde{\Omega} : \theta(P) \oplus V \to \theta(f)/tf(\theta(N))$; soit $\mathcal{U}$ un voisinage de $N \times \{0\}$ dans $N \times R^t$ et soit $\widetilde{f} : \mathcal{U} \to P \times R^t$ l'application définie par $\widetilde{f}(x,u_1,\ldots,u_t) = (f(x) - \sum_{i=1}^{t} u_i\, \alpha_i(x)\ ,\ u_1\ ,\ldots,\ u_t)$ [α_i est un élément de $\theta(f)$ relevant l'image $\widetilde{\Omega}(v_i)$ du générateur v_i de V qui correspond à la section constante $x \mapsto (x$, i-ème vecteur de la base canonique de R^t)] ; cette formule a un sens à condition d'identifier un voisinage de la section nulle dans $T(P)$ avec un voisinage de la diagonale dans $P \times P$ (on choisit alors $\mathcal{U}$ en conséquence).

L'application $\widetilde{f}$ ainsi définie est transversale sur $P \times 0$ et donc aussi sur un voisinage $\mathcal{V}$ de $P \times 0$ dans $E(\xi) \subset P \times R^t$.

L'application $f' = \widetilde{f}|\widetilde{f}^{-1}(\mathcal{V}) : \widetilde{f}^{-1}(\mathcal{V}) \to \mathcal{V}$ répond à la question à condition de prendre pour i (resp. j) l'inclusion de $N \times \{0\}$ dans $\widetilde{f}^{-1}(\mathcal{V}) = N'$ (resp. l'inclusion de $P \times \{0\}$ dans $\mathcal{V} = P'$).

Dans le cas où f est T. S. F., on peut donc trouver f' telle que Ω' soit surjective. Une application f' ayant cette propriété est dite par Mather " infinitésimalement stable au-dessus de $j(P)$ ".

En se restreignant au besoin à l'image réciproque d'un voisinage de $j(P)$ dans P' , on peut supposer que la restriction de f' à $\Sigma(f')$ est propre ; on montre alors qu'il existe un voisinage P''' de $j(P)$ dans P' tel que la restriction f''' de f' à $N''' = f'^{-1}(P''')$ soit infinitésimalement stable (i.e. $\omega f'''$ surjectif). Le point fondamental est l'existence d'un voisinage P'' de $j(P)$ dans P' tel que la restriction f'' de f' à $N'' = f'^{-1}(P'')$ soit T. S. F. ; grâce à la proposition 5.5, ce résultat de finitude découle du théorème de préparation différentiable, et plus précisément du corollaire suivant appliqué au faisceau de $\underline{C}^\infty(N')$-modules $\underline{\theta}(f')/tf'(\underline{\theta}(N'))$ ($\underline{C}^\infty(N')$ = faisceau des germes de fonctions C^∞ de N' dans R , $\underline{\theta}(f')$ = faisceau des germes de champs de vecteurs au-dessus de f' , etc...) :

5.4. THÉORÈME.- Soit $\underline{A}$ un faisceau de $\underline{C}^\infty(N')$-modules localement fini (i.e. localement engendré par un nombre fini de sections). Si la restriction de f' au support de $\underline{A}$ est propre, si la fibre au-dessus de $y \in P'$ de cette restriction est un ensemble fini, et si $\bigoplus_{x \in (\mathrm{Supp}\,\underline{A}) \cap f'^{-1}(y)} \dim_{\mathbb{R}} \underline{A}_x / f'^{*}\mathcal{M}_y \underline{A}_x$ est fini, le faisceau $f'_{*}\underline{A}$ est localement fini en y comme faisceau de $\underline{C}^\infty(P')$-modules. □

J'en viens, maintenant, à la caractérisation locale des applications T. S. F.

5.5. PROPOSITION.- $f \in C^\infty(N,P)$ est T. S. F. , si et seulement si les trois conditions suivantes sont satisfaites :

(a) $f|\Sigma(f) : \Sigma(f) \to P$ est propre.

(b) Le nombre de points dans $\Sigma(f) \cap f^{-1}(y)$ est borné supérieurement pour $y \in P$.

(c) La dimension $\varkappa(f,x) = \dim_{\mathbb{R}}[\theta(f)_x / (tf(\theta(N)_x) + f^{*}\mathcal{M}_{f(x)}\theta(f)_x)]$ est bornée supérieurement pour $x \in N$. □

Les notations $\theta(f)_x$,... sont les analogues germiques des notations $\theta(f)$,..., et $\mathcal{M}_{f(x)}$ est l'idéal maximal des germes de fonctions $(P,f(x)) \to \mathbb{R}$ qui sont nuls en $f(x)$.

Où trouver la démonstration de 5.5 : On voit facilement par l'absurde que, si f est T. S. F., la condition (a) est vérifiée. En ce qui concerne (b) et (c), on peut, pour tout $y \in P$, majorer $\sum_{x \in f^{-1}(y) \cap \Sigma(f)} \varkappa(f,x)$ par le nombre de générateurs de $\theta(f)/tf(\theta(N))$ comme $C^\infty(P)$-module. La réciproque se démontre de la même manière que le passage de la condition de transversalité aux K-orbites à la stabilité infinitésimale dans le théorème 3.1 (comparer à [3] et au dernier paragraphe de [14]).

Remarques.- (1) On déduit facilement de cette caractérisation locale le fait que si f admet un déploiement T. S. F., f est elle-même T. S. F. ; en particulier, si f admet un déploiement infinitésimalement stable, f est T. S. F.

(2) Ne pas confondre les notions de déploiement stable et de déploiement universel (voir [13]) ; même au niveau local, l'exemple de l'application de R^2 dans R^2 définie par $f(x,y) = (x^3,y)$ montre qu'un germe T. S. F. peut être de A-codimension infinie.

6. Démonstration du théorème 2.5 ; 1°) où l'on définit Σ^k

6.1. DÉFINITION.- Σ^k est l'ensemble des jets $z \in J^k(n,p)$ représentés par au moins un germe $f : (R^n, 0) \to (R^p, 0)$ tel que $\varkappa(f,0) \geq k$. [Cette propriété est alors vraie pour tout germe représentant z (utiliser Nakayama).] □

On peut montrer que, si deux germes f et g sont dans la même orbite de K, alors $\varkappa(f,0) = \varkappa(g,0)$ ([2], cor. 2.6). On en déduit que Σ^k est une réunion de K^k-orbites, et est donc invariante sous l'action de A^k. Dans le cas particulier où la codimension de la K-orbite de f est finie, et si k est assez grand, $\varkappa(f,0) + n - p$ est la codimension dans $J^k(n,p)$ de la K^k-orbite de $j^k f(0) = z$ ([2], th. 2.5).

Soit $\Sigma^k_{N,P}$ le sous-fibré de $J^k(N,P)$ de fibre Σ^k ; si N est compacte, et si $f \in C^\infty(N,P)$ vérifie $j^k f(N) \cap \Sigma^k_{N,P} = \emptyset$, f est T. S. F. Pour le voir, on se reporte à la caractérisation locale des applications T. S. F. ; le seul point non immédiat est le (b) qui nécessite N compacte : tout d'abord, on montre facilement que chaque point $x \in \Sigma(f) \cap f^{-1}(y)$ est isolé dans $f^{-1}(y)$ dès que $\varkappa(f,x) < +\infty$ (voir [2], lemme 2.4) [si le germe de f en x est celui d'une application analytique, la réciproque est vraie : on déduit, en effet, du Nullstellensatz l'équivalence entre " $\varkappa(f,x) < \infty$ " et " $\tilde{f}^{-1}(\tilde{f}(x))$ est au voisinage de x une intersection complète à singularité isolée " , où $\tilde{f}$ est le complexifié de f]. Si f est propre, il n'y a donc qu'un nombre fini de points dans chaque fibre de $f|\Sigma(f)$. On déduit alors du théorème 5.4 que ce nombre est localement borné : pour tout $y \in P$, il existe un voisinage U de y dans P tel que, pour tout $y' \in U$,

$$\sum_{x' \in f^{-1}(y')} \varkappa(f,x') \leq \sum_{x \in f^{-1}(y)} \varkappa(f,x) ,$$

d'où la conclusion.

Remarques.- (i) On a déjà vu, au début du paragraphe 5, que, si $C^{\infty}(\Sigma(f))$ est un $C^{\infty}(P)$-module de type fini, f est T. S. F. Le lemme 2.4 de [2] que l'on vient d'utiliser, joint au théorème 5.4, montre immédiatement la réciproque.

(ii) Il est facile de donner un exemple d'une application propre de $\mathbb{R}$ dans $\mathbb{R}$ vérifiant les hypothèses ci-dessus mais pas le (b) de la proposition 5.5 ; une telle application n'est donc pas T. S. F.

6.2. PROPOSITION.- La codimension de Σ^k dans $J^k(n,p)$ tend vers l'infini avec k . □

Commentaires.- (1) Cette proposition dit essentiellement que le nombre de paramètres continus dont dépendent les modules de K-orbites ne croît pas trop vite en fonction de la codimension de ces orbites.

(2) Il est assez clair intuitivement qu'il faut une infinité de conditions dans $J^{\infty}(n,p)$ pour assurer la non-finitude du germe de morphisme $(f|\Sigma(f))_x$; c'est d'ailleurs ce qu'on montre dans ce qui suit.

Démonstration de 6.2 (d'après [7]) : Σ^k est un sous-ensemble algébrique fermé de $J^k(n,p)$ et n'a donc qu'un nombre fini de composantes irréductibles de codimension minimum ; l'affirmation suivante permet de trouver pour l'une quelconque Γ de ces composantes un entier $\ell > k$ tel que l'image réciproque de Γ par la projection canonique $J^{\ell}(n,p) \to J^k(n,p)$ ne soit pas toute entière contenue dans Σ^{ℓ} . Une récurrence évidente donne alors le résultat.

Affirmation (Milnor, Thom, Samuel,...). Tout élément $z \in J^k(n,p)$ a un représentant f pour lequel $\varkappa(f,0) < +\infty$.

J'ai déjà dit que, si f est analytique, la condition $\varkappa(f,0) < +\infty$ équivaut à la condition que $\tilde{f}^{-1}(0)$ ait en 0 une singularité isolée d'intersection complète (où $\tilde{f}$ = complexifié de f) c'est-à-dire que $\tilde{f}^{-1}(0) - 0$ soit localement une sous-variété de dimension $n - p$ si $n > p$ (resp. vide si $n \leq p$).

Soit $P = (P_1,\ldots,P_p) : \mathbb{C}^n \to \mathbb{C}^p$ l'application polynomiale de degré k représentant z , et soit $Q : \mathbb{C}^n \times \mathbb{R}^{np} \to \mathbb{C}^p$ l'application définie par

$$Q_i(x,t) = Q_i(x_1,\dots,x_n, t_{11},\dots,t_{np}) = P_i(x) + \sum_{j=1}^{n} t_{ji}\, x_j^{k+1} \ , \quad i = 1,\dots,p \ .$$

La différentielle de Q est surjective en (x,t) si $x \neq 0$, donc $Q^{-1}(0) - (0 \times \mathbb{R}^{np})$ est une sous-variété. Le théorème de Sard assure alors l'existence d'une valeur régulière t_0 de la projection de $Q^{-1}(0) - (0 \times \mathbb{R}^{np})$ sur $\mathbb{R}^{np}$. Considérons l'application $P_{t_0}(x) = Q(x,t_0) : \mathbb{C}^n \to \mathbb{C}^p$ qui représente z ; $P_{t_0}^{-1}(0) - 0$ est une sous-variété complexe de dimension $n - p$, c'est-à-dire $\varkappa(P_{t_0},0) < +\infty$.

<u>Conséquence</u> : Si N est compacte, les applications T. S. F. de N dans P ont un complémentaire de codimension infinie : celà signifie que, pour tout entier $\alpha \geq 0$, une famille à α paramètres d'applications de N dans P peut être légèrement déformée de façon que toutes les applications de la famille soient T. S. F.

Il nous reste maintenant à stratifier les applications T. S. F. "génériques" et à montrer leur stabilité topologique en appliquant le théorème d'isotopie de Thom auquel le paragraphe suivant est consacré.

7. Morphismes stratifiés sans éclatement : le deuxième théorème d'isotopie de Thom

La technique des espaces stratifiés inaugurée par Whitney dans l'étude topologique des espaces analytiques a permis à Thom de donner un critère très utile de trivialité topologique d'une famille d'applications C^∞ (voir [9], [11], [12], [13]), tout en faisant comprendre la différence de nature entre les variations continues (modules) du type différentiable d'une application C^∞ et celles de son type topologique (voir [10]).

7.1. DÉFINITION.- Soit X une variété C^∞ et soit $Y \subset X$. Une stratification de Whitney de Y est une partition localement finie de Y en sous-variétés C^∞ (les strates) qui vérifie

(i) (Axiome de frontière) Si U et V sont des strates, et si $\bar{U} \cap V \neq \emptyset$, alors $V \subset \bar{U}$;

(ii) (Propriété (b)) Soient U et V deux strates avec $V \subset \bar{U}$, soient $x \in V$, et $\varphi : \mathbf{R}^n \to X$ un difféomorphisme sur un voisinage de x dans X. Soit $\{x_i\}$ (resp. $\{y_i\}$) une suite de points de $\varphi^{-1}(U)$ (resp. de $\varphi^{-1}(V)$) convergeant vers $\varphi^{-1}(x)$. On suppose que, pour tout i, $x_i \neq y_i$, que la suite de droites $\{x_i y_i\}$ converge dans $P_{n-1}(R)$ vers ℓ, et que la suite des plans tangents $\{T_{x_i} \varphi^{-1}(U)\}$ converge vers τ dans la grassmannienne correspondante. Alors $\ell \subset \tau$. □

Commentaires.- (1) On vérifie facilement que la propriété (ii) est indépendante du choix de φ et équivaut à la conjonction des classiques propriétés (a) et (b) de Whitney.

(2) Mather parle plutôt de préstratification, réservant le nom de stratification à la donnée en chaque point de Y du germe de la strate contenant ce point ; c'est en fait sous cette forme locale que se présentent naturellement les stratifications qu'on va considérer.

Le but de ce paragraphe est de faire comprendre la démonstration du théorème ci-dessous, dû à Thom, et exposé par Mather dans [5] et [6].

7.2. THÉORÈME (2ème théorème d'isotopie).- Soit $X' \xrightarrow{f} X \xrightarrow{g} R$ un diagramme de variétés et d'applications C^∞ (qu'on peut considérer comme une famille à 1 paramètre d'applications C^∞), et soient $Y \subset X$, $Y' \subset X'$ des fermés admettant une stratification de Whitney. On suppose que

(i) $f(Y') \subset Y$.

(ii) Pour toute strate U' de Y', la restriction de f à U' est une submersion sur une strate de Y.

(iii) Pour toute strate U de Y, la restriction de g à U est une submersion sur R.

(iv) Les restrictions $f|Y' : Y' \to Y$ et $g|Y : Y \to \mathbf{R}$ sont des applications propres.

(v) f n'a pas d'éclatement (la définition est donnée plus loin).

Il existe alors un diagramme commutatif

$$\begin{array}{ccccc} B' \times R & \xrightarrow{h \times id} & B \times R & \xrightarrow{\text{projection}} & \mathbf{R} \\ \varphi' \downarrow & & \varphi \downarrow & & \| \; id. \\ Y' & \xrightarrow{f|Y'} & Y & \xrightarrow{g|Y} & R \end{array}$$

dans lequel B (resp. B') est la fibre de Y (resp. Y') au-dessus de $0 \in R$, h est la restriction de f à B' , et φ , φ' sont des homéomorphismes (on peut encore dire que la famille d'applications C^∞ considérée est topologiquement triviale). □

Technique de démonstration. On cherche à relever le champ de vecteurs standard $\frac{\partial}{\partial t}$ sur $\mathbf{R}$ en un champ ξ tangent aux strates de Y , puis à relever ξ en un champ ξ' tangent aux strates de Y' ; pour que l'intégration de ces champs fournisse deux homéomorphismes (qui vérifieront automatiquement les conclusions du théorème), il faut contrôler ξ et ξ' au voisinage des points où se raccordent des strates : on utilise à cet effet un système bien choisi de voisinages tubulaires des strates.

(1) Construction de ξ . On commence par trouver pour chaque strate U de Y un voisinage tubulaire T_U de U dans X de façon que la collection des T_U ait les propriétés suivantes de compatibilité :

Soient $|T_U|$ l'espace total de T_U , $\pi_U : |T_U| \to U$ la projection, $\rho_U : |T_U| \to R_+$ la fonction tubulaire (le fibré T_U est défini comme un voisinage de la section nulle dans un fibré muni d'un produit scalaire, et ρ_U est la fonction "carré de la longueur d'un vecteur dans sa fibre"). On demande que, si $V \subset \bar{U} - U$, les fibres au-dessus de $|T_V| \cap U$ de T_U soient contenues dans les fibres correspondantes de l'application $(\pi_V , \rho_V) : |T_V| \to V \times R$ (on dira avec Mather que la restriction de T_U à $|T_V| \cap U$ est compatible avec l'application (π_V , ρ_V)).

La construction de ces voisinages tubulaires se fait par récurrence ascendante sur la dimension des strates ; plus précisément, l'existence de T_U lorsque T_V est donné est conséquence des deux faits suivants :

7.3. Fait (1) (Théorème des voisinages tubulaires).- Soit $F : X \to Z$ une application $\mathcal{C}^\infty$ et soit U une sous-variété de X telle que $F|U$ soit une submersion. Il existe un voisinage tubulaire T_U de U dans X qui est compatible avec F . □

La démonstration ne diffère pas sensiblement de celle du théorème classique ; c'est bien entendu une forme relative de ce théorème qu'on utilise dans la récurrence.

7.4. Fait (2).- Soient U , $V \subset \bar{U} - U$ deux sous-variétés de X vérifiant la propriété (ii) de la définition 7.1. Soit T_V un voisinage tubulaire de V dans X . Il existe un voisinage $\mathcal{V}$ de V dans $|T_V|$ tel que la restriction à $U \cap \mathcal{V}$ de l'application (π_V , ρ_V) soit une submersion. □

La démonstration est triviale à partir des définitions ; on peut remarquer que la propriété analogue pour la seule application π_V ne nécessite que la propriété (a) de Whitney.

On peut donc supposer donnée une famille $\{T_U\}$ ayant les propriétés demandées. Compte tenu de l'hypothèse (iii) de 7.2, la même démonstration fournit d'ailleurs une famille $\{T_U\}$ de voisinages tubulaires qui sont en plus compatibles avec g . On peut alors construire par récurrence un relèvement ξ du champ $\frac{\partial}{\partial t}$, tangent aux strates de Y , et contrôlé par la famille $\{T_U\}$, c'est-à-dire un champ ξ qui vérifie (on rétrécit au besoin les T_U) :

(1) $\forall y \in Y$, $g_*(\xi(y)) = \frac{\partial}{\partial t}(g(y))$ (condition de relèvement) ;

(2) $\forall y \in Y \cap |T_U|$, $\pi_{U_*}(\xi(y)) = \xi(\pi_U(y))$ (condition de cohérence) ;

(3) $\forall y \in Y \cap |T_U|$, $\xi(y)\rho_U = 0$; cette dernière condition empêche les lignes intégrales de ξ d'origine dans $|T_U| \cap Y$ d'aller se perdre dans $\bar{U} - U$ ou hors de $|T_U|$, en les canalisant dans les surfaces de niveau de ρ_U .

On montre sans trop de difficultés qu'un tel champ, bien que non continu

<u>en général</u>, est localement (et en fait globalement car $g|Y$ est propre) intégrable, ce qui fournit l'homéomorphisme φ . On vient en fait d'indiquer la démonstration du 1er théorème d'isotopie de Thom (voir [9] et [12]).

(2) <u>Construction de</u> ξ' . Si on remplace g par f , la construction précédente est possible dans l'image réciproque par f d'une strate de Y ; plus généralement, la construction d'un système $\{T_{U'}\}$ de voisinages tubulaires des strates de Y' relevant $\{T_U\}$ et permettant de contrôler suffisamment ξ' pour le rendre intégrable est possible moyennant l'hypothèse " f n'a pas d'éclatement " que je vais expliciter maintenant :

7.5. DÉFINITION.- f n'a pas d'éclatement si, pour tout triplet (U',V',y') , U' , V' strates de Y' , $y' \in V' \subset \bar{U}' - U'$, la condition suivante est vérifiée :

(a_f) Pour toute suite de points $y'_i \in U'$ convergeant vers y' telle que la suite $\{\ker d(f|U')_{y'_i}\}$ ait une limite τ , on a $\tau \supset \ker d(f|V')_{y'}$ (si f est l'application nulle, on retrouve la condition (a) de Whitney). □

L'exemple typique d'une application présentant de l'éclatement est l' "éclatement des géomètres algébristes" qui s'écrit localement

$$f : \mathbb{R}^2 \to \mathbb{R}^2 \ , \quad f(x,y) = (x\ , xy) \ , \text{ avec}$$

V' définie par $x = 0$, et $V = (0,0)$.

Si f n'a pas d'éclatement, on construit une famille $\{T_{U'}\}$ telle que

(i) Si $f(U') \subset U$, on a $f(|T_{U'}|) \subset |T_U|$ et $f\pi_{U'} = \pi_U f$.

(ii) Si $V' \subset \bar{U}' - U'$, la restriction de $T_{U'}$ à $|T_{V'}| \cap U'$ est compatible avec l'application $\pi_{V'}$; si de plus $f(V')$ et $f(U')$ sont dans la même strate de Y , on peut demander la compatibilité avec l'application $(\pi_{V'}\ , \rho_{V'})$.

On se convainc facilement qu'une telle famille $\{T_{U'}\}$ ne peut exister dans l'exemple précédent, les conditions (i) et (ii) (1ère partie) étant incompatibles.

La démonstration de l'existence de $\{T_{U'}\}$ se fait par récurrence exactement comme pour celle de $\{T_U\}$, y compris dans le cas de deux strates de Y' ayant pour image des strates distinctes de Y , à condition d'interpréter comme suit la condition de non éclatement :

Soient U' et V' telles que $f(U') \subset U$, $f(V') \subset V$, $V' \subset \bar{U}' - U'$; on suppose $T_{V'}$ construit de façon que $f\pi_{V'} = \pi_V f$: il existe alors une application Φ rendant commutatif le diagramme

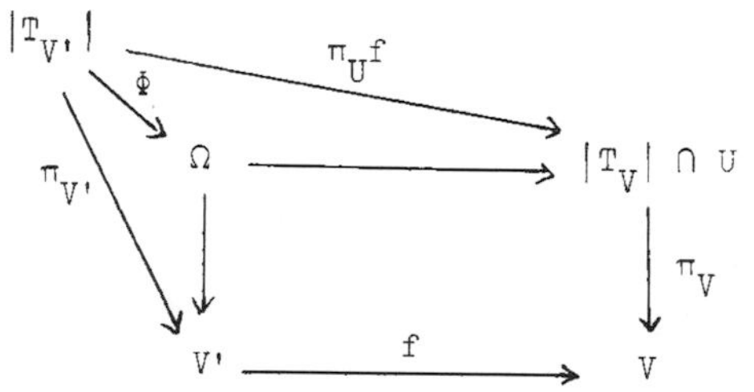

(Ω désigne le produit fibré et on rappelle que $\pi_V \pi_U = \pi_V$).

La condition (a_f) pour tous les triplets (U',V',y') , $y' \in V'$, équivaut à la condition :

$\Phi \,\big|\, |T_{V'}| \cap U'$ est une submersion (il faut peut-être restreindre $T_{V'}$).

On peut alors construire $T_{U'}$ qui, au-dessus de $|T_{V'}| \cap U'$, soit à la fois compatible avec $\pi_U f$ et $\pi_{V'}$ (conditions (i) et (ii)).

On peut alors relever ξ en un champ ξ' contrôlé par $\{T_{U'}\}$ (bien entendu, la condition 3) ne peut être exigée que dans l'image réciproque par f d'une strate de Y , et le fait que ξ vérifie cette condition 3) n'intervient pas dans la construction de ξ').

L'intégrabilité locale de ξ' dans l'image réciproque d'une strate de Y se voit comme précédemment ; l'intégrabilité locale de ξ' sur tout Y' découle de celle de ξ sur Y .

On en déduit alors l'intégrabilité globale grâce à la propreté de $f|Y'$, et donc l'existence de φ' et la démonstration du théorème 7.2.

Remarque.- Le théorème 7.2 devient faux si on supprime la condition de non éclatement. Dans [10], Thom construit une famille à un paramètre d'applications polynomiales de R^3 dans R^3 (donc $R^3 \times R \xrightarrow{f} R^3 \times R \xrightarrow{g} R$) vérifiant les autres conditions du théorème pour une stratification bien choisie mais telle que chacune des applications de la famille (et donc aussi f) présente de l'éclatement ; il montre que deux quelconques des applications de la famille ont un type topologique différent. De tels modules ne peuvent exister pour des applications triangulées (qui ne présentent jamais d'éclatement) et Thom conjecture que l'absence d'éclatement est une CNS pour qu'une application stratifiée puisse être triangulée.

8. Démonstration du théorème 2.5 ; 2°) où l'on stratifie $J^k(n,p) - \Sigma^k$

On commence par montrer l'existence, pour chaque application infinitésimalement stable $f' : N' \to P'$, de stratifications canoniques $S_{f'}(N')$ et $S_{f'}(P')$ qui fassent de f' un morphisme stratifié sans éclatement. On définit alors la stratification S^k de $J^k(n,p) - \Sigma^k$ de façon que si $f : N \to P$ (N compacte) vérifie $j^k f(N) \cap \Sigma^k_{N,P} = \emptyset$, et si (i,j,f') est un déploiement stable de f , la multitransversalité de f par rapport à $S^k_{N,P}$ soit équivalente à la transversalité de j par rapport à $S_{f'}(P')$.

8.1. Stratification de f' . Les trois propriétés qu'on utilise sont :

(i) La restriction de f' à $\Sigma(f')$ est un morphisme propre et fini (voir § 5).

(ii) Le germe de f' en un point quelconque de N' est différentiablement équivalent au germe d'une application polynomiale (à savoir, le représentant polynomial de son jet d'ordre $\dim P' + 1$ dans une carte ; voir [2]).

(iii) Le multigerme de f' en un nombre quelconque de points est infinitésimalement stable.

On raisonne alors localement : si N' est un ouvert semi-algébrique (pas forcément connexe) de $R^{n'}$ et P' un ouvert semi-algébrique de $R^{p'}$, les méthodes utilisées dans [9] et [12] permettent de trouver des stratifications de Whitney analytiques $S_{f'}(N')$ de N' et $S_{f'}(P')$ de P' telles que

(1) $\Sigma(f')$ soit un sous-ensemble stratifié.

(2) Si $x' \in \Sigma(f')$, la restriction de f' à la strate passant par x' est une immersion, et l'image de cette strate est une strate de P' .

(3) Si $x' \in N' - \Sigma(f')$, la strate de x' coïncide localement avec l'image réciproque par f' de la strate contenant $f'(x')$.

(4) Le couple $(S_{f'}(N'), S_{f'}(P'))$ est minimal parmi les couples de stratifications de Whitney analytiques ayant les propriétés précédentes. □

La démonstration se fait par récurrence à partir de la stratification de Whitney analytique du sous-ensemble semi-algébrique $\Sigma(f')$ de $R^{n'}$ (construite par exemple dans [9]) ; chaque strate U est à la fois une sous-variété analytique et un sous-ensemble semi-analytique de $R^{n'}$. L'ensemble des points de U où le rang de $f'|U$ s'abaisse à une adhérence semi-analytique de dimension inférieure à celle de U , ce qui permet de raffiner la stratification de N' pour avoir la propriété de rang constant sur chaque strate.

Le fait que le nombre de points dans les fibres de $f'|\Sigma(f')$ soit borné (en fait par $\dim P' = p'$, voir [3]) et que le multigerme de f' en une fibre soit infinitésimalement stable permet de définir l'image directe de cette stratification par f' : une strate en $y' \in P'$ est localement l'intersection des images par f' des strates de N' aux points de $\Sigma(f') \cap f'^{-1}(y')$. [Il faut remarquer qu'en général une telle opération ne définit pas une stratification, ne serait-ce que parce que l'image par f' d'un germe d'ensemble n'est pas, sans condition sur f' , un germe d'ensemble bien déterminé (regarder l'exemple suivant la définition 7.5).]

On prend enfin l'intersection de la stratification de N' avec la stratification image réciproque de celle qu'on vient de définir sur P' .

Pour globaliser, on part d'un recouvrement ouvert de P' ; le caractère fonctoriel de ces stratifications locales et le fait que deux germes analytiques infinitésimalement stables qui sont différentiablement équivalents le sont analytiquement permettent le recollement des stratifications locales en des stratifications de Whitney de P' et d'un voisinage de $\Sigma(f')$ dans N' ; on finit de stratifier N' en stratifiant $N' - \Sigma(f')$ par la condition (3) du cas local.

On remarque que la condition (2) du cas local implique que f' n'a pas d'éclatement.

8.2. Stratification de $J^k(n,p) - \Sigma^k$.

Si $z \in J^k(n,p) - \Sigma^k$ est le jet d'un germe stable $\tilde{f} : (R^n,0) \to (R^p,0)$, on considère la stratification de R^n qu'on vient de lui associer, et on définit le germe de la strate de S^k en z comme la réunion des K^k-orbites locales des jets correspondant aux germes de $\tilde{f}$ en tous les points de la strate (locale) de R^n qui contient 0 . Il est clair que là où elle est définie, cette stratification répond aux exigences du début du paragraphe 8 (revoir le théorème 3.1).

Pour traiter le cas général, j'ai déjà remarqué que les germes de K-codimension finie sont l'analogue local des applications T. S. F. ; en particulier, la démonstration de 5.3 fournit pour un tel germe $f : (R^n,0) \to (R^p,0)$ un entier q et un germe stable $\tilde{f} : (R^{n+q},0) \to (R^{p+q},0)$ qui est dans la K-orbite de $f \times id_{R^q}$. Soit $z = j^kf(0)$; on considère l'application de stabilisation qui à $z \in J^k(n,p)$ associe $z \times id_{R^q} \in J^k(n+q\, ,\, p+q)$; on stratifie $J^k(n+q\, ,\, p+q)$ au voisinage de $z \times id_{R^q}$ en faisant agir K^k sur la stratification définie au voisinage de $j^k\tilde{f}(0)$, et on stratifie $J^k(n,p)$ au voisinage de z par image réciproque par l'application de stabilisation.

9. Démonstration du théorème 2.5 ; 3°) où tout devient clair (?)

Si n et p sont donnés, on fixe k de façon que $\operatorname{codim} \Sigma^k > n$. Si N est compacte, on déduit de ce qui précède qu'une application générique $f : N \to P$ s'obtient à partir d'une application stable $f' : N' \to P'$ par un changement de base j transverse à la stratification canonique $S_{f'}(P')$ de P' ; on en déduit (voir [9]) que l'application f est elle-même un morphisme stratifié sans éclatement (les applications de ce type sont donc denses dans $C^\infty(N,P)$ lorsque N est compacte ; il est intéressant à ce point de lire la conclusion de [10], où la condition 2°) correspond à la transversalité vérifiée par les applications génériques). Il nous reste à montrer que f est topologiquement stable : si g est proche de f , on la prolonge en g' proche de f' (continûment en fonction de g) ; f' étant stable s'écrit $\psi \circ g' \circ \varphi^{-1}$ où φ (resp. ψ) est un difféomorphisme de N' (resp. P') proche de l'identité. On en déduit que $(i_g = \varphi \circ i , j_g = \psi \circ j , f')$ est un déploiement stable de g . De plus, on construit de la même façon une famille différentiable à un paramètre $\{f_t\}_{t \in \mathbb{R}}$ qui vérifie $f_0 = f$, $f_1 = g$, à laquelle est associée une famille à un paramètre de déploiements stables (i_{f_t} , j_{f_t} , f') qui ont la propriété que j_{f_t} est transverse à $S_{f'}(P')$ pour tout t .

(Cette construction est possible car f' est homotopiquement stable, voir [14].)

On peut alors appliquer le 2ème théorème d'isotopie (7.2) au diagramme

$$N \times \mathbb{R} \xrightarrow{F} P \times \mathbb{R} \xrightarrow{\pi} \mathbb{R}$$

où $F(x,t) = (f_t(x) , t)$, $\pi(y,t) = t$, et où les stratifications sont induites par les applications transverses $N \times \mathbb{R} \ni (x,t) \mapsto i_t(x) \in N'$, et $P \times \mathbb{R} \ni (y,t) \mapsto j_t(y) \in P'$.

10. Remarques finales

Si on ne s'intéresse qu'à la stabilité locale des applications, on peut donner du théorème 2.5 un énoncé dans lequel n'apparaît plus la condition de transversalité à la stratification $S^k_{N,P}$. Pour simplifier, occupons-nous de la stabilité différentiable : on sait (voir [2]) que tout germe stable $f : (\mathbb{R}^n,0) \to (\mathbb{R}^p,0)$ est équivalent par A à son jet d'ordre $p + 1$; la notion de jet stable a donc un sens dans $J^{p+1}(n,p)$ ce qui implique que, si $z \in J^{p+1}(N,P)$, ou bien pour tout germe $f : (N,x) \to (P,y)$ représentant z l'application $j^{p+1}f$ est transversale en z à la classe de contact de z , ou bien il n'existe pas de germe f représentant z tel que $j^{p+1}f$ soit transversale en z à cette classe de contact. Soit Uns^{p+1} le sous-ensemble de $J^{p+1}(n,p)$ formé des jets instables ; Uns^{p+1} est algébrique fermé et invariant par A^{p+1} (mais pas par K^{p+1} !!), il lui correspond un sous-fibré $Uns^{p+1}_{N,P}$ de $J^{p+1}(N,P)$ qui est exactement l'ensemble des z qui sont des points de non-transversalité sur leur classe de contact (on montre dans [2] que le complémentaire de Uns^{p+1} dans une K^{p+1}-orbite est exactement une A^{p+1}-orbite, ce qui éclaire l'équivalence (ii) ⇔ (iii) de 3.1). La stabilité différentiable <u>locale</u> de f est donc assurée par la seule condition $j^{p+1}f(N) \cap Uns^{p+1}_{N,P} = \emptyset$ (bien entendu, on assure ainsi la condition de transversalité, mais pas celle de multitransversalité). Dans [3], Mather montre l'équivalence entre codim $Uns^{p+1} > n$ et $\sigma(n,p) \leq n$; on retrouve le (i) du théorème 2.3. Pour en déduire le (ii), il y a encore un pas non trivial à savoir l'existence, pour toute sous-variété lisse de $J^k(N,P)$ de codimension $\leq n$, d'un point z transversal (i.e. tel qu'il existe un germe $f : (N,x) \to P$ vérifiant $j^k f(x) = z$ et " $j^k f$ est transversal en z à cette sous-variété ").

BIBLIOGRAPHIE

[1] R. ABRAHAM and J. ROBBIN - Transversal mappings and flows, Benjamin, 1967.

[2] J. MATHER - Classification of stable germs by R-algebras, Publ. Math. I.H.E.S., 37 (1969), p. 223-248.

[3] J. MATHER - Transversality, Advances in Math., 4 (1970), p. 301-336.

[4] J. MATHER - The nice dimensions, Proceedings of Liverpool singularities Symposium I, Lecture Notes in Math., n° 192, p. 207-253, Springer-Verlag, 1971.

[5] J. MATHER - Notes on topological stability, Preprint, 1970.

[6] J. MATHER - Stratifications and mappings, Preprint, 1971.

[7] J. MATHER - Lettre, sept. 1972.

[8] R. THOM and H. LEVINE - Singularities of differentiable mappings, Proceedings of Liverpool singularities Symposium I, Lecture Notes in Math., n° 192, p. 1-89, Springer-Verlag, 1971.

[9] R. THOM - Propriétés différentielles locales des ensembles analytiques, Sém. Bourbaki, exposé 281, vol. 1964/65, Addison-Wesley/Benjamin.

[10] R. THOM - La stabilité topologique des applications polynomiales, l'enseignement Mathématique, VIII, 1962, p. 24-33.

[11] R. THOM - Local topological properties of differentiable mappings, Colloquium on Differential Analysis, Tata Institute, Bombay, 1964, Oxford Univ. Press, London, p. 191-202.

[12] R. THOM - Ensembles et morphismes stratifiés, Bulletin Amer. Math. Soc., vol. 75, n° 2, 1969, p. 240-284.

[13] R. THOM - Modèles mathématiques de la morphogénèse, chap. 3 : Théorie du déploiement universel, I.H.E.S., mars 1971.

[14] J.-C. TOUGERON - Stabilité des applications différentiables (d'après J. Mather), Sém. Bourbaki, exposé 336, vol. 1967/68, Addison-Wesley/Benjamin.

[15] C. T. C. WALL - Lectures on C^{∞}-stability and classification, Proceedings of Liverpool singularities Symposium I, Lecture Notes in Math., n° 192, p. 178-206, Springer-Verlag, 1971.

[16] F. PHAM - Classification des singularités, Preprint Université de Nice, 1971.

Séminaire BOURBAKI
25e année, 1972/73, nº 425

CERTAINES REPRÉSENTATIONS INFINIES DES ALGÈBRES DE LIE SEMI-SIMPLES

par Jacques DIXMIER

Les modules $M(\lambda)$ étudiés ici ont été considérés depuis assez longtemps (cf. par exemple [5]). Mais les premiers résultats difficiles à leur sujet sont dus à Verma [6]. Peu après, Bernstein, Gelfand, Gelfand ont à leur tour beaucoup approfondi la structure des $M(\lambda)$ [1], [2]. Ils ont aussi montré qu'on peut en déduire facilement certains théorèmes classiques. Comme on veut mettre ce point en évidence ci-dessous, il faut préciser ce qu'on suppose connu :

1) la théorie élémentaire des algèbres de Lie (Bourbaki, chap. I) ;
2) les propriétés des systèmes de racines (Bourbaki, chap. VI) ;
3) les représentations de $\underline{sl}(2,k)$;
4) la décomposition d'une algèbre de Lie semi-simple en sous-espaces radiciels correspondant à une sous-algèbre de Cartan.

On ne suppose pas connu le théorème d'existence d'une algèbre de Lie ayant un système de racines donné (et encore moins la classification) ; on ne suppose rien sur les modules de dimension finie.

<u>Notations</u>. On note k un corps commutatif de caractéristique 0, $\mathfrak{g}$ une algèbre de Lie semi-simple sur k, $\mathfrak{h}$ une sous-algèbre de Cartan déployante de $\mathfrak{g}$, R le système de racines de $(\mathfrak{g},\mathfrak{h})$, W le groupe de Weyl, B une base de R, R_+ (resp. R_-) l'ensemble des racines > 0 (resp. < 0) relativement à B, P l'ensemble des poids, Q l'ensemble des poids radiciels, Q_+ l'ensemble des combinaisons linéaires des éléments de B à coefficients dans $\mathbb{N}$, P_{++} l'ensemble des poids dominants, $\mu \leq \lambda$ la relation d'ordre $\lambda - \mu \in Q_+$ dans $\mathfrak{h}^*$. Si $w \in W$, on note $\ell(w)$ la longueur de w relativement à B, et $\varepsilon(w)$ le déterminant de w, égal à 1 ou -1 suivant que $\ell(w)$ est pair ou impair. On pose $\delta = \frac{1}{2} \sum_{\alpha \in R_+} \alpha$, $\underline{n}_+ = \sum_{\alpha \in R_+} \mathfrak{g}^\alpha$,

$\underline{n}_- = \sum_{\alpha \in R_-} \mathfrak{g}^{\alpha}$, $\mathfrak{b}_+ = \mathfrak{h} + \underline{n}_+$, $\mathfrak{b}_- = \mathfrak{h} + \underline{n}_-$. Si $\nu \in \mathfrak{h}^*$, on note $\mathcal{B}(\nu)$ le nombre de familles $(n_\alpha)_{\alpha \in R_+}$, où les n_α sont des entiers ≥ 0 tels que $\nu = \sum_{\alpha \in R_+} n_\alpha . \alpha$; on a $\mathcal{B}(\nu) > 0 \Leftrightarrow \nu \in Q_+$.

1. Les modules $M(\lambda)$ et $L(\lambda)$

1.1. Soient V un espace vectoriel, π une représentation de $\mathfrak{g}$ dans V . Pour tout $\mu \in \mathfrak{h}^*$, on note V_μ l'ensemble des $v \in V$ tels que $\pi(x)v = \mu(x)v$ pour tout $x \in \mathfrak{h}$. Si $V_\mu \neq 0$, on dit que μ est un poids de π , et $\dim V_\mu$ s'appelle la multiplicité du poids μ . La somme des V_μ est directe.

1.2. PROPOSITION.- (i) Soient $\alpha , \mu \in \mathfrak{h}^*$. On a $\pi(\mathfrak{g}^\alpha)V_\mu \subset V_{\mu+\alpha}$.

(ii) La somme $\bigoplus_{\mu \in \mathfrak{h}^*} V_\mu$ est stable pour π .

Si $H \in \mathfrak{h}$, $X \in \mathfrak{g}^\alpha$ et $v \in V_\mu$, on a

$$HXv = XHv + [H,X]v = X\mu(H)v + \alpha(H)Xv = (\mu + \alpha)(H)Xv$$

d'où (i), et (i) entraîne (ii).

1.3. La représentation π peut n'admettre aucun poids. Pour les représentations qu'on va étudier ici, on aura au contraire $V = \bigoplus_{\mu \in \mathfrak{h}^*} V_\mu$. (C'est toujours le cas si $\dim V < +\infty$; cf. 2.1.)

1.4. Soit $\lambda \in \mathfrak{h}^*$. Soit τ_λ la représentation de dimension 1 de $\mathfrak{b}_+ = \mathfrak{h} + \underline{n}_+$ qui s'annule sur $\underline{n}_+$ et prolonge λ . Cela permet de considérer k comme un $\mathfrak{b}_+$-module, donc un $U(\mathfrak{b}_+)$-module à gauche (on note U l'algèbre enveloppante). On peut envisager $U(\mathfrak{g})$ comme un $U(\mathfrak{b}_+)$-module à droite (et ce module est libre), donc former $U(\mathfrak{g}) \otimes_{U(\mathfrak{b}_+)} k$, qui est un $U(\mathfrak{g})$-module à gauche. Ce module se note $M(\lambda)$.

L'élément $v = 1 \otimes 1$ engendre $M(\lambda)$; on l'appelle le générateur canonique de $M(\lambda)$. Si $X \in \underline{n}_+$, on a $Xv = 1 \otimes X.1 = 0$. Si $H \in \mathfrak{h}$, on a $Hv = 1 \otimes H.1 = \lambda(H)v$.

L'annulateur I de v dans $U(\mathfrak{g})$ est un idéal à gauche qui contient $\underline{n}_+$ et les $H - \lambda(H)$ $(H \in \mathfrak{h})$. Grâce à Poincaré-Birkhoff-Witt, il est facile de voir que I est l'idéal à gauche engendré par $\underline{n}_+$ et les $H - \lambda(H)$. Le module $M(\lambda)$ s'identifie à $U(\mathfrak{g})/I$ muni de la représentation régulière gauche. Toujours grâce à PBW, on a $U(\mathfrak{g}) = U(\underline{n}_-) \oplus I$. On peut donc encore identifier $M(\lambda)$ à $U(\underline{n}_-)$. Après cette identification, l'action de $\mathfrak{h}$ et $\underline{n}_+$ n'est pas transparente (sans être bien difficile à expliciter), mais l'action de $\underline{n}_-$, et même de $U(\underline{n}_-)$, est simplement la multiplication à gauche.

1.5. PROPOSITION.- Soit $\lambda \in \mathfrak{h}^*$. Pour tout $\alpha \in R$, soit $X_\alpha \in \mathfrak{g}^\alpha - \{0\}$. Soient $\alpha_1, \ldots, \alpha_n$ les éléments, deux à deux distincts, de R_+.

(i) On a $M(\lambda) = \bigoplus_{\mu \in \mathfrak{h}^*} M(\lambda)_\mu$.

(ii) Les poids de $M(\lambda)$ appartiennent à $\lambda - Q_+$. Pour tout $\mu \in \mathfrak{h}^*$, on a $\dim M(\lambda)_\mu = \mathfrak{P}(\lambda - \mu)$.

(iii) Pour tout $\mu \in \mathfrak{h}^*$, on a

$$M(\lambda)_\mu = \sum_{p_1, \ldots, p_n \in \mathbb{N},\, \lambda - p_1\alpha_1 - \ldots - p_n\alpha_n = \mu} X_{-\alpha_1}^{p_1} \ldots X_{-\alpha_n}^{p_n} \otimes k .$$

(iv) On a $M(\lambda)_\lambda = 1 \otimes k$, $M(\lambda) = U(\underline{n}_-).M(\lambda)_\lambda$, et $U(\underline{n}_+).M(\lambda)_\lambda = 0$.

Les $X_{-\alpha_1}^{p_1} \ldots X_{-\alpha_n}^{p_n} \otimes 1$ forment une base de $M(\lambda)$, et l'on a, pour tout $H \in \mathfrak{h}$,

$$H.(X_{-\alpha_1}^{p_1} \ldots X_{-\alpha_n}^{p_n} \otimes 1) = [H, X_{-\alpha_1}^{p_1} \ldots X_{-\alpha_n}^{p_n}] \otimes 1 + X_{-\alpha_1}^{p_1} \ldots X_{-\alpha_n}^{p_n} H \otimes 1$$

$$= (-p_1\alpha_1 - \ldots - p_n\alpha_n)(H) X_{-\alpha_1}^{p_1} \ldots X_{-\alpha_n}^{p_n} \otimes 1 + X_{-\alpha_1}^{p_1} \ldots X_{-\alpha_n}^{p_n} \otimes \lambda(H)$$

$$= (\lambda - p_1\alpha_1 - \ldots - p_n\alpha_n)(H)(X_{-\alpha_1}^{p_1} \ldots X_{-\alpha_n}^{p_n} \otimes 1) .$$

Cela prouve (iii). Le reste est évident ou résulte de (iii).

1.6. Les $M(\lambda)$ jouent à certains égards un rôle universel :

PROPOSITION.- Soient V un $\mathfrak{g}$-module, $\lambda \in \mathfrak{h}^*$, v un élément $\neq 0$ de V_λ

annulé par $\underline{n}_+$. On suppose que V est engendré par v comme $\mathfrak{g}$-module.

(i) Il existe un $\mathfrak{g}$-homomorphisme φ et un seul de $M(\lambda)$ dans V tel que $\varphi(1 \otimes 1) = v$. Cet homomorphisme est surjectif.

(ii) On a $V = \bigoplus_{\mu \in \mathfrak{h}^*} V_\mu$. Chaque V_μ est de dimension finie, et $\dim V_\lambda = 1$. Tout poids de V est $\leq \lambda$.

(iii) On a $V = U(\underline{n}_-).v$.

(iv) Tout endomorphisme de V est scalaire.

(v) Pour que l'homomorphisme φ de (i) soit bijectif, il faut et il suffit que, pour tout $u \in U(\underline{n}_-)$, u_V soit injectif.

(i) résulte de 1.4 ; alors (ii), (iii) et la nécessité de (v) résultent de ce qu'on sait de $M(\lambda)$; la suffisance de (v) est facile. Soit c un $\mathfrak{g}$-endomorphisme de V . Pour $H \in \mathfrak{h}$, on a $H_V cv = cH_V v = c\lambda(H)v$, donc $cv = \xi v$ pour un $\xi \in k$; alors, pour tout $u \in U(\mathfrak{g})$, on a $cu_V v = u_V cv = u_V \xi v$, d'où $c = \xi.1$.

1.7. Soit $Z(\mathfrak{g})$ le centre de $U(\mathfrak{g})$. Il résulte de 1.6(iv) appliqué pour $V = M(\lambda)$ qu'il existe un homomorphisme χ_λ de $Z(\mathfrak{g})$ dans k tel que $z_V = \chi_\lambda(z).1$ pour tout $z \in Z(\mathfrak{g})$. On dit que χ_λ est le caractère central de $M(\lambda)$.

1.8. D'après 1.6, il importe de connaître les sous-$\mathfrak{g}$-modules de $M(\lambda)$. Ce sera l'un de nos buts principaux. Pour l'instant, contentons-nous de quelques résultats élémentaires.

1.9. PROPOSITION.- Soit $\lambda \in \mathfrak{h}^*$.

(i) Soit $M(\lambda)_+ = \sum_{\mu \neq \lambda} M(\mu)$. Tout sous-$\mathfrak{g}$-module de $M(\lambda)$ distinct de $M(\lambda)$ est contenu dans $M(\lambda)_+$.

(ii) Il existe un plus grand sous-$\mathfrak{g}$-module K de $M(\lambda)$ distinct de $M(\lambda)$. Le $\mathfrak{g}$-module $M(\lambda)/K$ est absolument simple.

Soit F un sous-$\mathfrak{g}$-module de $M(\lambda)$. On a $F = \sum_{\mu \in \mathfrak{h}^*} F \cap M(\lambda)_\mu$. Si $F \neq M(\lambda)$, on a $F \cap M(\lambda)_\lambda = 0$, donc $F \subset M(\lambda)_+$. La somme des sous-$\mathfrak{g}$-modules de $M(\lambda)$ distincts de $M(\lambda)$ est donc distincte de $M(\lambda)$. Le $\mathfrak{g}$-module

$M(\lambda)/K$ est simple ; il est absolument simple d'après 1.6(iv).

1.10. Avec les notations de 1.9, on désigne par $L(\lambda)$ le $\mathfrak{g}$-module $M(\lambda)/K$. On peut lui appliquer 1.6. L'image dans $L(\lambda)$ du générateur canonique de $M(\lambda)$ s'appelle le générateur canonique de $L(\lambda)$.

1.11. PROPOSITION.- Soient V un $\mathfrak{g}$-module simple, $\lambda \in \mathfrak{h}^*$, $v \in V_\lambda - \{0\}$. On suppose que $\underline{n}_+ . v = 0$. Alors V est isomorphe à $L(\lambda)$.

Cela résulte aussitôt de 1.6.

1.12. Changeons de notation. Ce qu'on notait jusqu'ici $M(\lambda)$ sera noté $M(\lambda + \delta)$. Autrement dit, le plus grand poids de $M(\lambda)$ sera $\lambda - \delta$ au lieu de λ (idem pour $L(\lambda)$). L'avantage de cette convention bizarre commence avec l'énoncé suivant :

PROPOSITION.- Soient $\lambda \in \mathfrak{h}^*$, $\alpha \in B$, $m = \lambda(H_\alpha)$. Supposons $m \in \mathbb{N}$. Soient v le générateur canonique de $M(\lambda)$, $X_{-\alpha} \in \mathfrak{g}^{-\alpha} - \{0\}$, $v' = X^m_{-\alpha} v$, V le sous-$\mathfrak{g}$-module de $M(\lambda)$ engendré par v' . Alors V est isomorphe à $M(s_\alpha \lambda)$.

On a $v' \neq 0$ (1.6). Pour tout $u \in U(\underline{n}_-)$, $u_V = u_{M(\lambda)}|V$ est injectif. On a $s_\alpha \lambda = \lambda - m\alpha$, donc $v' \in M(\lambda)_{s_\alpha \lambda - \delta}$ (1.2). Pour $\beta \in B$ et $\beta \neq \alpha$, on a $[\mathfrak{g}^{-\alpha}, \mathfrak{g}^\beta] = 0$ et $\mathfrak{g}^\beta v = 0$, donc $\mathfrak{g}^\beta v' = 0$. Si $X_\alpha \in \mathfrak{g}^\alpha$ est tel que $[X_\alpha , X_{-\alpha}] = H_\alpha$ (où $\alpha(H_\alpha) = 2$), alors

$$X_\alpha v' = X_\alpha X^m_{-\alpha} v = X^m_{-\alpha} X_\alpha v + [X_\alpha , X^m_{-\alpha}]v = [X_\alpha , X^m_{-\alpha}]v$$

soit, d'après une formule de commutation facile

$$= mX^{m-1}_{-\alpha}(H_\alpha - m + 1)v = mX^{m-1}_{-\alpha}(\lambda(H_\alpha) - \delta(H_\alpha) - m + 1)v = 0$$

car $\delta(H_\alpha) = 1$. Ainsi, $\underline{n}_+ v' = 0$, et il suffit d'appliquer 1.6(v).

2. Représentations de dimension finie

On ne va pas insister sur cette théorie classique. Notons tout de même que l'essentiel, c'est-à-dire le th. 2.5, s'obtient en 2 pages en suivant la marche suivante.

2.1. PROPOSITION.- *Soit* V *un* $\mathfrak{g}$-*module de dimension finie*.

(i) *On a* $V = \bigoplus_{\mu \in \mathfrak{h}^*} V_\mu$.

(ii) *Tout poids de* V *appartient à* P .

(iii) *Si* μ *est un poids de* V *et si* $w \in W$, $w\mu$ *est un poids de* V *de même multiplicité que* μ .

On peut supposer V simple. Alors (i) résulte de 1.2 du moins si k est algébriquement clos car il existe alors au moins un poids. Le reste est facile en appliquant aux sous-algèbres $\mathfrak{g}^\alpha + \mathfrak{g}^{-\alpha} + kH_\alpha$ $(\alpha \in R)$ la théorie des représentations de $\underline{sl}(2,k)$.

2.2. PROPOSITION.- *Soit* V *un* $\mathfrak{g}$-*module simple de dimension finie*.

(i) *Il existe un* $\lambda \in \mathfrak{h}^*$ *et un seul tel que* V *soit isomorphe à* $L(\lambda + \delta)$.

(ii) *On a* $\lambda \in P_{++}$ *et* λ *est poids de multiplicité* 1 .

(iii) *Si* μ *est poids de* V , *on a* $\mu \leq \lambda$.

Il existe un poids λ tel que, pour tout $\alpha \in B$, $\lambda + \alpha$ ne soit plus un poids. Alors tout résulte de 1.11, sauf l'assertion $\lambda \in P_{++}$ qui s'obtient grâce à la théorie de $\underline{sl}(2,k)$.

2.3. *Lemme*.- *Soient* V , λ , v *vérifiant les hypothèses de* 1.6. *Pour tout* $\alpha \in R$, *soit* $X_\alpha \in \mathfrak{g}^\alpha - \{0\}$. *On suppose que, pour tout* $\beta \in B$, $X_{-\beta}^m v = 0$ *pour* m *assez grand*. *Alors* V *est simple de dimension finie*.

Cela, sans être long, est plus astucieux ; cf. [6], p. VII-12.

2.4. *Lemme*.- *Soient* $\lambda \in P_{++}$, K *le plus grand sous*-$\mathfrak{g}$-*module de* $M(\lambda + \delta)$ *distinct de* $M(\lambda + \delta)$, v *le générateur canonique de* $M(\lambda + \delta)$. *Pour tout* $\beta \in B$, *soient* $X_{-\beta} \in \mathfrak{g}^{-\beta} - \{0\}$ *et* $m_\beta = \lambda(H_\beta) + 1$. *On a*

$$K = \sum_{\beta \in B} U(\mathfrak{g})X_{-\beta}^{m_\beta} v = \sum_{\beta \in B} U(\underline{n}_-)X_{-\beta}^{m_\beta} v$$

et $\dim M(\lambda + \delta)/K < +\infty$.

Soit $\beta \in B$. Comme $(\lambda + \delta)(H_\beta) = m_\beta \in \mathbb{N}^*$, le sous-$\mathfrak{g}$-module Y_β de $M(\lambda + \delta)$ engendré par $X_{-\beta}^{m_\beta} v$ est $U(\underline{n}_-)X_{-\beta}^{m_\beta} v$ (1.12) et est distinct de

$M(\lambda + \delta)$. Donc $\sum_{\beta \in B} Y_\beta \subset K$. D'après 2.3, $M(\lambda + \delta)/\sum_{\beta \in B} Y_\beta$ est simple de dimension finie. Donc $\sum_{\beta \in B} Y_\beta = K$ et $\dim M(\lambda + \delta)/K < +\infty$.

2.5. THÉORÈME.- L'application $\lambda \mapsto [L(\lambda + \delta)]$ est une bijection de P_{++} sur l'ensemble des classes de $\mathfrak{g}$-modules simples de dimension finie.

Résulte aussitôt de 2.2 et 2.4.

2.6. En même temps, et compte tenu de 1.4, on a obtenu le résultat suivant :

PROPOSITION.- Soit $\lambda \in P_{++}$. Pour tout $\beta \in B$, soient $m_\beta = \lambda(H_\beta) + 1$ et $X_{-\beta} \in \mathfrak{g}^{-\beta} - \{0\}$. L'annulateur du générateur canonique de $L(\lambda + \delta)$ est

$$U(\mathfrak{g})\underline{n}_+ + \sum_{h \in \mathfrak{h}} U(\mathfrak{g})(h - \lambda(h)) + \sum_{\beta \in B} U(\mathfrak{g})X_{-\beta}^{m_\beta}$$

$$= U(\mathfrak{g})\underline{n}_+ + \sum_{h \in \mathfrak{h}} U(\mathfrak{g})(h - \lambda(h)) + \sum_{\beta \in B} U(\underline{n}_-)X_{-\beta}^{m_\beta} .$$

3. Invariants dans l'algèbre symétrique

3.1. On identifie l'algèbre symétrique $S(\mathfrak{g}^*)$ de l'espace vectoriel $\mathfrak{g}^*$ à l'algèbre des fonctions polynomiales sur $\mathfrak{g}$. Comme $\mathfrak{g}$ opère canoniquement dans $\mathfrak{g}$ (représentation adjointe), donc dans $\mathfrak{g}^*$ et $S(\mathfrak{g}^*)$, on peut parler d'éléments invariants de $S(\mathfrak{g}^*)$. Ce sont d'ailleurs les fonctions polynomiales sur $\mathfrak{g}$ invariantes par les automorphismes élémentaires de $\mathfrak{g}$ (un automorphisme élémentaire est un produit fini d'automorphismes $\exp \operatorname{ad} x$, x nilpotent dans $\mathfrak{g}$). Notons $S(\mathfrak{g}^*)^{\mathfrak{g}}$ l'ensemble des éléments invariants de $S(\mathfrak{g}^*)$. Notons $S(\mathfrak{h}^*)^W$ l'ensemble des éléments W-invariants de $S(\mathfrak{h}^*)$.

3.2. Lemme.- Soient π une représentation de dimension finie de $\mathfrak{g}$, et $m \in \mathbb{N}$. La fonction $x \mapsto \operatorname{tr}(\pi(x)^m)$ sur $\mathfrak{g}$ appartient à $S(\mathfrak{g}^*)^{\mathfrak{g}}$.

En multilinéarisant, cela résulte aussitôt des propriétés "commutatives" de la trace.

3.3. Lemme.- Soit $m \in \mathbb{N}$. Tout élément de $S^m(\mathfrak{h}^*)^W$ est combinaison linéaire de fonctions polynomiales sur $\mathfrak{h}$ de la forme $x \mapsto \operatorname{tr}(\pi(x)^m)$, où π est une représentation de dimension finie de $\mathfrak{g}$.

Pour toute $f \in S(\mathfrak{h}^*)$, soit $\sigma f = \sum_{w \in W} f \circ w$. Les λ^m $(\lambda \in P)$ engendrent $S^m(\mathfrak{h}^*)$ comme espace vectoriel, donc les $\sigma(\lambda^m)$ $(\lambda \in P_{++})$ engendrent $S^m(\mathfrak{h}^*)^W$. Soit π une représentation simple de plus grand poids λ de $\mathfrak{g}$. La fonction $x \mapsto g(x) = tr(\pi(x)^m)$ sur $\mathfrak{h}$ est combinaison linéaire à coefficients $\neq 0$ de $\sigma(\lambda^m)$ et des $\sigma(\mu^m)$ pour $\mu \in P_{++}$, $\mu < \lambda$. Par récurrence sur les éléments de P_{++} , on prouve donc que $\sigma(\lambda^m)$ est une combinaison linéaire du type annoncé.

3.4. THÉORÈME (Chevalley).- Soit $i : S(\mathfrak{g}^*) \to S(\mathfrak{h}^*)$ l'homomorphisme de restriction. L'application $i|S(\mathfrak{g}^*)^{\mathfrak{g}}$ est un isomorphisme de $S(\mathfrak{g}^*)^{\mathfrak{g}}$ sur $S(\mathfrak{h}^*)^W$.

Démonstration (attribuée à Kostant et Steinberg dans [7]). Pour tout $\alpha \in R$, la réflexion s_α de W est la restriction à $\mathfrak{h}$ de l'automorphisme élémentaire $(\exp \operatorname{ad} X_\alpha)(\exp \operatorname{ad} X_{-\alpha})(\exp \operatorname{ad} X_\alpha)$ (calcul facile). Donc $i(S(\mathfrak{g}^*)^{\mathfrak{g}}) \subset S(\mathfrak{h}^*)^W$. On a égalité d'après 3.2 et 3.3. Soit $f \in S(\mathfrak{g}^*)^{\mathfrak{g}}$ tel que $f|\mathfrak{h} = 0$ et prouvons que $f = 0$. On peut supposer k algébriquement clos. Alors les transformés de $\mathfrak{h}$ par les automorphismes élémentaires contiennent tous les éléments réguliers de $\mathfrak{g}$, donc $f = 0$.

3.5. La forme de Killing définit un isomorphisme de $\mathfrak{g}$ sur $\mathfrak{g}^*$, donc de $S(\mathfrak{g})$ sur $S(\mathfrak{g}^*)$. Comme l'orthogonal de $\mathfrak{h}$ dans $\mathfrak{g}$ est $\underline{n}_+ \oplus \underline{n}_-$, une traduction facile de 3.4 donne :

THÉORÈME.- Soit J l'idéal de $S(\mathfrak{g})$ engendré par $\underline{n}_+ \oplus \underline{n}_-$. On a $S(\mathfrak{g}) = S(\mathfrak{h}) \oplus J$; soit j l'homomorphisme $S(\mathfrak{g}) \to S(\mathfrak{h})$ défini par cette décomposition. Alors $j|S(\mathfrak{g})^{\mathfrak{g}}$ est un isomorphisme de l'algèbre $S(\mathfrak{g})^{\mathfrak{g}}$ sur l'algèbre $S(\mathfrak{h})^W$.

4. L'homomorphisme de Harish-Chandra

4.1. Soient $\alpha_1,\dots,\alpha_n$ les éléments de R_+ , deux à deux distincts. Pour tout $\alpha \in R$, soit $X_\alpha \in \mathfrak{g}^\alpha - \{0\}$. Soit $(H_1,\dots,H_\ell)$ une base de $\mathfrak{h}$. D'après PBW, les éléments $u((q_i),(m_i),(p_i)) = X_{-\alpha_1}^{q_1}\dots X_{-\alpha_n}^{q_n} H_1^{m_1}\dots H_\ell^{m_\ell} X_{\alpha_1}^{p_1}\dots X_{\alpha_n}^{p_n}$ forment une base de $U(\mathfrak{g})$. Pour $h \in \mathfrak{h}$, on a

$[h,u((q_i),(m_i),(p_i))] = ((p_1 - q_1)\alpha_1 + \dots + (p_n - q_n)\alpha_n)(h)u((q_i),(m_i),(p_i))$.

Donc, pour la représentation adjointe, on a $U(\mathfrak{g}) = \bigoplus_{\lambda \in Q} U(\mathfrak{g})_\lambda$. En particulier, $U(\mathfrak{g})_0$ est le commutant de $\mathfrak{h}$ dans $U(\mathfrak{g})$, donc est une sous-algèbre de $U(\mathfrak{g})$.

4.2. Lemme.- (i) On a $U(\mathfrak{g})_0 \cap \underline{n}_- U(\mathfrak{g}) = U(\mathfrak{g})_0 \cap U(\mathfrak{g})\underline{n}_+$, et cet ensemble est un idéal bilatère L de $U(\mathfrak{g})_0$.

(ii) On a $U(\mathfrak{g})_0 = U(\mathfrak{h}) \oplus L$.

En effet, $\underline{n}_- U(\mathfrak{g})$ (resp. $U(\mathfrak{g})\underline{n}_+$) est l'ensemble des combinaisons linéaires des $u((q_i),(m_i),(p_i))$ tels que $\Sigma\, q_i > 0$ (resp. $\Sigma\, p_i > 0$) . D'autre part,

$$u((q_i),(m_i),(p_i)) \in U(\mathfrak{g})_0 \Leftrightarrow p_1\alpha_1 + \dots + p_n\alpha_n = q_1\alpha_1 + \dots + q_n\alpha_n ,$$

d'où (i). Si $u = u((q_i),(m_i),(p_i)) \in U(\mathfrak{g})_0$, on a $u \in U(\mathfrak{h})$ (resp. L) si et seulement si $p_1 + \dots + q_n = 0$ (resp. > 0), d'où (ii).

4.3. D'après 4.2, le projecteur de $U(\mathfrak{g})_0$ sur $U(\mathfrak{h})$ de noyau L est un homomorphisme d'algèbres φ , l'homomorphisme de Harish-Chandra de $U(\mathfrak{g})_0$ sur $U(\mathfrak{h})$. Identifiant $U(\mathfrak{h}) = S(\mathfrak{h})$ à l'algèbre des fonctions polynomiales sur $\mathfrak{h}^*$, on a alors :

4.4. PROPOSITION.- Soit $\lambda \in \mathfrak{h}^*$. On a, pour tout $z \in Z(\mathfrak{g})$,

$$\chi_\lambda(z) = (\varphi(z))(\lambda - \delta) .$$

Car il existe $u_1,\dots,u_p \in U(\mathfrak{g})$ et $n_1,\dots,n_p \in \underline{n}_+$ tels que $z = \varphi(z) + u_1n_1 + \dots + u_pn_p$. Alors, si v est le générateur canonique de $M(\lambda)$, on a $\chi_\lambda(z)v = zv = \varphi(z)v = (\varphi(z))(\lambda - \delta)v$.

4.5. THÉORÈME [3].- Soit γ l'automorphisme de l'algèbre $S(\mathfrak{h})$ qui transforme la fonction polynomiale p sur $\mathfrak{h}^*$ en la fonction $\lambda \longmapsto p(\lambda - \delta)$. Soient $U(\mathfrak{g})_0$ et φ comme en 4.3. Alors $(\gamma \circ \varphi)|Z(\mathfrak{g})$ est un isomorphisme de l'algèbre $Z(\mathfrak{g})$ sur l'algèbre $S(\mathfrak{h})^W$.

Démonstration [7]. Soient $\alpha \in B$, $\lambda \in P_{++}$, $\mu = s_\alpha\lambda$. Alors $M(\mu)$ est isomorphe à un sous-$\mathfrak{g}$-module de $M(\lambda)$ (1.12), donc $\chi_\lambda = \chi_\mu$. D'après 4.4, on a, pour tout $z \in Z(\mathfrak{g})$,

$$((\gamma \circ \varphi)(z))(\lambda) = (\varphi(z))(\lambda - \delta) = \chi_\lambda(z) = \chi_\mu(z) = ((\gamma \circ \varphi)(z))(\mu) .$$

Ainsi, les fonctions polynomiales $(\gamma \circ \varphi)(z)$ et $(\gamma \circ \varphi)(z) \circ s_\alpha$ coïncident sur P_{++} , donc sont égales ; d'où $(\gamma \circ \varphi)(Z(\mathfrak{g})) \subset S(\mathfrak{h})^W$. Il reste à prouver l'assertion

(A) $\gamma \circ \varphi$ applique bijectivement $Z(\mathfrak{g})$ sur $S(\mathfrak{h})^W$.

Or φ ressemble beaucoup à l'homomorphisme j de 3.5 (dans les deux cas, on "efface" les termes dans $\underline{n}_+$ ou $\underline{n}_-$). Comme l'assertion analogue à (A) pour j est vraie (3.6), (A) est vraie d'après un argument classique de passage au gradué associé (on sait que $S(\mathfrak{g})$ est l'algèbre graduée associée à l'algèbre filtrée $U(\mathfrak{g})$; d'autre part, $gr(\gamma)$ est l'identité).

4.6. COROLLAIRE 1.- <u>L'algèbre</u> $Z(\mathfrak{g})$ <u>est une algèbre de polynômes en</u> ℓ <u>indéterminées</u> ($\ell = \dim \mathfrak{h}$) .

4.7. COROLLAIRE 2.- <u>Si</u> λ , $\lambda' \in \mathfrak{h}^*$, <u>on a</u> $\chi_\lambda = \chi_{\lambda'} \Leftrightarrow \lambda' \in W\lambda$.

D'après 4.6 et 4.5, dire que $\chi_\lambda = \chi_{\lambda'}$ revient à dire que λ et λ' définissent le même homomorphisme de $S(\mathfrak{h})^W$ dans k .

4.8. COROLLAIRE 3.- <u>Si</u> k <u>est algébriquement clos, tout homomorphisme de</u> $Z(\mathfrak{g})$ <u>dans</u> k <u>est de la forme</u> χ_λ .

En effet, tout homomorphisme de $S(\mathfrak{h})^W$ dans k se prolonge en un homomorphisme de $S(\mathfrak{h})$ dans k , donc est défini par un $\lambda \in \mathfrak{h}^*$.

5. Caractères

5.1. Soit $\mathbf{Z}^{\mathfrak{h}^*}$ l'ensemble des fonctions à valeurs entières sur $\mathfrak{h}^*$. Nous préférons écrire $\sum_{\lambda \in \mathfrak{h}^*} f(\lambda) e^\lambda$ une telle fonction (où les e^λ sont des "symboles"). Les éléments de $\mathbf{Z}^{\mathfrak{h}^*}$ à support fini forment l'algèbre $\mathbf{Z}[\mathfrak{h}^*]$ (on a $e^\lambda e^\mu = e^{\lambda+\mu}$). On introduit $\mathbf{Z}\langle\mathfrak{h}^*\rangle$ entre $\mathbf{Z}[\mathfrak{h}^*]$ et $\mathbf{Z}^{\mathfrak{h}^*}$; c'est l'ensemble des $f \in \mathbf{Z}^{\mathfrak{h}^*}$ dont le support S possède la propriété suivante : S est contenu dans une réunion finie d'ensembles de la forme $\nu - Q_+$, où $\nu \in \mathfrak{h}^*$. Grâce à cette propriété de supports, on peut munir $\mathbf{Z}\langle\mathfrak{h}^*\rangle$ d'une multiplication prolongeant celle de $\mathbf{Z}[\mathfrak{h}^*]$:

$$(\sum_{h \in \mathfrak{h}^*} c_\lambda e^\lambda)(\sum_{\mu \in \mathfrak{h}^*} c'_\mu e^\mu) = \sum_{\nu \in \mathfrak{h}^*} (\sum_{\lambda+\mu=\nu} c_\lambda c'_\mu) e^\nu .$$

5.2. <u>Lemme</u>.- <u>On pose</u> $d = \sum_{w \in W} \varepsilon(w) e^{w\delta} \in \mathbf{Z}[\mathfrak{h}^*]$, $K = \sum_{\gamma \in Q_+} \mathcal{B}(\gamma) e^{-\gamma} \in \mathbf{Z}\langle\mathfrak{h}^*\rangle$.
<u>Dans</u> $\mathbf{Z}\langle\mathfrak{h}^*\rangle$, <u>on a</u> $Ke^{-\delta}d = 1$; <u>en particulier</u>, d <u>est inversible</u>.

La définition de K entraîne que

$$K = \prod_{\alpha \in R_+} (1 + e^{-\alpha} + e^{-2\alpha} + \dots) .$$

D'autre part, il est connu que

$$d = e^\delta \prod_{\alpha \in R_+} (1 - e^{-\alpha}) .$$

5.3. On dit qu'un $\mathfrak{g}$-module V admet un caractère si $V = \bigoplus_{\mu \in \mathfrak{h}^*} V_\mu$ et si $\dim V_\mu < +\infty$ pour tout μ . On pose alors $\mathrm{ch}V = \sum_{\mu \in \mathfrak{h}^*} (\dim V_\mu) e^\mu$.

5.4. PROPOSITION.- <u>Soit</u> $\lambda \in \mathfrak{h}^*$. <u>Alors</u> $\mathrm{ch}M(\lambda) \in \mathbf{Z}\langle\mathfrak{h}^*\rangle$, <u>et</u>

$$\mathrm{ch}M(\lambda) = d^{-1}.e^\lambda .$$

Cela résulte aussitôt de 1.5 et 5.2.

5.5. <u>Lemme</u> [1].- <u>Soit</u> $\lambda_o \in \mathfrak{h}^*$. <u>Soit</u> M <u>un</u> $\mathfrak{g}$-<u>module tel que</u> :

a) M <u>admet le caractère central</u> χ_{λ_o} ;

b) M <u>admet un caractère qui appartient à</u> $\mathbf{Z}\langle\mathfrak{h}^*\rangle$.

<u>Soit</u> D_M <u>l'ensemble des</u> $\lambda \in W\lambda_o$ <u>tels que</u> $\lambda - \delta + Q_+$ <u>rencontre le support de</u> $\mathrm{ch}M$. <u>Alors</u> $\mathrm{ch}M$ <u>est combinaison</u> $\mathbf{Z}$-<u>linéaire des</u> $\mathrm{ch}M(\lambda)$ <u>pour</u> $\lambda \in D_M$.

Soit $\mu - \delta$ un élément maximal de Supp chM , et posons $\dim M_{\mu-\delta} = m$. Il existe un $\mathfrak{g}$-homomorphisme φ de $(M(\mu))^m$ dans M qui applique bijectivement $(M(\mu)_{\mu-\delta})^m$ sur $M_{\mu-\delta}$ (1.6). Le caractère central de $M(\mu)$ est donc χ_{λ_o} , d'où $\mu \in W\lambda$ (4.7). On a une suite exacte

$$0 \to L \to M(\mu)^m \to M \to N \to 0$$

et L , N vérifient les mêmes propriétés que M (avec $D_L \subset D_M$, $D_N \subset D_M$), mais n'admettent plus le poids $\mu - \delta$. On en déduit facilement que

Card D_L , Card D_N < Card D_M . Raisonnant par récurrence, le lemme est vrai pour L et N . Or $\mathrm{ch}M = m\,\mathrm{ch}M(\mu) - \mathrm{ch}L + \mathrm{ch}N$.

5.6. THÉORÈME.- Soit V un $\mathfrak{g}$-module simple de dimension finie, de plus grand poids λ .

(i) On a $\mathrm{ch}V = d^{-1} \sum_{w \in W} \varepsilon(w) e^{w(\lambda+\delta)}$.

(ii) Si $\mu \in \mathfrak{h}^*$, la multiplicité de μ comme poids de V est

$$\sum_{w \in W} \varepsilon(w)(\mathcal{P}(w(\lambda+\delta) - (\mu+\delta))) .$$

En effet ([1]), d'après 5.4 et 5.5, d chV est combinaison linéaire des $e^{w(\lambda+\delta)}$ pour $w \in W$. D'autre part, $w(d) = \varepsilon(w)d$ et $w(\mathrm{ch}V) = \mathrm{ch}V$ pour tout $w \in W$. Donc d chV est proportionnel à $\sum_{w \in W} \varepsilon(w) e^{w(\lambda+\delta)}$, d'où facilement (i). Compte tenu de 5.2, on a

$$\mathrm{ch}V = (Ke^{-\delta})(d\,\mathrm{ch}V) = (\sum_{\gamma \in Q_+} \mathcal{P}(\gamma) e^{-\delta-\gamma})(\sum_{w \in W} \varepsilon(w) e^{w(\lambda+\delta)}) ,$$

d'où (ii).

6. Sous-modules de $M(\lambda)$

6.1. PROPOSITION.- Soit $\lambda \in \mathfrak{h}^*$. Alors $M(\lambda)$ est de longueur finie. Tout sous-quotient simple de $M(\lambda)$ est isomorphe à $L(\lambda')$ pour un $\lambda' \in W\lambda \cap (\lambda - Q_+)$.

Un sous-quotient simple de $M(\lambda)$ est un $L(\lambda')$ d'après 1.11 ; on a $\lambda' \in \lambda - Q_+$ d'après 1.5(ii), $\lambda' \in W\lambda$ d'après 4.7. Il n'y a donc, à isomorphisme près, qu'un nombre fini de possibilités pour les sous-quotients. Si $M(\lambda)$ n'est pas de longueur finie, il admet une suite infinie strictement décroissante de sous-modules, avec quotients simples (car $M(\lambda)$ est noethérien). Alors une infinité de ces quotients sont isomorphes, d'où contradiction avec 1.5(ii).

6.2. En fait, la plupart du temps, $M(\lambda)$ est simple :

THÉORÈME.- Pour que $M(\lambda)$ soit simple, il faut et il suffit que, pour tout $\alpha \in R_+$, on ait $\lambda(H_\alpha) \notin \{1,2,3,\ldots\}$.

Ce théorème résulte aussitôt de 6.5 et 6.8 ci-dessous.

6.3. Dans le cas général, on sait déterminer les sous-quotients simples de $M(\lambda)$ (mais pas leur multiplicité) :

THÉORÈME [2].- Soient λ , $\lambda' \in \mathfrak{h}^*$. Les conditions suivantes sont équivalentes :

(i) $L(\lambda')$ est un sous-quotient simple de $M(\lambda)$;

(ii) il existe $\gamma_1,\ldots,\gamma_n \in R_+$ tels que

$$\lambda \geq s_{\gamma_1}\lambda \geq s_{\gamma_2}s_{\gamma_1}\lambda \geq \ldots \geq s_{\gamma_n} \ldots s_{\gamma_2}s_{\gamma_1}\lambda = \lambda' .$$

Démonstration difficile.

6.4. La condition (ii) de 6.3 est plus stricte que la condition $\lambda' \in W\lambda \cap (\lambda - Q_+)$ (elle lui est équivalente pour A_2 , mais déjà plus pour B_2 [7]).

6.5. Au lieu de nous intéresser aux sous-quotients simples de $M(\lambda)$, intéressons-nous aux sous-modules de $M(\lambda)$. Verma avait cru démontrer que tout sous-module de $M(\lambda)$ est somme des sous-modules du type $M(\mu)$ qu'il contient. Malheureusement, un contre-exemple (pour A_3) est indiqué dans [1]. Ce fait rend très obscure la structure de l'ensemble des sous-modules de $M(\lambda)$. Toutefois, la recherche des sous-modules du type $M(\mu)$ est une étape importante, car :

PROPOSITION [7].- Tout sous-module de $M(\lambda)$ contient un sous-module simple isomorphe à un $M(\mu)$.

Facile à partir de 1.6.

6.6. D'autre part, la situation est clarifiée par la

PROPOSITION [7].- Soient λ , $\mu \in \mathfrak{h}^*$.

(i) $\mathrm{Hom}_{\mathfrak{g}}(M(\mu),M(\lambda))$ est nul ou de dimension 1 sur k .

(ii) Tout élément non nul de $\mathrm{Hom}_{\mathfrak{g}}(M(\mu),M(\lambda))$ est injectif.

a) Soient v , v' les générateurs canoniques de $M(\lambda)$, $M(\mu)$, et $\varphi : M(\mu) \to M(\lambda)$ un $\mathfrak{g}$-homomorphisme. Il existe $u \in U(\underline{n}_-)$ tel que $\varphi(v') = uv$. Si φ est non injectif, il existe $u' \in U(\underline{n}_-)$ tel que $u'v' \neq 0$ et $0 = \varphi(u'v') = u'\varphi(v') = (u'u)v$. Alors $u' \neq 0$, $u'u = 0$, d'où $u = 0$ et alors $\varphi(M(\mu)) = \varphi(U(\underline{n}_-)v') = U(\underline{n}_-)uv = 0$. Cela prouve (ii).

b) Soient φ_1 , $\varphi_2 \in \mathrm{Hom}_{\mathfrak{g}}(M(\mu),M(\lambda))$. Si $\varphi_1(M(\mu)) = \varphi_2(M(\mu))$, φ_1 et φ_2

sont proportionnels d'après a) puisque tout automorphisme de $M(\mu)$ est scalaire.

c) $M(\mu)$ "contient" un $M(\nu)$ simple (6.5). Soit $\varphi \in \mathrm{Hom}_{\mathfrak{g}}(M(\mu),M(\lambda))$. Si $\varphi|M(\nu) = 0$, $\varphi = 0$ d'après a). Donc $\varphi \mapsto \varphi|M(\nu)$ est injectif, ce qui ramène au cas où $M(\mu)$ est simple. Si φ_1 , $\varphi_2 \in \mathrm{Hom}_{\mathfrak{g}}(M(\mu),M(\lambda))$ sont linéairement indépendants, $\varphi_1(M(\mu)) \neq \varphi_2(M(\mu))$ d'après b), donc la somme $\varphi_1(M(\mu)) + \varphi_2(M(\mu))$ est directe. D'après 1.5(ii), on en déduit $\mathcal{P}(\lambda - \delta - \xi) \geq 2\mathcal{P}(\mu - \delta - \xi)$ pour tout $\xi \in \mathfrak{h}^*$, d'où $\mathcal{P}(\xi + \lambda - \mu) \geq 2\mathcal{P}(\xi)$, d'où une croissance exponentielle de $\mathcal{P}$ alors qu'une telle fonction de partition croît polynomialement.

6.7. Soient λ , $\mu \in \mathfrak{h}^*$. D'après 6.6, ou bien $\mathrm{Hom}_{\mathfrak{g}}(M(\mu),M(\lambda)) = 0$, ou bien $M(\mu)$ <u>se plonge</u> dans $M(\lambda)$ de manière essentiellement unique ; on écrit alors $M(\mu) \subset M(\lambda)$ par abus de notation. D'après 1.5 et 4.7, on a $M(\mu) \subset M(\lambda) \Rightarrow \mu \leq \lambda$ et $\mu \in W\lambda$; la réciproque est fausse :

6.8. THÉORÈME [2].- <u>Soient</u> λ , $\lambda' \in \mathfrak{h}^*$. <u>Les conditions de</u> 6.3 <u>sont encore équivalentes à</u>

(iii) $M(\lambda') \subset M(\lambda)$.

En fait, 6.3 et 6.8 se démontrent ensemble ; (iii) $\Rightarrow$ (i) est clair ; nous ne pouvons expliquer (i) $\Rightarrow$ (ii) ; (ii) $\Rightarrow$ (iii) (qui est aussi dans [7]) se ramène à ceci :

6.9. <u>Lemme</u>.- <u>Soient</u> $\lambda \in \mathfrak{h}^*$, $\alpha \in R_+$, $m = \lambda(H_\alpha)$. <u>Si</u> $m \in \mathbb{N}$, <u>on a</u> $M(s_\alpha\lambda) \subset M(\lambda)$.

Lorsque $\alpha \in B$, c'est la prop. 1.12. Le cas présent est bien plus délicat (d'ailleurs le générateur canonique de $M(s_\alpha\lambda)$ n'est plus transformé du générateur canonique de $M(\lambda)$ par $X^m_{-\alpha}$). Disons seulement qu'on se ramène au cas où $\lambda \in P$ grâce à la remarque suivante : soit $\mu \in \mathfrak{h}^*$; l'ensemble des $\lambda \in \mathfrak{h}^*$ tels que $M(\lambda - \mu) \subset M(\lambda)$ est une partie algébrique de $\mathfrak{h}^*$; cela se voit en identifiant tous les $M(\lambda)$ à $U(\underline{n}_-)$.

6.10. Dans le cas 6.2, $M(\lambda)$ est simple. A l'opposé, considérons le cas où $\lambda \in P_{++}$. Alors, pour tout $w \in W$, on a $M(w\lambda) \subset M(\lambda)$: cela résulte de 6.8, mais s'établit sans peine directement à partir de 1.12. Il est intéressant d'étudier les relations d'inclusion entre les $M(w\lambda)$ pour λ fixé et w variable. On démontre que la relation $M(w\lambda) \subset M(w'\lambda)$ ne dépend que de w et w' et non de λ, du moins si $\lambda \in \delta + P_{++}$ (c'est-à-dire si λ est un poids dominant n'appartenant à aucun mur). Plus précisément, écrivons $w \leftarrow w'$ s'il existe $\gamma \in R_+$ (nécessairement unique) tel que $w = s_\gamma w'$ et $\ell(w) = \ell(w') + 1$. Ecrivons $w \leq w'$ s'il existe une chaîne $w \leftarrow w_1 \leftarrow w_2 \leftarrow \dots \leftarrow w_n \leftarrow w'$. (Cette relation d'ordre est liée à la décomposition de Bruhat.) Alors :

PROPOSITION [2].- <u>Soit</u> $\lambda \in \delta + P_{++}$. <u>On a</u> $M(w\lambda) \subset M(w'\lambda) \Leftrightarrow w \leq w'$.

6.11. <u>Lemme</u> [2].- <u>A tout couple</u> (w_1, w_2) <u>d'éléments de</u> W <u>tels que</u> $w_1 \leftarrow w$, <u>on peut associer</u> $\sigma(w_1, w_2) = \pm 1$, <u>de telle sorte que la propriété suivante soit vérifiée</u> :

$$\underline{\text{si}}\ w_1, w_2, w_3, w_4 \in W\ \underline{\text{et si}}\ w_1 \begin{smallmatrix} \swarrow w_2 \nwarrow \\ \nwarrow w_3 \swarrow \end{smallmatrix} w_4\ \underline{\text{avec}}\ w_2 \neq w_3,\ \underline{\text{alors}}$$

$\sigma(w_1, w_2)\sigma(w_2, w_4) = -\sigma(w_1, w_3)\sigma(w_3, w_4)$.

6.12. Soient $\lambda \in P_{++}$, V un $\mathfrak{g}$-module simple de plus grand poids λ. Pour $i = 0, 1, \dots$, soient W_i l'ensemble des éléments de W de longueur i et $C_i = \bigoplus_{w \in W_i} M(w(\lambda + \delta))$. En particulier, $C_0 = M(\lambda + \delta)$, de sorte qu'il existe un $\mathfrak{g}$-homomorphisme surjectif $\varepsilon : C_0 \to V$. Pour tout $w \in W$, fixons un plongement de $M(w(\lambda + \delta))$ dans $M(\lambda + \delta)$. Pour $i = 1, 2, \dots$, on définit une matrice $(d^i_{w_1, w_2})$, où $w_1 \in W_i$, $w_2 \in W_{i-1}$, en posant $d^i_{w_1, w_2} = \sigma(w_1, w_2)$ (cf. 6.11) si $w_1 \leftarrow w_2$, $d^i_{w_1, w_2} = 0$ sinon. Cette matrice définit un homomorphisme d^i de C_i dans C_{i-1}, car $M(w_1(\lambda + \delta)) \subset M(w_2(\lambda + \delta))$ si $w_1 \leftarrow w_2$.

THÉORÈME [2].- <u>Avec les notations précédentes, la suite</u>

$$0 \to C_s \xrightarrow{d_s} C_{s-1} \to \dots \xrightarrow{d_2} C_1 \xrightarrow{d_1} C_0 \xrightarrow{\varepsilon} V \to 0$$

(<u>où</u> $s = \dim \underline{n}_+ = \dim \underline{n}_- = \frac{1}{2} \operatorname{Card} R = \sup_{w \in W} \ell(w)$) <u>est exacte</u>.

6.13. D'après 1.4, les C_i, considérés comme $U(\underline{n}_-)$-modules, sont libres. Appliquant alors la machinerie de l'algèbre homologique et quelques considérations supplémentaires, on en déduit dans [2] le théorème de Bott :

$\dim H^i(\underline{n}_-, V) = \operatorname{Card} W_i$ pour $i \geq 0$.

BIBLIOGRAPHIE

[1] I. I. BERNSTEIN, I. M. GELFAND, S. I. GELFAND - Structure des représentations engendrées par des vecteurs de plus haut poids, Funct. Anal. i evo prilojenie, 5(1971), p. 1-9 [en russe].

[2] I. I. BERNSTEIN, I. M. GELFAND, S. I. GELFAND - Opérateurs différentiels sur l'espace affine principal..., Inst. Prikladnoi Mat., Acad. Nauk SSSR, Moscou, 1971, [en russe].

[3] HARISH-CHANDRA - On some applications..., Trans. Amer. Math. Soc., 70 (1951), p. 28-96.

[4] B. KOSTANT - A formula for the multiplicity of a weight, Trans. Amer. Math. Soc., 93 (1959), p. 53-73.

[5] Séminaire Sophus Lie, 1ère année, 1954/55, Paris.

[6] J.-P. SERRE - Algèbres de Lie semi-simples complexes, Benjamin, 1966.

[7] D. N. VERMA - Structure of certain induced representations of complex semisimple Lie algebras, Dissertation, Yale Univ., 1966 ; et Bull. Amer. Math. Soc., 74 (1968), p. 160-166.

Séminaire BOURBAKI 426-01
25e année, 1972/73, n° 426 Février 1973

GROUPE DES DIFFÉOMORPHISMES ET ESPACE DE TEICHMÜLLER D'UNE SURFACE

[d'après C. EARLE et J. EELLS]

par André GRAMAIN

Dans [6], C. Earle et J. Eells calculent le type d'homotopie du groupe des difféomorphismes d'une surface compacte (variété différentiable réelle de dimension 2). Un article complémentaire ([7]) de C. Earle et A. Schatz fait le calcul pour les surfaces compactes à bord. Les résultats sont les suivants :

THÉORÈME 1.- Soit V une surface compacte connexe, orientable ou non, avec ou sans bord. Soit $D(V)$ le groupe des difféomorphismes de classe C^∞ de V muni de la topologie C^∞ . Soit $D_0(V)$ le sous-groupe de $D(V)$ constitué des difféomorphismes homotopes à l'identité.

a) La composante connexe de l'identité dans $D(V)$ est $D_0(V)$, sauf dans les cas du disque et du cylindre où $D_0(V)$ a deux composantes.

b) Soit $\chi(V)$ la caractéristique d'Euler-Poincaré de V ; si $\chi(V) < 0$, le groupe $D_0(V)$ est contractile.

b') Les exceptions sont :

la sphère et le plan projectif : $D_0(V)$ a le type d'homotopie de $SO(3)$,
le tore orientable : $D_0(V)$ a le type d'homotopie du tore,
le tore de Klein et la bande de Moebius : $D_0(V)$ a le type d'homotopie de $SO(2)$,
le disque et le cylindre : $D_0(V)$ a le type d'homotopie de $O(2)$.

Remarques.- 1) L'assertion a) était déjà connue (démontrée par D. Epstein [8] reprenant un vieil article de R. Baer [2]). D'autre part, l'équivalence d'homotopie de $SO(3)$ à $D_0(S_2)$ avait été démontrée par S. Smale de façon purement topologique ([11], voir aussi [5]).

2) Le théorème 1 donne le type d'homotopie de la composante neutre de $D(V)$. On peut démontrer que ce résultat est équivalent à l'énoncé général suivant :

Soient V une surface compacte connexe quelconque, v un point de V et $D(V,v)$ le groupe des difféomorphismes de V qui sont tangents à l'identité en v . Les composantes connexes de $D(V,v)$ sont contractiles.

3) Le th. 1 vaut aussi pour les difféomorphismes de classe C^r $(r \geq 1)$.

4) Le type faible d'homotopie du groupe $H(V)$ des homéomorphismes d'une surface V a été calculé par M. Hamstrom ([10]). Le th. 1 permet de constater que l'injection canonique $D(V) \rightarrow H(V)$ est une équivalence faible d'homotopie. On ne sait pas démontrer que c'est une équivalence d'homotopie.

La démonstration du th. 1 que nous allons exposer ([6] et [7]) est tout à fait détournée. Elle utilise les structures analytiques complexes sur les surfaces et la théorie de Teichmüller (cf. [9]). La théorie a son origine dans un article de O. Teichmüller ([12]). Celui-ci munit l'espace des structures analytiques d'une surface V (ou, plus précisément, l'espace de Teichmüller $T(V)$ dont c'est un quotient) d'une structure topologique "naturelle" pour laquelle $T(V)$ est homéomorphe à R^{6g-6} , où g est le genre de V . La théorie fit des progrès, il y a une quinzaine d'années, avec les travaux de Ahlfors, Bers et Kodaira-Spencer qui permirent de définir sur $T(V)$ une structure analytique complexe "naturelle" (voir [13]). Ces résultats sont de nature locale (dans $T(V)$) ; c'est un résultat global (ci-dessous th. 4) qui permet de démontrer le th. 1 lorsque V est une surface orientable. Le cas des surfaces non orientables ou à bord se traite de façon voisine (§ 6).

1. Structures analytiques complexes et équations de Beltrami

Soit V une surface orientée de classe C^∞ . Une structure presque complexe sur V est une section C^∞ du fibré en $Gl_+(R^2)/Gl(C)$ associé au fibré tangent orienté de V . On identifie $Gl_+(R^2)/Gl(C)$ au disque unité ouvert Δ de C en associant à tout complexe μ , tel que $|\mu| < 1$, l'application $z \longmapsto z + \mu\bar{z}$. On munit l'espace $M(V)$ des structures presque complexes de V

de la structure de la C^∞-convergence compacte. En dimension complexe 1 , une structure presque complexe est complètement intégrable. Il est alors connu qu'elle provient d'une structure analytique complexe sur V (compatible avec la structure C^∞).

Supposons que V soit un ouvert de C ; alors M(V) est le sous-espace $C^\infty(V,\Delta)$ de $C^\infty(V,C)$. Soit $\mu : V \to \Delta$ une fonction de classe C^∞ ; une fonction $w : V \to C$, de classe C^∞ , est holomorphe, pour la structure sur V définie par μ si dw est proportionnelle à $dz + \mu.d\bar{z}$, autrement dit si l'on a :

(1) $$w'_{\bar{z}} = \mu.w'_z \ .$$

L'équation (1) se ramène à une équation elliptique si $|\mu(z)| < 1$, uniformément elliptique si $|\mu(z)| \leq k < 1$. On a alors :

THÉORÈME 2 ([4]).- Soit $\mu \in C^\infty(V,\Delta)$. Au voisinage de tout point de V , l'équation (1) possède une solution Z de classe C^∞ , à jacobien strictement positif. Toute solution w(z) de (1) est fonction holomorphe de Z .

THÉORÈME 3 (Ahlfors-Bers [1], Earle-Eells [6]).- Soit V le plan complexe C (resp. le demi-plan supérieur ouvert U). Soit $\mu \in C^\infty(V,C)$ une fonction telle que $|\mu(z)| \leq k < 1$. Il existe une unique solution w_μ de (1) qui soit un homéomorphisme de C (resp. $\bar{U}$) sur lui-même laissant fixes 0 et 1 . C'est un difféomorphisme. L'application $\mu \longmapsto w_\mu$ est un homéomorphisme du sous-espace de M(V) des μ telles que $|\mu| \leq k$ sur son image dans $C^\infty(V,C)$.

Pour une surface compacte connexe orientée sans bord V , on va étudier l'opération de D(V) et $D_o(V)$ sur M(V) à droite définie par image réciproque. Désormais, D(V) est le groupe des difféomorphismes conservant l'orientation. Pour les surfaces de genre $g > 1$, on va montrer que $D_o(V)$ opère proprement et librement, que le quotient $T(V) = M(V)/D_o(V)$ est contractile et que l'application canonique $\Phi : M(V) \to T(V)$ possède des sections locales. Il en résulte alors que c'est une fibration principale de groupe $D_o(V)$. La contractilité de l'espace total et de la base entraîne celle de $D_o(V)$.

2. Difféomorphismes de la sphère

Pour la sphère, dont toutes les structures complexes sont isomorphes, le th. 1 résulte directement du th. 3. Soit S la sphère de Riemann. Les groupes D(S) et $D_o(S)$ coïncident. Soient G le sous-groupe de D(S) des isomorphismes de la structure complexe et D' le sous-groupe des éléments de D(S) qui fixent les points 0 , 1 et ∞ .

Lemme 1.- L'espace D(S) est homéomorphe au produit $G \times D'$.

L'application de composition $G \times D' \to D(S)$ est un homéomorphisme car une homographie $g \in G$ est déterminée de façon unique et continue par les points $g(0)$, $g(1)$ et $g(\infty)$.

L'injection canonique de SO(3) dans G est une équivalence d'homotopie. Pour démontrer le th. 1, il reste donc à démontrer que D' est contractile. On va démontrer que cet espace est homéomorphe à l'espace contractile M(S) .

Soit $J \in M(S)$ une structure complexe sur S . On en déduit, par projection stéréographique de $S - \{\infty\}$ sur C une fonction $\mu \in C^{\infty}(C,\Delta)$ bornée en module par $k < 1$ puisque S est compacte. L'homéormorphisme w_{μ} de C (th. 3) se transpose en un homéomorphisme de $S - \{\infty\}$ sur $S - \{\infty\}$ qui se prolonge donc en un homéomorphisme $f : S \to S$. Celui-ci est holomorphe (sur $S - \{\infty\}$, donc partout) de la structure J sur la structure habituelle. C'est donc un élément de D' .

Lemme 2.- L'application $J \mapsto f$ de M(S) dans D' est un homéomorphisme.

Elle est bijective et continue d'après le th. 3 ; la réciproque est évidemment continue.

3. Surfaces orientables de genre $g \geq 2$. Opération de D(V) dans M(V)

Soit V une surface compacte connexe orientée de genre ≥ 2 ; soit V_o la surface V munie d'une structure complexe. Un revêtement universel de V_o est une variété analytique complexe de dimension 1 simplement connexe ; c'est donc S , C ou U . Le groupe Γ des automorphismes du revêtement est un groupe de transformations holomorphes sans point fixe ; il est isomorphe au groupe fondamental $\pi_1(V)$, donc infini et non commutatif. Par suite, le revêtement universel de V_o est isomorphe à U . Choisissons un tel revêtement analytique $\pi : U \to V_o$. Soit G le groupe des automorphismes holomorphes de U . C'est le groupe des transformations homographiques $z \mapsto (az + b)/(cz + d)$, où $a , b , c , d \in R$ et $ad - bc = 1$. Le groupe Γ des automorphismes de π est un sous-groupe discret de G . Il opère dans U librement avec un domaine fondamental compact. Il en résulte qu'il est constitué de transformations hyperboliques du demi-plan.

Pour étudier l'opération de $D(V)$ et $D_o(V)$ dans $M(V)$, nous allons remonter dans U .

Lemme 3.- *L'application* $\pi^* : M(V) \to M(U)$ *est un homéomorphisme de* $M(V)$ *sur son image. L'image* $M(\Gamma)$ *de* π^* *est l'ensemble des structures complexes sur* U *invariantes par* Γ . *Les fonctions* $\mu \in C^\infty(U,\Delta)$ *correspondantes sont caractérisées par la condition*

(2) $$\mu = (\mu \circ \gamma).\bar{\gamma}'/\gamma' , \qquad \textit{pour tout } \gamma \in \Gamma .$$

L'application π^* associe à une structure complexe sur V la structure image réciproque sur U . La formule (2) résulte d'un petit calcul. Elle montre, comme Γ possède un domaine fondamental compact, qu'une fonction $\mu \in M(\Gamma)$ est majorée en module par un réel $k < 1$. Il résulte du lemme que $M(\Gamma)$ est un ouvert convexe dans l'espace de Fréchet $A^1(\Gamma)$ des fonctions de $C^\infty(U,C)$ satisfaisant à (2).

De même, soit $D(\Gamma)$ le normalisateur de Γ dans $D(U)$. C'est l'ensemble des difféomorphismes de U qui induisent un difféomorphisme de V . Soit $D_o(\Gamma)$ le centralisateur de Γ dans $D(\Gamma)$.

Lemme 4.- *L'application naturelle* $\pi_* : D(\Gamma) \to D(V)$ *est un homomorphisme continu, ouvert et surjectif de noyau* Γ . *Elle induit un isomorphisme de* $D_o(\Gamma)$ *sur* $D_o(V)$.

Dans la première assertion, la seule chose à démontrer est que π_* est ouverte. Démontrons la deuxième. L'intersection $D_0(\Gamma) \cap \Gamma$ est le centre de Γ qui est trivial. Montrons que $\pi_*(f) \in D_0(V)$ si $f \in D_0(\Gamma)$. Pour tout point $z \in U$, soit D_z la droite (pour la géométrie de Poincaré) joignant z à $f(z)$, et soit $f_t(z)$ le point qui partage le segment $[z , f(z)]$ dans le rapport $t/(1 - t)$, $t \in [0,1]$. Pour tout $\gamma \in \Gamma$, on a $f(\gamma(z)) = \gamma(f(z))$, donc $\gamma(D_z) = D_{\gamma(z)}$ et $\gamma(f_t(z)) = f_t(\gamma(z))$ puisque γ est un déplacement (de Poincaré). L'application f_t passe au quotient et donne une homotopie entre $\pi_*(f)$ et l'identité. Inversement, si $g : V \to V$ est homotope à l'identité, on voit, en relevant l'homotopie que g possède un relèvement qui commute aux automorphismes du revêtement.

Démontrons que π_* est ouverte. Il suffit de démontrer que, pour toute suite (g_n) dans $D(V)$ convergeant vers l'identité pour la C^0-convergence, il existe une suite (f_n) dans $D(\Gamma)$ convergeant vers l'identité pour la C^0-convergence compacte et telle que $\pi_*(f_n) = g_n$. Or, si g_n est assez voisine de l'identité, il existe une petite homotopie entre g_n et l'identité. Par relèvement, on obtient une suite (f_n) dans $D_0(\Gamma)$ qui converge simplement vers l'identité de U . D'autre part, en considérant la métrique de Poincaré sur U , la famille (f_n) est équicontinue comme la famille (g_n) . La suite (f_n) converge donc vers l'identité uniformément sur tout compact.

<u>Remarque</u> 5.- Supposons qu'on ait choisi une autre structure complexe V_1 et un autre revêtement holomorphe $\pi_1 : U \to V_1$ de groupe Γ_1 . Il existe un isomorphisme de π sur π_1 qui est un difféomorphisme f de U . On a $\Gamma_1 = f \circ \Gamma \circ f^{-1}$. Les groupes $D(\Gamma)$ et $D(\Gamma_1)$ sont isomorphes par transmutation par f . L'isomorphisme de $M(\Gamma)$ sur $M(\Gamma_1)$ est holomorphe et compatible avec les opérations respectives de $D(\Gamma)$ et $D(\Gamma_1)$.

THÉORÈME 4.- <u>L'opération de</u> $D(V)$ <u>dans</u> $M(V)$ <u>est continue, effective et propre. Le sous-groupe</u> $D_0(V)$ <u>opère librement et proprement.</u>

La continuité est évidente. Pour le reste, regardons l'opération correspondante de $D(\Gamma)/\Gamma$ sur $M(\Gamma)$ et l'opération de $D(\Gamma)$ sur $M(\Gamma)$ qui s'en déduit. Le groupe Γ opère trivialement. C'est le plus grand sous-groupe opérant trivialement. En effet, soit $\delta \in D(\Gamma) - \Gamma$; il existe des points z_1, $z_2 \in U$ tels que $\delta(z_1) = z_2$ et $\pi(z_1) \neq \pi(z_2)$. Il existe une fonction $\mu \in M(\Gamma)$ nulle en z_1 et égale à $\frac{1}{2}$ en z_2. La structure complexe de μ n'est pas invariante par δ.

Le groupe d'isotropie de 0 (structure de V_0) est $D(\Gamma) \cap G = N(\Gamma)$, normalisateur de Γ dans G. Comme $D_0(\Gamma) \cap G$ (centralisateur de Γ dans G) est trivial, $D_0(\Gamma)$ opère librement (compte tenu de la remarque 5).

Montrons que $D(\Gamma)/\Gamma$ opère proprement. Il s'agit de montrer que l'application $(\mu,g) \to (\mu,\mu.g)$ de $M(\Gamma) \times D(\Gamma)/\Gamma$ dans $M(\Gamma) \times M(\Gamma)$ est propre. Soit A un ensemble muni d'un ultrafiltre F et soient $(\mu_\alpha)_{\alpha \in A}$, $(g_\alpha)_{\alpha \in A}$ des familles telles que $\mu_\alpha \in M(\Gamma)$, $g_\alpha \in D(\Gamma)/\Gamma$. Supposons que $\mu_\alpha \to \mu$ et $\nu_\alpha = \mu_\alpha.g_\alpha \to \nu$ suivant F. Soient $z_0 \in U$, K un domaine fondamental compact de Γ et $f_\alpha \in D(\Gamma)$ un représentant de g_α tel que $f_\alpha(z_0) = z_\alpha \in K$. Pour tout $\alpha \in A$, soit $h_\alpha \in G$ tel que $h_\alpha \circ w_{\mu_\alpha} \circ f_\alpha$ laisse fixes les points 0, 1 et ∞. On a alors $h_\alpha \circ w_{\mu_\alpha} \circ f_\alpha = w_{\nu_\alpha}$ d'après l'assertion d'unicité du th. 3. D'après l'assertion de continuité de ce théorème, $w_{\nu_\alpha} \to w_\nu$; en particulier $h_\alpha \circ w_{\mu_\alpha}(z_\alpha) \to w_\nu(z_0)$. Les z_α sont dans K et $w_{\mu_\alpha} \to w_\mu$, donc pour un certain ensemble $B \in F$, les $(w_{\mu_\alpha}(z_\alpha))_{\alpha \in B}$ sont dans un compact. Comme $h_\alpha(w_{\mu_\alpha}(z_\alpha))$ a une limite, il résulte du théorème d'Ascoli que la famille (h_α) a une limite $h \in G$. La famille des $f_\alpha = w_{\mu_\alpha}^{-1} \circ h_\alpha^{-1} \circ w_{\nu_\alpha}$ a donc pour limite

$f = w_\mu^{-1} \circ h^{-1} \circ w_\nu \in D(\Gamma)$, et l'on a $\mu.f = \lim \mu_\alpha.f_\alpha = \nu$, ce qui prouve la propreté de l'opération.

Enfin $D_0(V)$, qui est ouvert dans $D(V)$, opère proprement.

Remarques.- 6) Le groupe $N(\Gamma)/\Gamma$ d'isotropie de 0, groupe des automorphismes complexes de V_0, est fini.

7) Le groupe discret $D(V)/D_0(V)$ opère proprement dans l'espace $M(V)/D_0(V) = T(V)$.

4. Sections locales

Soit V_0 la surface V munie d'une structure complexe. On peut fixer le choix du revêtement $\pi : U \to V_0$. Soient $v \in V$ et $a_1,\dots,a_g$, $b_1,\dots,b_g$ des générateurs de $\pi_1(V,v)$ satisfaisant à la relation habituelle. Il existe alors un unique revêtement holomorphe $\pi : U \to V_0$ satisfaisant à la propriété suivante :

(N) il existe un point $u_0 \in \pi^{-1}(v)$ tel que l'automorphisme A_1 du revêtement correspondant au relèvement de a_1 en u_0 ait pour points fixes 0 et ∞ , et l'automorphisme B_1 correspondant à b_1 ait 1 pour point fixe attractif.

Soit en effet $\pi : (U,u) \to (V,v)$ un revêtement holomorphe. Il existe un unique $T \in G$ qui transporte les points fixes de A_1 en 0 et ∞ et le point fixe attractif de B_1 en 1 . Par suite, $\pi \circ T^{-1}$ est l'unique revêtement possédant la propriété (N).

Soit $S \subset G^{2g}$ l'ensemble des points $(A_1,\dots,B_g)$ tels que

1) $\prod_{1 \leq i \leq g} [A_i , B_i] = 1$,

2) $A_1(0) = 0$, $A_1(\infty) = \infty$, $B_1(1) = 1$,

3) les A_i et les B_i sont des transformations hyperboliques dont les points fixes sont distincts.

Un calcul montre que S est une sous-variété analytique réelle de dimension $6g - 6$ de G^{2g} . Par les relèvements A_i , B_i en u_0 des a_i , b_i dans le revêtement normalisé de V_0 , on définit une application $P : M(V) \to S$.

<u>Lemme 5</u>.- <u>L'application</u> $P : M(V) \to S$ <u>se factorise en une application injective</u> $M(V)/D_0(V) \to S$.

Supposons que $P(V_0) = P(V_1)$ et soit Γ le groupe correspondant. L'application identique de U passe au quotient par Γ et induit un difféomorphisme holomorphe $g : V_1 \to V_0$. Soit d'autre part $f : (U,u_1) \to (U,u_0)$ le relèvement aux revêtements normalisés de l'application identique $V_1 \to V_0$. Comme $P(V_0) = P(V_1)$, l'application f commute à Γ. Il en résulte que g est homotope à l'identité (cf. lemme 4).

Inversement, soit $g : V_1 \to V_0$ un difféomorphisme holomorphe. Il se relève en un difféomorphisme $f : U \to U$ de sorte que $\pi \circ f = g \circ \pi$, et $\pi \circ f^{-1} : U \to V_1$ est holomorphe. Ceci présente V_1 comme quotient de U par $f \circ \Gamma \circ f^{-1}$. Si, de plus, g est homotope à l'identité, on peut choisir f commutant à Γ et l'on a $P(V_1) = P(V_0)$.

Ainsi, l'image de P n'est autre que l'espace des surfaces de Riemann X de genre g munies de la classe d'homotopie d'un difféomorphisme $X \to V$.

Plus généralement, identifions $M(\Gamma)$ à $M(V)$ par la structure V_0, et soit $\mu \in M(\Gamma)$ une structure complexe V_1 sur V. Le difféomorphisme w_μ (th. 3) laisse fixes 0, 1 et ∞. Par suite, si $s = P(V_0)$, on a $P(V_1) = w_\mu \circ s \circ w_\mu^{-1}$. Il en résulte que l'application P est continue (th. 3) et même analytique réelle sur les sous-espaces de dimension finie de $M(\Gamma)$ d'après un complément du th. 3 ([1]).

Pour montrer que l'application $\Phi : M(V) \to T(V)$ possède des sections locales, il suffit de démontrer que l'application $P : M(V) \to S$ possède des sections locales. Cela c'est la théorie locale (cf. [13]) : on constate que le noyau de la "dérivée" en 0 de $P : M(\Gamma) \to S$ est orthogonal à l'espace $Q(\Gamma)$ des formes différentielles holomorphes quadratiques invariantes par Γ, et on conclut par Riemann-Roch que la codimension de ce noyau est au moins $6g - 6$.

5. Contractilité de $T(V)$

THÉORÈME 5 (Teichmüller).- L'espace $T(V)$ est homéomorphe à R^{6g-6}.

La théorie classique de Teichmüller étudie les structures complexes compatibles avec la structure quasi-conforme. On remplace $M(\Gamma)$ par l'espace (plus grand) $M'(\Gamma)$ des fonctions $\mu : U \to \Delta$ mesurables, bornées en module par $k < 1$ et satisfaisant à (2) ; on remplace $D(V)$ par les homéomorphismes quasi-conformes (i.e. les homéomorphismes w possédant des dérivées partielles généralisées telles que $|w'_{\bar z}| \leq k|w'_z|$). On a, comme au § 4, une application $Q : M'(\Gamma) \to S$; l'espace de Teichmüller $T'(V)$ est, par définition, l'image de Q .

Etant données deux surfaces de Riemann V_0 et V_1 , Teichmüller montre que, dans chaque classe d'homotopie d'homéomorphismes de V_1 dans V_0 , il y a un unique homéomorphisme quasi-conforme plus beau que tous les autres : il réalise le minimum du coefficient de dilatation $K(w)$ (borne supérieure de $(|w'_z| + |w'_{\bar z}|)/(|w'_z| - |w'_{\bar z}|)$). Ceci donne une section de Q et permet de démontrer que $T'(V)$ est homéomorphe à R^{6g-6} ; en fait, on trouve même une isométrie lorsque l'on munit $T'(V)$ de la distance définie à l'aide de $\mathrm{Log}(K(w))$ (pour une démonstration, voir [3]).

Il est clair que $Q|M(V) = P$. Pour voir que $T(V)$ est contractile, il suffit donc (th. 5) de montrer que P et Q ont même image. Or la classe d'homotopie d'un homéomorphisme $V_1 \to V_0$ contient un difféomorphisme.

6. Les autres cas

Parmi les surfaces orientables sans bord, il reste à s'occuper du tore. Soient V un tore, v un point de V et (a,b) une base de $\pi_1(V,v)$. Soit V_0 la surface V munie d'une structure complexe ; il existe un unique revêtement holomorphe $\pi : C \to V$ tel que $\pi(0) = v$ et que l'opération de a soit la translation de 1 . A b correspond la translation d'un complexe τ_0 , et on peut supposer b choisi de sorte que $\mathrm{Im}(\tau_0) > 0$.

On démontre que le groupe $D_0(V,v)$ (difféomorphismes laissant fixe v et homotopes à l'identité) opère dans $M(V)$ continûment, librement et proprement. On le voit en identifiant $M(V)$ à l'espace $M(\Gamma) \subset C^\infty(C,\Delta)$ des fonctions périodiques dont le groupe des périodes contient le groupe Γ engendré par 1 et

τ_o , et $D_o(V,v)$ au groupe $D_o(\Gamma,0)$ des difféomorphismes de C laissant 0 fixe et commutant à Γ .

L'espace S est remplacé par U et l'application P associe à toute structure complexe V_i le relèvement τ_i de b . Il y a alors une section holomorphe σ de $P : M(\Gamma) \to U$ donnée explicitement par $\sigma(z) = (\tau_o - z)/(z - \bar{\tau}_o)$.

Pour les surfaces à bord (de caractéristique d'Euler < 0), la démonstration de [7] est analogue à celle de [6] qu'on vient d'exposer. On passe au revêtement universel de V dont le groupe est un groupe Fuchsien Γ , mais, cette fois, de deuxième espèce. L'ensemble $L(\Gamma)$ des points d'accumulation des orbites est un Cantor dans $R \cup \{\infty\}$. Soit I son complémentaire dans $R \cup \{\infty\}$, on a un revêtement $\pi : U \cup I \to V$ de groupe Γ tel que $\pi^{-1}(bV) = I$. Il faut aménager le th. 3 pour $U \cup I$ et, en particulier, trouver des majorations au bord pour démontrer la continuité.

Enfin, pour les surfaces non orientables, on passe au revêtement connexe à deux feuillets et on développe la même théorie <u>modulo</u> l'opération du groupe à deux éléments.

ADDENDUM

L'équivalence d'homotopie faible $D(V) \to H(V)$ (cf. remarque 4) est une vraie équivalence d'homotopie ; R. Luke et W. Mason ([14]) ont en effet démontré que $H(V)$ est un A.N.R.

Indiquons d'autre part que J. Cerf ([15]) a donné une démonstration directe du fait que $D(V) \to H(V)$ est une équivalence d'homotopie faible n'utilisant pas le calcul de ces groupes, mais uniquement l'hypothèse que $D_o(S_2)$ a le type d'homotopie de $SO(3)$ (J. Cerf démontre même l'analogue pour les variétés de dimension 3).

Enfin, l'auteur ([16]) vient de donner une démonstration purement topologique du th. 1.

BIBLIOGRAPHIE

[1] L. AHLFORS and L. BERS - Riemann's mapping theorem for variable metrics, Ann. of Math., 72 (1960), 385-404.

[2] R. BAER - Isotopie von Kurven auf orientierbaren Flächen und ihr Zusammenhang mit der topologischen Deformation der Flächen, J. reine angew. Math., 159 (1928), 101-111.

[3] L. BERS - Quasiconformal mappings and Teichmüller theorem, in Analytic functions, Princeton University Press, Princeton, 1960.

[4] L. BERS, F. JOHN and M. SCHECTER - Partial differential equations, Interscience, New York, 1964.

[5] J. CERF - Théorèmes de fibration des espaces de plongements, Sém. Cartan, 15e année, 1962/63, exp. n° 8.

[6] C. EARLE and J. EELLS - A fibre bundle description of Teichmüller theory, J. Differential Geometry, 3 (1969), 19-43.

[7] C. EARLE and A. SCHATZ - Teichmüller theory for surfaces with boundary, J. Differential Geometry, 4 (1970), 169-185.

[8] D. EPSTEIN - Curves on 2-manifolds and isotopies, Acta Math., 115 (1966), 83-107.

[9] A. GROTHENDIECK - Techniques de construction en géométrie analytique, Sém. Cartan, 13e année, 1960/61, exp. n°s 7-8.

[10] M. HAMSTROM - Homotopy groups of the space of homeomorphisms on a 2-manifold, Illinois J. Math., 10 (1966), 563-573.

[11] S. SMALE - Diffeomorphisms of the 2-sphere, Proc. Amer. Math. Soc., 10 (1959), 621-626.

[12] O. TEICHMÜLLER - Extremale quasikonforme Abbildungen und quadratische Differentiale, Preuss. Akad., 22 (1940)

[13] A. WEIL - Modules des surfaces de Riemann, Sém. Bourbaki, 11e année, 1958/59, exp. n° 168, Addison-Wesley/Benjamin, New York.

[14] R. LUKE and W. MASON - The space of homeomorphisms on a compact 2-manifold is an A.N.R., Trans. of A.M.S., 164 (1972), 275-285.

[15] J. CERF - Topologie de certains espaces de plongements, Bull. de la S.M.F., 89 (1961), 227-380.

[16] A. GRAMAIN - Le type d'homotopie du groupe des difféomorphismes d'une surface, Ann. Sc. de l'E.N.S., 6 (1973), 53-66.

Séminaire BOURBAKI
25e année, 1972/73, n° 427

Février 1973

CONSTRUCTION ANALYTIQUE DE COURBES EN GÉOMÉTRIE NON ARCHIMÉDIENNE

[d'après David MUMFORD]

par Michel RAYNAUD

Soient R un anneau de valuation discrète complet, k son corps résiduel, K son corps de fractions, m l'idéal maximal de R , π un générateur de m et v la valuation normalisée de K .

Considérons une courbe elliptique E sur le corps des complexes $\mathbb{C}$; alors E est le quotient de $\mathbb{C}$ par un réseau de périodes (ω_1,ω_2) . L'application

$$z \longmapsto e^{2\pi iz/\omega_1}$$

factorise le revêtement universel de E à travers $\mathbb{C}^*$ de sorte que E est aussi le quotient de $\mathbb{C}^*$ par le sous-groupe engendré par $q = e^{2\pi i\omega_2/\omega_1}$. Or il se trouve que l'on a une structure analogue pour certaines courbes elliptiques définies sur le corps valué non archimédien K . Plus précisément, si E_K est une courbe elliptique sur K qui se spécialise sur k en une cubique plane $\bar{E}$ ayant un point double rationnel à tangentes rationnelles distinctes, alors l'invariant j de E_K n'est pas entier et Tate a montré que E_K était le quotient analytique du groupe multiplicatif G_m de K par le sous-groupe discret engendré par l'élément q donné par la formule usuelle

$$q = {}^1/_j + \dots \qquad \text{(cf. [6])} .$$

Si, au contraire $j \in R$, E_K a potentiellement bonne réduction, et n'admet pas de revêtement analytique de degré infini.

Mumford vient d'étendre le résultat de Tate, d'une part aux variétés abéliennes, d'autre part aux courbes de genre ≥ 2 ([5]). Nous ne parlerons ici que des courbes et tout d'abord nous allons décrire la situation sur le corps des complexes qui aura un analogue non archimédien.

Soit D un domaine ouvert de la sphère de Riemann, dont la frontière est formée de $2g$ cercles disjoints $C_1, C'_1, \ldots, C_g, C'_g$. Supposons que, pour $i = 1, \ldots, g$, il existe une transformation homographique τ_i (ayant deux points fixes distincts), telle que $\tau_i(C_i) = C'_i$ et $\tau(D) \cap D = \emptyset$. Alors le sous-groupe Γ de $PGL_2(\mathbb{C})$ engendré par les τ_i est un groupe libre à g générateurs, $\Omega = \bigcup_{\tau \in \Gamma} \tau(\bar{D})$ est un ouvert dense de $P^1(\mathbb{C})$, son complémentaire est l'adhérence de l'ensemble des points fixes des éléments non nuls de Γ. Le groupe Γ opère librement et proprement sur Ω et $X = \Omega/\Gamma$ est une surface de Riemann compacte de genre g. C'est, en fait, le quotient de $\bar{D}$ par les identifications $C_i \longleftrightarrow C'_i$ définies par les τ_i. Bien sûr Ω n'est pas un revêtement universel de X. En fait, on peut choisir des générateurs $a_1, b_1, \ldots, a_g, b_g$ de $\pi_1(X)$, liés par la relation habituelle $\prod_i [a_i, b_i] = 1$, de façon que Ω soit le revêtement galoisien de X correspondant au sous-groupe invariant de π_1 engendré par les a_i.

C'est cette uniformisation partielle, dite de Schottky, qui a un analogue non archimédien pour certaines courbes X définies sur K. Comme dans le cas des courbes elliptiques, l'existence d'une telle uniformisation de X est liée à l'existence d'une réduction $\bar{X}$ de X sur le corps résiduel k possédant suffisamment de singularités d'un certain type. Il se trouve que $\bar{X}$ possède alors un revêtement algébrique de degré infini et que le revêtement analytique cherché de X s'obtient en relevant de k à K le revêtement algébrique de $\bar{X}$. Toutes ces constructions s'interprètent particulièrement bien à l'aide de l'arbre de $PGL_2(K)$ introduit par Bruhat-Tits ([1] et [7]) et nous allons commencer par là.

1. L'arbre de $PGL_2(K)$

Soit V un K-espace vectoriel de dimension 2 . Un réseau M de V est un sous-R-module de V , libre de rang 2 . Deux réseaux M et M' sont dits équivalents s'ils sont homothétiques, i.e. s'il existe $a \in K^*$ tel que $M' = aM$. Soit S l'ensemble des classes d'équivalence.

Si M et M' sont deux réseaux, on peut trouver une base e_1 , e_2 de M et des entiers n_1 , n_2 , tels que $(\pi^{n_1} e_1 , \pi^{n_2} e_2)$ soit une base de M' . L'entier $|n_2 - n_1|$ ne dépend que des classes d'équivalence et permet de définir une distance sur S . Notons que quitte à faire une homothétie sur M' , on peut supposer que M' est "en position" par rapport à M , c'est-à-dire que $n_1 = 0$ et que $n_2 \geq 0$.

On construit un graphe A ayant pour ensemble de sommets S ; deux sommets étant joints par une arête s'ils sont à une distance 1 . On vérifie aisément que ce graphe est sans circuits et connexe, donc est un arbre. Le groupe $PGL(V)$ opère isométriquement et transitivement sur S . Le stabilisateur d'un sommet, défini par le réseau M , est l'image de $GL(M)$; les arêtes issues d'un sommet sont en correspondance avec les points de la droite projective sur k et cette bijection est canonique modulo un automorphisme linéaire de $\mathbf{P}^1(k)$; le stabilisateur strict d'une arête est conjugué à l'image dans $PGL_2(K)$ du sous-groupe de $GL_2(R)$ formé des matrices $\begin{pmatrix} a & b \\ c & d \end{pmatrix}$ avec $v(c) > 0$; il y a de plus des éléments du type $\begin{pmatrix} 0 & 1 \\ \pi & 0 \end{pmatrix}$ qui échangent les deux extrémités d'une arête.

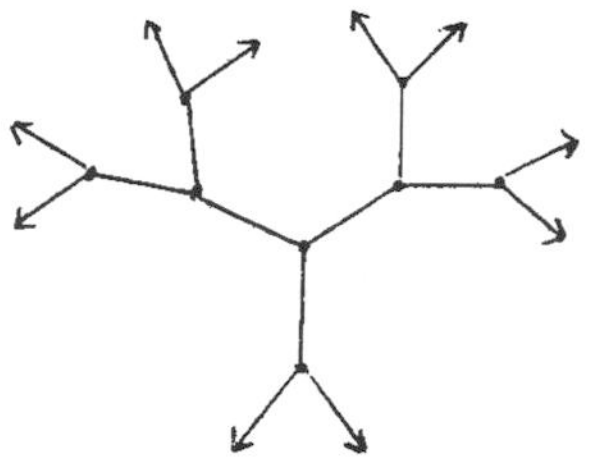

(Allure de A dans le cas où k a deux éléments)

Dans un arbre, on a la notion de demi-droite issue d'un sommet P . Deux telles demi-droites définissent le même bout si elles coïncident en dehors d'un nombre fini de sommets. Une demi-droite de A se représente par une chaîne de réseaux $M_0 \subset M_1 \subset \dots$ telle que $M_0/M_n \simeq R/\pi^n R$. Alors $D = \cap M_n$ est un facteur direct de rang 1 de chacun des M_i et KD est une droite de V . On établit de cette façon une application bijective canonique entre l'ensemble B des bouts de A et les points de $\mathbb{P}^1(V)$, droite projective construite sur V . Cette bijection est compatible avec l'action de $PGL_2(V)$.

Etant donnés deux bouts distincts x , y , il existe dans A une unique droite d'extrémités x et y . Trois bouts distincts x , y , z déterminent un sommet $\sigma(x,y,z)$: l'unique sommet P commun aux trois droites (x,y) , (y,z) , (z,x) ou encore l'unique sommet P , tel que les demi-droites d'origine P , d'extrémités x , y , z partent de P suivant trois arêtes distinctes. Enfin, si x , y , z , t sont quatre bouts distincts, la distance des sommets $\sigma(x,y,z)$ et $\sigma(x,y,t)$ n'est autre, au signe près, que la valuation du birapport (x,y,z,t) .

2. Sous-groupe de Schottky de $PGL_2(V)$

DÉFINITION.- Soit $\gamma \in PGL_2(K)$ l'image d'un élément $\begin{pmatrix} a & b \\ c & d \end{pmatrix}$ de $GL_2(K)$. On dit que γ est hyperbolique s'il satisfait aux conditions équivalentes suivantes :

(i) $\begin{pmatrix} a & b \\ c & d \end{pmatrix}$ a 2 valeurs propres (dans K) de valuation distinctes.

(ii) γ est un conjugué de l'image de $\begin{pmatrix} \lambda & 0 \\ 0 & 1 \end{pmatrix}$, avec $\lambda \in m$.

(iii) $ad - bc/(a + d)^2 \in m$.

DÉFINITION.- Un groupe de Schottky est un sous-groupe Γ de $PGL(V)$, de type fini, dont les éléments distincts de l'élément neutre sont hyperboliques.

Désormais Γ désigne un groupe de Schottky. Alors Γ est nécessairement un sous-groupe discret de $PGL(V)$ et opère librement sur l'arbre A , donc est un groupe libre [7]. On suppose de plus que Γ n'est pas commutatif de sorte que l'ensemble Σ des points fixes dans $P^1(V)$, des éléments non nuls de Γ, est infini.

Nous allons maintenant associer à Γ un sous-arbre Λ de A. Les sommets de Λ sont les sommets de A de la forme $\sigma(x, y, z)$, où x, y, z sont trois points distincts de Σ. Pour s'assurer que l'on obtient ainsi les sommets d'un sous-arbre de A, il suffit de vérifier que si l'on a trois sommets $P_j = \sigma(x_j, y_j, z_j)$, $j = 1, 2, 3$ alors le sommet Q de A commun aux trois segments $[P_1P_2]$, $[P_2P_3]$, $[P_3P_1]$ est aussi un sommet de Λ. On peut supposer que les P_i ne sont pas alignés, de sorte que l'on a un diagramme du type

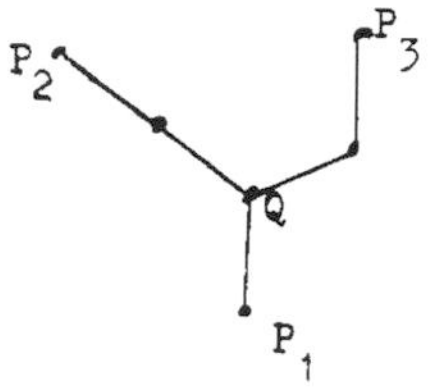

Soit t_j $(j = 1, 2, 3)$ l'un des trois points x_j, y_j, z_j, pour lequel la demi-droite d'origine P_j, d'extrémité t_j ne part pas de P_j suivant la même arête que P_jQ. Alors $Q = \sigma(t_1, t_2, t_3)$.

Par construction, de chaque sommet de Λ partent au moins trois arêtes. En particulier, les bouts de Λ sont infinis et s'identifient à une partie des bouts de A, donc à une partie $\bar{\Sigma}$ de $P^1(V)$. La droite de A qui joint deux points de Σ est contenue dans Λ, donc $\bar{\Sigma}$ contient Σ. Par ailleurs Σ est clairement dense dans $\bar{\Sigma}$, de sorte que $\bar{\Sigma}$ n'est autre que l'adhérence de Σ dans $P^1(V)$.

Le groupe Γ opère sur Σ et donc sur Λ ; comme Γ opère librement sur A, il opère aussi librement sur Λ.

PROPOSITION.- Le graphe quotient $\Lambda^0 = \Lambda/\Gamma$ est fini.

En effet, soient P un sommet de Λ et $\tau_1, \ldots, \tau_n$ une base du groupe libre Γ. Posons $P_i = \tau_i(P)$ et soit Λ' le sous-arbre fini de Λ, réunion des segments $[P,P_i]$, $i = 1,\dots,n$. Montrons que Λ^0 est un quotient de Λ' . Il faut voir que $\widetilde{\Lambda} = \bigcup_{\tau \in \Gamma} \tau(\Lambda')$ est égal à Λ . Or, il est clair que $\widetilde{\Lambda}$ est un sous-arbre plein de Λ . Par ailleurs, si τ est un élément non nul de Γ , τ opère sans point fixe sur $\widetilde{\Lambda}$; si Q est un point de $\widetilde{\Lambda}$, tel que la distance de Q à $\tau(Q)$ soit minimum. Alors, les points $\tau^n(Q)$, $n \in \mathbf{Z}$, sont sur une droite de $\widetilde{\Lambda}$, sur laquelle τ opère par translation. Il en résulte que Σ est contenu dans les bouts de $\widetilde{\Lambda}$ et d'après la définition de Λ , tout sommet de Λ est alors dans $\widetilde{\Lambda}$.

Comme Λ^0 est localement homéomorphe à Λ , on déduit de la proposition précédente que Λ est un arbre localement fini.

3. Réalisation géométrique de Λ

Notons $P(V)$ le schéma sur K qui est la droite projective définie par V , donc égal au spectre homogène de l'algèbre symétrique de V . De même, à tout réseau M de V , on associe $P(M)$, spectre homogène de l'algèbre symétrique du R-module M . Donc $P(M)$ est une droite projective au-dessus de R , munie d'une identification canonique de sa fibre générique avec $P(V)$. Si M et M' sont deux réseaux de V , l'identité des fibres génériques de $P(M)$ et $P(M')$ se prolonge en un isomorphisme $P(M) \simeq P(M')$ si et seulement si M et M' sont homothétiques. On voit donc que les sommets de l'arbre A correspondent aux R-droites projectives qui prolongent $P(V)$, à isomorphismes près.

Soient toujours M et M' deux réseaux de V . Alors les éléments de M' engendrent un idéal divisoriel $I(M')$ de $\mathrm{Sym}(M)$; de même les éléments de M engendrent un idéal divisoriel $I'(M)$ de $\mathrm{Sym}(M')$. Si on remplace M' par un réseau homothétique, $I(M')$ est modifié par tensorisation par un idéal inversible. En particulier, si M' est en position par rapport à M et à la distance $n > 0$ de M , $I(M')$ est un idéal de $\mathrm{Sym}(M)$ qui définit une section de $P(M)$ au-dessus de R/π^nR . On établit ainsi une correspondance canonique entre les segments dans A , d'origine le sommet défini par M et les sections de $P(M)$ au-dessus des quotients artiniens de R . Par passage à la limite, on retrouve la correspondance entre bouts de A et sections de $P(M)$ au-dessus de R

(qui correspondent eux-mêmes aux points rationnels de $P(V)$).

Considérons maintenant $P(MM')$, le joint de $P(M)$ et $P(M')$, c'est-à-dire l'adhérence schématique dans $P(M) \times_R P(M')$ du graphe du morphisme identique des fibres génériques. On a donc un diagramme (commutatif)

$$\begin{array}{ccc} & P(MM') & \\ {\scriptstyle\rho}\swarrow & & \searrow{\scriptstyle\rho'} \\ P(M) & & P(M') \end{array} .$$

On vérifie immédiatement que ρ (resp. ρ') n'est autre que le morphisme d'éclatement de l'idéal divisoriel $I(M')$ (resp. $I'(M)$). En particulier, la fibre spéciale $\overline{P(MM')}$ de $P(MM')$ est réduite et a deux composantes irréductibles, qui se projettent isomorphiquement, l'une sur $\overline{P(M)}$ grâce à ρ et l'autre sur $\overline{P(M')}$ grâce à ρ' . Ces deux composantes se coupent transversalement en un point et l'anneau local de $P(MM')$ en ce point est isomorphe à l'anneau local à l'origine de $R[X,Y]/XY - \pi^n$.

Nous aurons à considérer des schémas en courbes C sur k , localement de type fini, vérifiant les conditions suivantes :

(*) (i) C est réduit.

(ii) Les normalisés des composantes irréductibles de C sont des droites projectives sur k .

(iii) Un point singulier de C est rationnel et l'anneau local est analytiquement isomorphe au localisé à l'origine de $XY = 0$ (autrement dit, on a soit un point double ordinaire d'une composante de C , à tangentes rationnelles, soit un point commun à deux composantes qui se coupent transversalement).

A un tel schéma, on associe un graphe, ayant pour sommets les composantes irréductibles ; un point commun à deux composantes définit une arête, un point double d'une composante définit une arête qui est un lacet.

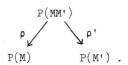

Soit, maintenant, Λ un sous-arbre fini de A , dont les sommets sont définis par des réseaux $M_1,\ldots,M_n$ et soit $P(\Lambda)$ le joint des $P(M_i)$. On déduit immédiatement de l'étude faite dans le cas où Λ est un segment, que la fibre spéciale $\overline{P(\Lambda)}$ de $P(\Lambda)$ vérifie (*) et que son graphe s'identifie canoniquement à Λ . Plus précisément, pour tout i , il existe une et une seule composante irréductible C_i de $\overline{P(\Lambda)}$, qui par la projection canonique $P(\Lambda) \to P(M_i)$ s'envoie isomorphiquement sur $\overline{P(M_i)}$. A une arête $[M_i M_j]$ de Λ , de longueur n , correspond un point d'intersection de C_i et C_j et l'anneau local de $P(\Lambda)$ en ce point est isomorphe à $R[X,Y]/XY - \pi^n$. Notons par ailleurs que $P(\Lambda)$ est propre, plat sur S et normal.

Considérons enfin le cas d'un arbre Λ localement fini dont les sommets sont définis par des réseaux M_i . Soit M l'un d'entre eux et considérons Λ comme réunion croissante des sous-arbres finis Λ_n où Λ_n est réunion des segments de Λ , d'origine M , contenant au plus $n+1$ sommets. Alors les schémas $P(\Lambda_n)$ forment un système projectif. Les arêtes de $\Lambda_{n+1} - \Lambda_n$ définissent un nombre fini de points rationnels non singuliers de $\overline{P(\Lambda_n)}$; soit U_n l'ouvert complémentaire dans $P(\Lambda_n)$. Alors pour tout entier $m \geq 0$, les morphismes canoniques $P(\Lambda_{n+m}) \to P(\Lambda_n)$ sont des isomorphismes au-dessus de U_n de sorte que l'on obtient des immersions ouvertes $U_0 \hookrightarrow U_1 \hookrightarrow \dots$. On note $P(V)$ le schéma réunion des U_n .

PROPOSITION.- $P(\Lambda)$ est un R-schéma plat normal de fibre générique $P(V)$, dont la fibre spéciale $\overline{P(\Lambda)}$ vérifie $(*)$. Plus précisément, pour tout i , il existe une projection canonique $P(\Lambda) \to P(M_i)$ et une unique composante irréductible de $\overline{P(\Lambda)}$ qui par cette projection s'envoie isomorphiquement sur $\overline{P(M_i)}$. Cette correspondance s'étend en un isomorphisme canonique du graphe de $\overline{P(\Lambda)}$ sur Λ .

Soit alors x un point fermé de la fibre générique $P(V)$ de $P(\Lambda)$. Comme chacun des $P(\Lambda_n)$ est propre sur R , x se spécialise en un point de la fibre fermée de $P(\Lambda_n)$. Qu'en est-il à la limite dans $P(\Lambda)$? La réponse est immédiate : x se spécialise dans $P(\Lambda)$ si et seulement si, x n'est pas un point rationnel de $P(V)$ correspondant à un bout infini de Λ . Pour éliminer ces points, on va remplacer $P(\Lambda)$ par son complété $\mathcal{P}(\Lambda)$ le long de la fibre fermée, c'est-à-dire par le schéma formel $\varinjlim_n P_n(\Lambda)$, où

$P_n(\Lambda) = P(\Lambda) \otimes_R R/\pi^n R$ (EGA I, § 9).

Cette opération de complétion nous fait passer du domaine de la géométrie algébrique à celui de la géométrie analytique. En effet, munissons l'espace projectif $P(V)$ de sa structure analytique (rigide) au sens de Tate, Kiehl (cf. [8] et [4]). Alors le schéma formel $\mathfrak{P}(\Lambda)$ a une "fibre générique" qui correspond au sous-espace analytique ouvert de $P(V)$, ayant pour espace sous-jacent le complémentaire des bouts infinis de Λ.

4. Passage au quotient par Γ

Revenons à notre groupe Γ et à l'arbre associé Λ. On peut appliquer à Λ la construction précédente. Le groupe Γ opère sur $P(\Lambda)$ et donc sur $\mathfrak{P}(\Lambda)$ de façon compatible avec son action sur Λ, en particulier, un élément non nul de Γ ne laisse fixe aucun sommet et aucune arête de Λ, donc Γ opère librement sur la fibre fermée de $P(\Lambda)$.

Nous allons construire un quotient $\mathfrak{P}(\Lambda)/\Gamma$ en deux crans. Soit d'abord Γ_0 un sous-groupe invariant de Γ, d'indice fini tel qu'un élément non nul de Γ_0 ne transforme pas un sommet de Λ en un sommet adjacent. On peut alors recouvrir $\overline{\mathfrak{P}(\Lambda)}$ par des ouverts affines $\overline{\mathfrak{W}}_i$ tel que $\tau(\overline{\mathfrak{W}}_i) \cap \overline{\mathfrak{W}}_i = \emptyset$ pour $\tau \neq 1$. Soit $\mathfrak{W}_i$ l'ouvert formel affine de $\mathfrak{P}(\Lambda)$ défini par $\overline{\mathfrak{W}}_i$. Alors les $\mathfrak{W}_i$ recouvrent $\mathfrak{P}(\Lambda)$ et on construit le schéma formel quotient $\mathfrak{P}(\Lambda)/\Gamma_0 = \mathfrak{X}_{\Gamma_0}$ par simple recollement des $\mathfrak{W}_i$. Comme Λ/Γ est un graphe fini, il en est de même de Λ/Γ_0 et par suite $\mathfrak{X}_{\Gamma_0}$ est de type fini sur R, donc est propre et par ailleurs plat et normal. Le groupe fini Γ/Γ_0 opère librement sur $\mathfrak{X}_{\Gamma_0}$; en grimpant sur les puissances de π, on construit la courbe formelle quotient $\mathfrak{X}_{\Gamma}$ qui est elle aussi propre normale et plate sur R. Soit $p : \mathfrak{P}(\Lambda) \to \mathfrak{X}_{\Gamma_0} \to \mathfrak{X}_{\Gamma}$ le morphisme composé. Alors p est un morphisme formel, étale surjectif, compatible avec Γ et le couple $(\mathfrak{X}_{\Gamma}, p)$ est un quotient de $\mathfrak{P}(\Lambda)$ par Γ, unique à isomorphisme près.

Par ailleurs, en relevant à $\mathfrak{X}_{\Gamma}$ un diviseur ample sur la fibre spéciale

$\overline{\mathfrak{X}}_\Gamma$, on construit un diviseur ample sur $\mathfrak{X}_\Gamma$ et par suite $\mathfrak{X}_\Gamma$ est algébrisable, de façon essentiellement unique en un schéma en courbes X_Γ propre (EGA III, th. 5.4.5), et X_Γ est plat et normal. Ces propriétés restant vraies après extension de R à la clôture intégrale de R dans une extension finie de K , la fibre générique de X_Γ est lisse sur K .

Rappelons [2] qu'une courbe stable au-dessus d'un schéma T et un T-schéma en courbes, propre et plat, dont les fibres géométriques satisfont aux deux conditions suivantes :

(i) les seules singularités sont des points doubles ordinaires.

(ii) Si une composante irréductible est une droite projective, elle rencontre les autres composantes en au moins trois points.

DÉFINITION.- Une courbe stable sur le corps k qui vérifie (*) est dite déployée et dégénérée.

THÉORÈME.- Le R-schéma X_Γ est une R-courbe stable, dont la fibre générique est lisse et la fibre spéciale est déployée et dégénérée. Si Γ est un groupe libre de rang g alors les fibres de X_Γ sont de genre g .

En effet, X_Γ est une courbe propre qui vérifie (*) et qui est stable car d'un sommet de Λ partent au moins trois arêtes. Le genre de X_Γ est égal au nombre de lacets de son graphe, donc au nombre de générateurs de Γ .

5. Construction inverse

Soit X une R-courbe stable, dont la fibre générique est lisse de genre $g \geq 2$ et dont la fibre spéciale $\overline{X}$ est déployée et dégénérée.

Nous allons montrer que X peut s'obtenir à partir d'un sous-groupe de Schottky de $PGL_2(K)$ par la construction précédente.

Soit $\mathfrak{X}$ le R-schéma formel propre et plat sur R , normal, complété de X le long de $\overline{X}$. La courbe $\overline{X}$ admet un revêtement universel $\overline{P} \xrightarrow{\overline{p}} \overline{X}$, de groupe Γ libre, à g générateurs. Le graphe Λ de $\overline{P}$ est un arbre localement fini tel que de chacun de ses sommets partent au moins trois arêtes : c'est aussi un revêtement universel du graphe de $\bar{X}$. Compte tenu de l'unicité des relèvements infinitésimaux des morphismes étales (EGA IV, 17), $\bar{p}$ s'étend en un R-morphisme formel étale $p : \mathcal{P} \to \mathfrak{X}$ qui fait de $\mathcal{P}$ un revêtement de $\mathfrak{X}$, galoisien de groupe Γ . Comme $\mathfrak{X}$ est plat sur R et normal, il en est de même de $\mathcal{P}$.

Il nous faut réaliser Γ comme sous-groupe de $PGL_2(K)$. Soit I l'ensemble des sommets de Λ . Pour tout $i \in I$, soit $\mathfrak{D}_i$ un diviseur relatif positif formel sur $\mathcal{P}$ dont le support ne rencontre que la composante irréductible C_i de $\bar{P}$ relative au sommet i . Soient Λ' un sous-arbre fini de Λ et $\mathfrak{D}'$ le diviseur somme des $\mathfrak{D}_i$ pour $i \in \Lambda'$. Notons $C_{\Lambda'}$ la courbe propre, contenue dans $\bar{P}$, réunion des C_i pour $i \in \Lambda'$. Soit $\mathcal{L}'$ le faisceau inversible formel sur $\mathcal{P}$ égal à $O_{\mathcal{P}}(\mathfrak{D}')$ et soit $\bar{\mathcal{L}}'$ sa restriction à la fibre spéciale $\bar{P}$. Alors $\bar{\mathcal{L}}'$ est engendrée par ses sections globales, la k-algèbre graduée $\bigoplus_{n \geq 0} \Gamma(\bar{P}, \bar{\mathcal{L}}'^{\otimes n})$ est de type fini et le k-morphisme canonique $\bar{r}' : \bar{P} \to \mathrm{Proj}(\bigoplus_{n \geq 0} \Gamma(\bar{P}, \bar{\mathcal{L}}'^{\otimes n})$ (EGA II, 3.7) s'identifie à la projection de $\bar{P}$ sur $C_{\Lambda'}$ qui envoient les composantes irréductibles ne figurant pas dans $C_{\Lambda'}$ sur des points.

En utilisant le fait que $H^1(\bar{P}, \bar{\mathcal{L}}'^{\otimes n}) = 0$ pour $n \geq 0$ et la platitude de $\mathcal{P}$, on prouve que $H^0(\mathcal{P}, \mathcal{L}'^{\otimes n})$ est un R-module libre de type fini et que le morphisme canonique $H^0(\mathcal{P}, \mathcal{L}'^{\otimes n}) \otimes_R R/\pi R \to H^0(\bar{P}, \bar{\mathcal{L}}'^{\otimes n})$ est un isomorphisme. On en déduit que $\mathcal{L}'$ est engendré par ses sections globales, que $\mathrm{Proj}(\bigoplus_{n \geq 0} H^0(\mathcal{P}, \mathcal{L}'^{\otimes n}))$ est un R-schéma propre $P(\Lambda')$, plat sur R , normal et que l'on a un morphisme formel canonique $r_{\Lambda'}$ de $\mathcal{P}$ dans le complété formel $\mathcal{P}(\Lambda')$ de $P(\Lambda)$ qui relève $\bar{r}_{\Lambda'}$. Comme la fibre spéciale de $P(\Lambda')$ est isomorphe à $C_{\Lambda'}$, elle est de genre 0 , donc la fibre générique est isomorphe à la droite projective sur K (noter qu'elle possède un point rationnel). Si le graphe Λ' est réduit au sommet d'indice i de Λ , $P(\Lambda') = P_i$ est alors une droite projective relative au-dessus de R . Dans le cas général, si i est un sommet Λ' , on a un morphisme canonique $P(\Lambda') \to P_i$ qui est un isomorphisme sur les fibres génériques. Ces remarques permettent, (une fois choisis un sommet i_0 de Λ et un K-isomorphisme de $P(V)$ sur la fibre générique de P_{i_0}) de réaliser canoniquement Λ comme sous-arbre de l'arbre A de $PGL_2(V)$ et de définir un isomorphisme canonique entre $\mathcal{P}$ et le complété formel $\mathcal{P}(\Lambda)$ de la réalisation géométrique $P(\Lambda)$ de Λ . De plus, l'action de Γ sur $\mathcal{P}$, donc aussi sur $\mathcal{P}(\Lambda)$, provient d'une action de Γ sur $P(\Lambda)$ et en particulier Γ opère sur $P(V)$, donc est contenu dans $PGL_2(V)$; ce plongement est compatible avec la réalisation de Λ comme sous-arbre de A .

Soit γ un élément non nul de Γ . Alors γ et ses puissances non nulles opèrent sans point fixe sur Λ , donc γ opère par translation sur une droite convenable de Λ . L'ensemble Σ des points fixes des éléments de Γ est donc contenu dans l'ensemble des bouts de Λ . Soient H un sommet de Λ et H_0 son image dans le graphe quotient $\Lambda_0 = \Lambda/\Gamma$. Comme de H partent au moins trois arêtes, on peut trouver dans Λ_0 trois lacets d'origine H_0 qui partent suivant trois arêtes (orientées) différentes. Ces lacets correspondent à trois éléments du groupe fondamental Γ , ayant des points fixes respectifs x , y , z tels que $\sigma(x,y,z) = H$. Donc Λ est l'arbre canoniquement associé à Γ . Ceci achève de montrer que X est isomorphe à une courbe du type X_Γ.

Soient maintenant Γ_1 et Γ_2 deux sous-groupes de Schottky et cherchons à quelles conditions X_{Γ_1} et X_{Γ_2} sont isomorphes. Rappelons que le foncteur $\underline{F}$ des isomorphismes de deux courbes stables est représentable par un R-schéma fini et net ([2]). Par ailleurs, comme les fibres spéciales $\bar{X}_{\Gamma_1}$ et $\bar{X}_{\Gamma_2}$ sont déployées et dégénérées, tout isomorphisme géométrique est rationnel sur k , donc F est décomposé. Il résulte de ces remarques que tout isomorphisme géométrique des fibres génériques de X_{Γ_1} et X_{Γ_2} est rationnel sur K et s'étend en un R-isomorphisme $u : X_{\Gamma_1} \simeq X_{\Gamma_2}$. Après complétion formelle et passage aux revêtements universels, u se relève en un isomorphisme formel $v : \mathcal{P}(\Lambda_1) \to \mathcal{P}(\Lambda_2)$ compatible avec les actions respectives de Γ_1 et Γ_2. En introduisant comme plus haut un diviseur formel, on montre que v provient d'un isomorphisme algébrique $P(\Lambda_1) \xrightarrow{\sim} P(\Lambda_2)$, donc d'un automorphisme de la fibre générique $P(V)$. On a donc établit le résultat suivant.

THÉORÈME.- 1) Les fibres génériques géométriques de X_{Γ_1} et X_{Γ_2} sont isomorphes si et seulement si Γ_1 et Γ_2 sont conjugués dans $PGL(V)$.

2) Tout automorphisme de la fibre générique géométrique de X_Γ est rationnel sur K et le groupe de ces automorphismes est canoniquement isomorphe à $N(\Gamma)/\Gamma$ où $N(\Gamma)$ est le normalisateur de Γ dans $PGL(V)$.

6. Un exemple

Soient $P^1(R)$ une droite projective sur R, $P^1(k)$ sa fibre spéciale et $(x_i , y_i)_{i=1,\ldots,n}$ $2n$ points rationnels distincts sur la fibre spéciale $P^1(k)$. Notons C la courbe stable, dégénérée et déployée obtenue en identifiant x_i et y_i pour tout i. Prenons $P^1(R)$ comme sommet de base H de l'arbre A. Les points (x_i , y_i) déterminent alors $2n$ arêtes distinctes issues de H. Soient $D_1,\ldots,D_n$ n droites de A passant par H telles que D_i contiennent les arêtes relatives à la paire (x_i , y_i). Enfin, pour tout i, soit τ_i un élément hyperbolique de $PGL_2(K)$ qui opère par translation sur D_i. Alors les τ_i engendrent un groupe de Schottky Γ, libre de rang n ; Γ opère transitivement sur les sommets de l'arbre Λ associé à Γ et de chaque sommet de Λ partent $2n$ arêtes. Les courbes X_Γ correspondantes aux divers groupes Γ s'identifient aux R-courbes stables, à fibre générique lisse et à fibre spéciale isomorphes à C. Prenons en particulier $n = 2$, pour k un corps à trois éléments, et τ_i opérant par translation d'amplitude 1 sur D_i. Alors $\Lambda = A$. Si l'on regarde la réalisation géométrique de Λ, on trouve que X_Γ est régulier et que sa fibre générique est le quotient par Γ de l'ouvert analytique de $P^1(K)$ complémentaire des points rationnels.

7. Généralisation

Désignons maintenant par R un anneau local noethérien, complet pour la topologie définie par son idéal maximal, intégralement clos, de corps résiduel k , de corps des fractions K . Si X → R est une R-courbe stable dont la fibre générique est lisse et la fibre spéciale est déployée et dégénérée, la construction "inverse" que l'on vient de décrire dans le cas où R est un anneau de valuation discrète s'étend immédiatement. Elle fournit un arbre localement fini Λ , une réalisation géométrique formelle $\mathcal{P}(\Lambda)$ et un sous-groupe libre Γ de $PGL_2(K)$. La construction directe de X_Γ à partir d'un sous-groupe Γ convenable est par contre plus délicate, faute de disposer d'un arbre ambiant A associé à $PGL_2(K)$. Néanmoins, Mumford réussit à définir ce que doit être un sous-groupe de Schottky Γ , à associer aux points fixes de Γ un arbre Λ , une réalisation géométrique $\mathcal{P}(\Lambda)$ et une courbe stable X_Γ , quotient de $\mathcal{P}(\Lambda)$ par Γ . Cette uniformisation fournit une bonne description de la compactification du module des courbes lisses, au voisinage des points à l'infini correspondant aux fibres les plus dégénérées.

BIBLIOGRAPHIE

[1] F. BRUHAT et J. TITS - Groupes réductifs sur un corps local, Publ. Math. I.H.E.S., n° 41 (1972), 5-252.

[2] P. DELIGNE and D. MUMFORD - The irreducibility of the space of curves of given genus, Pub. Math. I.H.E.S., n° 36 (1969).

[3] J. DIEUDONNÉ et A. GROTHENDIECK - Eléments de géométrie algébrique, Pub. Math. I.H.E.S., n° 4, 8, 11,... cité EGA .

[4] R. KIEHL - Theorem A und Theorem B in der nichtarchimedischen Funktionen Theorie, Invent. Math., 2 (1967).

[5] D. MUMFORD - An analytic construction of degenerating curves over complete local rings, Compositio Mathematica, vol. 24, Fasc. 2, 1972.

[6] P. ROQUETTE - Analytic theory of elliptic functions over local fields, Hamburger Mathematische Einzelschriften, Neue Folge, Heft 1 (1970).

[7] J.-P. SERRE - Groupes discrets, Notes Miméo., Cours au Collège de France, 1969.

[8] J. TATE - Rigid analytic spaces, Invent. Math., 12 (1971).

Séminaire BOURBAKI
25e année, 1972/73, n° 428

L'INVARIANCE TOPOLOGIQUE DU TYPE SIMPLE D'HOMOTOPIE

[d'après T. CHAPMAN et R. D. EDWARDS]

par Laurent SIEBENMANN

§ 1.

Les efforts de l'école américaine de topologie en dimension infinie fondée par R. D. ANDERSON ont abouti en 1972 à cette conclusion définitive : la classification des complexes (localement finis) au type simple d'homotopie près coïncide avec la classification à homéomorphisme près des variétés (topologiques, métrisables) modelées sur le cube de Hilbert $Q = [-1,1]^{\infty}$. Plus précisément, on a

1.1. THÉORÈME DE TRIANGULATION DE CHAPMAN [Ch_2] [Ch_5].- Toute variété M modelée sur le cube de Hilbert est homéomorphe à un produit $X \times Q$ où X est un complexe simplicial localement fini.

D'ailleurs, on sait déjà selon WEST [W] (voir § 3.4) que, pour tout CW complexe localement fini X , le produit $X \times Q$ est une Q-variété. (Est-ce vrai pour X un ANR localement compact ?)

1.2. THÉORÈME D'INVARIANCE DE CHAPMAN [Ch_4] [Ch_6].- Soit $h : X \times Q \to Y \times Q$ un homéomorphisme, où X et Y sont des CW complexes localement finis. Alors l'équivalence d'homotopie propre $h_0 : X \to Y$ qui s'en déduit (Q étant compact et contractile) est une équivalence simple.

D'ailleurs, on sait selon WEST que, si $f : X \to Y$ est une équivalence simple (propre) de complexes localement finis, alors $f \times (id|Q)$ est proprement homotope à un homéomorphisme $X \times Q \to Y \times Q$.

Ce théorème d'invariance marque la première apparition importante en dimension infinie d'un invariant plus subtil que le type d'homotopie propre (ordinaire), et la première contribution éclatante de l'étude des variétés de dimension infinie aux problèmes posés en dimension finie. Jusqu'à ce jour, il n'y a aucune autre méthode pour démontrer la conjecture de J. H. C. WHITEHEAD, créateur de la théorie des types simples : Tout homéomorphisme $h : X \to Y$ de CW complexes finis est une équivalence simple. On s'étonne que ni la K-théorie algébrique (reflet algébrique de l'idée de type simple), ni les grosses machines de la géométrie algébrique et de la topologie algébrique n'aient su offrir une preuve. Signalons, néanmoins, que F. WALDHAUSEN a esquissé depuis 1971 une preuve (*) pour X et Y des complexes simpliciaux, basée sur une généralisation poussée des formules de [S_1]. D'autre part, très récemment, R. D. EDWARDS [E] en a trouvé une autre (voir § 9) qui part du cas bien connu depuis KIRBY-SIEBENMANN [KS_1], [KS_2] où X et Y sont des variétés topologiques.

Cet exposé apporte force simplifications de technique aux exposés originaux mais en conserve intégralement les idées fondamentales. Je tiens à remercier vivement L. GUILLOU dont l'aide efficace et experte m'a donné la force d'obtenir ces simplifications.

§ 2. Les types simples

Sauf indication du contraire, un espace sera pour nous localement compact, métrisable et σ-compact ; une application sera continue et propre (i.e. l'image inverse de tout compact est un compact) ; une équivalence sera une équivalence homotopique. Symboles : $\approx$ indique homéomorphisme, $\simeq$ équivalence homotopique, $\underset{=}{X}$ abrège $X \times Q$. Pour des sous-espaces A , B de X , $A \subset\subset B$ veut dire $\bar{A} \subset \mathring{B}$, i.e. $\mathrm{Adh}_X A \subset \mathrm{Int}_X B$. Un complexe X est toujours sous-entendu localement fini, et aussi simplicial si l'on omet CW. Ici X localement fini veut dire que X est une réunion localement finie de sous-complexes finis. Un polyèdre est un espace avec un atlas PL compatible de triangulations. (PL signifiant pseudo-linéaire ou linéaire par morceaux).

Une inclusion $Y \hookrightarrow X$ de CW complexes est une expansion élémentaire si on a $f : B^n \to Y$ (B^n = n-disque) et $X = (Y \coprod B^n \times [0,1])/\{(x,1) = f(x) , x \in B^n\} = M(f)$;

(*) Waldhausen me signale qu'il n'a jamais vérifié les détails [Wa].

$X - Y$ consiste en deux cellules : $\mathring{B}^n \times]0,1[\approx R^{n+1}$ et ce qui reste $(\approx R^n)$.

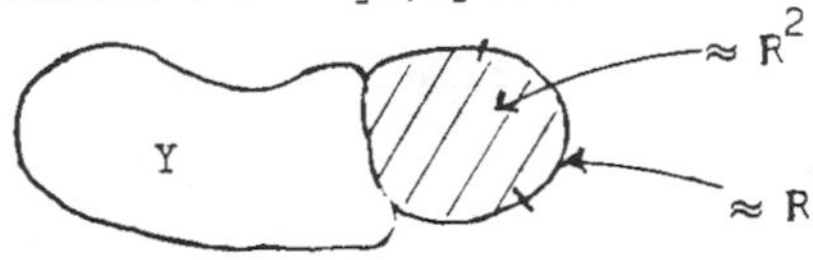

Cette opération en engendre d'autres de façon bien connue [Co] [S_1] : expansion finie (par composition finie), expansion (par somme disjointe et "pushout") et finalement équivalence (d'homotopie) simple, par compositions d'expansions ou de leurs inverses à homotopies près. Un homéomorphisme PL est simple. Une expansion de polyèdres est par définition une expansion simpliciale pour une triangulation PL convenable.

2.1 THÉORÈME (BASS-HELLER-SWAN et STALLINGS).- Une équivalence $f : X \to Y$ de CW complexes est simple dès que X est connexe, $\pi_1(X)$ est libre ou abélien libre et X est compact ou $X = P \times R$ avec P compact, cf. [S_1, p. 484].

2.2. THÉORÈME DE SOMME [S_1, p. 482].- Soit $f : (X ; X_1 , X_2) \to (Y ; Y_1 , Y_2)$ une équivalence de triades de CW complexes avec $X = X_1 \cup X_2$, $Y = Y_1 \cup Y_2$. Si $X_1 \xrightarrow{f} Y_1$, $X_2 \xrightarrow{f} Y_2$ et $X_1 \cap X_2 \xrightarrow{f} Y_1 \cap Y_2$ sont simples, alors $f : X \to Y$ est simple.

Un espace simple est un espace X muni d'un type simple lequel est représenté par une équivalence $f : X \to X'$ vers un complexe. On admet que, pour une équivalence simple $g : X' \to X''$ vers un complexe, $gf : X \to X''$ représente le même type simple sur X . Par exemple, $\underline{\underline{X}}$ est un espace simple pour tout polyèdre X . Parallèlement, on définit une triade simple et on remarque que le théorème de somme entraîne sa version pour les triades simples.

2.3. LEMME (de localisation des déformations formelles combinatoires).- Soient $X \hookrightarrow Y \hookleftarrow X'$ des expansions et $U \subset X'$ un ouvert relativement compact. Il existe des sous-complexes Y_1 et X'_1 de Y avec U ouvert dans X'_1 et des inclusions $X \hookrightarrow Y_1 \hookleftarrow X'_1$ qui sont des expansions finies.

Preuve. On vérifie, d'abord, que toute expansion $A \hookrightarrow C$ se décompose en deux $A \overset{i_1}{\hookrightarrow} B \overset{i_2}{\hookrightarrow} C$ où i_1, i_2 sont en "bosses", i.e. pushout d'une somme disjointe d'expansions finies (voir (a)). Il s'ensuit qu'on peut décomposer $X' \hookrightarrow Y$ en expansions $X' \overset{j_1}{\hookrightarrow} Y_2 \overset{j_2}{\hookrightarrow} Y$ de sorte que j_2 soit une expansion finie et que U soit ouvert dans Y_2 (voir (b)). Ensuite, on peut décomposer $X \hookrightarrow Y$ en expansions $X \overset{k_1}{\hookrightarrow} Y_1 \overset{k_2}{\hookrightarrow} Y$ de sorte que k_1 soit une expansion finie et que Y_1 contienne le compact $\bar{U} \cup \mathrm{Adh}_Y(Y - Y_2)$; voir (c). On pose $X_1' = Y_1 \cap Y_2$; voir (d). Alors $X_1' \hookrightarrow Y_1$ est une expansion finie parce que $Y_1 - X_1' = Y - Y_2$, et que $Y_2 \hookrightarrow Y$ en est une. Aussi, U est ouvert dans X_1' car U est ouvert dans Y_2 et $\bar{U} \subset Y_1$.

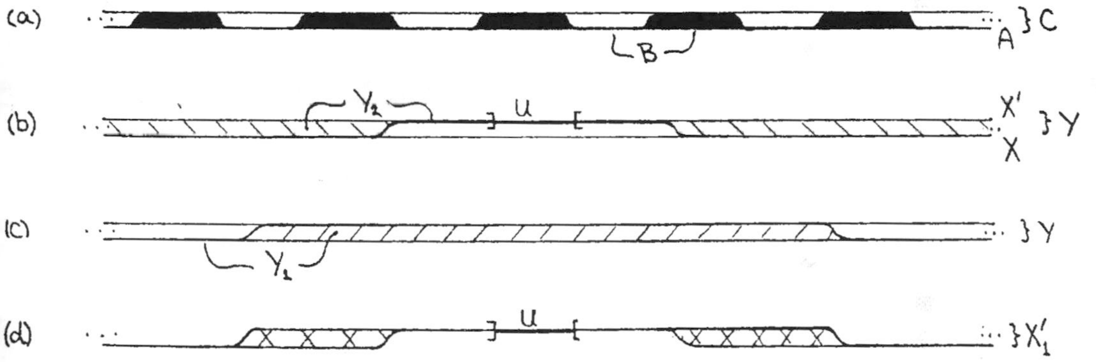

§ 3. Q-variétés (lire l'excellent exposé de CHAPMAN [Ch_1])

Soit M une Q-variété, i.e. un espace dont tout point admet un voisinage ouvert homéomorphe à un ouvert de $Q = [-1,1]^\infty$. Alors, on a les propriétés suivantes :

3.1. STABILITÉ.- $M \times Q \approx M$, par un homéomorphisme homotope à la projection (ANDERSON-SCHORI).

3.2. THÉORÈME DE POINCARÉ.- M compact et contractile entraîne $M \approx Q$ (CHAPMAN).

3.3. DÉNOUEMENT.- Soient f_o , $f_1 : X \to M$ deux plongements dont l'image est un $\underline{Z}$-sous-ensemble de M . [Une Q-variété A fermée dans M est un $\underline{Z}$-sous-ensemble si et seulement si A admet un collier dans M .] Alors, si $f_o \simeq f_1$, il existe une isotopie ambiante F_t de $F_o = \mathrm{id}|M$ (homotopie à travers des homéomorphismes) telle que $f_1 = F_1 f_o$.

3.4. THÉORÈME DE WEST [W].- Soit donnée $f : Q \to M$ et soit $M(f) \supset M$ son cylindre d'application. Il y a alors un homéomorphisme $h : \underline{\underline{M}} \to \underline{\underline{M(f)}}$ homotope à l'inclusion.

D'ailleurs si $f(Q) \subset U$ ouvert $\subset M$, l'homotopie peut fixer $\underline{\underline{M}} - \underline{\underline{U}}$.

La démonstration est délicate. Le résultat est fondamental ; il entraîne les résultats de West cités dans l'introduction par une chasse simple aux définitions ; il est essentiel aux théorèmes de CHAPMAN. Tout CW complexe est simplement équivalent à un complexe simplicial (par approximation simpliciale et reconstruction) ; donc ce théorème de WEST ramène le théorème d'invariance des types simples au cas des complexes simpliciaux.

On utilisera les notations : $I = [-1,1]$, $Q = I^\infty = I_1 \times I_2 \times \ldots = I^n \times Q_n$, $Q_n = I_{n+1} \times I_{n+2} \times \ldots$, $\underline{\underline{X}} = X \times Q$. On admet aussi $B^n \equiv I^n \subset R^n$, $\mathring{B}^n =]-1,1[^n$ et $\lambda B^n = [-\lambda,\lambda]^n$, etc...

§ 4. Scindement homotopique

On considère $\underline{\underline{Y}} = Y \times Q$ où Y est un polyèdre. La locution " stabilisation de Y " indique : remplacement de Y par $Y \times I^n$, pour un entier n convenable, suivi par l'identification naturelle de $(Y \times I^n) \times Q$ avec $Y \times Q = Y \times I^n \times Q_n$ par l'homéomorphisme standard.

P est un bon sous-polyèdre d'un polyèdre Y si P est compact et si

(i) P est de codimension 0 (i.e. sa frontière topologique δP est identique à la frontière de son intérieur),

(ii) $\delta P = 0 \times \delta P$ admet un bicollier $R \times \delta P$ dans Y .
Si $f : Y \to [0,\infty[$ est PL, $f^{-1}([0,\lambda])$ est bon pour presque tout $\lambda \in [0,\infty[$ (viz. sauf pour les sommets quand f est simpliciale).

Par abus du langage de WHITEHEAD, nous appellerons déformation formelle de $\underline{\underline{Y}}$ à support compact dans un ouvert $U \subset \underline{\underline{Y}}$, un homéomorphisme $h : \underline{\underline{Y}} \to \underline{\underline{Y}}'$, où Y' est un polyèdre, tel que, après stabilisation de Y et de Y' , il y ait des bons sous-polyèdres compacts $Y_1 \subset Y$ et $Y_1' \subset Y'$ de compléments fermés notés Y_2 et Y_2' tels que $\underline{\underline{Y}}_1 \subset U$ et

(i) $h(\underline{\underline{Y}}_2) = \underline{\underline{Y}}_2'$ et $\underline{\underline{Y}}_2 \xrightarrow{h} \underline{\underline{Y}}_2'$ soit de la forme (isomorphisme PL) $\times$ id$|Q$,

(ii) $\underline{\underline{Y}}_1 \xrightarrow{h} \underline{\underline{Y}}_1'$ soit une équivalence simple.

On dira aussi que h est strict si aucune stabilisation de Y ou Y' n'est nécessaire et si $\underline{\underline{Y}}_2 \xrightarrow{h} \underline{\underline{Y}}_2'$ est l'identité (donc $Y_2 = Y_2'$).

Soient Y et P des polyèdres, P compact, et soit $h : R \times \underline{\underline{P}} \to \underline{\underline{Y}}$ un plongement ouvert.

4.1. LEMME DE SCINDEMENT HOMOTOPIQUE.- On suppose P connexe avec $\pi_1 P$ libre ou abélien libre. Alors, il existe une déformation formelle $h' : \underline{\underline{Y}} \to \underline{\underline{Y}}'$ de $\underline{\underline{Y}}$ à support compact dans $h(R \times \underline{\underline{P}})$ et un sous-polyèdre compact $P' \subset Y'$ ayant un voisinage bicollier tel que $\underline{\underline{P}}' \hookrightarrow h'h(R \times \underline{\underline{P}})$ soit une équivalence d'homotopie (non-propre).

Ce lemme sert à établir le théorème de la couronne stable (cf. § 5).

La démonstration nécessite trois lemmes dont le premier est une conséquence de 3.4 :

4.2. LEMME DE WEST.- Soient Y un polyèdre et U un ouvert de Y . Soit $Y \hookrightarrow Z$ une équivalence telle qu'il existe un sous-polyèdre compact Z_1 de Z tel que $Z = Y \cup Z_1$, et $U \supset Y_1 \equiv Y \cap Z_1$, et $Y_1 \hookrightarrow Z_1$ est une équivalence simple. Alors, il existe un homéomorphisme $h : \underline{\underline{Y}} \to \underline{\underline{Z}}$ qui est l'identité hors de $\underline{\underline{U}}$. (On dira que $Y \hookrightarrow Z$ est un homéomorphisme simple à support compact dans U .)

4.3. Lemme d'insertion.- Soient Y un polyèdre, W un ouvert de $Y \times Q$ et K un compact de W. Il existe alors $n \in \mathbb{N}$ et un bon sous-polyèdre Y_o de $Y \times I^n$ tel que $K \subset\subset Y_o \times Q_n \subset W$.

Preuve. C'est vrai pour $K = K_1 \cup K_2$ dès que cela est vrai pour K_1 et K_2. Mais c'est trivial pour K un point et on conclut par un raisonnement standard de compacité.

L'âme PL $\widetilde{W}$ d'un ouvert $W \subset Y \times Q$: Grâce au lemme, on peut écrire $W = \bigcup_n A_n$, $A_n \subset\subset A_{n+1}$, $A_n = B_n \times Q_{k(n)}$, avec B_n bon $\subset Y \times I^{k(n)}$ et $k(1) < k(2) < \dots$. On forme $g : W \to [0,\infty[$ telle que

(a) $\forall n$, $\exists g_n : B_n \to [0,\infty[$, PL telle que, sur A_n, g soit $A_n \xrightarrow{\text{proj}} B_n \xrightarrow{g_n} [0,\infty[$,

(b) $g(W - A_n) \subset [k(n+2),\infty[$.

Soit $\varphi_i : W \to [0,\infty[$ (non-propre) égale à 0 sur $g^{-1}([0,i-1])$, égale à 1 sur $g^{-1}([i,\infty[)$ et telle que $\varphi_i(x) = g(x) - (i-1)$ pour $x \in g^{-1}([i-1,i])$. On pose $\widetilde{W} = \widetilde{W}_g = \{(y,q) \in W \subset Y \times Q \,|\, \forall i , |q_i| \leq \varphi_i(y,q)\}$. Alors $\widetilde{W}$ est un polyèdre réunion des sous-polyèdres $\widetilde{W}_k = \widetilde{W} \cap Y \times I^k$. Ce $\widetilde{W}_k$ est un ouvert de $Y_k = \widetilde{W}_k \cup (Y \times I^k - W)$ qui est un polyèdre inclus dans $Y \times I^k$ à complément relativement compact dans W.

4.4. Lemme.- $\widetilde{W} \hookrightarrow W$ est une équivalence et $Y_k \hookrightarrow Y \times I^k$ est une équivalence simple à support compact dans $Y_k \cap W$.

Preuve. On voit en effet une rétraction par déformation naturelle $r : W \to \widetilde{W}$ telle que, pour $x \in \widetilde{W}$, $r^{-1}(x)$ soit un point ou un cube. Ce r induit une rétraction similaire $Y \times I^k \to Y_k$ laquelle est PL. La simplicité résulte d'une récurrence sur les squelettes de $Y \times I^k$.

Démonstration du lemme de scindement homotopique.

Soit $W = h(R \times \underline{P}) \subset \underline{\underline{Y}}$, et soit $\widetilde{W}$ une âme de W. Par composition, on a une équivalence $R \times P \to \widetilde{W}$ qui est simple selon § 2.1. Donc on a des expansions $\widetilde{W} \hookrightarrow E \hookleftarrow R \times P$, et d'après le lemme de localisation § 2.3, il existe des expansions finies $\widetilde{W} \hookrightarrow Z \hookleftarrow \widetilde{W}^*$ où $\widetilde{W}^*$ contient $]-1,1[\times P$ comme ouvert tel que $0 \times P \hookrightarrow \widetilde{W}^*$ soit une équivalence (non-propre).

On choisit un ouvert $Z_0 \subset Z$ relativement compact tel que Z_0 contienne l'adhérence compacte de $(Z - \widetilde{W}) \cup (Z - \widetilde{W}^*) \cup (0 \times P)$. Alors, en posant $\widetilde{W}_0 = \widetilde{W} \cap Z_0$ et $\widetilde{W}^*_0 = \widetilde{W}^* \cap Z_0$, on a des expansions finies $\widetilde{W}_0 \hookrightarrow Z_0 \hookleftarrow \widetilde{W}^*_0$; en effet, on retrouve $\widetilde{W} \hookrightarrow Z \hookleftarrow \widetilde{W}^*$ en rajoutant exactement $\widetilde{W} - \widetilde{W}_0$ à chaque terme. D'autre part, $\widetilde{W}_0$ est relativement compact dans $\widetilde{W}$ et dans W.

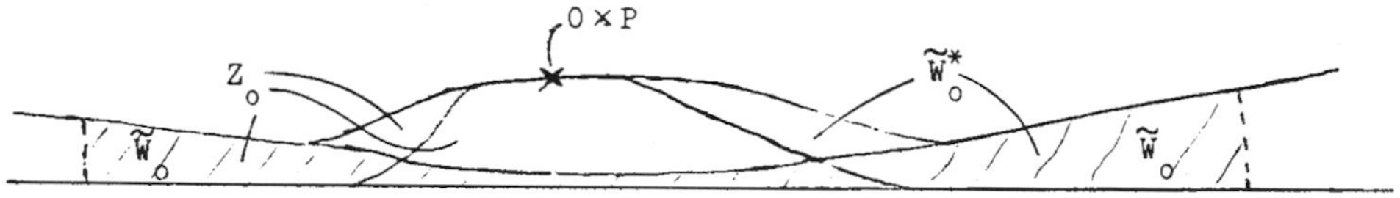

Une double application du lemme 4.2 de WEST donne une déformation formelle stricte $\theta : \underline{\underline{\widetilde{W}}}_0 \to \underline{\underline{\widetilde{W}}}^*_0$. Pour k grand, $\widetilde{W}_0$ étant un ouvert de Y_k, on prolonge θ par l'identité à une déformation formelle stricte $\theta : \underline{\underline{Y}}_k \to \underline{\underline{Y}}^*_k$, à support compact dans $\underline{\underline{\widetilde{W}}}_0$. De même $\theta : \underline{\underline{\widetilde{W}}} \to \underline{\underline{\widetilde{W}}}^*$. De nouveau, selon 4.4 et 4.2, il y a une déformation formelle stricte $\varphi : (Y \times I^k) \times Q \to Y_k \times Q$ telle que, en identifiant Q à Q_k, φ soit à support dans W, et $W \supset \varphi W \supset \underline{\underline{\widetilde{W}}}_0$. En composant, on obtient une déformation formelle $h' : \underline{\underline{Y}} = Y \times I^k \times Q_k \xrightarrow{\varphi} \underline{\underline{Y}}_k \xrightarrow{\theta} \underline{\underline{Y}}^*_k$. On pose $Y' = Y^*_k$ et $P' = 0 \times P \subset \widetilde{W}^*_0 \subset Y^*_k$. Il reste seulement à vérifier que $P' \subset h'W$ et que l'inclusion est une équivalence. Ceci résulte du diagramme commutatif à homotopie près (homotopies non-propres à gauche !) :

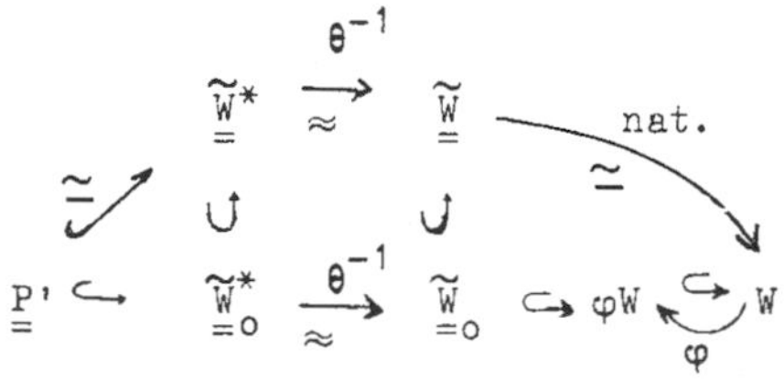

§ 5. *Le théorème de la couronne stable*

5.1. THÉORÈME.- *Soit* $h : \mathbf{R}^n \to \mathbf{Y}$ *un plongement ouvert, où* Y *est un polyèdre. Il existe une déformation formelle* $h' : \mathbf{Y} \to \mathbf{Y}'$ *de* $\mathbf{Y}$ *à support compact dans* $h(\mathbf{R}^n)$ *et un bon polyèdre compact* $B' \subset Y'$, *tel que* $h'h(\mathbf{B}^n) = \mathbf{B}'$. *(En bref, après une déformation formelle de* $\mathbf{Y}$ *à support dans* $h(\mathbf{R}^n)$, *on a un bon* $B' \subset Y$ *tel que* $h\mathbf{B}^n = \mathbf{B}'$.)

Soit T^n un tore, disons $R^n/8Z^n$, et soit $T^n_0 \subset T^n$ le complément de $\frac{1}{2}D$, où λD est le disque $\lambda B^n + (4, 4, \ldots, 4)$.

5.2. LEMME.- *On considère un plongement ouvert* $h_0 : \mathbf{T}^n_0 \to \mathbf{Z}$, Z *étant un polyèdre. Alors, après une déformation formelle de* $\mathbf{Z}$ *à support dans* $h_0(\mathring{\mathbf{B}}^n)$, *il existe un homéomorphisme* $\theta : \mathbf{T}^n \to \mathbf{T}^n$ *homotope à l'identité, et un bon* $B' \subset Z$ *tel que* $h_0\theta^{-1}\mathbf{B}^n = \mathbf{B}' \subset \mathbf{Z}$.

Preuve du lemme. Selon le lemme de scindement, après deux déformations formelles de $\mathbf{Z}$ à supports *disjoints* resp. dans $h_0(\mathring{\mathbf{B}}^n - \frac{1}{2}\mathbf{B}^n)$ et $h_0(\mathring{\mathbf{D}} - \frac{1}{2}\mathbf{D})$, on a des sous-polyèdres P_1 , P_2 à bicollier dans Z , et des inclusions $h_0^{-1}\mathbf{P}_1 \hookrightarrow \mathring{\mathbf{B}}^n - \frac{1}{2}\mathbf{B}^n$ et $h_0^{-1}\mathbf{P}_2 \hookrightarrow \mathring{\mathbf{D}} - \frac{1}{2}\mathbf{D}$, qui sont des équivalences non-propres. Soit B_1 (resp. B_2) la composante connexe fermée dans $\mathbf{T}^n$ du complément de $h_0^{-1}\mathbf{P}_1$ (resp. de $h_0^{-1}\mathbf{P}_2$) qui contient $\frac{1}{2}\mathbf{B}^n$ (resp. $\frac{1}{2}\mathbf{D}$).
Selon 3.2, $B_1 \approx Q \approx B_2$.

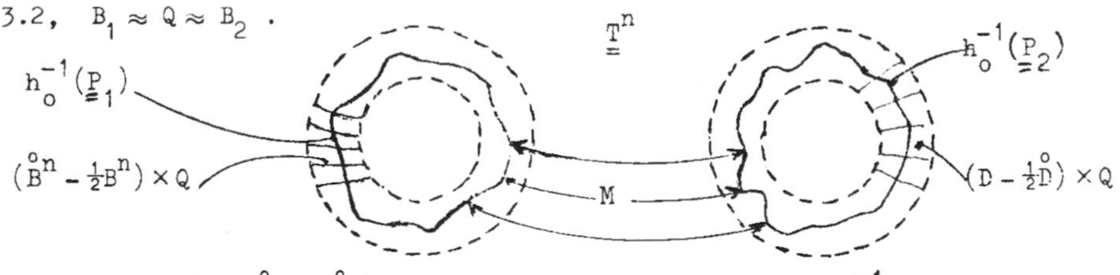

D'ailleurs, $M = \mathbf{T}^n - (\mathring{B}_1 \cup \mathring{B}_2)$ est triangulé, en effet $M = h_0^{-1}\mathbf{K}$, pour un bon $K \subset Z$. Par rétraction, on a une équivalence

$$(M ; \delta B_1 \cup \delta B_2) \to (\mathbf{T}^n - (\mathring{\mathbf{B}}^n \cup \mathring{\mathbf{D}}), \delta\mathbf{B}^n \cup \delta\mathbf{D}) ,$$

simple selon 2.1, que WEST sait déformer à un homéomorphisme θ (à l'aide du dénouement 3.3). On prolonge θ en envoyant B_1 sur $\underline{\underline{B}}^n$ et B_2 sur $\underline{\underline{D}}$ (dénouant encore), pour obtenir l'homéomorphisme voulu $\theta : \underline{\underline{T}}^n \to \underline{\underline{T}}^n$. La déformation formelle voulue est celle à support dans $h_o(\overset{o}{\underline{\underline{B}}}{}^n - \frac{1}{2}\underline{\underline{B}}^n)$, C.Q.F.D.

Le lemme entraîne le théorème par la célèbre méthode d'immersion et de déroulement du tore introduite par KIRBY [K] [KS_1]. [Voici un fil d'Ariane : Démontrer directement le théorème de la couronne en dimension finie par cette méthode, en supposant connu un analogue du lemme. L'homéomorphisme $Q \approx$ cône(Q) sera utile pour remonter en dimension ∞.]

§ 6. Triangulation et invariance ; cas compact

6.1. Triangulation : Une Q-variété est un ANR. Donc toute Q-variété compacte M est dominée par un complexe fini et il est possible d'attacher successivement un nombre fini de cellules $e_1, \dots, e_m$ à M pour former un ANR $M' = M \cup e_1 \cup \dots \cup e_m$ contractile et compact. Selon WEST, $M' \times Q$ est une Q-variété, d'où $M' \times Q \approx Q$ selon CHAPMAN (3.2) donc $M' \times Q$ est trivialement triangulable. Par récurrence, on vérifie que $M \approx M \times Q$ est aussi triangulable. En effet, supposons que $\underline{\underline{M}}_k \equiv (M \cup e_1 \cup \dots \cup e_k) \times Q \xrightarrow[\approx]{h} \underline{\underline{Y}}$ où Y est un polyèdre. On identifie e_k à R^n (n convenable) pour obtenir un plongement ouvert $h : \underline{\underline{R}}^n \to \underline{\underline{Y}}$. Selon le § 5, après une déformation formelle de $\underline{\underline{Y}}$, on a $h(\underline{\underline{B}}^n) = \underline{\underline{B}}'$ pour B' bon $\subset Y$ de complément fermé noté Y_1. Alors $(\underline{\underline{M}}_k - \overset{o}{\underline{\underline{B}}}{}^n) \xrightarrow{h} \underline{\underline{Y}}_1$, et selon WEST, $\underline{\underline{M}}_{k-1} \approx (\underline{\underline{M}}_k - \overset{o}{\underline{\underline{B}}}{}^n)$ ce qui achève la récurrence. En bref, on a poinçonné m fois Q pour trouver une triangulation de M.

Pour le cas non compact on utilisera le

6.2. THÉORÈME DE TRIANGULATION RELATIVE.- Soient M une Q-variété compacte, L un polyèdre compact et $f : \underline{\underline{L}} \to M$ un plongement sur un Z-sous-ensemble de M. Alors, il existe un polyèdre $K \supset L$, et un homéomorphisme $F : \underline{\underline{K}} \to M$ prolongeant f.

Preuve. On a $M = \underline{\underline{L}}_1$ pour un polyèdre L_1 ; soit K le cylindre de l'application naturelle $L \to L_1$ (rendue simpliciale). On déduit F de WEST et d'un dénouement (3.3 et 3.4).

6.3. Invariance. On a $h : \underline{\underline{X}} \to \underline{\underline{Y}}$, un homéomorphisme de polyèdres épaissis (voir fin du § 3). Pour prouver que h est simple, on fait une récurrence sur le nombre k de simplexes de X en commençant trivialement avec $k = 1$. On identifie de manière PL standard un simplexe maximal de X avec R^n, pour n convenable, afin d'obtenir un plongement ouvert $h : \underline{\underline{R}}^n \to \underline{\underline{Y}}$. Selon le § 5, après une déformation formelle de $\underline{\underline{Y}}$, $h(\underline{\underline{B}}^n) = \underline{\underline{B}}'$ où B' est un bon sous-complexe de Y de complément fermé noté Y_2 et h induit une équivalence de triades $(\underline{\underline{X}} ; \underline{\underline{B}}^n , \underline{\underline{X}} - \overset{\circ}{\underline{\underline{B}}}{}^n) \to (\underline{\underline{Y}} ; \underline{\underline{B}}' , \underline{\underline{Y}}_2)$. L'inclusion $X_1 = X - R^n \hookrightarrow X - \overset{\circ}{B}{}^n$ est une expansion de polyèdres qui, selon WEST, est homotope à un homéomorphisme simple $\underline{\underline{X}}_1 \approx \underline{\underline{X}} - \overset{\circ}{\underline{\underline{B}}}{}^n$. Par récurrence, l'homéomorphisme $(\underline{\underline{X}} - \overset{\circ}{\underline{\underline{B}}}{}^n) \to \underline{\underline{Y}}_2$ est donc simple et par le théorème de somme $\underline{\underline{X}} \xrightarrow{h} \underline{\underline{Y}}$ aussi. C.Q.F.D.

§ 7. Triangulation ; cas non-compact

La triangulation de M se fait en trois étapes : (*)

1) Si K_1 et K_2 sont des compacts de M admettant des voisinages ouverts triangulés, resp. $U_i \approx \underline{\underline{X}}_i$, $i = 1, 2$, alors $K_1 \cup K_2$ admet un voisinage triangulé.

Preuve. Notons $\varphi_1 : \underline{\underline{X}}_1 \to U_1$, $\varphi_2 : \underline{\underline{X}}_2 \to U_2$ les homéomorphismes de triangulation. Après stabilisation de X_1, on peut trouver, par insertion (4.3), un bon $Z_1 \subset X_1$, de frontière δZ_1, avec $K_1 \cap K_2 \subset\subset \varphi_1(\underline{\underline{Z}}_1) \subset U_1 \cap U_2$. Ensuite, après stabilisation de X_2, on trouve un bon $Z_2 \subset X_2$ de frontière δZ_2, avec $\varphi_1(\underline{\underline{Z}}_1) \subset\subset \varphi_2(\underline{\underline{Z}}_2) \subset U_1 \cap U_2$. Alors $M_0 = \varphi_2(\underline{\underline{Z}}_2) - \varphi_1(\overset{\circ}{\underline{\underline{Z}}}_1)$ est une Q-variété compacte.

(*) Plus directement, on peut remarquer que la première étape est relative (à K_1), ce qui permet de conclure par une induction sur un recouvrement par des compacts contenus chacun dans une carte.

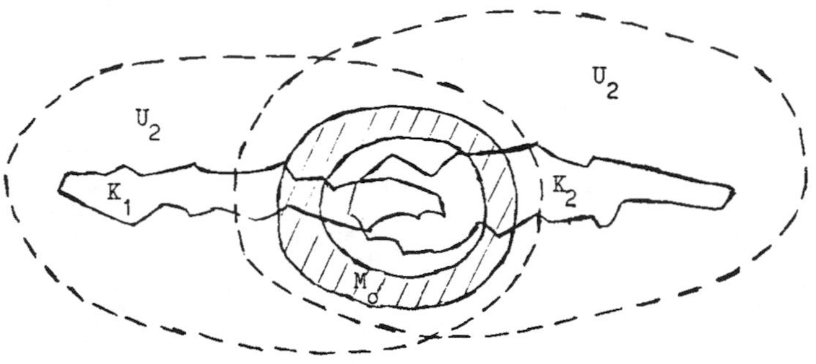

Le théorème de triangulation compacte relative (6.2) procure un polyèdre compact K contenant la somme $L = \delta Z_1 \coprod \delta Z_2$, et un homéomorphisme $\psi : \underline{\underline{K}} \to M_0$ tel que ψ égal φ_1 sur $\delta \underline{\underline{Z}}_1$ et égal φ_2 sur $\delta \underline{\underline{Z}}_2$.
Alors, en posant $X_2' = Z_1 \cup K \cup (X_2 - \mathring{Z}_2)$ (identifiant les deux exemplaires de δZ_1 et de δZ_2), on a une nouvelle triangulation

$$\varphi_2' = (\varphi_1 | \underline{\underline{Z}}_1) \cup \psi \cup (\varphi_2 | \underline{\underline{X}}_2 - \mathring{\underline{\underline{Z}}}_2) : \underline{\underline{X}}_2' \to U_2 .$$

Maintenant, après stabilisation (simultanée) de X_1 et X_2', on peut trouver (par insertion 4.3) de bons sous-polyèdres Y_1 de X_1 et Y_2 de X_2' tels que $\varphi_1(\underline{\underline{Y}}_1)$ et $\varphi_2'(\underline{\underline{Y}}_2)$ soient des voisinages <u>disjoints</u> des compacts $K_1 - \varphi_1(\mathring{\underline{\underline{Z}}}_1)$ et $K_2 - \varphi_1(\mathring{\underline{\underline{Z}}}_1)$. Alors

$$(\varphi_1 \mathring{\underline{\underline{Y}}}_1) \cup (\varphi_1 \mathring{\underline{\underline{Z}}}_1) \cup (\varphi_2' \mathring{\underline{\underline{Y}}}_2)$$

est un voisinage ouvert triangulé de $K_1 \cup K_2$, car $\varphi_1 | \mathring{\underline{\underline{Z}}}_1 = \varphi_2' | \mathring{\underline{\underline{Z}}}_1$; C.Q.F.D.

2) <u>Tout compact de</u> M <u>possède un voisinage triangulé</u> : étant vrai pour un point, c'est une conséquence de 1).

3) <u>Conclusion</u> : d'après 2) et le lemme d'insertion 4.3, on peut écrire M comme une réunion de variétés compactes emboîtées $M_1 \subset\subset M_2 \subset\subset \dots$ telles que la frontière δM_i de M_i admette un bicollier dans M_{i+1}. On conclut alors par le théorème de triangulation relative 6.2.

§ 8. Invariance ; cas non-compact

On choisit des filtrations $X_1 \subset\subset X_2 \subset\subset \ldots$ de X et $Y_1 \subset\subset Y_2 \subset\subset \ldots$ de Y par de bons sous-polyèdres tels que $h\underline{\underline{X}}_1 \subset\subset \underline{\underline{Y}}_1 \subset\subset h\underline{\underline{X}}_2 \subset\subset \underline{\underline{Y}}_2 \subset\subset \ldots$. Soit M l'espace sous-jacent à $\underline{\underline{Y}}$. Grâce au théorème de triangulation relative (cf. triangulation, cas non-compact), on forme un polyèdre Z contenant la somme disjointe des δX_i et δY_i et un homéomorphisme $\theta : \underline{\underline{Z}} \to M$ tel que $\theta = h$ sur $\delta\underline{\underline{X}}_i$ et $\theta =$ identité sur $\delta\underline{\underline{Y}}_i$.

Affirmation. $\theta : \underline{\underline{Z}} \to \underline{\underline{Y}}$ et $h^{-1}\theta : \underline{\underline{Z}} \to \underline{\underline{X}}$ sont des équivalences simples d'espaces simples.

Preuve. Soient $A_i = X_i - \overset{\circ}{X}_{i-1}$, $B_i = Y_i - \overset{\circ}{Y}_{i-1}$ $(X_i = Y_i = \emptyset$ pour $i \leq 0)$. Remarquons ensuite que (par construction) $\theta^{-1}h\underline{\underline{A}}_i = \underline{\underline{A}}'_i$ et $\theta^{-1}\underline{\underline{B}}_i = \underline{\underline{B}}'_i$ pour des sous-polyèdres A'_i et B'_i de Z . Par le théorème d'invariance (cas compact), $\underline{\underline{A}}'_i \xrightarrow{h^{-1}\theta} \underline{\underline{A}}_i$ et $\underline{\underline{B}}'_i \xrightarrow{\theta} \underline{\underline{B}}_i$ sont des équivalences simples. La simplicité de θ et de $h^{-1}\theta$ (et donc de h) découle maintenant de l'astuce classique consistant à regrouper les blocs d'indices pairs et impairs (cf. § 9, cas de dimension infinie) adjointe au théorème de somme 2.2.

§ 9. La démonstration d'invariance de R. D. EDWARDS [E]

S'inspirant des idées d'épaississement et de scindement dans la preuve de CHAPMAN, EDWARDS a trouvé en novembre 1972 une jolie démonstration pour les homéomorphismes de polyèdres.

Cette démonstration a fait surgir pour la première fois la bonne notion topologique de voisinage tubulaire (analogue au " PL prebundle " de KATO = " pseudo-fibré " de MORLET = " block-bundle " de ROURKE et SANDERSON).

J'ai eu le plaisir d'avoir une correspondance avec Edwards dans laquelle nous avons aplani les difficultés techniques.

9.1. THÉORÈME.- Tout homéomorphisme $h : X \to Y$ entre des complexes simpliciaux localement finis (polyèdres) est une équivalence simple.

Edwards utilise

9.2. THÉORÈME (KIRBY et SIEBENMANN [KS_2 , § 4, § 5]).-

(1) Toute variété topologique X (de dimension finie, éventuellement à bord ∂X) est dotée d'un type simple bien défini par la règle suivante :

On plonge X dans une variété PL quelconque W (par exemple R^n) de façon que X ait un fibré normal en disques $D \subset W$ tel que D soit une sous-variété PL de W . L'inclusion $X \hookrightarrow D$ représente le type simple de X .

(2) Si, par ailleurs, X est aussi un complexe simplicial, alors $X \hookrightarrow D$ est une équivalence simple, c'est-à-dire les deux types simples coïncident.

COMPLÉMENTS.- Vu la forme de la règle en (1), on a :

(a) Un homéomorphisme $h : X \to Y$ entre variétés topologiques est une équivalence simple.

(b) Toute inclusion $X_0 \hookrightarrow X$ d'une variété X_0 comme section nulle d'un fibré en disques X sur X_0 est une équivalence simple (car D sera aussi fibré en disques sur X_0 par double projection $D \to X \to X_0$).

(c) Dans tout 9.2, on peut substituer au mot "variété" le mot s-variété.

(X s-variété veut dire que $X \times R^n$ est une variété pour un $n \geq 0$ assez grand. C'est possible puisque $X \times B^{n+1}$ est alors une vraie variété, ce qui nous ramène au cas des variétés.)

Edwards rencontre partout des applications CE.

DÉFINITION (cf. [L], [S_2]).- Une application propre entre deux ANR_s (= rétracts absolus de voisinage) est CE (resp. LC^k) si, pour tout ouvert N_0 de N , la restriction $f^{-1}N_0 \to N_0$ de f est une équivalence ordinaire (resp. induit un isomorphisme $\pi_i(f^{-1}N_0) \to \pi_i(N_0)$ pour $i = 0, 1, \dots, k$). Ailleurs LC^k est noté UV^k ;

et CE vaut "cell-like" ou LC^∞ ou UV^∞. On sait que f est LC^k si $f^{-1}(y)$ est k-connexe pour tout $y \in N$, ceci du moins dans le sens de "shape" de Borsuk.

9.3. THÉORÈME D'APPROXIMATION (SIEBENMANN [S_2, Thm A et 3.10]).- Soit $f : M \to N$ une application CE entre variétés topologiques de dimension ≥ 6 telle que $f(\partial M) \subset \partial N$ et que $\partial M \xrightarrow{f} \partial N$ soit LC^1. Alors f est homotope à un homéomorphisme $f_1 : M \to N$ (et d'ailleurs par une petite homotopie $f_t : M \to N$, $0 \leq t \leq 1$, telle que $f_0 = f$ et que f_t soit un homéomorphisme pour $t > 0$).

Ces deux résultats se démontrent avec les techniques toriques entrevues au § 5, et reposent d'ailleurs, au pire, sur la théorie des anses (essentiellement sur le théorème du s-cobordisme, sous la forme DIFF ou PL au choix du lecteur).

DÉMONSTRATION DE L'INVARIANCE (9.1)

A) Réduction au cas où $\dim X < \infty$

Voici tout d'abord le lemme qui permettra d'apprivoiser l'inhomogénéité de Y.

9.4. LEMME (d'homogénéité le long d'un simplexe).- Soient K un complexe localement fini et $\mathring{\sigma} \in K$ un simplexe (formellement) ouvert. Soit $L = \mathrm{link}(\sigma, K)$. Alors, il y a un voisinage ouvert U de $\mathring{\sigma}$ dans K et un homéomorphisme naturel $h : \mathring{c}L \times \mathring{\sigma} \to U$ tel que $h(v \times \mathring{\sigma}) = \mathring{\sigma}$. Ici $\mathring{c}L = (L \times [0,1[)/L \times 0$ et v est l'image de $L \times 0$ dans le quotient.

Preuve. Si $*$ indique le joint, on a, pour $A_0 \subset A$ quelconque,

$$A * L - A_0 * L = (A - A_0) \times \mathring{c}L .$$

Prendre maintenant $U = \sigma * L - \partial\sigma * L = \mathring{\sigma} \times \mathring{c}L$, C.Q.F.D.

Pour un espace K, on pose $K^{]n} = \{x \in K \mid$ tout voisinage de x est de dimension $> n\}$. C'est un sous-complexe d'après le lemme si K est un complexe, donc un sous-polyèdre si K est un polyèdre. On pose aussi

$K^{n]} = \mathrm{Adh}(K - K^{]n})$; c'est l'adhérence dans K des points x ayant un voisinage de dimension $\leq n$.

On forme ensuite $K^* \subset K \times [0,\infty[$, $K^* = \bigcup_n (K^{n]} - \mathrm{int}\, K^{n-1]}) \times [n\,,n+1]$.
Si K est un polyèdre, K^* est un sous-polyèdre de $K \times [0,\infty[$, car $K^n - \mathrm{int}\, K^{n-1]} = K^{n]} \cap K^{]n-1}$. La projection $K^* \to K$ est une équivalence simple puisque, à homotopie près, elle se factorise en deux expansions

$$K^* \hookrightarrow \bigcup_n (K - \mathrm{int}\, K^{n-1]}) \times [n\,,n+1] \hookleftarrow K \times 0$$

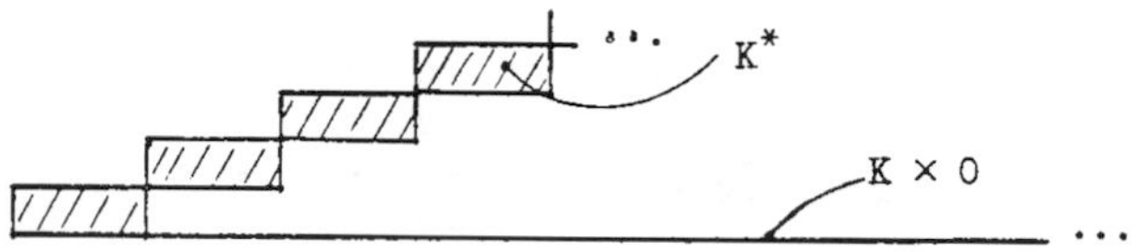

Vu le caractère topologique de ces définitions, $h \times \mathrm{id}_{[0,\infty[}$ induit un homéomorphisme $h^* : X^* \to Y^*$ qu'il suffit maintenant de prouver simple.
Chacun des polyèdres

$$K_P^* = \bigcup_{n \text{ pair}} (K^{n]} - \mathrm{int}\, K^{n-1]}) \times [n\,,n+1]$$

et

$$K_I^* = \bigcup_{n \text{ impair}} (K^{n]} - \mathrm{int}\, K^{n-1]}) \times [n\,,n+1]$$

est une <u>somme disjointe de polyèdres</u> de dimension finie et h^* donne un homéomorphisme

$$h^* : (X^* ; X_P^*, X_I^*) \to (Y^* ; Y_P^*, Y_I^*) .$$

Donc, si l'on suppose l'invariance vérifiée en dimension finie, la simplicité de h^* découle du théorème de somme (§ 2), C.Q.F.D.

B) <u>Cas où</u> $\dim X = n < \infty$

On va raisonner par récurrence sur n , en commençant trivialement par $n = 0$. Soit $X_- = \{x \in X \mid x$ n'a pas de voisinage homéomorphe à $R^n\}$. Par le lemme d'homogénéité, X_- et Y_- sont des sous-polyèdres de dimension $< n$, et $hX_- = Y_-$. Par définition $X - X_-$ et $Y - Y_-$ sont des variétés topologiques de dimension n sans bord. (Personne ne sait si elles sont nécessairement des variétés PL.)

On plonge de façon PL le polyèdre Y dans R^q_+ , q grand, de telle manière que $Y \cap R^{q-1} = Y_-$, où $R^{q-1} = \partial R^q_+$. On fixe ensuite une triangulation (E,E_-) de (R^q_+ , R^{q-1}) telle que Y , Y_- et E_- deviennent des sous-complexes pleins. On imposera plus tard quelques autres conditions sur cette triangulation.

Pour ε dans $]0,1[$, on considère l' ε-voisinage de Y dans E

$$V_\varepsilon = \{x \in E \mid \chi_Y(x) \geq 1 - \varepsilon\}$$

où $\chi_Y(x)$ est le poids total de Y en $x \in E$ donné par des coordonnées barycentriques : $\chi_Y(x) = \Sigma\{v(x) \mid v$ un sommet de $Y\}$. Rappelons que $\Sigma\{v(x) \mid v$ un sommet de $E\} = 1$. V_ε est ce qu'on appelle un voisinage régulier de Y . (Y plein équivaut à $\chi_Y^{-1}(1) = Y$.)

Posant $Y^c = \{\sigma \in E \mid \sigma \cap Y = \emptyset\}$ = (complément simplicial de Y dans E), on remarque que tout x s'écrit $x = \chi_Y(x).y + \chi_{Y^c}(x).z$ avec $y \in Y$, $z \in Y^c$, et que si $\chi_Y(x) \neq 0$ (i.e.. $\chi_{Y^c}(x) \neq 1$), alors $y = y(x)$ est <u>uniquement</u> déterminé par x et en dépend continûment. Donc $r : x \longmapsto y(x)$ est une rétraction $V_\varepsilon \to Y$. On la prolonge en l'unique surjection $r : V_{2\varepsilon} \twoheadrightarrow V_{2\varepsilon}$ $(2\varepsilon < 1)$, qui respecte chaque rayon $[y(x) , z(x)] \cap V_{2\varepsilon}$ et qui applique $[y(x) , z(x)] \cap (V_{2\varepsilon} - \mathring{V}_\varepsilon)$ linéairement. Posons $V^-_\lambda = V_\lambda \cap E_-$, $\lambda \in]0,1[$. Clairement, r induit $r| : V^-_{2\varepsilon} \twoheadrightarrow V^-_{2\varepsilon}$ qui rétracte V^-_ε sur Y_- . Pour tout $y \in Y$, $r^{-1}(y) \subset V_{2\varepsilon}$ est contractile, en effet $r^{-1}(y) = y * L$, pour un sous-complexe fini $L \subset Y^c$.

On forme maintenant $W_\varepsilon = (V^-_{2\varepsilon} \times [-1,0] \coprod V_\varepsilon)/\{(x,0) = x$, pour $x \in V^-_\varepsilon\}$ plongé naturellement dans $R^q = R^{q-1} \times R \supset R^q_+$. On prolonge r sur W_ε par $(r|) \times id_{[-1,0]}$ pour définir

$$r : W_\varepsilon \twoheadrightarrow V^-_{2\varepsilon} \times [-1,0] \cup Y \subset W_\varepsilon .$$

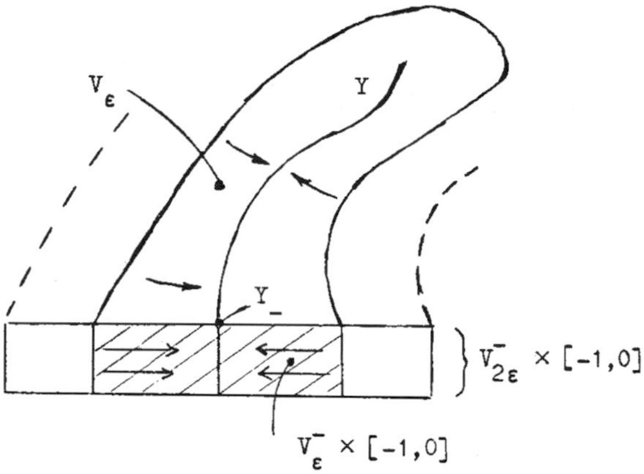

Il est maintenant commode d'épaissir en considérant (pour m grand) le couple $(V,V_-) = B^m \times (V_\varepsilon , V^-_\varepsilon)$, ainsi que $\widetilde{V}_- = (2B^m) \times V^-_{2\varepsilon}$ et

$$W = V \cup \widetilde{V}_- \times [-1,0] \subset (2B^m) \times W_\varepsilon .$$

Si $\theta : 2B^m \twoheadrightarrow 2B^m$ écrase B^m sur 0 , on prolonge r , de $W_\varepsilon = 0 \times W_\varepsilon$ à tout W , comme restriction de $\theta \times r$.

$$\begin{array}{ccc} 2B^m \times W_\varepsilon & \xrightarrow{\theta \times (r|W_\varepsilon)} & 2B^m \times W_\varepsilon \\ \cup & & \cup \\ W & \xrightarrow{r} & \widetilde{V}_- \times [-1,0] \cup Y . \end{array}$$

La situation reste qualitativement inchangée.

$r : W \to \widetilde{V}_- \times [-1,0] \cup Y$ jouit des trois propriétés suivantes :

(i) W <u>est une variété</u> ;

(ii) r <u>est</u> CE ;

(iii) $r|\partial W$ <u>est</u> LC^1 .

<u>Preuve de</u> (i) : W_ε est par construction une s-variété, sa frontière ayant un bicollier δW dans $\mathbb{R}^q$ (δW est visiblement le bord formel de W).

<u>Preuve de</u> (ii) <u>et</u> (iii). Pour $y \in Y$, $r^{-1}(y) \cap (W_\varepsilon , \delta W_\varepsilon) = (cL,L)$;

alors $r^{-1}(x) \cap (W,\partial W) = (c(S^{m-1} * L), S^{m-1} * L)$ avec $cS^{m-1} = B^m$, en vertu de l'identification standard $cA \times cB = c(A * B)$.

Soient X_1 un voisinage régulier de X_- dans X et $X_2 = \overline{X - X_1}$, $X_0 = X_1 \cap X_2$.

On connaît depuis 1961 beaucoup d'exemples (de MILNOR) où X_0 n'est pas simplement équivalent au sous-polyèdre similaire $Y_0 \subset Y$. C'est la première obstruction à trouver une démonstration banale de l'invariance.

Il sera essentiel de modifier r pour avoir, en plus :

(iv) $r^{-1}(Y - Y_-) \xrightarrow{r} Y - Y_-$ est une projection de fibré en disques sur l'image réciproque d'un voisinage de hX_2.

Idée importante d'Edwards : les propriétés (i) - (iii) assurent que cette rétraction CE sur la variété $Y - Y_-$ est l'analogue topologique d'une rétraction de voisinage tubulaire différentiable de MILNOR. Donc, par un théorème (1) d'unicité de voisinages tubulaires topologiques qu'Edwards sait démontrer, la modification de $r : W \to \widetilde{V}_- \times [-1,0] \cup Y$ sur $r^{-1}(Y - Y_-)$ est possible - dès qu'il existe un fibré en disques quelconque normal à $Y - Y_-$ dans W - ce qui est bien le cas pour m grand. Finalement Edwards a su trafiquer r à la main tâche que nous reportons.

L'ensemble $X_0 = X_1 \cap X_2 \subset X$ a un bicollier dans X donné par les coordonnées barycentriques ayant servi à construire X_1, (cf. V_ε) : donc X_0 et X sont des s-variétés et on pourra appliquer 9.2. Ces mêmes coordonnées fournissent une rétraction CE $p : X_1 \to X_-$. Certainement le fibré $W_0 \equiv r^{-1}(h(X_0))$ sur $h(X_0)$ de fibre B^{m+q-n}, qui est assuré par (iv), sera une variété ainsi que $W_2 = r^{-1}(h(X_2))$ et $W_1 = \mathrm{Adh}(W - W_2)$.

(1) (Edwards, 6/1973) Ce théorème inédit permettra une démonstration simplifiée valable aussi pour les CW complexes de dimension finie.

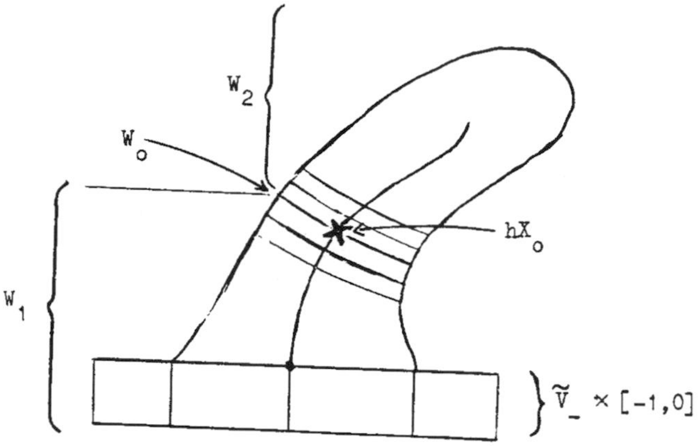

h induit une équivalence de triades munies de types simples $(X ; X_1 , X_2) \xrightarrow{h} (W , W_1 , W_2)$, cf. [KS_2, § 5.3, § 5.10]. On va vérifier que $X_i \xrightarrow{h} W_i$, $i = 0$, 1 , 2 , est une équivalence simple. Alors $X \xrightarrow{h} W$ sera aussi simple d'après le <u>théorème de somme</u> (§ 2), mais alors $Y \subset W$ étant simple (et même une expansion), on saura que $X \xrightarrow{h} Y$ est simple.

Or, $X_0 \xrightarrow{h} W_0$ et $X_2 \xrightarrow{h} W_2$ sont simples selon 9.2. Pour $X_1 \xrightarrow{h} W_1$ on utilise le diagramme commutatif à homotopie près :

$$\begin{array}{ccccc} X_1 & & \xrightarrow{\quad h| \quad} & & W_1 \\ \text{expansion} \uparrow & & & & \uparrow\!\!\downarrow \rho \ \text{CE} \\ X_- & \underset{\text{simple}}{\xrightarrow{h|}} & Y_- & \underset{\text{expan.}}{\hookrightarrow} & \widetilde{V}_- \times [-1,0] \ . \end{array}$$

En bas h est simple par hypothèse de récurrence ; et ρ est la composition de deux rétractions CE :

$$\rho : W_1 \xrightarrow{r} \widetilde{V}_- \times [-1,0] \cup h(X_1) \xrightarrow{\rho'} \widetilde{V}_- \times [-1,0] \ ,$$

où ρ' est la rétraction telle que, pour $x \in hX_1$, $\rho'(x) = h p h^{-1}(x)$. Donc ρ est CE (cf. [L]). De plus

$$(\rho|) : \partial W_1 \xrightarrow{r|} \partial(\widetilde{V}_- \times [-1,0]) \cup h(X_1) \xrightarrow{\rho'|} \partial(\widetilde{V}_- \times [-1,0])$$

est composition de $r|$ qui est LC^1 et $\rho'|$ qui est CE ; donc

$\partial W_1 \to \partial(\widetilde{V}_- \times [-1,0])$ est LC^1 .

Maintenant, selon le théorème d'approximation 9.3, ρ est homotope à un homéomorphisme et donc simple (§ 9.2). On voit donc sur le diagramme que $X_1 \xrightarrow{h} W_1$ est simple, ce qui établit la simplicité de $X \xrightarrow{h} Y$.

Il reste à trafiquer $r : W \to \widetilde{V}_- \times [-1,0] \cup Y$, pour gagner la propriété (iv). Soit (N_1 , Y_1) un voisinage régulier de (R^{q-1}, Y_-) dans (E,Y) tel que $Y_1 \cap hX_2 = \emptyset$ et de frontière (N_0 , Y_0) dans (R^q_+, Y) admettant un voisinage bicollier (respectant Y). Soit (N_2 , Y_2) son complément fermé.

Alors, pour m grand, il existe un fibré en disques ξ normal à (Y_2 , Y_0) dans $B^m \times (N_2 , N_0)$, selon le théorème d'existence stable (relatif) de HIRSCH-MAZUR [H] [KS_2,§ 5], un résultat qui comporte sa version pour les s-variétés. (La platitude locale de (Y_2 , Y_0) dans $B^m \times (N_2 , N_0)$ (KLEE) est une partie de ces raisonnements (voir MILNOR [M, p. 63].)

On impose maintenant à la triangulation E de R^q_+ , qui a défini V_ε , de rendre N_i et Y_i des sous-complexes pleins. Alors $V_\varepsilon \xrightarrow{r} Y$ induit une rétraction CE $V^i_\varepsilon \xrightarrow{r} Y_i$ de voisinages réguliers de Y_i dans N_i . On pose $V_i = B^m \times V^i_\varepsilon$. On impose ensuite à ξ la condition : $E(\xi|Y_2) \subset V_2$ (par une compression radiale). On pose $W^* = \widetilde{V}_- \times [-1,0] \cup V_1 \cup E(\xi|Y_2)$ et on définit une rétraction CE $r^* : W^* \to \widetilde{V}_- \times [-1,0] \cup Y$, par $r^*(x) = r(x)$ pour $x \in \widetilde{V}_- \times [-1,0] \cup V_1$, et par $r^*(x) = rr_0(x)$ pour $x \in E(\xi|Y_2)$, où r_0 est une rétraction CE $E(\xi|Y_2) \to E(\xi|Y_0) \cup Y_2$ que le lecteur aura le plaisir de construire à partir d'un collier $Y_0 \times I$ de Y_0 dans $Y_2 - hX_2$, un isomorphisme $\xi|(Y_0 \times I) = (\xi|Y_0) \times I$, et une fonction de rayon pour ξ , cf. [KS_2, § 4], - selon le diagramme

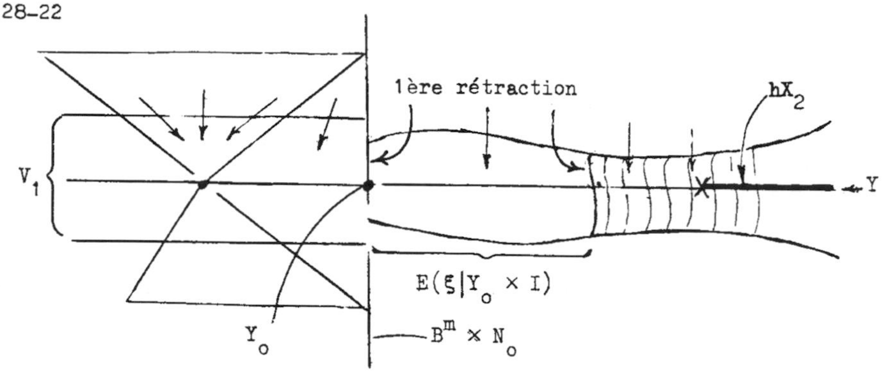

Ce $r^* : W^* \to \widetilde{V}_- \times [-1,0] \cup Y$ possède les propriétés (i) - (iv). D'ailleurs, la simplicité de $Y \subsetneq W^*$ est assurée par 9.2(b)(c) et par le théorème de somme. Donc le raisonnement ci-dessus établit le théorème d'invariance 9.1.

BIBLIOGRAPHIE

[Ch_1] T. A. CHAPMAN - Notes on Hilbert Cube Manifolds, mimeographed, University of Kentucky at Lexington, 1973.

[Ch_2] T. A. CHAPMAN - Surgery and handle straightening in Hilbert cube manifolds, preprint 1972, Pacific J. Math.

[Ch_3] T. A. CHAPMAN - Compact Hilbert cube manifolds and the invariance of Whitehead torsion, preprint 1972, Bull. Amer. Math. Soc.

[Ch_4] T. A. CHAPMAN - Topological invariance of Whitehead torsion, preprint 1972.

[Ch_5] T. A. CHAPMAN - All Hilbert cube manifolds are triangulable, preprint 1972.

[Ch_6] T. A. CHAPMAN - Classification of Hilbert cube manifolds and infinite simple homotopy types, preprint 1972.

[Co] M. COHEN - A Course in Simple-homotopy Theory, Graduate Texts in Math. 10, Springer, 1972.

[E] R. D. EDWARDS - The topological invariance of simple homotopy type for polyedra, manuscrit polycopié, 1972; preprint UCLA, 1973.

[H] M. HIRSCH - On normal microbundles, Topology 5 (1966), 229-240.

[K] R. C. KIRBY - Stable homeomorphisms and the annulus conjecture, Ann. of Math., 89 (1969), 575-582.

[KS_1] R. C. KIRBY and L. C. SIEBENMANN - Triangulation and Hauptvermutung, Bull. Amer. Math. Soc., 75 (1969), 742-749 ; [cf. aussi C. MORLET - Sém. Bourbaki, exposé 362, 1968/69, Lecture Notes in Maths., vol. 179, Springer-Verlag, 1971.]

[KS_2] R. C. KIRBY and L. C. SIEBENMANN - Essays on topological manifolds smoothings and triangulations : III Some basic theorems for topological manifolds, preprint of projected Ann. of Math. Study.

[L] C. LACHER - Cell-like mappings I, Pacific J. Math., 30 (1969), 717-731.

[M] J. W. MILNOR - Microbundles, Part I, Topology, vol. 3 (1964), Supplement 1, 53-80.

[S_1] L. C. SIEBENMANN - Infinite simple homotopy types, Indag. Math. 32 (1970), 479-495, also Koninkl. Niederl. Akad. Wet. Amsterdam, Series A (Math), 73 (1970), 479-595.

[S_2] L. C. SIEBENMANN - Approximating cellular maps by homeomorphisms, Topology, 11 (1972), 271-294.

[W] J. E. WEST - Mapping cylinders of Hilbert cube factors, Gen. Top. and its App., 1 (1971), 111-125.

[Wa] F. WALDHAUSEN - Lecture notes, polycopié, Princeton 1972, (ils décrivent très brièvement son idée).

Séminaire BOURBAKI 429-01

25e année, 1972/73, n° 429 Février 1973

CARACTÈRES DE GROUPES DE CHEVALLEY FINIS

par T. A. SPRINGER

1. Introduction

Dans ce qui suit, k désigne un corps fini à q éléments, de caractéristique p . Soit $\underline{\underline{G}}$ un groupe algébrique linéaire défini sur k . On désigne par G le groupe $\underline{\underline{G}}(k)$ des points k-rationnels de $\underline{\underline{G}}$, c'est un groupe fini. Si $\underline{\underline{G}}$ est en outre réductif et connexe, on dira que G est un groupe de Chevalley. Cette définition n'est pas l'habituelle (de [28], par exemple), qu'on retrouve en prenant $\underline{\underline{G}}$ semi-simple.

Le problème qu'on va discuter est celui de déterminer les caractères des représentations irréductibles complexes de G . Une solution complète de ce problème devrait consister en une paramétrisation des caractères irréductibles de G par des objets dépendant de la structure interne de $\underline{\underline{G}}$, plus un procédé pour trouver la valeur d'un caractère donné dans un élément de G (une "formule de caractères", comme celle de Weyl pour les groupes de Lie compacts). A présent, on est encore loin d'une telle solution complète. On va esquisser ci-dessous un nombre de résultats partiels, plus ou moins récents. On se bornera à des résultats de nature générale. Pour des discussions de cas particuliers voir par exemple [4,D], [8], [12], [15], [16], [27].

2. Construction de caractères

Pour construire des caractères d'un groupe fini on dispose, depuis Frobenius, du procédé d'induction. On va d'abord rappeler quelques résultats connus (voir [13]).

2.1. Induction.

Si E est un ensemble fini, on dénote par $|E|$ le nombre de ses éléments. C(E) est l'espace vectoriel des fonctions à valeurs complexes sur E . On munit

$C(E) \times C(E)$ du produit hermitien

$$\langle f,g\rangle_E = |E|^{-1} \sum_{x \in E} f(x)\,\overline{g(x)} .$$

Si G est un groupe fini, $C(G)$, muni du produit de convolution $f * g$ est une algèbre associative, isomorphe à l'algèbre du groupe G. $I(G) \subset C(G)$ est l'algèbre des fonctions invariantes sur G, c'est-à-dire des $f \in C(G)$ satisfaisant

$$f(xyx^{-1}) = f(x) \qquad (x\,,\, y \in G)\,,$$

c'est le centre de l'algèbre $C(G)$.

Soit H un sous-groupe de G. Si $f \in I(H)$, on dénote par $i_{H \to G} f \in I(G)$ la fonction induite, définie par la formule de Frobenius

$$i_{H \to G} f(x) = |H|^{-1} \sum_{\substack{y \in G \\ yxy^{-1} \in H}} f(yxy^{-1}) .$$

Si f est le caractère d'une représentation de H, alors $i_{H \to G} f$ est le caractère de la représentation induite.

Soit $r_{G \to H}$ l'application de restriction de $C(G)$ à $C(H)$, ou de $I(G)$ à $I(H)$. Alors, on a la formule suivante (<u>dualité de Frobenius</u>)

(1) $$\langle i_{H \to G} f , g\rangle_G = \langle f , r_{G \to H}\, g\rangle_H ,$$

si $f \in I(H)$, $g \in I(G)$.

Soient H et K deux sous-groupes de G. On pose ${}^xK = xKx^{-1}$ etc. Si $f \in I(H)$, $g \in I(K)$, alors

$$\langle r_{H \to H \cap {}^xK}(f) , r_{{}^xK \to H \cap {}^xK}({}^xg)\rangle_{H \cap {}^xK}$$

ne dépend que de la double classe HxK, et on a la <u>formule de Mackey</u>

(2) $$\langle i_{H \to G}(f) , i_{K \to G}(g)\rangle_G = \sum_{H\backslash G/K} \langle r_{H \to H \cap {}^xK}(f), r_{{}^xK \to H \cap {}^xK}({}^xg)\rangle_{H \cap {}^xK} .$$

On appliquera ci-dessous le procédé d'induction dans le cas d'un groupe de Chevalley G, en prenant pour H un sous-groupe "naturel" de G (par exemple un sous-groupe parabolique).

2.2. La méthode de Green.

La proposition suivante, due à J. A. Green [16], donne une méthode de construction de caractères généralisés d'un groupe fini (c'est-à-dire des combinaisons linéaires à coefficients entiers de caractères irréductibles). On dénote par $\bar{k}$ une clôture algébrique du corps k . f sera un homomorphisme injectif du groupe multiplicatif $\bar{k}^*$ dans $\mathbb{C}^*$.

2.3. PROPOSITION.- Soit G un groupe fini, soit $r : G \to GL_n(k)$ une représentation (modulaire) de G . Soient $u_1(x),\ldots,u_n(x)$ les valeurs propres de $r(x)$ dans $\bar{k}^*$. Alors la fonction

$$x \longmapsto \sum_{i=1}^{n} f(u_i(x))$$

est un caractère généralisé de G .

C'est une conséquence facile du théorème de Brauer.

Si G est un groupe de Chevalley, on sait d'après Steinberg (voir [28,§13]) qu'on peut lier la théorie des représentations p-modulaires de G avec la théorie des représentations rationnelles du groupe algébrique $\underline{\underline{G}}$. La proposition précédente donne donc, en principe, un procédé de construction de caractères généralisés de G à partir de la théorie des représentations de $\underline{\underline{G}}$. Jusqu'à présent, ce procédé a seulement été utilisé par Green dans [16] pour la construction de caractères de $GL_n(k)$, mais il devrait être applicable dans d'autres cas.

3. Induction à partir de sous-groupes paraboliques

Dès maintenant G sera un groupe de Chevalley. Soit $\underline{\underline{P}}$ un k-sous-groupe parabolique de $\underline{\underline{G}}$. Soit $\underline{\underline{U}} = R_u\underline{\underline{P}}$ son radical unipotent, soit $\underline{\underline{L}}$ un k-sous-groupe de Levi de $\underline{\underline{P}}$. Alors $\underline{\underline{P}}$ est le produit semi-direct de $\underline{\underline{L}}$ et $\underline{\underline{U}}$. Le sous-groupe P de G détermine $\underline{\underline{P}}$ complètement et on a une décomposition en produit semi-direct $P = LU$. On appellera P sous-groupe parabolique de G , U son radical unipotent etc. (On renvoie à [3] pour les groupes paraboliques et leurs propriétés.)

3.1. Fonctions paraboliques.

On dit que $f \in C(G)$ est une fonction parabolique ("cusp form") si pour tout sous-groupe parabolique propre $P = LU$ de G et pour tout $x \in G$, on a

$$\sum_{y \in U} f(xy) = 0 .$$

Une représentation irréductible r de G est dite parabolique, si ses coefficients matriciels sont des fonctions paraboliques. Il est facile de voir que pour cela il faut et il suffit que le caractère de r soit une fonction parabolique. r est parabolique si et seulement si pour tout sous-groupe parabolique propre $P = LU$, la restriction de r à U ne contient pas la représentation triviale de U.

Les fonctions paraboliques forment un idéal bilatère ${}^{o}C(G)$ dans l'algèbre $C(G)$. On pose ${}^{o}I(G) = I(G) \cap {}^{o}C(G)$.

Il est commode de définir aussi ${}^{o}C(H)$ dans le cas d'un groupe algébrique linéaire $\underline{\underline{H}}$ qui est seulement connexe (et non nécessairement réductif). Soit alors $\underline{\underline{R}}$ le radical unipotent de $\underline{\underline{H}}$. Nous dirons que $f \in C(H)$ est parabolique si

(i) f est invariante à droite par R,

(ii) la fonction sur le groupe de Chevalley H/R définie par f d'après (i) est parabolique.

${}^{o}C(H)$ et ${}^{o}I(H)$ sont définis comme auparavant. On utilisera ceci dans le cas où H est un sous-groupe parabolique d'un groupe de Chevalley.

3.2. Sous-groupes paraboliques associés.

Soient $\underline{\underline{P}} = \underline{\underline{L}}.\underline{\underline{U}}$ et $\underline{\underline{Q}} = \underline{\underline{M}}.\underline{\underline{V}}$ deux k-sous-groupes paraboliques de $\underline{\underline{G}}$. On dit qu'ils sont associés si $\underline{\underline{L}}$ et $\underline{\underline{M}}$ sont conjugués par un élément de G. On constate que la relation "être associé" est une relation d'équivalence sur l'ensemble des k-sous-groupes paraboliques. Nous dirons que les sous-groupes paraboliques P et Q sont associés si $\underline{\underline{P}}$ et $\underline{\underline{Q}}$ le sont.

Le lemme suivant est une conséquence de ce qui se trouve dans [3] (voir aussi [26, n° 2]).

3.3. Lemme.- (i) $\underline{\underline{Q}}_{\underline{\underline{P}}} = (\underline{\underline{P}} \cap \underline{\underline{Q}})\underline{\underline{U}}$ est un k-sous-groupe parabolique de $\underline{\underline{G}}$, son radical unipotent est $(\underline{\underline{P}} \cap \underline{\underline{V}})\underline{\underline{U}}$;

(ii) Tout k-sous-groupe parabolique de $\underline{\underline{P}}$ est un $\underline{\underline{Q}}_{\underline{\underline{P}}}$;

(iii) On a $\underline{\underline{Q}}_{\underline{\underline{P}}} = \underline{\underline{P}}$ et $\underline{\underline{P}}_{\underline{\underline{Q}}} = \underline{\underline{Q}}$ si et seulement si $\underline{\underline{P}}$ et $\underline{\underline{Q}}$ sont associés ;

(iv) On a $P = (P \cap Q)U$ et $Q = (P \cap Q)V$ si et seulement si P et Q sont associés.

De 3.3(iv) on déduit le résultat suivant (voir [26, n° 5]).

3.4. Lemme.- Soient $f \in {}^{o}I(P)$, $g \in {}^{o}I(Q)$. Supposons que P et Q ne soient pas associés. Alors

$$\langle r_{P \to P \cap Q}(f), r_{Q \to P \cap Q}(g) \rangle_{P \cap Q} = 0 .$$

Soit maintenant $\underline{\underline{N}}$ le normalisateur de $\underline{\underline{L}}$ dans $\underline{\underline{G}}$. Soit $\underline{\underline{W}} = \underline{\underline{N}}/\underline{\underline{L}}$, c'est un groupe algébrique fini. W opère sur $C(L)$ et sur ${}^{o}I(P)$. En utilisant 3.4 et la formule de Mackey (2), on obtient la proposition suivante (voir [26, n°5]).

3.5. PROPOSITION.- Soient $f \in {}^{o}I(P)$, $g \in {}^{o}I(Q)$.

(i) Si P et Q ne sont pas associés, on a $\langle i_{P \to G} f, i_{Q \to G} g \rangle_G = 0$;

(ii) Si $\underline{\underline{P}}$ et $\underline{\underline{Q}}$ ont un sous-groupe de Levi $\underline{\underline{L}}$ commun, on a

$$\langle i_{P \to G} f, i_{Q \to G} g \rangle_G = \sum_{w \in W} \langle r_{P \to L} f, r_{Q \to L}(w.g) \rangle_L ;$$

(iii) Si de plus $r_{P \to L} f = r_{Q \to L} g$, alors $i_{P \to G} f = i_{Q \to G} g$.

3.6. COROLLAIRE.- Soit f un caractère irréductible parabolique de P. Alors $\langle i_{P \to G} f, i_{P \to G} f \rangle_G$ égale l'ordre du groupe d'isotropie W_f de f dans W. En particulier, $i_{P \to G} f$ est un caractère irréductible de G si W_f est réduit à l'élément neutre.

On notera que, dans la situation du corollaire, $\langle i_{P \to G} f, i_{P \to G} f \rangle_G$ est la dimension de l'algèbre commutante $A(r)$ de la représentation r de G induite par f. On ne sait pas grand'chose sur la structure de cette algèbre. On conjecture qu'elle est liée à l'algèbre du groupe W, voir [4, p. 108-109].

Un cas particulier sera discuté au n° 4.

3.7. PROPOSITION.- Soit c un caractère irréductible de G. Il existe un sous-groupe parabolique P de G et un caractère irréductible parabolique f de P tel que $\langle c, i_{P \to G} f\rangle_G \neq 0$.

La démonstration (aisée) est donnée dans [26, 4.5].

On déduit de 3.6 et 3.7 (utilisant la formule (1)) que toute représentation irréductible r de G est une composante d'une représentation de G, induite par une représentation irréductible parabolique d'un sous-groupe parabolique P de G. En outre, la classe d'équivalence de P (pour la relation d'être associés) est uniquement déterminée par r.

Ces résultats sont dus à Harish-Chandra [18]. Ils sont analogues aux résultats (beaucoup plus difficiles à établir) qu'il a obtenus dans le cas des groupes de Lie réels et p-adiques.

Dans notre cas, les résultats ci-dessus donnent un principe de classification des représentations irréductibles de G. Malheureusement, si on veut pousser plus loin cette classification, on tombe sur un problème sérieux, à savoir celui de construire les représentations paraboliques de G. Dans le cas réel, le problème analogue est celui de la construction de la série discrète d'un groupe de Lie semi-simple, qui a été résolu par Harish-Chandra dans des travaux profonds.

Dans le cas des groupes finis (et aussi dans celui des groupes p-adiques semi-simples) il paraît qu'on est encore loin de la solution du problème. On discutera quelques résultats partiels au n° 7.

4. Induction à partir d'un groupe de Borel

4.1. On sait que $\underline{\underline{G}}$ possède des sous-groupes de Borel $\underline{\underline{B}}$ qui sont définis sur k (c'est une conséquence d'un théorème de Lang, voir [4, p. 175]). On dira alors que B est un sous-groupe de Borel de G. Deux k-sous-groupes de Borel de $\underline{\underline{G}}$ sont conjugués par un élément de G.

Nous appliquons maintenant le procédé d'induction du n° 3 dans le cas où le groupe parabolique P est un groupe de Borel B. Alors un groupe de Levi de $\underline{\underline{B}}$ est un tore maximal de $\underline{\underline{G}}$ et il est évident d'après les définitions que toute fonction sur B qui est constante sur les classes xU (U le radical unipotent de B) est parabolique. En outre, W est maintenant le groupe de Weyl de $\underline{\underline{G}}$, relatif à k . Soit $\underline{\underline{T}}$ un k-tore maximal de $\underline{\underline{G}}$, contenu dans $\underline{\underline{B}}$. On dénote par $\hat{T}$ le groupe des caractères du groupe abélien fini T ; W opère sur $\hat{T}$. Si $f \in \hat{T}$, soit W_f le groupe d'isotropie de f dans W . Comme $T \simeq B/U$, f définit un caractère (irréductible de degré 1) de B , qu'on dénote aussi par f . C'est un caractère irréductible parabolique de B .

3.6 montre maintenant que $i_{B \to G} f$ est un caractère irréductible de G si $W_f = \{1\}$. Les représentations irréductibles de G obtenues de cette façon sont analogues aux représentations irréductibles de la série principale d'un groupe de Lie semi-simple (et la méthode pour les obtenir est analogue à celle de Bruhat [6] pour les groupes de Lie). Si $W_f \neq \{1\}$, 3.6 montre que $i_{B \to G} f$ n'est pas irréductible, et le problème se pose de décomposer la représentation correspondante en composantes irréductibles. Le cas particulier où f est le caractère trivial a été étudié de manière assez détaillée. On va discuter quelques résultats obtenus dans ce cas.

4.2. <u>L'algèbre de Hecke</u>.

Soit maintenant r la représentation de G induite par la représentation triviale de B . On sait que l'algèbre commutante $A(r)$ de r est isomorphe à l'<u>algèbre de Hecke</u> $H_{\mathbb{C}}(G,B)$ des fonctions f sur G à valeurs complexes, satisfaisant

$$f(bxb') = f(x) \qquad (b\ ,\ b' \in B)\ ,$$

le produit étant le produit de convolution. Soit $H_{\mathbb{Q}}(G,B)$ l'algèbre correspondante, définie à partir du corps des rationnels $\mathbb{Q}$. La structure de $H_{\mathbb{C}}(G,B)$ peut être décrite en termes de générateurs et relations (voir par exemple [5, exercices, p. 55]). On rappellera d'ailleurs les formules plus loin.

Le théorème qui suit (dû à Tits) donne la structure abstraite de $H_{\mathbb{C}}(G,B)$.

4.3. THÉORÈME.- $H_{\mathbb{C}}(G,B)$ <u>est isomorphe à l'algèbre</u> $\mathbb{C}[W]$ <u>du groupe de Weyl</u> W .

La démonstration se trouve aussi dans les exercices de Bourbaki [<u>loc</u>. <u>cit</u>. p. 56]. Malheureusement, elle ne donne pas un isomorphisme explicite des deux algèbres. Pour les applications, il serait très désirable d'avoir un tel isomorphisme explicite.

On peut améliorer 4.3. Avant d'énoncer le résultat, rappelons qu'une représentation $A \to GL_n(\mathbf{C})$ d'un groupe fini A est dite <u>rationnelle</u> si elle est équivalente à une représentation $A \to GL_n(\mathbf{Q})$. Il est clair que la représentation r de G est rationnelle. Un caractère d'un groupe fini est rationnel si ses valeurs sont des entiers rationnels.

4.4. THÉORÈME.- (i) <u>Les composantes irréductibles de</u> r <u>sont rationnelles</u> ;
(ii) <u>Leurs degrés sont donnés par des polynômes en</u> q , <u>à coefficients rationnels et, si le degré est</u> > 1 , <u>sans terme constant.</u>
(iii) $H_{\mathbf{Q}}(G,B)$ <u>est isomorphe à l'algèbre</u> $\mathbf{Q}[W]$ <u>du groupe</u> W . ([1])

[Rappelons que q est le nombre d'éléments du corps k .]

On constate facilement qu'il suffit de démontrer 4.4(i) dans le cas où $\underline{\underline{G}}$ est simple. Alors (i) est démontré par Benson et Curtis [2], avec une exception possible dans le cas où $\underline{\underline{G}}$ est de type E_7 . Le cas exceptionnel a été éliminé par L. Solomon (communication privée). La démonstration de (i), donnée dans [2] est basée sur une discussion des cas individuels. Elle utilise, entre autres, la connaissance explicite de la table des caractères d'un groupe de Weyl de type exceptionnel ... La première assertion de (ii) est aussi démontrée dans [2]. Le dernier point de (ii) résulte alors de [17]. (iii) est une conséquence de (i) et du fait que les représentations irréductibles de W sont rationnelles (dont on va dire quelques mots). Evidemment, (iii) est une amélioration de 4.3.

4.5. <u>Remarques</u>.- (1) Dans [2], on démontre aussi le théorème sur les représentations de W qu'on vient de mentionner. Le fait que les représentations d'un groupe de Weyl de type "classique" (A,B,D) sont rationnelles était connu depuis longtemps (A. Young). Pour les types exceptionnels la première démonstration fut donnée récemment par M. Benard [1]. Ces démonstrations de la rationnalité des représentations sont de nature "expérimentale" (de même pour le résultat plus faible qui dit que les caractères d'un groupe de Weyl sont rationnels). Il serait intéressant d'avoir des démonstrations plus intelligibles pour ces faits. Récemment, I. G. Macdonald a donné un procédé simple pour construire des représenta-

([1]) voir commentaire, page 232

tions irréductibles et rationnelles d'un groupe de Weyl [21], mais ce procédé ne les donne pas toutes.

(2) L'étude des valeurs des caractères irréductibles contenus dans r vient d'être abordée. Curtis et Kilmoyer (indépendamment) ont démontré que si $x \in G$ est un élément régulier d'un k-tore déployé maximal de $\underline{\underline{G}}$, la valeur en x d'un tel caractère c est le degré du caractère du groupe de Weyl W, associé à c d'après 4.3.

(3) Les résultats de 4.4(ii) se sont révélés utiles dans l'étude récente, faite par Curtis, Kantor et Seitz des représentations d'un groupe de Chevalley par un groupe de permutations doublement transitif.

4.6. Représentations de l'algèbre de Hecke.

Pour certaines composantes irréductibles de r les résultats peuvent être poussés un peu plus loin. Pour expliquer les résultats, il faudra d'abord expliciter la structure de $H_{\mathbf{C}}(G,B)$. Soit S l'ensemble générateur de W défini par B (voir [5, p. 22]). Il existe des puissances q_s de q $(s \in S)$ telles que $q_s = q_t$ si s et t sont conjugués dans W et que $H_{\mathbf{C}}(G,B)$ admet une présentation par des générateurs $(e_s)_{s \in S}$, avec les relations

$$(3) \qquad \begin{cases} e_s^2 = q_s.1 + (q_s - 1)e_s , & \\ (e_s e_t)^r = (e_t e_s)^r & \text{si } st \text{ a ordre pair } 2r , \\ (e_s e_t)^r e_s = (e_t e_s)^r e_t & \text{si } st \text{ a ordre impair } 2r+1 \end{cases}$$

(voir [10, p. 84] et [5, p. 55]).

$H_{\mathbf{C}}(G,B)$ étant isomorphe à l'algèbre commutante de r, toute représentation irréductible de $H_{\mathbf{C}}(G,B)$ détermine une composante irréductible de r. En particulier, il correspond à toute représentation a de degré 1 de $H_{\mathbf{C}}(G,B)$ une représentation irréductible de G, contenue dans r avec multiplicité 1. En utilisant (3), il est facile de déterminer les caractères a. La première relation (3) montre qu'on aura $a(e_s) = q_s$ ou $a(e_s) = -1$ et les autres imposent seulement la condition $a(e_s) = a(e_t)$ si st a ordre impair, ce qui implique que si $\underline{\underline{G}}$ est simple il y a deux possibilités pour a si le diagramme de Dynkin de W n'a pas d'arêtes d'ordre > 3 et quatre dans l'autre cas (voir [10, p. 112]).

En particulier, $a(e_s) = q_s$ et $a(e_s) = -1$ $(s \in S)$ définissent des caractères a de $H_{\mathbf{C}}(G,B)$. Au premier correspond la représentation triviale de G (qui est évidemment contenue dans r). Le second donne la "représentation de Steinberg", qui sera discutée au n° 5.

Une autre représentation de l'algèbre de Hecke a été trouvée par Kilmoyer (voir [20], ou [10]). Nous esquissons la construction.

Si s , $t \in S$, on dénote par n_{st} l'ordre de st dans W . Soient c_{st} $(s$, $t \in S)$ des nombres complexes avec les propriétés suivantes

$$\begin{cases} c_{ss} = q_s + 1 \ , & \\ c_{st} = c_{ts} = 0 & \text{si } s \neq t \ , \ n_{st} = 2 \ , \\ c_{st}c_{ts} = q_s + q_t + 2\sqrt{q_s q_t} \cos \dfrac{2\pi}{n_{st}} & \text{si } n_{st} > 2 \ . \end{cases}$$

Soit maintenant V un espace vectoriel sur $\mathbf{C}$ de dimension $\ell = |S|$, avec une base $(x_s)_{s \in S}$. On démontre qu'il existe une forme bilinéaire symétrique B sur $V \times V$ avec les propriétés suivantes : $B(x_s,x_s) \neq 0$ et $(q_s + 1)\, B(x_s,x_t) = c_{st}\, B(x_s,x_t)$ [10, p. 106].

4.7. PROPOSITION.- <u>Il existe une représentation irréductible</u> h <u>de</u> $H_{\mathbf{C}}(G,B)$ <u>dans</u> V <u>telle que</u>

(4) $$h(e_s)v = q_s v - (q_s + 1)B(x_s,x_s)^{-1}B(x_s,v)x_s \ .$$

Pour démontrer que (4) définit une représentation, il faut vérifier que les $h(e_s)$ satisfont aux relations imposées par (3). Il suffit alors de les vérifier si $|S| = 2$, ce qui est fait dans [10, n° 8]. L'irréductibilité est démontrée dans [<u>loc</u>. <u>cit</u>., p. 109].

Dans les formules (3), on peut regarder les q_s comme des indéterminés sur $\mathbf{C}$ (soumis à la condition $q_s = q_t$ si s et t sont conjugués dans W). On obtient alors l' "anneau générique ". Les résultats sur les représentations de l'algèbre de Hecke, mentionnés ci-dessus, sont démontrés dans [10] pour l'anneau générique.

Si on interprète les q_s dans (3) comme des indéterminés, on peut les spécialiser. La spécialisation $q_s \mapsto 1$ de (3) donne l'algèbre $\mathbb{C}[W]$ du groupe W, et la représentation h de 4.7 de l'anneau générique se spécialise en la représentation de $\mathbb{C}[W]$ définie par la représentation naturelle de W.

Kilmoyer a aussi défini des "puissances extérieures" de h (voir [10, p. 108]). Le polynôme **d** donnant le degré de la représentation de G correspondante à h (voir 4.4(ii)) a aussi été déterminé par lui. Les résultats se trouvent dans [10, p. 111]. Si le diagramme de Dynkin de $\underline{\underline{G}}$ est irréductible et n'a pas d'arêtes d'ordre > 3, il se trouve (par une vérification cas par cas) que

$$d(T) = T^{m_1} + T^{m_2} + \ldots + T^{m_\ell} ,$$

où les m_i sont les exposants de W.

5. La représentation de Steinberg

Avec les notations de 4.6, le caractère a de $H_{\mathbb{C}}(G,B)$ avec $a(e_s) = -1$ pour tout $s \in S$, détermine une représentation irréductible st de G, contenue dans r, avec multiplicité 1. C'est la représentation de Steinberg, discutée en détail dans [29]. On donnera ici une autre description de st, due à Solomon-Tits [23], qui utilise l'immeuble de Tits I de G. Dans ce qui suit on a besoin des propriétés géométriques de I, dues à Tits. Malheureusement, elles ne se trouvent pas exposées en détail dans la littérature. La discussion du cas analogue de l'immeuble de Bruhat-Tits d'un groupe algébrique p-adique se trouve dans [7].

5.1. L'immeuble de Tits de G.

On suppose que $\underline{\underline{G}}$ n'est pas un tore. L'immeuble de Tits I de G est un complexe simplicial (plus correctement, I est un complexe polysimplicial comme dans [7, p. 13], à cela près que la structure affine de [7] doit être remplacée par une structure affine "sphérique"). Les simplexes de I sont indexés par les sous-groupes paraboliques de G, soit s_P le simplexe correspondant à P.

s_P est une face de s_Q si et seulement si $Q \subset P$. ℓ étant le k-rang semi-simple de $\underline{\underline{G}}$ (= la dimension d'un k-tore déployé maximal du groupe dérivé de $\underline{\underline{G}}$), les simplexes de dimension maximale sont les s_B , où B est un sous-groupe de Borel, ils ont dimension $\ell - 1$. Il est clair que G opère sur I . Soit $\underline{\underline{T}}$ un k-tore déployé maximal de $\underline{\underline{G}}$, soit

$$A = \bigcup_{\underline{\underline{B}} \supset \underline{\underline{T}}} s_B ,$$

c'est un "appartement" de I . Soit X le groupe des caractères de $\underline{\underline{T}}$, soit $V = X \otimes_{\mathbf{Z}} R$. Le groupe de Weyl $W = N_G(\underline{\underline{T}})/T$ ($N_G(\underline{\underline{T}})$ étant le normalisateur de $\underline{\underline{T}}$ dans G) opère sur V . On fixe une métrique euclidienne $(\mid)$ sur $V \times V$, qui est W-invariante. Alors on peut identifier l'appartement A à la sphère $S = \{x \in V \mid (x|x) = 1\}$. La distance sphérique de la sphère se transporte à A .

5.2. <u>Lemme</u>.- <u>Il existe une distance</u> $d(\, , \,)$ <u>sur</u> $I \times I$ <u>qui est</u> G-<u>invariante et qui induit sur</u> $A \times A$ <u>la distance sphérique</u>.

(Voir [7, 2.5] pour un résultat analogue.)

Une géodésique dans A est un sous-ensemble qui correspond à une ligne géodésique de la sphère S . On démontre que deux points de I sont contenus dans un même appartement A et que les géodésiques qui les joignent dans A ne dépendent pas du choix de A . On a donc une notion de géodésique dans I . Deux points de I sont <u>antipodaux</u> s'il y a plusieurs géodésiques qui les joignent.

5.3. <u>Lemme</u>.- <u>Soit</u> $x \in I$ <u>à l'intérieur d'un simplexe</u> s_B <u>de dimension</u> $\ell - 1$. <u>Si</u> $y \in I$ <u>est antipodal à</u> x , <u>il existe un sous-groupe de Borel</u> B' <u>opposé à</u> B , <u>tel que</u> y <u>est à l'intérieur de</u> $s_{B'}$. <u>Pour tout</u> B' <u>opposé à</u> B , <u>il existe un</u> $y \in s_{B'}$ <u>unique antipodal à</u> x .

(Rappelons que $\underline{\underline{B}}$ et $\underline{\underline{B}}'$ sont opposés si $\underline{\underline{B}} \cap \underline{\underline{B}}'$ est un tore maximal ; nous dirons que B et B' sont opposés si $\underline{\underline{B}}$ et $\underline{\underline{B}}'$ le sont.)

On dénote par $\widetilde{H}^i(I,M)$ les groupes de cohomologie réduits de l'espace (compact) I , à coefficients dans le groupe abélien M . Rappelons que

$\widetilde{H}^i = H^i$ si $i \neq 0$ et que $\widetilde{H}^0 = H^0$ modulo constantes. Soit U le radical unipotent d'un Borel de G, alors $|U|$ est l'ordre d'un p-groupe de Sylow de G.

5.4. THÉORÈME.- On a $\widetilde{H}^i(I,M) = 0$ si $i \neq \ell - 1$ et $\widetilde{H}^{\ell-1}(I,M) \simeq M^{|U|}$.

Soit x comme dans 5.3. Pour chaque B' opposé à B, soit $y(B')$ le point antipodal à x dans B', soit Y la réunion des $y(B')$. D'après le lemme de Bruhat, on a $|Y| = |U|$. Il résulte de 5.3 que $I - Y$ est contractile. Le lemme topologique suivant implique alors le théorème.

5.5. Lemme.- Soit X un complexe simplicial compact connexe, de dimension n. Soit Y un sous-ensemble fini de X tel que $X - Y$ soit contractile.(*). Alors $\widetilde{H}^i(X,M) = 0$ si $i \neq n$ et $\widetilde{H}^n(X,M) \simeq M^{|Y|}$.

5.4 est dû à Solomon-Tits [23]. La démonstration esquissée ici est de Tits. Elle est différente de celle de [23].

Comme G opère sur I, on a une représentation st de G dans $\widetilde{H}^{\ell-1}(I,\mathbf{C})$. Fixons un sous-groupe de Borel B de G. Si P est un sous-groupe parabolique de G, on désignera par $s(P)$ le rang semi-simple de $\underline{\underline{P}}$.

5.6. THÉORÈME.- (i) st est la représentation de Steinberg (c'est-à-dire est comme au début du n° 5) ;

(ii) Le caractère c de st est donné par

$$c = \sum_{P \supset B} (-1)^{s(P)} i_{P \to B}(1) , \tag{5}$$

où la somme est étendue sur les paraboliques P contenant B ;

(iii) Le degré de st est $|U|$.

(iii) résulte de 5.4. (5) en résulte aussi, par un raisonnement facile de caractéristiques d'Euler-Poincaré. On déduit de (5) l'irréductibilité de st : Soit $\underline{\underline{T}} \subset \underline{\underline{B}}$ un k-tore déployé maximal. Soit W le groupe de Weyl correspondant, soit S l'ensemble de générateurs de W défini par B. Si $X \subset S$, on dénote par W_X le sous-groupe de W engendré par X. En utilisant la formule

(*) Supposons que chaque point de Y soit à l'intérieur d'un seul simplexe de dimension maximale n.

de Mackey (2) et des résultats standards sur les systèmes de Tits (voir [5]), on constate que

$$\langle c,c\rangle_G = \sum_{X,Y\subset S} (-1)^{|X|+|Y|} |W_X\backslash W/W_Y| .$$

Or, X et Y étant fixés, on sait que chaque double classe $W_X wW_Y$ contient un élément w_1 unique avec $\ell(xw_1) > \ell(w_1)$, $\ell(w_1 y) > \ell(w_1)$ si $x \in X$, $y \in Y$ (ℓ désignant la longueur dans W par rapport à S), voir [5, ex. 3, p. 37]. Si $w \in W$, posons $X_w = \{x \in S \mid \ell(xw) > \ell(w)\}$, $Y_w = \{y \in S \mid \ell(wy) > \ell(w)\}$. Il s'ensuit que la somme s'écrit

$$\sum_{w\in W} \sum_{\substack{X\subset X_w \\ Y\subset Y_w}} (-1)^{|X|+|Y|} .$$

La somme intérieure est 0 , sauf si w est l'élément de W de longueur maximale. Il s'ensuit que $\langle c,c\rangle_G = 1$, donc st est irréductible.

Un raisonnement analogue démontre que

$$\langle c , i_{B\to G}(1)\rangle_G = 1 ,$$

donc st est contenue dans la représentation r de 4.4, avec multiplicité 1 . D'après 4.3, il correspond à st une représentation de degré 1 de l'algèbre de Hecke. On les a discutées au n° 4.6. Or, étant donnée une telle représentation, on peut déterminer le degré de la représentation correspondante de G (voir [10, th. 4.4, p. 94]). (i) résulte alors de (iii) [loc. cit., p. 114-115].

La formule (5) est due à Curtis [9].

D'après 5.6(iii), le degré de st est égal à l'ordre d'un p-groupe de Sylow de G . Il s'ensuit d'un théorème de Brauer-Nesbitt [11, p. 611] que $c(x) = 0$ si $x \in G$ n'est pas semi-simple. Plus généralement, Steinberg a déterminé dans [29] les valeurs $c(x)$ pour tout $x \in G$, au signe près. Le résultat précis est le suivant. Si $s \in G$ est semi-simple, on dénote par $s(x)$ le k-rang semi-simple de son centralisateur dans $\underline{\underline{G}}$ et par $q^{N(x)}$ l'ordre d'un p-groupe de Sylow du centralisateur de x dans G .

5.7. THÉORÈME.- On suppose $\underline{\underline{G}}$ semi-simple et simplement connexe.

(i) $c(x) = 0$ si x n'est pas semi-simple ;

(ii) Si $x \in G$ est semi-simple, on a $c(x) = (-1)^{\ell + s(x)} q^{N(x)}$.

On vient de remarquer que (i) est vrai. Mais on indiquera une autre méthode de démonstration pour (i), qui servira aussi pour démontrer (ii) (et qui est différente de la méthode de [29]). Soit $x \in G$, soit I_x le complexe simplicial défini comme l'immeuble de Tits I , mais utilisant seulement les groupes paraboliques contenant x . On déduit de (5) que $c(x)$ est, au signe près, la caractéristique d'Euler-Poincaré réduite de I_x , c'est-à-dire

$$c(x) = \pm \sum_{i \geq 0} (-1)^i \dim \widetilde{H}^i(I_x , C) .$$

Or, on démontre que I_x est contractile si x n'est pas semi-simple, ce qui implique (i). J'esquisserai la démonstration si x est unipotent. Alors x est contenu dans un groupe de Borel B , ce qui implique que I_x est un sous-complexe de I , de même dimension. On constate que I_x est un sous-complexe "totalement géodésique" : les géodésiques dans I joignant deux points de I_x dans I sont déjà contenues dans I_x . Alors 5.3 entraîne que I_x est contractile, parce qu'un élément unipotent $\neq 1$ ne peut être contenu dans deux sous-groupes de Borel opposés.

Si x est semi-simple, on démontre que I_x possède des propriétés analogues à celles de I . (ii) résulte alors de l'analogue de 5.4. Comme ci-dessus, on démontre pour x quelconque, que I_x est un sous-complexe de I_{x_s} (où x_s est la partie semi-simple de x), qui est contractile quand x n'est pas semi-simple. Ceci entraîne (i).

5.8. Remarques.- (1) Steinberg a démontré dans [29] que l'existence d'un caractère irréductible de G avec les propriétés de 5.7 entraîne que le nombre d'éléments unipotents de G est $q^{\dim G - r}$ (où r est le rang de $\underline{\underline{G}}$).

(2) Borel et Serre ont construit la "représentation de Steinberg" d'un groupe semi-simple p-adique, avec la méthode de Solomon-Tits, utilisant les immeubles.

6. Modèles de Whittaker

6.1. Soit $\underline{\underline{B}}$ un sous-groupe de Borel de $\underline{\underline{G}}$, avec radical unipotent $\underline{\underline{U}}$. Soit $\underline{\underline{T}}$ un tore k-déployé maximal de $\underline{\underline{B}}$. Soit R le système de racines (relatif à k) de $\underline{\underline{G}}$ par rapport à $\underline{\underline{T}}$. $\underline{\underline{B}}$ détermine un ordre sur R, soit D la base de R définie par l'ordre. Une racine $a \in R$ définit un sous-groupe $\underline{\underline{X}}_a$ de $\underline{\underline{G}}$. $\underline{\underline{U}}$ est engendré par les $\underline{\underline{X}}_a$ avec $a > 0$. De même, U est engendré par les X_a avec $a > 0$. Si $\underline{\underline{G}}$ est semi-simple et k-déployé, alors les $\underline{\underline{X}}_a$ sont des groupes à 1 paramètre, mais ceci n'est pas vrai en général (les possibilités pour les X_a sont discutées dans [28, p. 182]).

Nous dirons qu'un homomorphisme h de U dans $\mathbf{C}^*$ est <u>régulier</u> ou que h est un caractère régulier de U si la restriction $h|X_a$ est triviale si et seulement si $a \notin D$. On aura alors, en particulier, que $h|X_a$ est non-triviale si $a \in D$. Réciproquement, cette propriété implique que h est régulier si U vérifie la condition suivante :

(*) le groupe des commutateurs (U,U) est engendré par les X_a avec $a > 0$, $a \notin D$.

(*) est vérifiée "en général" : par exemple, il résulte de [3, p. 66] que si $\underline{\underline{G}}$ est simple et k-déployé, (*) ne peut être en défaut que si $p = 2$ et $\underline{\underline{G}}$ est de type B_n, C_n, F_4, G_2 ou si $p = 3$ et $\underline{\underline{G}}$ est de type G_2. Si (*) est vérifiée, deux caractères réguliers de U sont conjugués par un élément de T ($\underline{\underline{G}}$ étant adjoint).

6.2. THÉORÈME.- <u>Soit</u> h <u>un caractère régulier de</u> U. <u>La multiplicité dans</u> $i_{U \to G}\, h$ <u>d'un caractère irréductible quelconque de</u> G <u>est</u> ≤ 1.

Ce théorème est démontré dans [28, p. 258-262]. Il fut annoncé par Gelfand-Graev dans [14], où l'on trouvera aussi la démonstration pour $G = SL_n(k)$.

Si une représentation irréductible r de G est contenue dans la représentation induite de caractère $i_{U \to G}\, h$ (donc avec multiplicité 1, d'après 6.2) on dira que r admet un <u>modèle de Whittaker</u>. La terminologie est inspirée par celle de Jacquet-Langlands [19, p. 60], dans le cas du groupe $GL_2(K)$, où K

est un corps localement compact non-discret. Si r possède un modèle de Whittaker, il existe un sous-espace V de $C(G)$ (l'espace des fonctions complexes sur G) tel que $f(xu) = f(x)h(u)$ si $f \in V$, $u \in U$, que V est stable par translations à gauche et que r est équivalente à la représentation de G dans V par translations. 6.2 montre qu'un tel V est unique.

Il n'est pas vrai que toute représentation irréductible possède un modèle de Whittaker (par exemple, la représentation triviale n'en a pas un). Mais on constate dans des cas particuliers que la plupart des représentations de G possèdent un modèle de Whittaker. Le problème de décomposer $i_{U \to G} h$ (h régulier) est donc important, mais n'a été résolu que dans des cas très particuliers (voir [14] pour le cas de $SL_2(k)$, où Gelfand et Graev utilisent les fonctions de Bessel sur un corps fini ; voir [15] pour $G = GL_3(k)$). On donnera maintenant quelques résultats sur la question : Quelles représentations admettent un modèle de Whittaker ?

6.3. PROPOSITION.- <u>On suppose</u> (*) <u>vérifiée. Soit</u> f <u>une représentation irréductible parabolique de</u> G , <u>dont le degré est premier à la caractéristique</u> p <u>de</u> k . <u>Alors</u> f <u>admet un modèle de Whittaker.</u>

U est un p-groupe de Sylow de G . Les degrés des représentations irréductibles de U sont donc des puissances de p . Comme le degré de f est premier à p , la restriction $f|U$ doit contenir une représentation irréductible h de U de degré 1 . Si h n'était pas régulier, il y aurait $a \in D$ telle que $h|X_a = 1$ (ici on utilise (*)). Soit $\underline{\underline{P}}$ le sous-groupe parabolique de $\underline{\underline{G}}$ engendré par $\underline{\underline{B}}$ et les $\underline{\underline{X}}_{-b}$ avec $b \in D$, $b \neq a$, soit $\underline{\underline{V}}$ son radical unipotent. On constate que $h|V = 1$, ce qui implique que la restriction $f|V$ contient le caractère trivial de V , en contradiction avec l'hypothèse que f est parabolique. Donc h est régulier et 6.3 résulte par dualité de Frobenius (formule (1)).

<u>Remarque</u>.- Il n'est pas vrai que toute représentation irréductible parabolique possède un modèle de Whittaker. Il y a un contre-exemple dans $Sp_4(k)$ $(p \neq 2)$, où le degré est $\frac{1}{2} q(q-1)^2$ (voir [4, p. 165]).

6.4. Soit h un caractère régulier de U. Soit $\underline{\underline{P}} = \underline{\underline{M}}.\underline{\underline{V}}$ un sous-groupe parabolique de $\underline{\underline{G}}$ contenant $\underline{\underline{B}}$. On dénote par n un élément du normalisateur de $\underline{\underline{T}}$ dans G qui définit l'élément w_o du groupe de Weyl W qui transforme racines positives en racines négatives. On pose $\underline{\underline{U}}' = \underline{\underline{M}} \cap {}^n\underline{\underline{U}}$. C'est le radical unipotent d'un groupe de Borel de $\underline{\underline{M}}$ (ceci résulte de 3.3(i)). h définit un homomorphisme $h' : U' \to \mathbf{C}$ par $h'({}^n x) = h(x)$ $(x \in U)$. On constate que h' est un caractère régulier de U'.

La proposition suivante est due à F. Rodier. Le cas (plus difficile) des groupes p-adiques semi-simples déployés est traité dans [22].

6.5. PROPOSITION.- <u>Soit</u> h <u>un caractère régulier de</u> U, <u>soit</u> $f \in C(P)$. <u>Alors</u>

$$\langle i_{U \to G}\, h, i_{P \to G}\, f\rangle_G = \langle i_{U' \to M}\, h', r_{P \to M}\, f\rangle_M .$$

La formule de Mackey (2) montre que

$$\langle i_{U \to G}\, h, i_{P \to G}\, f\rangle_G = \sum_{P\backslash G/U} \langle r_{{}^xU \to P\cap {}^xU}({}^xh), r_{P \to P\cap {}^xU}(f)\rangle_{P\cap {}^xU} .$$

Or, $f \in C(P)$ étant constante sur les classes modulo V, on voit que les termes de la somme sont 0, sauf si la restriction de ${}^xh$ à $P \cap {}^xU$ est le caractère trivial.

Soit W' le normalisateur de $\underline{\underline{T}}$ dans M. D'après [5, p. 28], il existe une bijection de $W'\backslash W$ sur $P\backslash G/U$, qui associe à la classe $W'w$ la double classe Pn_wU, n_w étant un représentant de w. Or, la restriction de ${}^{n_w}h$ à $P \cap {}^{n_w}U$ est triviale si et seulement si la condition suivante est vérifiée : si $a \in R$ est telle que le groupe $\underline{\underline{X}}_a$ correspondant est contenu dans $\underline{\underline{P}}$ et que $w^{-1}a > 0$, alors $w^{-1}a \notin D$. Posons $R' = \{a \in R \mid \underline{\underline{X}}_a \subset \underline{\underline{P}}\}$, c'est un sous-système parabolique de R (au sens de [5, p. 160]). $R' \cap (-R')$ est un système de racines dont le groupe de Weyl est W'. La proposition résulte maintenant du lemme suivant.

6.6. <u>Lemme</u>.- <u>Soit</u> $w \in W$ <u>tel que</u> $a \in R'$, $w^{-1}a > 0$ <u>implique</u> $w^{-1}a \notin D$. <u>Alors</u> $W'w$ <u>contient</u> w_o. <u>Réciproquement, les éléments de</u> $W'w_o$ <u>ont cette propriété</u>.

La démonstration du lemme est laissée au lecteur (on trouve un résultat voisin dans [28, p. 257]).

En prenant dans 6.5 pour f le caractère d'une représentation irréductible parabolique g de P, dont la restriction à M admet un modèle de Whittaker, on voit qu'il y a une seule représentation irréductible r de G, telle que r soit une composante irréductible de la représentation induite de caractère $i_{P \to G} f$, avec multiplicité 1. Si $P = B$, $f = 1$, on voit facilement que r est la représentation de Steinberg. Dans le cas général, on aura des représentations de Steinberg généralisées.

7. Utilisation de tores maximaux

7.1. Soit $\underline{\underline{T}}$ un k-tore maximal de $\underline{\underline{G}}$. Soit $N_G(\underline{\underline{T}})$ son normalisateur dans G. Nous posons $W(\underline{\underline{T}}) = N_G(\underline{\underline{T}})/T$. Le groupe $W(\underline{\underline{T}})$ opère sur T et sur le groupe des caractères $\hat{T}$ de T. Un élément $t \in T$ ou un caractère $f \in \hat{T}$ est <u>régulier</u> si son groupe d'isotropie dans $W(\underline{\underline{T}})$ est trivial.

On sait que le nombre d'éléments $|T|$ de T est donné par $f(q)$, où f est un polynôme unitaire de degré $r = \text{rang}\ \underline{\underline{G}}$, à coefficients entiers (ne dépendant pas du corps de base k), voir [4, p. 188]. On en déduit qu'il existe une constante $c > 0$ (indépendante de k) telle que, T_{reg} désignant l'ensemble des éléments réguliers de T,

$$||T_{reg}| - q^r| \leq c q^{r-1} ,$$

ce que nous écrivons

$$|T_{reg}| = q^r + O(q^{r-1}) .$$

Un résultat analogue est valable pour les caractères réguliers [26, n° 6].

Nous dirons que $\underline{\underline{T}}$ est <u>minisotrope</u> si, $\underline{\underline{C}}$ désignant le centre de $\underline{\underline{G}}$, $\underline{\underline{T}}/\underline{\underline{C}}$ est un k-tore anisotrope.

7.2. THÉORÈME.- <u>On suppose que les éléments non-réguliers de</u> T <u>sont contenus dans un sous-groupe de</u> T <u>d'ordre</u> $O(q^{r-1})$.

(i) <u>Il existe</u> $q^r + O(q^{r-1})$ <u>caractères réguliers</u> f <u>de</u> T , <u>auxquels on peut associer un caractère irréductible</u> $c_{\underline{\underline{T}},f}$ <u>de</u> G , <u>le nombre des caractères irréductibles de</u> G <u>ainsi obtenus est</u> $|W(\underline{\underline{T}})|^{-1} q^r + O(q^{r-1})$;

(ii) <u>Si, de plus,</u> $\underline{\underline{T}}$ <u>est minisotrope, alors les</u> $c_{\underline{\underline{T}},f}$, <u>sauf</u> $O(q^{r-1})$ <u>d'entre eux, sont paraboliques</u>.

C'est démontré dans [26, n° 7]. Pour prouver (i), on considère deux caractères réguliers f_1 , f_2 de T et on démontre que si on les prend dans un sous-ensemble convenable de $\hat{T}$, à $q^r + O(q^{r-1})$ éléments, la fonction induite $i_{T \to G}(f_1 - f_2)$ est la différence de deux caractères <u>irréductibles</u> de G (qui seront $c_{\underline{\underline{T}},f_1}$ et $c_{\underline{\underline{T}},f_2}$, au signe près). Le point essentiel pour la démonstration de (ii) est que le nombre de composantes irréductibles d'un caractère $i_{P \to G} f$, où P est parabolique et où f est un caractère irréductible parabolique de P , est borné par un nombre qui ne dépend pas de q (ce qui résulte de 3.6).

<u>Remarques</u>.- (1) Le raisonnement pour démontrer 7.2(i) est analogue à celui qu'on utilise pour construire des "caractères exceptionnels" d'un groupe fini.

(2) Si on fait l'hypothèse suivante sur T (plus forte que celle de 7.2) : l'élément neutre est le seul élément non-régulier de T , alors T est un " T.I.-set " au sens de [13] et on peut appliquer les résultats de [13] pour construire des caractères. Dans ce cas, le résultat est un peu meilleur que celui de 7.2(i) qui est seulement intéressant si q est assez grand.

7.3. <u>Valeurs des</u> $c_{\underline{\underline{T}},f}$.

On a des conjectures assez précises sur les valeurs des $c_{\underline{\underline{T}},f}$. Plus généralement, I. G. Macdonald a conjecturé qu'on peut, si $\underline{\underline{T}}$ est quelconque, associer à un caractère régulier f de T un caractère irréductible $c_{\underline{\underline{T}},f}$ de G avec les propriétés suivantes :

(a) son degré est $|T|^{-1}|U|^{-1}|G|$ (où, comme auparavant, U est un p-groupe de Sylow de G) ;

(b) si $t \in T$ est régulier, alors

$$c_{\underline{\underline{T}},f}(t) = (-1)^{r+s} \sum_{w \in W(\underline{\underline{T}})} f(w.t) ,$$

où r est le rang semi-simple de $\underline{\underline{G}}$, et s le k-rang de $\underline{\underline{T}}$.

(c) si $\underline{\underline{T}}'$ est un k-tore maximal de $\underline{\underline{G}}$ qui n'est pas un k-conjugué de $\underline{\underline{T}}$ et si $t' \in T'$ est régulier, alors $c_{\underline{\underline{T}},f}(t') = 0$.

Autant que je sache, des résultats de ce genre n'ont pas été démontrés.

On remarquera que le degré conjectural de (a) est premier à p . Si $c_{\underline{\underline{T}},f}$ était parabolique, alors 6.3 entraînerait que $c_{\underline{\underline{T}},f}$ aurait un modèle de Whittaker.

Mais les conjectures ci-dessus ne suffisent pas pour déterminer les valeurs $c_{\underline{\underline{T}},f}(x)$ pour $x \in G$ quelconque. Pour cela, on aura probablement besoin de l'algèbre de Lie finie associée à $\underline{\underline{G}}$.

7.4. Utilisation de l'algèbre de Lie.

Faisons l'hypothèse suivante sur $\underline{\underline{G}}$: $\underline{\underline{G}}$ est quasi-simple (ce qui veut dire qu'il est semi-simple et que son système de racines R est irréductible) ou bien $\underline{\underline{G}} = \underline{\underline{GL}}_n$.

Aussi, nous devons restreindre la caractéristique p . On suppose :

(∗∗) si $\underline{\underline{G}}$ est quasi-simple, aucun des coefficients de la plus grande racine de R (pour un ordre fixé) n'est divisible par p et si R est de type A_ℓ alors p ne divise pas $\ell + 1$.

Soit $\mathfrak{g}$ l'algèbre de Lie finie sur k formée par les champs de vecteurs tangents sur $\underline{\underline{G}}$ qui sont k-rationnels et invariants à gauche. G opère sur $\mathfrak{g}$ par la représentation adjointe Ad .

Si (∗∗) est vérifiée, il existe une bijection c de l'ensemble des éléments unipotents de G sur l'ensemble des éléments nilpotents de $\mathfrak{g}$, telle que $c(xux^{-1}) = \mathrm{Ad}(x)\, c(u)$ (voir [24]).

On sait, en outre, que sous l'hypothèse (∗∗), il existe sur $\mathfrak{g} \times \mathfrak{g}$ une forme bilinéaire symétrique $B(\ ,\ )$ non-dégénérée, qui est $Ad(G)$-invariante (voir [4, p. 184]). Nous fixons un caractère non-trivial a du groupe additif de k et nous posons

$$\langle X,Y\rangle = a(B(X,Y)) \qquad (X\ ,\ Y \in \mathfrak{g})\ .$$

Si maintenant $f \in C(\mathfrak{g})$, on définit sa transformation de Fourier $\hat{f}$ par

$$\hat{f}(X) = q^{-\frac{d}{2}} \sum_{Y \in \mathfrak{g}} \langle X,Y\rangle\, f(Y)\ ,$$

où $d = \dim \underline{\underline{G}}$.

Soit $\underline{\underline{T}}$ un k-tore maximal de $\underline{\underline{G}}$, soit $\mathfrak{t}$ la sous-algèbre commutative de $\mathfrak{g}$ qu'il définit. Fixons $A \in \mathfrak{t}$ et soit $\mathcal{O} = Ad(G)A$ son orbite dans $\mathfrak{g}$. Notons $e_{\mathcal{O}}$ la fonction caractéristique de $\mathcal{O}$.

Soit f un caractère régulier de T , soit $c_{\underline{\underline{T}},f}$ un caractère irréductible de 7.2 (ou bien un caractère conjectural de 7.3). Alors on peut conjecturer :

(d) Soit $u \in G$ unipotent. Si q est assez grand, il existe $A \in \mathfrak{t}$ tel que

$$c_{\underline{\underline{T}},f}(u) = q^{-\frac{r}{2}} \widehat{e_{\mathcal{O}}}(c(u))\ .$$

Si $\underline{\underline{G}} = \underline{\underline{GL}}_n$, on peut vérifier qu'il existe des caractères $c_{\underline{\underline{T}},f}$ comme au n° 7.2. Ils vérifient (d) (voir [25]).

COMMENTAIRE

Il paraît que les assertions (i) et (iii) du Théorème 4.4 (page 218) sont trop optimistes. (i) n'est pas vraie en toute généralité et admet quelques exceptions dans les types E_7 et E_8 .

BIBLIOGRAPHIE

[1] M. BENARD - On the Schur indices of characters of the exceptional Weyl groups, Ann. of Math., 94 (1971), 89-107.

[2] C. T. BENSON and C. W. CURTIS - On the degrees and rationality of certain characters of finite Chevalley groups, Trans. Am. Math. Soc., 165 (1972), 251-274.

[3] A. BOREL et J. TITS - Groupes réductifs, Publ. Math., I.H.E.S., n° 27 (1965), 55-151.

[4] A. BOREL et al. - Seminar on Algebraic Groups and Related Finite Groups, Lecture Notes in Math., n° 131, Springer-Verlag (1970).

[5] N. BOURBAKI - Groupes et Algèbres de Lie, chap. 4, 5, 6, Hermann (1968).

[6] F. BRUHAT - Sur les représentations induites des groupes de Lie, Bull. Soc. Math., 84 (1956), 97-205.

[7] F. BRUHAT et J. TITS - Groupes réductifs sur un corps local, Publ. Math., I.H.E.S., n° 41 (1972), 5-252.

[8] B. CHANG and R. REE - The character table of $G_2(q)$, à paraître.

[9] C. W. CURTIS - The Steinberg character of a Finite Group with a (B,N)-pair, J. Alg., 4 (1966), 433-441.

[10] C. W. CURTIS, N. IWAHORI and R. KILMOYER - Hecke algebras and characters of parabolic type of finite groups with (B,N)-pairs, Publ. Math., I.H.E.S., n° 40 (1971), 81-116.

[11] C. W. CURTIS and I. REINER - Representations theory of finite groups and associative algebras, Interscience (1966).

[12] H. ENAMOTO - The characters of Chevalley groups of type (G_2) over finite fields of characteristic 2, à paraître.

[13] W. FEIT - Characters of finite groups, Benjamin (1967).

[14] I. M. GELFAND and M. I. GRAEV - Construction of irreducible representations of simple algebraic groups over a finite field, Sov. Math., 3 (1962), 1646-1649.

[15] S. I. GELFAND - Représentations du groupe linéaire général sur un corps fini (en russe), Mat. Sbornik, 83 (125), (1970), 15-41.

[16] J. A. GREEN - The characters of the finite linear groups, Trans. Am. Math. Soc., 80 (1955), 402-447.

[17] J. A. GREEN - On the Steinberg Characters of Finite Chevalley Groups, Math. Zs., 117 (1970), 272-288.

[18] HARISH-CHANDRA - Eisenstein series over finite fields, dans : Functional Analysis and Related Fields, Springer-Verlag, (1970), 76-88.

[19] H. JACQUET and R. LANGLANDS - Automorphic Forms on GL(2) , Lecture Notes in Math, n° 114, Springer-Verlag, (1970).

[20] R. KILMOYER - Some irreducible complex representations of a finite group with BN pair, Thèse, M. I. T. (1969).

[21] I. G. MACDONALD - Some irreducible representations of Weyl groups, Bull. London Math. Soc., 4(1972), 148-150.

[22] F. RODIER - Modèles de Whittaker des représentations admissibles des groupes réductifs p-adiques déployés, à paraître.

[23] L. SOLOMON - The Steinberg character of a finite group with BN-pair, dans : Theory of Finite Groups, Benjamin (1969), 213-221.

[24] T. A. SPRINGER - The unipotent variety of a semisimple group, dans : Algebraic Geometry (Bombay Colloquium), Oxford Univ. Press (1969), 373-391.

[25] T. A. SPRINGER - Generalization of Green's polynomials, dans : Proc. Symp. Pure Math., n° 21, Am. Math. Soc. (1971), 149-153.

[26] T. A. SPRINGER - The characters of certain finite groups, à paraître dans : Proc. Summer School Group Repr., Budapest, 1971.

[27] B. SRINIVASAN - The characters of the finite symplectic group Sp(4,q) , Trans. Am. Math. Soc., 131 (1968), 488-525.

[28] R. STEINBERG - Lectures on Chevalley Groups, Yale Univ. (1967).

[29] R. STEINBERG - Endomorphisms of linear algebraic groups, Mem. Am. Math. Soc., n° 80 (1968).

COUNTING POINTS ON CURVES OVER FINITE FIELDS

[d'après S. A. STEPANOV]

by Enrico BOMBIERI

I. Let C/k , $k = \mathbb{F}_q$, be a projective non-singular curve of genus g , over a finite field k of characteristic p , with q elements. Let $k_r = \mathbb{F}_{q^r}$ and let $\nu_r(C)$ be the number of k_r-rational points of the curve C . It is well-known that

(1) $$\nu_r(C) = q^r - \sum_1^{2g} \omega_i^r + 1$$

where the ω_i are algebraic integers independent of r , such that

(2) $$\omega_i \, \omega_{2g-i} = q \qquad \text{(functional equation)}$$

(3) $$|\omega_i| = q^{\frac{1}{2}} \qquad \text{(Riemann hypothesis).}$$

Of these results, (1) and (2) are easy consequences of the Riemann-Roch theorem on C , while (3) lies deeper. The first general proof of (3) was obtained by Weil [3], as a consequence of the inequality

(4) $$|\nu_r(C) - (q^r + 1)| \leq 2g\, q^{r/2} .$$

Until recently, all existing proofs of (3) followed Weil's method, either using the Jacobian variety of C or the Riemann-Roch theorem on $C \times C$. In this talk I want to explain a new approach to (3) invented by S. A. Stepanov [2]. Stepanov himself proved (3) in special cases, e. g. if C was a Kummer or on Artin-Schreier covering of $\mathbb{P}^1$, and a proof in the general case has been also obtained by W. Schmidt. The case in which $g = 2$ has been investigated carefully by

Stark [1], who showed that in certain cases (e. g. $q = 13$) one can get bounds for $\nu_r(C)$ slightly better than those obtainable by (4).

Stepanov's idea is quite simple. One looks for a rational function f on C , not identically 0 , such that

(i) f vanishes at every k-rational point of C , of order $\geq m$, except possibly at a fixed set of m_0 rational points of C .

It is now clear that

$$m(\nu_1(C) - m_0) \leq \# \text{ zeros of } f = \# \text{ poles of } f$$

therefore

$$\nu_1(C) \leq m_0 + \frac{1}{m} (\# \text{ poles of } f) .$$

If we are able to construct f with not too many poles, then we may get an useful bound for $\nu_1(C)$, essentially of the same strength as (4).

The construction of f given by Stepanov, and also by Schmidt in the general case, is complicated, and in order to prove that f vanishes of order $\geq m$ they consider derivatives or hyperderivatives of f , of order up to $m - 1$. In the final choice, m is about $q^{\frac{1}{2}}$. The argument I will give here, though based on the same idea, does not use derivations and is extremely simple.

II. As Serre pointed out to me, it is more convenient to give C over the algebraic closure $\bar{k}$ of k , to give a Frobenius morphism

$$\varphi : C \rightarrow C$$

of order q , and ask for

$$\nu_r = \# \text{ fixed points of } \varphi^r .$$

We begin with

THEOREM 1.- Assume $q = p^{\alpha}$, where α is even. Then if $q > (g+1)^4$ we have

(5) $$\nu_1 < q + (2g+1)q^{\frac{1}{2}} + 1 .$$

For the proof, we may assume that φ has a fixed point x_0, otherwise there is nothing to prove. Now define

R_m = vector space of rational functions on $C/\bar{k}$, such that $(f) \geq - m x_0$.

The following facts are either obvious or trivial consequences of the Riemann-Roch theorem on C.

(i) $\dim R_m \leq m+1$

(ii) $\dim R_m \geq m+1-g$,

with equality if $m > 2g-2$

(iii) $\dim R_{m+1} \leq \dim R_m + 1$.

Next, we note that since $\varphi(x_0) = x_0$, we have

(iv) $R_m \circ \varphi \subseteq R_{mq}$,

(v) every element $f \circ \varphi$ of $R_m \circ \varphi$ is a q-th power, and we have

$$(f \circ \varphi) = q\varphi((f)) .$$

If A, B are vector subspaces of R_m, R_n we denote by AB the vector subspace of R_{m+n} generated by elements fh, $f \in A$, $h \in B$; also we denote by $R_\ell^{(p^\mu)}$ the subspace of $R_{\ell p^\mu}$ consisting of functions f^{p^μ}, $f \in R_\ell$. Note that

(vi) $$\dim R_\ell^{(p^\mu)} = \dim R_\ell , \qquad \dim R_m \circ \varphi = \dim R_m .$$

The following simple result is the key lemma in the proof.

Lemma.- If $\ell p^\mu < q$, the natural homomorphism

$$R_\ell^{(p^\mu)} \otimes_{\bar{k}} (R_m \circ \varphi) \to R_\ell^{(p^\mu)}(R_m \circ \varphi)$$

<u>is an isomorphism</u>.

COROLLARY.- <u>If</u> $\ell p^{\mu} < q$ <u>then</u>

(6) $$\dim R_{\ell}^{(p^{\mu})}(R_m \circ \varphi) = (\dim R_{\ell})(\dim R_m) .$$

<u>Proof of Corollary</u>. Obvious from (vi).

<u>Proof of Lemma</u>. Let ord f denote the order of a function f at x_o , so that

$$\text{ord } f \geq -m \qquad \text{for } f \in R_m .$$

By (iii), there is a basis $s_1, s_2, \ldots, s_r$ of R_m such that

$$\text{ord } s_i < \text{ord } s_{i+1} \qquad \text{for } i = 1, 2, \ldots, r-1 .$$

Now in order to prove the Lemma we have to show that if $\sigma_i \in R_{\ell}$ and if

$$\sum_{i=1}^{r} \sigma_i^{p^{\mu}}(s_i \circ \varphi) \equiv 0$$

then the σ_i are also identically 0 . But assume

$$\sum_{i=\rho}^{r} \sigma_i^{p^{\mu}}(s_i \circ \varphi) \equiv 0 , \qquad \sigma_{\rho} \not\equiv 0 .$$

We find

$$\begin{aligned} \text{ord}(\sigma_{\rho}^{p^{\mu}}(s_{\rho} \circ \varphi)) &= \text{ord}(-\sum_{\rho+1}^{r} \sigma_i^{p^{\mu}}(s_i \circ \varphi)) \\ &\geq \min_{i>\rho} \text{ord}(\sigma_i^{p^{\mu}}(s_i \circ \varphi)) \\ &\geq -\ell p^{\mu} + q \ \text{ord } s_{\rho+1} \end{aligned}$$

because $\text{ord}(\sigma_i^{p^{\mu}}) = p^{\mu} \text{ ord}(\sigma_i) \geq -\ell p^{\mu}$ and $\text{ord}(s_i \circ \varphi) = q \cdot \text{ord}(s_i)$, while $\text{ord}(s_i)$ is strictly increasing with i , by our choice of the basis of R_m .

Hence

$$\begin{aligned} p^{\mu} \text{ ord } \sigma_{\rho} &\geq -\ell p^{\mu} + q \ (\text{ord } s_{\rho+1} - \text{ord } s_{\rho}) \\ &\geq -\ell p^{\mu} + q > 0 \end{aligned}$$

and σ_ρ vanishes at x_0 . But $\sigma_\rho \in R_\ell$, hence σ_ρ has no poles outside x_0 . Hence σ_ρ has no poles and at least one zero, hence $\sigma_\rho \equiv 0$, a contradiction.

Q.E.D.

Proof of Theorem 1. Assume $\ell p^\mu < q$. By the lemma, the map

$$\Sigma\, \sigma_i^{p^\mu}(s_i \circ \varphi) \mapsto \Sigma\, \sigma_i^{p^\mu} s_i$$

is well-defined and gives a homomorphism

$$\delta : R_\ell^{(p^\mu)}(R_m \circ \varphi) \to R_\ell^{(p^\mu)} R_m \subseteq R_{\ell p^\mu + m} .$$

By the Corollary of the lemma and by the Riemann-Roch theorem we have

$$\begin{aligned} \dim \ker(\delta) &\geq (\dim R_\ell)(\dim R_m) - \dim R_{\ell p^\mu + m} \\ &\geq (\ell + 1 - g)(m + 1 - g) - (\ell p^\mu + m + 1 - g) \end{aligned}$$

if $\ell , m \geq g$.

Every element $f \in \ker(\delta)$ vanishes of order $\geq p^\mu$ at every fixed point of φ , except possibly at x_0 . In fact, if

$$f = \Sigma\, \sigma_i^{p^\mu}(s_i \circ \varphi) \not\equiv 0$$

we have

$$\begin{aligned} f(x) &= \Sigma\, \sigma_i^{p^\mu}(x)\, s_i(\varphi(x)) \\ &= \Sigma\, \sigma_i^{p^\mu}(x)\, s_i(x) \\ &= (\delta f)(x) = 0 , \end{aligned}$$

hence f vanishes at every fixed point of φ , except at x_0 . But since every element in $R_\ell^{(p^\mu)}(R_m \circ \varphi)$ is a p^μ-th power, f is a p^μ-th power.

We conclude that f has at least

$$p^\mu(\nu_1 - 1) \text{ zeros.}$$

But $f \in R_\ell^{(p^\mu)}(R_m \circ \varphi) \subseteq R_{\ell p^\mu + mq}$, hence f has at most

$$\ell p^{\mu} + mq \quad \text{poles.}$$

We conclude that if

$$\ell p^{\mu} < q \quad , \quad \ell\ , m \geq g \quad , \quad \dim \ker(\delta) > 0 \ ,$$

i.e. if

$$(\ell + 1 - g)(m + 1 - g) > \ell p^{\mu} + m + 1 - g$$

then

(7) $$\nu_1 \leq \ell + mq/p^{\mu} + 1 \ .$$

If $q = p^{\alpha}$, α even , $q > (g+1)^4$ we may choose

$$\mu = \alpha/2 \quad , \quad m = p^{\mu} + 2g \quad , \quad \ell = [\frac{g}{g+1} p^{\mu}] + g + 1$$

and we get the conclusion of Theorem 1.

Q.E.D.

III. The argument given before does not give a lower bound for ν_1 , while this is needed if we want to deduce the Riemann hypothesis (3). For example, if

$$\nu_r = q^r - \omega_1^r - \omega_2^r + 1$$

and $\omega_1 = q$, $\omega_2 = 1$ then (2) is verified, ν_r is always 0 but (3) is false.

For the Riemann hypothesis, we note that we may assume that q is an even power of p , by making a base field extension for C . Also, by a well-known approximation argument, it is sufficient to prove

$$\nu_1 = q + O(q^{\frac{1}{2}}) \ .$$

To prove this, we argue as follows.

The function field $\bar{k}(C)$ of the curve $C/\bar{k}$ contains a purely transcendental subfield $\bar{k}(t)$ such that $\bar{k}(C)$ is a separable extension of $\bar{k}(t)$. Hence there is a normal extension of $\bar{k}(t)$ which is also normal over $\bar{k}(C)$; geometrically, we have a situation

$$C' \rightarrow C \rightarrow \mathbb{P}^1$$

where $C' \to \mathbb{P}^1$ is Galois, with Galois group G, and $C' \to C$ is also a Galois covering, corresponding to a subgroup H of G. We may assume that G acts on C' over k, by making a finite base field extension. If x is a point of $\mathbb{P}^1$ rational over k and unramified in $C' \to \mathbb{P}^1$, and if y is a point of C' lying over x, we have

$$\varphi(y) = \eta . y$$

for some $\eta \in G$, called the Frobenius substitution of G at the point y. Let $\nu_1(C', \eta)$ be the number of such points of C' with Frobenius substitution η. Arguing as before, but using

$$\delta_\eta : R_\ell^{(p^\mu)}(R_m \circ \varphi) \to R_\ell^{(p^\mu)}(R_m \circ \eta)$$

instead of δ, we obtain easily

(8) $$\nu_1(C',\eta) \leq q + (2g' + 1)q^{\frac{1}{2}} + 1 ,$$

where g' = genus of C'. On the other hand

(9) $$\sum_{\eta \in G} \nu_1(C',\eta) = |G|\nu_1(\mathbb{P}^1) + O(1)$$

(the $O(1)$ takes care of the branch points of $C' \to \mathbb{P}^1$). Since

$$\nu_1(\mathbb{P}^1) = q + 1 ,$$

comparison of (8) and (9) gives

(10) $$\nu_1(C',\eta) = q + O(q^{\frac{1}{2}})$$

for every $\eta \in G$. We have also

$$\sum_{\eta \in H} \nu_1(C',\eta) = |H|\nu_1(C) + O(1)$$

whence by (10) we get

$$\nu_1(C) = q + O(q^{\frac{1}{2}}) ,$$

Q.E.D.

REFERENCES

[1] H. STARK - On the Riemann hypothesis in hyperelliptic function fields, to appear.

[2] S. A. STEPANOV - On the number of points of a hyperelliptic curve over a finite prime field, Izv. Akad. Nauk SSSR, Ser. Mat. 33 (1969) 1103-1114.

[3] A. WEIL - Sur les courbes algébriques et les variétés qui s'en déduisent, Hermann (Paris), 1948.

Séminaire BOURBAKI 431-01
25e année, 1972/73, n° 431 Juin 1973

INÉGALITÉS DE CORRÉLATION EN MÉCANIQUE STATISTIQUE

par Pierre CARTIER (*)

INTRODUCTION

Les phénomènes de transition de phase : ébullition de l'eau, fusion de la glace, magnétisation des substances ferromagnétiques, sont familiers à chacun, et tous les cours de physique en contiennent une description plus ou moins approfondie. Cependant, on est très loin de pouvoir les expliquer par les principes généraux de la théorie atomique et de la mécanique statistique.

Le modèle le plus étudié a été le modèle d'Ising plan, donnant une image très grossière d'un aimant plan, ou de certains types d'alliages. On a pu prouver dans ce cas l'existence de transitions de phase, et l'on a même une idée assez précise du mécanisme probabiliste de ces transitions de phase.

Un nouveau courant de recherches s'est développé depuis les premiers travaux de Griffiths sur les inégalités de corrélation (1967). Pour la première fois, on commence à pouvoir prouver dans des cas assez généraux des théorèmes expliquant l'allure qualitative des courbes de magnétisation, par exemple. De plus, les inégalités de corrélation ont permis de gros progrès dans le difficile problème du passage à la limite thermodynamique, c'est-à-dire la description probabiliste des systèmes à une infinité de particules.

(*) Texte révisé en décembre 1973.

Cet exposé comprend deux parties. Dans la première, nous décrivons à grands traits le modèle d'Ising plan, nous formulons les inégalités de corrélation et montrons comment ces inégalités permettent d'expliquer le comportement qualitatif des phénomènes de magnétisation. La seconde partie contient la démonstration de trois inégalités qui entraînent les inégalités de corrélation utilisées dans la première partie.

§ 1. Le modèle d'Ising en Mécanique Statistique.

1. Rappelons pour commencer les principes généraux de la Mécanique Statistique. Notons J la constante de Joule (équivalent mécanique de la chaleur) et k la constante de Boltzmann. Si un système thermodynamique passe d'une configuration S_1 à une configuration S_2, l'accroissement d'entropie est $(k/J).\log P_1/P_2$, où P_j est la probabilité de la configuration S_j (loi de Boltzmann). En particulier, si la transformation thermodynamique se fait à température constante T, l'accroissement d'entropie est égal à $(E_2 - E_1)/JT$, la différence entre l'énergie interne finale E_2 et l'énergie interne initiale E_1 correspondant à la quantité de chaleur reçue. On est donc conduit avec Gibbs à postuler que la probabilité d'une configuration d'énergie E est proportionnelle à $e^{-E/kT}$.

Précisons le postulat de Gibbs dans le cas particulier d'un système mécanique hamiltonien à un nombre fini n de degrés de liberté. L'espace de configuration est une variété différentiable M de dimension n, l'espace des phases X est le fibré cotangent T^*M de M. Il existe sur X une forme différentielle α de degré 1, caractérisée par la propriété suivante : si β est une forme différen-

tielle de degré 1 sur M , correspondant à la section s du fibré X de base M , alors β est l'image réciproque de α par s . Posons $\omega = d\alpha$ et notons v la puissance extérieure d'ordre n de ω .
La quantité physique "énergie" correspond à une fonction H sur X , l'hamiltonien du système. Il existe un unique champ de vecteurs ξ sur X tel que $i(\xi)\omega = -dH$, et les évolutions possibles du système au cours du temps correspondent aux courbes intégrales du champ de vecteurs ξ .

La fonction de partition de Gibbs est définie par $Z = \int_X e^{-H/kT} v$. Si cette intégrale est finie pour toute valeur T de la température (ce qui est presque toujours le cas), on définit la mesure de Gibbs μ sur X par $d\mu = Z^{-1} e^{-H/kT} v$; c'est une mesure de probabilité sur X , et la moyenne thermique d'une fonction F sur X est donnée par la formule

$$\text{(1)} \qquad \langle F \rangle = Z^{-1} \int_X F.e^{-H/kT} v \quad .$$

Toutes les quantités thermodynamiques : entropie, pression, potentiel chimique,... sont définies à partir de telles moyennes selon des règles universelles.

2. Un des modèles les plus étudiés en Mécanique Statistique est le modèle d'Ising, dont nous décrirons la version plane, et qui fournit une description simplifiée des phénomènes de ferromagnétisme. Choisissons une origine dans le plan, et notons L un réseau carré, c'est-à-dire l'ensemble des combinaisons linéaires à coefficients entiers de deux vecteurs orthogonaux $\vec{a}$ et $\vec{b}$ de même longueur ; on prendra cette longueur comme unité. On suppose qu'en chacun des points x du réseau L (appelés "sites") se trouve un atome, dont le spin mesuré

dans une direction donnée ne prend que deux valeurs 1 et -1 . Ce spin crée un moment magnétique atomique, et l'on ne tient compte que des interactions entre les moments magnétiques de deux atomes situés à la distance 1 .

Soit Λ une partie finie de L ; dans un champ magnétique extérieur B , l'énergie de la partie Λ du système est de la forme

(2) $$H_\Lambda = - B.\sum_{x\in\Lambda} \sigma_x - \frac{J}{2} \sum_{x,y} \sigma_x \sigma_y .$$

On a noté σ_x le spin au site x et la somme double est étendue aux couples $\vec{x}$, $\vec{y}$ tels que $\vec{x}-\vec{y}$ soit de longueur 1 ; la constante J est supposée >0 . Une configuration du système dans Λ est une fonction qui associe à chaque site dans Λ une valeur 1 ou -1 du spin. L'ensemble de ces configurations sera noté Ω_Λ ; il a $2^{|\Lambda|}$ éléments, si l'on note $|\Lambda|$ le nombre d'éléments de Λ . Si R est une configuration et x un site, on note $\sigma_x(R)$ la valeur du spin en x dans la configuration R ; autrement dit, σ_x est interprété comme une fonction sur Ω_Λ, et il en est de même de l'hamiltonien H_Λ d'après (2). Enfin, pour toute partie A de Λ , on pose $\sigma_A = \prod_{x\in A} \sigma_x$.

Si T est la température et si $\beta = 1/kT$, la fonction de partition de Gibbs est donnée par $Z = \sum_{R\in\Omega_\Lambda} e^{-\beta H_\Lambda(R)}$, et la probabilité de se trouver dans la configuration R est égale à $Z^{-1}e^{-\beta H_\Lambda(R)}$. La moyenne thermique d'une quantité physique correspondant à la fonction F sur Ω_Λ est donc donnée par la formule

(3) $$< F >_\Lambda = Z^{-1} \sum_{R\in\Omega_\Lambda} F(R).e^{-\beta H_\Lambda(R)} .$$

3. Venons-en aux <u>inégalités de corrélation</u> pour le modèle d'Ising ; elles ont été démontrées en 1967 et 1968 par Griffiths, Kelly et

Sherman et sont habituellement désignées par le sigle GKS . Pour toute partie A de Λ , posons $\sigma_A^* = \sigma_A - \langle\sigma_A\rangle_\Lambda$ et notons $\langle\sigma_{A_1}\ldots\sigma_{A_p}\rangle_\Lambda^t$ la valeur moyenne du produit $\sigma_{A_1}^*\ldots\sigma_{A_p}^*$ (valeurs moyennes tronquées. On a évidemment $\langle\sigma_A\rangle_\Lambda^t = 0$; pour $p=2,3$, on obtient les cas particuliers (*)

$$\langle\sigma_A\sigma_B\rangle_\Lambda^t = \langle\sigma_A\sigma_B\rangle_\Lambda - \langle\sigma_A\rangle_\Lambda\langle\sigma_B\rangle_\Lambda \tag{4}$$

$$\begin{aligned}\langle\sigma_A\sigma_B\sigma_C\rangle_\Lambda^t = {} & \langle\sigma_A\sigma_B\sigma_C\rangle_\Lambda + 2\langle\sigma_A\rangle_\Lambda\langle\sigma_B\rangle_\Lambda\langle\sigma_C\rangle_\Lambda \\ & - \langle\sigma_A\rangle_\Lambda\langle\sigma_B\sigma_C\rangle_\Lambda - \langle\sigma_B\rangle_\Lambda\langle\sigma_A\sigma_C\rangle_\Lambda - \langle\sigma_C\rangle_\Lambda\langle\sigma_A\sigma_B\rangle_\Lambda .\end{aligned} \tag{5}$$

Les inégalités GKS sont valables dans le cas plus général où l'hamiltonien est de la forme

$$H_\Lambda = -\sum_{A\subset\Lambda} J_A\,\sigma_A \qquad (J_A \geq 0 \text{ pour toute partie } A \text{ de } \Lambda\text{ }), \tag{6}$$

la valeur moyenne étant toujours définie par la formule (3) . On a alors

$$\langle\sigma_A\rangle_\Lambda \geq 0 \tag{7}$$

$$\langle\sigma_A\sigma_B\rangle_\Lambda^t \geq 0 \quad . \tag{8}$$

Nous donnerons plus loin la démonstration d'inégalités encore plus générales.

Il existe une autre inégalité de corrélation, démontrée par Griffiths, Hurst et Sherman, et désignée par le sigle GHS. Elle est valable pour les hamiltoniens de la forme

$$H_\Lambda = -\sum_{x\in\Lambda} J_x\sigma_x - \tfrac{1}{2}\sum_{x,y} J_{xy}\sigma_x\sigma_y \tag{9}$$

(*) Ces cas seront les seuls utilisés dans la suite ; lorsque $p \geq 4$, la définition des moyennes tronquées donnée ici ne coïncide pas avec la définition usuelle en Mécanique Statistique.

avec des constantes $J_x \geq 0$ et $J_{xy} \geq 0$, en particulier pour le modèle d'Ising avec un champ extérieur $B \geq 0$. Voici l'inégalité GHS

(10) $$<\sigma_x \sigma_y \sigma_z>^t_\Lambda \leq 0 \quad .$$

La variation d'une valeur moyenne par rapport à un paramètre extérieur u tel que la température T, le champ magnétique extérieur B, la constante de couplage J, etc..., est donnée par le corollaire suivant de la définition (3)

(11) $$\frac{\partial}{\partial u} <F>_\Lambda = <F . \frac{\partial}{\partial u}(-\beta H)>_\Lambda - <F>_\Lambda <\frac{\partial}{\partial u}(-\beta H)>_\Lambda \; .$$

On en déduit immédiatement les deux relations suivantes pour H_Λ de la forme (6)

(12) $$\frac{\partial}{\partial J_A} <\sigma_B>_\Lambda = \beta <\sigma_A \sigma_B>^t_\Lambda \, , \quad \frac{\partial^2}{\partial J_A \partial J_B} <\sigma_C>_\Lambda = \beta^2 <\sigma_A \sigma_B \sigma_C>^t_\Lambda \quad .$$

Dans le cas du modèle d'Ising avec $B \geq 0$, on a $<\sigma_x>_\Lambda \geq 0$ d'après (7) ; ceci signifie que le spin en un site quelconque x a une probabilité au moins égale à $\frac{1}{2}$ d'être dirigé dans le sens du champ extérieur. Lorsque $B = 0$, la mesure de probabilité de Gibbs est invariante par le changement $\sigma_x \longmapsto -\sigma_x$ (pour tout site $x \in \Lambda$) ; on a par suite $<\sigma_x>_\Lambda = 0$ et l'inégalité (8) se réduit à $<\sigma_x \sigma_y>_\Lambda \geq 0$. Autrement dit, le spin en un site x prend les deux valeurs 1 et -1 avec la même probabilité $\frac{1}{2}$, et si x et y sont deux sites distincts, la probabilité que σ_x et σ_y aient même signe est au moins égale à $\frac{1}{2}$. Cette tendance à l'alignement des spins est conséquence de l'hypothèse $J > 0$ du ferromagnétisme.

4. Le passage à la limite thermodynamique consiste à faire tendre en un sens convenable l'ensemble fini $\Lambda \subset L$ vers l'infini. On définit une configuration du système infini L comme un élément de l'espace produit $\Omega = \{1,-1\}^L$; pour la topologie produit des topologies

discrètes des facteurs, l'espace Ω est compact et métrisable. Un <u>état</u> (thermodynamique) du système est une mesure de probabilité sur l'espace Ω (définie sur la tribu borélienne de Ω). Si un tel état μ est fixé, on pose $< F > = \int_\Omega F\, d\mu$ pour toute fonction mesurable F sur Ω . Si A et A' sont deux parties finies de L , telles que $A \supset A'$, on a l'inégalité

$$\sum_{B\subset A} (-1)^{|B\cap A'|} <\sigma_B> \geq 0 \quad ; \tag{13}$$

en effet, le premier membre représente $2^{|A|}$ fois la probabilité que tous les spins aient la valeur 1 dans A - A' et la valeur -1 dans A' . Réciproquement, si l'on se donne pour toute partie finie A de L un nombre $<\sigma_A>$ avec $<\sigma_\phi> = 1$, et que les inégalités linéaires (13) soient satisfaites, il existe une unique mesure de probabilité μ sur Ω telle que $<\sigma_A> = \int \sigma_A\, d\mu$ pour toute partie A .

Le groupe des translations du réseau L agit de manière naturelle sur l'espace Ω et donc sur l'ensemble des états $\mathscr{X}$; l'ensemble des états invariants par translations est convexe et compact pour la topologie vague ; ses points extrémaux sont les <u>états ergodiques</u> du système.

Physiquement, un état d'équilibre est un état dans lequel toute partie finie Λ de L est en équilibre sous l'action du champ magnétique créé par les sites extérieurs à Λ ; voici la formulation mathématique précise de cette condition, due à Dobrushin. Notons $\partial\Lambda$ l'ensemble des sites n'appartenant pas à Λ , mais qui se trouvent à la distance 1 d'un site appartenant à Λ ; comme les ensembles finis Λ et $\partial\Lambda$ sont disjoints, on a une identification naturelle de $\Omega_\Lambda \times \Omega_{\partial\Lambda}$ avec l'espace de configuration $\Omega_{\Lambda\cup\partial\Lambda}$, et l'on notera R.S la configuration sur $\Omega_{\Lambda\cup\partial\Lambda}$ obtenue en juxtaposant la configuration R sur Λ et la configuration S sur $\partial\Lambda$. Par opposition avec la loi de probabilité "libre" sur Ω_Λ définie à la fin du n° 2 , une loi de probabilité de Gibbs avec <u>conditions aux limites</u> est une loi de la forme

(14) $$\pi(R) = \sum_{S\in\Omega_{\partial\Lambda}} c_S \exp - \beta H_{\Lambda\cup\partial\Lambda}(R.S) \qquad (\text{pour } R \text{ dans } \Omega_\Lambda),$$

avec des constantes positives c_S . Un <u>état d'équilibre</u> du système L est une mesure de probabilité sur Ω dont la projection sur Ω_Λ est de la forme (14) pour toute partie finie Λ de L .

Par définition, une <u>phase thermodynamique</u> est un état d'équilibre ergodique ; par application des théorèmes de représentation intégrale de Choquet, on montre que pour tout état d'équilibre μ invariant par translation, il existe une unique mesure de probabilité π sur l'ensemble Φ des phases thermodynamiques telle que $\mu = \int_\Phi t.d\pi(t)$; autrement dit, μ est un mélange de phases thermodynamiques. Il se peut qu'une phase thermodynamique ne soit pas un point extrémal de l'ensemble des états d'équilibre extrémaux, qui ne sont plus invariants par translation ; on dit qu'il y a alors brisure de symétrie (*).

Les inégalités de corrélation GKS permettent de définir deux états d'équilibre invariants. Tout d'abord, les moyennes "libres" étant définies comme dans (3), on a $<\sigma_A>_\Lambda \leq <\sigma_A>_{\Lambda'} \leq 1$ lorsque

---

(*) La définition des phases thermodynamiques dépend du groupe de symétrie envisagé ; dans le modèle d'Ising plan, on peut par exemple ajouter aux translations le renversement de tous les spins, et ceci modifie effectivement les phases.

$A \subset \Lambda \subset \Lambda'$; en effet, on passe de l'hamiltonien $H_{\Lambda'}$ à l'hamiltonien H_Λ en supprimant certaines paires de "liaisons" $J\sigma_x\sigma_y$, ce qui revient à annuler certaines constantes J_A dans un hamiltonien général du type $H_{\Lambda'} = -\sum_{A\subset\Lambda'} J_A\sigma_A$; or les formules (8) et (12) montrent que $<\sigma_A>_{\Lambda'}$ est fonction croissante de toutes les variables J_B. Comme les inégalités (13) se conservent par passage à la limite, il existe un état π caractérisé par

(15) $$\int_\Omega \sigma_A \, d\pi = \sup_{\Lambda\subset L} <\sigma_A>_\Lambda .$$

Pour toute partie finie Λ de L, soit e_Λ la configuration sur Λ telle que $\sigma_x(e_\Lambda) = 1$ pour tout x dans Λ. Les moyennes "de Dirichlet" sont définies par la formule

(16) $$<F>_{D,\Lambda} = \frac{\sum_{R\in\Omega_\Lambda} F(R).\exp - \beta H_{\Lambda\cup\partial\Lambda}(R.e_\Lambda)}{\sum_{R\in\Omega_\Lambda} \exp - \beta H_{\Lambda\cup\partial\Lambda}(R.e_\Lambda)} .$$

De manière intuitive, on aligne les spins de $\partial\Lambda$ par un champ magnétique très fort dans $\partial\Lambda$. En utilisant comme plus haut les inégalités GKS, on établit l'inégalité $<\sigma_A>_{D,\Lambda} \geq <\sigma_A>_{D,\Lambda'}$ lorsque $A\cup\partial A \subset \Lambda \subset \Lambda'$. L'état π_D est alors défini par

(17) $$\int_\Omega \sigma_A \, d\pi_D = \inf_{\Lambda\subset L} <\sigma_A>_{D,\Lambda} .$$

Avec ces définitions, π et π_D sont des états d'équilibre invariants.

5. Les inégalités de corrélation permettent de donner une description qualitative des phénomènes de magnétisme. Nous considérerons l'état π défini ci-dessus et nous poserons $<F> = \int_\Omega F\, d\pi$; il est immédiat que les inégalités (7), (8) et (10) du n° 3 passent à la limite.

D'après l'invariance par translation de π, il existe un nombre

$M = M(B,T)$ tel que $\sum_{x \in \Lambda} \langle \sigma_x \rangle = |\Lambda|.M$ pour toute partie finie Λ de L ; il mesure la magnétisation du système à la température T et dans le champ extérieur B. Les inégalités GHS et GKS entraînent alors les résultats suivants :

a) A champ B constant, la magnétisation $M(B,T)$ est fonction décroissante de la température T.

b) A température T constante et lorsque l'on a $B > 0$, la magnétisation $M(B,T)$ est fonction croissante et concave du champ magnétique B.

Enfin, la formule $M(-B,T) = -M(B,T)$ résulte de l'invariance de l'état π par renversement des spins.

On montre aussi que l'on peut définir l'<u>énergie libre</u> $p(B,T)$ par la limite de $|\Lambda|^{-1}.\log[\sum_{R \in \Omega_\Lambda} \exp - \beta H_\Lambda(R)]$ lorsque Λ tend vers l'infini en un sens convenable (on peut prendre par exemple des carrés concentriques). En appliquant le théorème de Lee-Yang (cf. le livre de Ruelle) et le fait qu'une limite uniforme de fonctions holomorphes sans zéros ne peut acquérir de zéro, on montre que $p(B,T)$ est fonction analytique dans le demi-plan $T > 0$, dont on a ôté un intervalle défini par $B = 0$, $0 < T \leq T_c$. La température critique T_c n'est autre que la <u>température de Curie</u>, et l'on peut prouver les résultats suivants, en accord avec l'expérience :

a) Supposons d'abord qu'on ait $0 < T < T_c$. Lorsque $B \neq 0$, il y a une seule phase. Lorsque B tend vers 0 par valeurs positives, $M(B,T)$ tend vers une limite $M_+(0,T) > 0$, et il existe de même une valeur limite $M_-(0,T) = -M_+(0,T)$ pour les valeurs de B négatives. Pour $B = 0$, il existe deux phases π_+ et π_-, correspondant respectivement aux magnétisations $M_+(0,T)$ et $M_-(0,T)$; elles se déduisent l'une de l'autre par retournement de tous les spins, on a $\pi_+ = \pi_D$ et le mélange de phases $\pi = (\pi_+ + \pi_-)/2$. Enfin, lorsque

T tend vers 0 , l'état π_+ (resp.π_-) tend vers la masse unité sur la configuration dans laquelle tous les spins sont égaux à 1 (resp.

b) Lorsque l'on a $T \geq T_c$, il y a une seule phase pour toute valeu de B , et M(B,T) est fonction continue de B aussi lorsque B =

Il est important de noter que la température critique ne se manifes qu'après le passage à la limite thermodynamique.

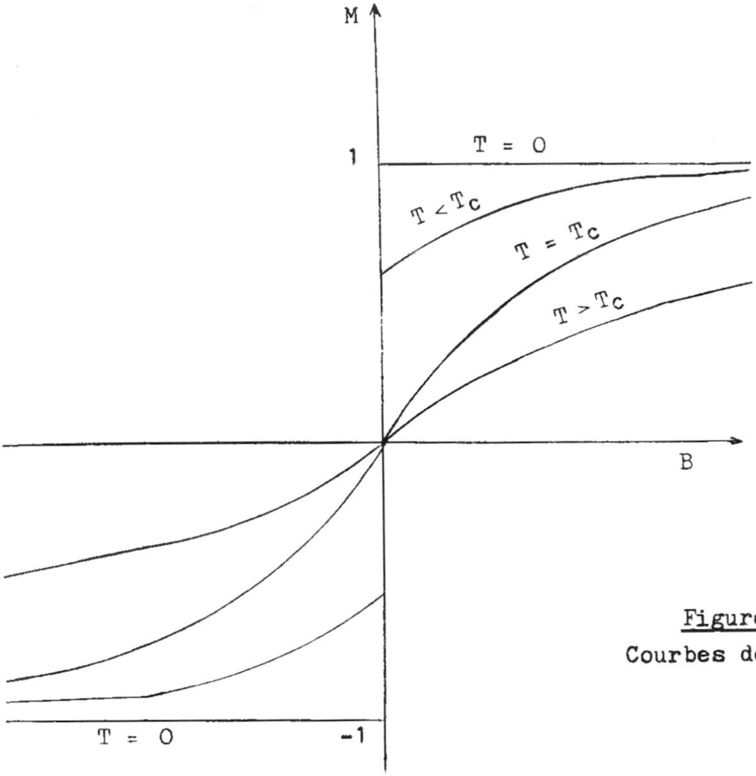

Figure 1
Courbes de magnétisation

§ 2. <u>Démonstration des inégalités de corrélation</u>.

6. Voici les notations. On choisit un entier $k \geq 1$, et l'on pose $X = \underset{=}{R}^k$; la mesure μ sur X est de la forme $\mu_1 \otimes \ldots \otimes \mu_k$, où $\mu_1, \ldots, \mu_k$ sont des mesures positives sur $\underset{=}{R}$. Si V est une fonction mesurable réelle sur X , telle que e^V soit μ-intégrable, on définit une mesure de probabilité π_V sur X par la formule

$$(18) \qquad \int_X f \, d\pi_V = \frac{\int_X f.e^V d\mu}{\int_X e^V d\mu} \qquad ;$$

la quantité précédente sera aussi notée $\pi_V(f)$.

Nous empruntons maintenant à la statistique les notions usuelles de covariance et corrélation. Soit f une fonction réelle dans $L^2(X, \pi_V)$; on pose $f^* = f - \pi_V(f)$ (centrage de f) et l'on pose $\sigma_V(f) = \|f^*\|_{L^2}$ (écart-type de f). Si g est une autre fonction réelle dans $L^2(X, \pi_V)$, la covariance de f et g est définie par la formule

$$(19) \qquad C_V(f,g) = \pi_V(f^* g^*) = \pi_V(fg) - \pi_V(f).\pi_V(g) .$$

D'après l'inégalité de Cauchy-Schwarz, le coefficient de corrélation de f et g , défini lorsque f et g ne sont pas constantes par

$$(20) \qquad r_V(f,g) = C_V(f,g)/\sigma_V(f)\sigma_V(g) ,$$

est compris entre 1 et −1 ; il ne peut être égal à 1 ou −1 que s'il existe une relation linéaire de la forme $af + bg + c = 0$, avec trois constantes réelles a , b et c non toutes nulles.

On dit que les fonctions f et g sont <u>positivement corrélées</u> si l'on a $r_V(f,g) \geq 0$, c'est-à-dire $C_V(f,g) \geq 0$. Ceci équivaut à l'inégalité

(21) $\int_X \int_X [f(x) - f(x')] . [g(x) - g(x')] e^{V(x) + V(x')} d\mu(x)\, d\mu(x') \geq 0$,

car la quantité ci-dessus n'est autre que $2\, C_V(f,g) \left[\int_X e^V \, d\mu\right]^2$.

7. Voici le premier critère de corrélation positive, obtenu par une application immédiate des méthodes de Ginibre.

THÉORÈME 1. <u>On suppose que les mesures</u> $\mu_1, \dots, \mu_k$ <u>sur</u> $\mathbb{R}$ <u>sont invariantes par la symétrie</u> $x \longmapsto -x$, <u>et que les fonctions</u> f , g <u>et</u> V <u>sur</u> $X = \mathbb{R}^k$ <u>se développent en séries de puissances à coefficients positifs par rapport aux coordonnées. Alors</u> f <u>et</u> g <u>sont positivement corrélées</u>.

Pour tout entier $n \geq 1$, notons X_n la partie compacte de X définie par les inégalités $|x_1| \leq n, \dots, |x_k| \leq n$. Comme l'intégrale (21) est la limite des intégrales analogues étendues à $X_n \times X_n$, on peut supposer qu'il existe un entier $n \geq 1$ tel que la mesure μ soit à support dans X_n . Comme on a $e^V = \sum_{m=0}^{\infty} V^m/m!$ et que cette série converge uniformément dans X_n , on voit qu'il suffit de démontrer l'inégalité

(22) $\int_X \int_X [f(x) - f(x')] . [g(x) - g(x')] . [V(x) + V(x')]^m \, d\mu(x) d\mu(x') \geq 0$

pour tout entier $m \geq 0$.

Considérons plus généralement les intégrales de la forme suivante

(23) $$J_{m,p}(f_1, \dots, f_m; g_1, \dots, g_p) = \int_X \int_X \prod_{i=1}^{m} [f_i(x) - f_i(x')] \prod_{j=1}^{p} [g_j(x) + g_j(x')] \, d\mu(x)\, d\mu(x') .$$

Nous allons montrer que ces intégrales sont positives lorsque les fonctions f_i et g_j ont des développements en séries de puissances à coefficients positifs ; ceci prouvera l'inégalité (22) et donc le théorème 1 .

La démonstration est basée sur les remarques suivantes :

a) Toute série de puissances à coefficients positifs qui converge en tout point de X_n converge uniformément dans cet ensemble.

b) L'intégrale $J_{m,p}(f_1,\dots,f_m;g_1,\dots,g_p)$ dépend de manière symétrique de $f_1,\dots,f_m$ et aussi de $g_1,\dots,g_p$.

c) Si $f_1 = f_1'f_1''$, on a l'identité

$$(24)\quad 2\,J_{m,p}(f_1,\dots,f_m;g_1,\dots,g_p) = J_{m,p+1}(f_1',f_2,\dots,f_m;f_1'',g_1,\dots,g_p) + J_{m,p+1}(f_1'',f_2,\dots,f_m;f_1',g_1,\dots,g_p)\ ;$$

pour obtenir cette formule, il suffit de transformer

$$f_1(x) - f_1(x') = f_1'(x)f_1''(x) - f_1'(x')f_1''(x')$$

au moyen de la relation élémentaire

$$(25)\qquad 2(a'a'' - b'b'') = (a' - b')(a'' + b'') + (a'' - b'')(a' + b')\ ,$$

et d'intégrer. On laisse au lecteur le soin d'écrire la relation analogue lorsque $g_1 = g_1'g_1''$.

La remarque a) permet de se limiter au cas ou $f_1,\dots,f_m,g_1,\dots,g_p$ sont des monômes par rapport aux coordonnées. Les remarques b) et c) permettent de raisonner par récurrence sur le degré de ces monômes, et donc de se ramener au cas où chacune des fonctions $f_1,\dots,f_m,g_1,\dots,g_p$ est une coordonnée. Mais comme la mesure μ sur $X = \underline{\underline{R}}^k$ est un produit de k mesures sur $\underline{\underline{R}}$, l'intégrale $J_{m,p}$ se ramène dans ce dernier cas à un produit de k intégrales de la forme

(26) $$K_{r,s} = \int_{\underline{R}} \int_{\underline{R}} (x - x')^r (x + x')^s d\lambda(x) d\lambda(x') \quad ;$$

on suppose que la mesure λ sur $\underline{R}$ est invariante par la symétrie $x \longmapsto -x$.

Si l'on change x' en $-x'$ dans (26), on obtient donc $K_{r,s} = K_{s,r}$; par contre l'échange de x et x' entraîne $K_{r,s} = (-1)^r K_{r,s}$. Par suite, $K_{r,s}$ est nul si l'un des nombres r ou s est impair ; mais si r et s sont pairs, la fonction à intégrer dans (26) est positive, d'où $K_{r,s} \geq 0$.

C.Q.F.D.

8. Explicitons quelques conséquences du théorème 1 . Tout d'abord, si f et V se développent en séries de puissances à coefficients positifs, et si les mesures $\mu_1, \ldots, \mu_K$ sont invariantes par la symétrie $x \longmapsto -x$, on a l'inégalité

(27) $$\pi_V(f) \geq 0 .$$

Comme dans la démonstration du théorème 1 , on se ramène d'abord au cas où μ est à support compact ; on utilise alors la convergence uniforme sur tout compact de la série exponentielle et l'identité

(28) $$2\pi_V(f) . \int_X e^V d\mu = \int_X \int_X [f(x) + f(x')] . e^{V(x) + V(x')} d\mu(x) \ d\mu(x')$$
$$= \sum_{m=0}^{\infty} \frac{1}{m!} \int_X \int_X [f(x) + f(x')] . [V(x) + V(x')]^m d\mu(x) d\mu(x'),$$

et l'on se trouve de nouveau ramené à la positivité des intégrales $J_{m,p}$.

Conservons les hypothèses précédentes, et considérons une fonction V' sur X , développable en série de puissances à coefficients positifs. Je dis que l'on a

(29) $$\pi_V(f) \leq \pi_{V+V'}(f) \quad .$$

En effet, on constate immédiatement que $\pi_{V+V'}(f) - \pi_V(f)$ est égal à

$$C_V(f, e^{V'}) \frac{\int_X e^V \, d\mu}{\int_X e^{V+V'} d\mu}$$

et l'on a $C_V(f, e^{V'}) \geq 0$ d'après le théorème 1 , puisque $e^{V'}$ se développe en série de puissances à coefficients positifs.

Pour obtenir les inégalités GKS , il suffit de considérer le cas où $\mu_1, \ldots, \mu_k$ sont égales à la mesure de probabilité sur $\underline{\underline{R}}$ qui attribue la masse $\frac{1}{2}$ aux deux points 1 et -1 , et où f et g sont produits d'une partie de l'ensemble des coordonnées.

9. THÉORÈME 2. On suppose que les fonctions f et g sur $X = \underline{\underline{R}}^k$ sont croissantes par rapport à chacune des k variables, et que l'on a l'inégalité (*)

$$V(x) + V(y) \leq V(x \wedge y) + V(x \vee y) \ . \tag{30}$$

Alors, f et g sont positivement corrélées.

Pour appliquer ce théorème au modèle d'Ising, on suppose comme plus haut que les mesures $\mu_1, \ldots, \mu_k$ sont égales à la mesure de probabilité sur $\underline{\underline{R}}$ qui a la masse $\frac{1}{2}$ en chacun des points 1 et -1 ; la fonction V est de la forme

$$V(x_1, \ldots, x_k) = \sum_{i=1}^{k} J_i x_i + \frac{1}{2} \sum_{i,j=1}^{k} J_{ij} x_i x_j \quad , \tag{31}$$

et l'inégalité (30) se démontre sans difficulté sous l'hypothèse $J_{ij} \geq 0$, sans restriction de signe sur les coefficients J_i (représentant le champ magnétique extérieur).

(*) On note $x \wedge y$ (resp. $x \vee y$) le vecteur dont la i-ème coordonnée est le minimum (resp. le maximum) des nombres x_i et y_i .

Démonstration du théorème 2.

On **raisonne par récurrence sur la dimension** k ; on pose
$Y = \underline{R}^{k-1}$ et l'on identifie X à $Y \times \underline{R}$; la mesure μ sur X est
donc de la forme $\alpha \otimes \beta$. Nous avons à démontrer que l'intégrale

$$(32) \qquad A = \int_X \int_X [f(x) - f(x')] \cdot [g(x) - g(x')] U(x) \cdot U(x') \, d\mu(x) \, d\mu(x')$$

est positive (on a posé $U = e^V$). Or, le théorème de Fubini montre que
l'on a $\quad A = \int_{\underline{R}} \int_{\underline{R}} B(s,s') \, d\beta(s) \, d\beta(s') \quad$ avec la définition

$$(33) \quad B(s,s') = \int_Y \int_Y [f(y,s) - f(y',s')] \cdot [g(y,s) - g(y',s')] U(y,s) U(y',s')$$
$$d\alpha(y) \, d\alpha(y') .$$

Il suffit donc de prouver que la fonction B est positive sur $\underline{R}^2$.

Introduisons de nouvelles fonctions Z , F , G et H sur $\underline{R}$
comme suit :

$$(34) \qquad Z(s) \quad = \int_Y U(y,s) \, d\alpha(y)$$

$$(35) \qquad F(s) \quad = \int_Y f(y,s) U(y,s) \, d\alpha(y)$$

$$(36) \qquad G(s) \quad = \int_Y g(y,s) U(y,s) \, d\alpha(y)$$

$$(37) \qquad H(s) \quad = \int_Y f(y,s) g(y,s) U(y,s) \, d\alpha(y) .$$

L'application de l'hypothèse de récurrence aux fonctions f(.,s) ,
g(.,s) et V(.,s) sur Y fournit immédiatement l'inégalité

$$(38) \qquad\qquad F(s) G(s) \leq Z(s) H(s) .$$

On a évidemment $B(s,s') = B(s',s)$ et il nous suffit donc de
prouver l'inégalité $B(s,s') \geq 0$ sous l'hypothèse supplémentaire
$s \leq s'$. Soient y et y' deux points de Y tels que $y_i \geq y'_i$ pour
$1 \leq i \leq k-1$; posons $x = (y,s)$ et $x' = (y',s')$. On a
$x \wedge x' = (y',s)$ et $x \vee x' = (y,s')$; l'hypothèse faite sur V donne
par exponentiation

$$(39) \qquad\qquad U(x) U(x') \leq U(x \wedge x') U(x \vee x') \quad ,$$

c'est-à-dire

(40) $$\frac{U(y,s')}{U(y,s)} \geq \frac{U(y',s')}{U(y',s)} .$$

Autrement dit, la fonction sur Y définie par $g_1(y) = U(y,s')/U(y,s)$ est croissante par rapport à chacune des k-1 coordonnées. Par application de l'hypothèse de récurrence aux fonctions $f(.,s)$, g_1 et $V(.,s)$ sur Y , on obtient l'inégalité

(41) $$F(s)Z(s') \leq Z(s) \int_Y f(y,s)U(y,s') \, d\alpha(y) .$$

L'hypothèse de croissance faite sur f entraîne $f(y,s) \leq f(y,s')$ puisque $s \leq s'$, et (41) a donc le corollaire suivant

(42) $$Z(s).F(s') - Z(s').F(s) \geq 0 .$$

En remplacant f par g , on a aussi l'inégalité

(43) $$Z(s).G(s') - Z(s').G(s) \geq 0 .$$

Un calcul immédiat donne

(44) $$B(s,s') = Z(s').H(s) - F(s).G(s') - F(s').G(s) + Z(s).H(s') ,$$

et par conséquent

(45) $$\begin{aligned} Z(s)Z(s')B(s,s') = & [Z(s).F(s') - Z(s').F(s)].[Z(s).G(s')-Z(s').G(s)] \\ & + Z(s')^2.[Z(s).H(s) - F(s).G(s)] \\ & + Z(s)^2 .[Z(s').H(s') - F(s').G(s')] . \end{aligned}$$

Les inégalités (38), (42) et (43) entraînent alors $B(s,s') \geq 0$ lorsque $Z(s)$ et $Z(s')$ ne s'annulent pas. Par ailleurs, $Z(s) = 0$ entraîne $U(y,s) = 0$ pour α-presque tout $y \in Y$, d'où $F(s) = G(s) = H(s) = 0$ et donc $B(s,s') = 0$. De même $Z(s') = 0$ entraîne $B(s,s') = 0$. C.Q.F.D.

Avec les notations du théorème 2, posons $U_1 = e^V$ et $U_2 = g.e^V$. L'inégalité (30) jointe au caractère croissant de g entraîne

(46) $$U_1(x \wedge y) \, U_2(x \vee y) \geq U_1(x) \, U_2(y) ,$$

et la conclusion du théorème 2 s'écrit sous la forme équivalente

(47)
$$\frac{\int_X f\,U_1\,d\mu}{\int_X U_1\,d\mu} \geq \frac{\int_X f\,U_2\,d\mu}{\int_X U_2\,d\mu} .$$

En fait, on peut montrer (Holley-Preston) que si les fonctions positives U_1 et U_2 satisfont à (46), l'inégalité (47) est valable pour toute fonction croissante f .

10. Venons-en à la démonstration de l'inégalité GHS ; la démonstration qui suit nous a été communiquée par Percus lors d'un colloque de Mécanique Statistique à Yeshiva University (New York, 10/11 décembre 1973).

Soit Λ un ensemble fini de "sites". Notons $\Omega = \{1,-1\}^\Lambda$ l'espace des configurations de spin, et notons $\sigma_x : \Omega \longrightarrow \{1,-1\}$ la projection d'indice $x \in \Lambda$. On pose

(48)
$$V = \sum_{x\in\Lambda} c_x \sigma_x + \tfrac{1}{2} \sum_{x\neq y} c_{xy}\, \sigma_x \sigma_y$$

où les constantes c_x et c_{xy} sont positives et $c_{xy} = c_{yx}$. Pour toute fonction F sur Ω , à valeurs complexes, on pose

(49)
$$\mathrm{Tr}(F) = \sum_{R\in\Omega} F(R) \quad ;$$

en particulier, on pose

(50)
$$Z = \mathrm{Tr}(e^V)$$

et les fonctions de corrélation u_n sont définies par

(51)
$$u_n(x_1,\dots,x_n) = \frac{\partial^n}{\partial c_{x_1}\dots\partial c_{x_n}} \log Z$$

pour $n \geq 1$ et $x_1,\dots,x_n$ dans Λ . En particulier, on a

(52)
$$Z\,.\,u_1(x) = \mathrm{Tr}(\sigma_x e^V)$$

(53)
$$Z^2.u_2(x_1,x_2) = Z.\mathrm{Tr}(\sigma_{x_1}\sigma_{x_2} e^V) - \mathrm{Tr}(\sigma_{x_1}.e^V)\mathrm{Tr}(\sigma_{x_2}.e^V)$$

(54)
$$Z^3.u_3(x_1,x_2,x_3) = Z^2.\mathrm{Tr}(\sigma_{x_1}\sigma_{x_2}\sigma_{x_3} e^V)$$
$$-Z \sum_{(ijk)} \mathrm{Tr}(\sigma_{x_i} e^V)\mathrm{Tr}(\sigma_{x_j}\sigma_{x_k} e^V) + 2\,\mathrm{Tr}(\sigma_{x_1} e^V)\mathrm{Tr}(\sigma_{x_2} e^V)\mathrm{Tr}(\sigma_{x_3} e^V) ,$$

la somme étant étendue aux permutations circulaires (ijk) de(123). Les inégalités $u_1 \geq 0$, $u_2 \geq 0$ résultent de GKS , l'inégalité $u_3 \leq 0$ n'est autre que GHS . Enfin de (54) , on déduit que u_3 s'annule lorsque tous les nombres c_x sont nuls ; or si $\phi(t)$ est une fonction dérivable de la variable positive t , et si $\phi(0) = 0$, $\phi(t) \leq 0$ pour $t \geq 0$, on a $\phi'(0) \leq 0$, d'où $u_4 \leq 0$ lorsque toutes les constantes c_x sont nulles. <u>On conjecture que l'on a</u> $(-1)^n u_{2n} \leq 0$ <u>pour</u> $n \geq 3$ <u>lorsque tous les</u> c_x <u>sont nuls</u> ; sous cette hypothèse, on a $u_{2n+1} = 0$ par raison de symétrie.

L'artifice principal de la démonstration de Percus est le suivant. Soit A une algèbre commutative sur le corps complexe $\mathbb{C}$, engendrée par trois éléments $\sigma(1)$, $\sigma(2)$, $\sigma(3)$ de carrés égaux à 1 . Définissons les éléments s et d par

(55) $$d = -\tfrac{1}{2}(\sigma(1) + \omega\sigma(2) + \omega^2\sigma(3))$$

(56) $$s = \tfrac{1}{4}(\sigma(1) + \sigma(2) + \sigma(3) + \sigma(1)\sigma(2)\sigma(3))$$

où $\omega = e^{2\pi i/3}$. On vérifie de suite les relations

(57) $$\sigma(j) = s + \tfrac{1}{3}(-2\, d\omega^{1-j} + d^3 - 2\, d^5\, \omega^{j-1})$$

(58) $$sd = 0 \quad , \quad s^2 + d^6 = 1 \ .$$

En particulier, l'algèbre A est engendrée par s et d d'après (57), et d'après (58), les éléments $s, s^2, d, d^2, d^3, d^4, d^5, d^6$ engendrent l'espace vectoriel A . Pour la même raison, l'ensemble A_+ des combinaisons linéaires à coefficients positifs de ces éléments est stable par multiplication et contient 1 , s et d .

Considérons maintenant l'algèbre B des fonctions complexes sur $\Omega^3 = \Omega \times \Omega \times \Omega$. Pour chaque $x \in \Lambda$, définissons les éléments

$\sigma_x(1)$, $\sigma_x(2)$ et $\sigma_x(3)$ de B par

(59) $$\sigma_x(j)(R_1,R_2,R_3) = \sigma_x(R_j)$$

pour R_1,R_2,R_3 dans Ω . Soit A_x la sous-algèbre de B engendrée par $\sigma_x(1)$, $\sigma_x(2)$ et $\sigma_x(3)$. Il est immédiat que B est le produit tensoriel $\bigotimes_{x\in\Lambda} A_x$. La trace sur B est définie par $Tr(F) = \sum_{R\in\Omega^3} F(R)$.

Définissons d_x et s_x dans A_x en analogie avec (55) et (56). Par un calcul direct, on vérifie que la fonction W définie sur Ω^3 par

(60) $$W(R_1,R_2,R_3) = V(R_1) + V(R_2) + V(R_3)$$

est donnée par

(61) $$W = \sum_{x\in\Lambda} c_x(3s_x + d_x^3) + \sum_{x\neq y} c_{xy}\left[\frac{3}{2}\, s_x s_y + s_x d_y^3 + \frac{1}{6}\, d_x^3 d_y^3 + \frac{4}{3}\, d_x^5 d_y\right] .$$

De (54), on déduit

(62) $$Z^3 u_3(x_1,x_2,x_3) = -Tr(F.e^W)$$

avec

(63) $$F = \frac{4}{9}\, d_{x_1} d_{x_2} d_{x_3} (1 + d_{x_1}^4 d_{x_2}^4 d_{x_3}^4) .$$

Comme les constantes c_x et c_{xy} sont positives, les formules (61) et (63) montrent que Fe^W s'exprime comme série à coefficients positifs en les s_x et d_x , donc appartient au cône convexe C engendré par les éléments de la forme $\bigotimes_{x\in\Lambda} u_x$ avec $u_x \in (A_x)_+$ pour tout $x \in \Lambda$. Or la forme linéaire Tr sur B est produit tensoriel de formes linéaires Tr_x sur les algèbres A_x vérifiant

$$Tr_x(s_x) = Tr(d_x) = \dots = Tr(d_x^5) = 0$$

$$Tr(s_x^2) = 2 \text{ , } Tr(d_x^6) = 6 .$$

Il en résulte que la trace est positive sur le cône convexe C , et en particulier $Tr(Fe^W) \geq 0$, d'où $u_3 \leq 0$ d'après (62).

Ceci achève la démonstration de l'inégalité GHS.

BIBLIOGRAPHIE COMMENTÉE

A. Mécanique statistique, modèle d'Ising.

Voici deux ouvrages de base pour mathématiciens :

D.RUELLE, Statistical mechanics, rigorous results, Benjamin, New York 1969.

DE WITT et STORA (éditeurs), Mécanique Statistique et Théorie Quantique des Champs, Ecole d'Eté des Houches 1970, Gordon and Breach, New York 1971.

Le livre de Ruelle est particulièrement remarquable pour la rigueur de sa présentation et son caractère synthétique. Le volume des Houches contient des articles par Ruelle, Griffiths, Lieb et Ginibre donnant un panorama équilibré des recherches actuelles.

Les idées de Dobrushin et Ruelle sont résumées dans

D.RUELLE, Etats d'équilibre des systèmes infinis en mécanique statistique, Actes du Congrès International des Mathématiciens, Nice 1970, Tome 3, p. 15-19.

Les articles principaux de Dobrushin sont les suivants :

R.L.DOBRUSHIN, The description of a random field by means of conditional probabilities and conditions of its regularity, Theory Prob. and Appl. 13 (1968), p. 197-224.

R.L.DOBRUSHIN, The problem of uniqueness of a gibbsian random field and the problem of phase transitions, Journ. Funct. Anal. 2 (1968), p. 302-312.

On pourra enfin consulter l'article suivant de synthèse

R.A.MINLOS, Lectures on Statistical Physics, Russian Math. Surveys, 23 (1968), p. 137-196.

B. Inégalités de corrélation.

Les inégalités GKS sont établies dans les travaux suivants :

R.B.GRIFFITHS, Correlation in Ising ferromagnets I, Journ. Math. Phys. 8 (1967) , p. 478-483 ; II External magnetic fields, ibid, p.484-489.

D.G.KELLY et S.SHERMAN, General Griffith's Inequalities on Correlation in Ising Ferromagnets, Journ. Math. Phys. 9 (1968), p.466-484.

Pour diverses généralisations, voir

J.GINIBRE, General Formulation of Griffith's Inequalities, Commun. Math. Phys. 16 (1970), p.310-328.

Le théorème 2 est une généralisation, essentiellement due à B.Simon, des résultats combinatoires contenus dans

C.M.FORTUIN, P.W.KASTELEYN et J.GINIBRE, Correlation inequalities on some partially ordered sets, Commun. Math. Phys., 22 (1971), p. 89-103.

La généralisation de FKG mentionnée à la fin du n°9 est contenue dans

R.A.HOLLEY, Recent results on the stochastic Ising model, à paraître dans le Rocky Mountains Math. Journal, 1973 (pour le cas discret), et dans une note non publiée de Preston pour le cas général.

Les inégalités GHS sont établies dans

R.B.GRIFFITHS, C.A.HURST et S.SHERMAN, Concavity of magnetization of an Ising ferromagnet in a positive external field, Journ. Math. Phys., 11 (1970), p.790-795.

Une nouvelle démonstration est contenue dans

J.L. LEBOWITZ, GHS and other inequalities, à paraître dans Comm. Math Phys., 1973.

Séminaire BOURBAKI
25e année, 1972/73, n° 432

LE PROBLEME MIXTE HYPERBOLIQUE

par Jacques CHAZARAIN

"A ne lire qu'après s'être regardé dans un miroir déformant"

La théorie du problème de Cauchy pour les opérateurs strictement hyperboliques est maintenant assez bien comprise, du moins en ce qui concerne la question de l'existence et l'unicité de la solution (Petrovski, Leray, Gårding) et celle de la structure globale de la paramétrix (Hörmander). Dans cet exposé, on se propose de rendre compte de l'état de ces mêmes questions, dans le cas plus complexe du problème mixte hyperbolique.

En deux mots, disons que le problème mixte concerne le cas où en plus des conditions de Cauchy à l'instant initial, la solution doit vérifier des conditions aux limites sur la frontière du domaine d'espace où elle est définie (penser à une source lumineuse située dans une enceinte réfléchissante).

La première partie de cet exposé est consacrée à la question de l'existence et l'unicité de la solution. Bien que le problème ait été résolu depuis longtemps quand l'équation est d'ordre deux (Krzysanski et Schauder [23]), ce n'est qu'en 1962 qu'un premier résultat est obtenu pour les opérateurs hyperboliques d'ordre quelconque (Agmon [3]). Après de nombreux résultats partiels, une solution générale a été donnée récemment par H. O. Kreiss [22] (cas des systèmes du 1er ordre) et R. Sakamoto [31], [32] (cas des opérateurs scalaires d'ordre quelconque). Ces deux auteurs utilisent la technique des inégalités a priori et le point crucial de leurs travaux réside dans la démonstration d'une certaine inégalité, dite d'énergie (cf. théorème 2.2 et théorème 2.1).

Une fois résolue la question de l'existence et l'unicité, le problème n'est pas clos, au contraire il commence ! En effet, on peut alors se poser la question plus profonde de la description des opérateurs qui expriment la solution du problème mixte en fonction des données, ou tout au moins une paramétrix de ces opérateurs. Car, dès que l'on connait ces opérateurs, on peut résoudre toutes sortes de problèmes :

propagation des singularités, allure asymptotique des solutions, étude de l'existence et l'unicité dans d'autres espaces fonctionnels,...etc. Cela fait l'objet de la deuxième partie de cet exposé, et comme la question est encore très ouverte on se restreint aux opérateurs du 2ème ordre du type des ondes. Sous une hypothèse de "non diffraction" sur le domaine d'espace, on démontre que l'on peut construire une paramétrix du problème mixte à l'aide des opérateurs intégraux de Fourier. De là, on déduit l'extension au cas du problème mixte, d'un résultat bien connu pour le problème de Cauchy, à savoir que les singularités des solutions se propagent et se réfléchissent selon les lois de "l'optique géométrique" du système. Le point essentiel de la méthode réside dans l'interprétation, en termes de transformations canoniques, de l'expérience usuelle des images successives d'un objet situé entre deux miroirs !

1ère partie : Méthodes d'énergie

1. Enoncé du problème

On se place, pour commencer, dans le cas où la variable "spatiale" x parcourt un demi-espace $X = \mathbb{R}^n_+ = \{(x_1,\dots,x_n) \mid x_n > 0\}$, on note x' , les points du bord $\Gamma = \partial X$, soit x_0 la variable "temporelle", on pose $\bar{x} = (x_0,x) \in \mathbb{R} \times \mathbb{R}^n$ et $\bar{\xi} = (\xi_0,\xi)$ la variable duale.

a) Le problème mixte consiste, étant donnés (f , g_j , h_k) , à trouver u , solution de

$$(1.1) \quad \begin{cases} Pu = f & \text{dans } \mathbb{R} \times X \\ \gamma_j u = g_j & \text{dans } \{0\} \times X \quad j = 0,\dots,m-1 \quad \text{(conditions de Cauchy)} \\ B_k u = h_k & \text{dans } \mathbb{R} \times \Gamma \quad k = 1,\dots,r \quad \text{(conditions au bord)} , \end{cases}$$

où $P = P(x_0 , x , D_0 , D)$ est un opérateur différentiel de degré m de partie principale $p(\bar{x},\bar{\xi})$, $(D_j = \frac{1}{i}\frac{\partial}{\partial x_j})$, $\gamma_j u = D_0^j u|_{x_0=0}$; $B_k = B_k(x_0 , x , D_0 , D)$ sont des opérateurs différentiels de degré $m_k \leq m - 1$, tels que $m_j \neq m_k$ pour $j \neq k$ et le coefficient de $D_n^{m_k}$ est non nul, on note $b_k(\bar{x},\bar{\xi})$ la partie principale.

On fait les hypothèses suivantes :

(H_1) Les opérateurs P , B_k sont à coefficients C^∞ et constants en dehors d'un compact de R^{n+1} .

(H_2) L'opérateur P est strictement hyperbolique en la variable x_o , c'est-à-dire que le coefficient de D_o^m est identique à 1 et l'équation en ξ_o

$$p(\bar{x}, \xi_o, \xi) = 0$$

admet m racines réelles et distinctes pour $(\bar{x},\xi) \in R^{n+1} \times (R^n \setminus 0)$.

(H_3) Le bord Γ n'est pas caractéristique pour P , c'est-à-dire que le coefficient de D_n^m ne s'annule pas.

Sous ces hypothèses, l'équation en λ $p(\bar{x}, \xi_o - i\sigma, \xi', \lambda) = 0$ admet m racines non réelles pour $z = (\bar{x} ; \xi_o - i\sigma, \xi') \in R^{n+1} \times ((C^- \times R^n) \setminus 0) = Z^+$ où $C^- =$ (imaginaire < 0) .

Soit r le nombre de ces racines dans C^+ : $\lambda_1(z),\ldots,\lambda_r(z)$, alors r est précisément le nombre de conditions au bord.

Reste à introduire une dernière hypothèse, dite de Lopatinski uniforme, qui est analogue à celle qui intervient dans les problèmes aux limites elliptiques. Pour cela on définit le polynôme en λ

$$p_+(z,\lambda) = \prod_{k=1}^{r} (\lambda - \lambda_k(z)) \qquad \text{pour } z \in Z^+$$

et on vérifie que ce polynôme garde encore un sens pour $z \in \bar{Z}^+$. La condition de Lopatinski uniforme est définie par

(L) Les polynômes en λ $\{(b_k(z,\lambda)\}_{k=1,\ldots,r}$ sont indépendants modulo $p_+(z,\lambda)$ pour tout $z \in \bar{Z}^+$.

On peut alors poser le

Problème.- Sous l'hypothèse $H = (H_1, H_2, H_3, L)$, étudier l'existence et l'unicité

<u>de la solution de</u> (1.1) <u>dans des espaces convenables</u>.

b) Tout d'abord, donnons diverses formulations équivalentes de la condition (L). On définit pour $z \in Z^+$ le déterminant de Lopatinski du système (P, B_k) par

$$L(z) = \det\left(\frac{1}{2i\pi}\int_{\gamma_+} \frac{b_k(z,\lambda)\lambda^{j-1}}{p_+(z,\lambda)}\,d\lambda\right)_{j,k=1,\dots,r}$$

où γ_+ désigne un lacet entourant + 1 fois les racines $\lambda_1,\dots,\lambda_r$.

PROPOSITION 1.1.- <u>La condition</u> (L) <u>est équivalente à l'existence d'une constante</u> $C > 0$ <u>telle que</u> $|L(z)| \geq C$ <u>pour tout</u> $z \in Z^+$ <u>avec</u> $|\eta| = 1$, <u>où</u> $\eta = (\xi_0 - i\sigma, \xi')$ <u>et</u> $|\eta|^2 = \xi_0^2 + \sigma^2 + |\xi'|^2$.

La démonstration consiste à remarquer que si les $\lambda_1,\dots,\lambda_r$ sont distincts, le théorème des résidus donne

$$L(z) = \frac{\det(b_j(z,\lambda_h))_{j,h=1,\dots,r}}{\prod_{1\leq j<h\leq r}(\lambda_j - \lambda_h)}.$$

L'équivalence est alors immédiate et le cas général s'en déduit par un argument de continuité.

Une autre formulation s'obtient en considérant l'équation différentielle en x_n, obtenue en fixant $z \in Z^+ \cap (x_n = 0)$ dans P :

$$(1.2)\quad \begin{cases} P(z, D_n)U(x_n) = 0 & x_n \geq 0 \\ B_k(z, D_n)U|_{x_n=0} = g_k \in \mathbb{C} & k = 1,\dots,r. \end{cases}$$

On vérifie que les fonctions

$$k = 1,\dots,r \qquad U_k(x_n) = \int_{\gamma_+} e^{ix_n\lambda}\,(p_+(z,\lambda))^{-1}\lambda^{k-1}\,\frac{d\lambda}{2i\pi}$$

forment une base de l'espace des solutions bornées de l'équation homogène, d'où il découle la

PROPOSITION 1.2.- <u>La condition</u> (L) <u>est équivalente à l'existence d'une constante</u> C

<u>telle que pour tout</u> $z \in Z^+ \cap (x_n = 0)$ <u>et tout</u> $g \in C^r$, <u>l'équation</u> (1.2) <u>admet</u> <u>une solution bornée unique</u> U <u>qui vérifie la majoration</u>

$$|U(0)| \leq C|g| .$$

On vérifie par exemple que, si on prend $P = \frac{\partial^2}{\partial x_j^2} - \sum_1^n \frac{\partial^2}{\partial x_j^2}$, alors $r = 1$ et la condition (L) est satisfaite si on prend $B_1 = 1$ (Dirichlet), mais ne l'est pas pour $B_1 = D_n$ (Neumann), ou plus généralement si on considère une condition de dérivée oblique sur le bord (cf. Chazarain [10], Ikawa [20], Miyatake [26]).

c) Notons que parallèlement au cas des opérateurs scalaires, il s'est développé une théorie pour les <u>systèmes</u> hyperboliques du premier ordre car ils sont très importants en physique (équations de Maxwell,...).

On cherche une fonction v à valeurs dans C^m qui vérifie

$$(1.1)' \quad \begin{cases} Pv = (D_0 + \sum_1^n A_j(\bar{x})D_j)v = f & \text{où } f = (f_1,\dots,f_m) \\ \gamma_0 v = g & \text{où } g = (g_1,\dots,g_m) \\ B(\bar{x})v = h & \text{où } h = (h_1,\dots,h_r) . \end{cases}$$

Avec les hypothèses analogues au cas scalaire :

(H'_1) <u>Les matrices sont à coefficients</u> C^∞ <u>et constants en dehors d'un compact.</u>

(H'_2) <u>Le polynôme</u> $p(\bar{x},\bar{\xi}) = \det(I.\xi_0 + \sum_1^n A_j \xi_j)$ <u>est strictement hyperbolique en</u> x_0 .

(H'_3) <u>La matrice</u> $A_n(\bar{x})$ <u>est inversible en tout point, et</u> B <u>est une matrice rectangulaire</u> $m \times r$.

On définit la condition de Lopatinski uniforme (L') pour les systèmes, en recopiant la condition du lemme 1.2 pour l'équation différentielle :

$$(1.2)' \quad \begin{cases} P(z , D_n)V(x_n) = (D_n - M(z))V(x_n) = 0 & x_n \geq 0 \\ B(\bar{x})|_{x_n = 0} = g \in C^r \end{cases}$$

où $M(z) = -A_n^{-1}(\xi_0 I + \sum_1^{n-1} A_j \xi_j)$. Enfin, indiquons une dernière formulation de (L') introduite par Hersh [17]. On désigne par $E_+(z)$ le sous-espace de C^m engendré par les vecteurs propres généralisés de la matrice $M(z)$ relativement aux valeurs propres $\lambda \in C^+$.

PROPOSITION 1.3.- <u>La condition</u> (L') <u>peut se formuler de la façon suivante</u> :

<u>la matrice</u> $B(\bar{x})$ <u>est un isomorphisme du sous-espace</u> $E_+(z) \subset C^m$ <u>sur</u> C^r <u>pour tout</u> $z \in Z^+ \cap (x_n = 0)$ <u>et son inverse a une norme majorée par une constante indépendante de</u> $z \in Z^+ \cap (x_n = 0)$ <u>et</u> $|\eta| = 1$.

En effet les solutions bornées de (1.2) sont de la forme

$$V(x_n) = \int_{\gamma_+} e^{ix_n\lambda}(\lambda - M(z))^{-1} V_0 \frac{d\lambda}{2\pi i} ,$$

par conséquent les valeurs initiales $V(0)$ parcourent l'espace $E_+(z)$ qui est l'image de C^m par le projecteur $\int_{\gamma_+} (\lambda - M(z))^{-1} \frac{d\lambda}{2\pi i}$.

d) Définissons enfin les <u>espaces de Sobolev</u> que l'on utilise.

Pour $s \in \mathbf{R}$, $\sigma \in \mathbf{R}$, on pose $H_{s\,;\,\sigma}(R^{n+1}) = e^{\sigma x_0} H_s(R^{n+1})$ normé par

$$\|u\|^2_{s\,;\,\sigma} = \int |\zeta|^2 \, |\widehat{(e^{-\sigma x_0}u)}|^2 \, d\bar{x} \quad \text{où} \quad |\zeta|^2 = \xi_0^2 + \sigma^2 + |\xi|^2 \quad \text{et}$$

$\hat{v}(\xi) = \int e^{-ix.\xi} v(x)dx$, sur le bord $x_n = 0$ on désigne cette norme par $\langle u \rangle_{s\,;\,\sigma}$. Enfin, $H_{s\,;\,\sigma}(R_+^{n+1})$ est l'espace des restrictions à $R_+^{n+1} = \{\bar{x} \mid x_n > 0\}$ des distributions de $H_{s\,;\,\sigma}(R^{n+1})$ muni de la norme quotient $|u|_{s\,;\,\sigma}$.

2. Inégalités d'énergie

a) Le résultat crucial dans l'étude du problème mixte est l'existence d'une majoration, dite inégalité d'énergie, par référence au cas particulier de l'opérateur des ondes.

THÉORÈME 2.1 (Sakamoto [31]).- <u>Sous l'hypothèse</u> (H), <u>il existe des constantes</u> C <u>et</u> σ_0 <u>telles que</u>

$$(2.1)\qquad \sigma|u|^2_{m-1\,;\,\sigma} + \sum_{0}^{m-1} \langle D_n^j u\rangle^2_{m-1-j\,;\,\sigma} \leq C[\sigma|Pu|^2_{0\,;\,\sigma} + \sum_{1}^{r} \langle B_k u\rangle^2_{m-m_k-1\,;\,\sigma}] ,$$

<u>pour tout</u> $u \in H_{m\,;\,\sigma}(\mathbb{R}^{n+1}_+)$ <u>et</u> $\sigma \geq \sigma_0$.

Pour démontrer cette inégalité, on se ramène, en s'inspirant d'un travail de Agranovic [5], à la situation d'un système du premier ordre, ce qui permet alors d'utiliser la technique de démonstration introduite par Kreiss [22]. Pour cela, on a besoin de définir une classe d'opérateurs pseudo-différentiels qui dépendent du paramètre σ . Ce seront des opérateurs sur le bord $x_n = 0$, aussi pour alléger les notations, on pose

$$(x_0, x') = y \quad , \quad (\xi_0 - i\sigma, \xi') = \eta \ .$$

On définit les symboles $\mathcal{S}_a$ comme l'ensemble des matrices $A(y,\eta)$ à coefficients C^∞ en (y,η) pour σ assez grand et constants en dehors d'un compact de $\mathbb{R}^n$, de plus on demande que pour tout α , β , il existe C

$$|D_y^\alpha D_\eta^\beta A(y,\eta)| \leq C |\eta|^{d-|\beta|} \qquad \text{pour } \sigma \text{ assez grand.}$$

Au symbole $A \in \mathcal{S}_a$ on associe l'opérateur $\mathcal{A}$ par

$$u \in C_0^\infty \to (\mathcal{A}u)(y,\sigma) = \int e^{ix_0(\xi_0 - i\sigma) + ix'\xi'} A(y,\eta)\hat{u}(\xi_0 - i\sigma, \xi') \frac{d\xi}{(2\pi)^n}$$

par exemple, $\Lambda^d(y,\eta) = |\eta|^d \in \mathcal{S}_d$. On a les théorèmes que l'on espère et que l'on se contente de citer (voir Agranovic [5] pour plus de détails).

. $A \in \mathcal{S}_d \Rightarrow \langle \mathcal{A}u\rangle_{s\,;\,\sigma} \leq C\,\langle u\rangle_{s+d\,;\,\sigma}$ avec une constante C <u>indépendante de</u> σ pour σ assez grand, on dit que $\mathcal{A}$ est d'ordre d .

. $A \in \mathcal{S}_d$, $B \in \mathcal{S}_{d'}$ $\Rightarrow$ $AB \in \mathcal{S}_{d+d'}$ et $\mathcal{C} - \mathcal{A}\mathcal{B}$ est d'ordre $d + d' - 1$.

. Si $A^* = B \in \mathcal{S}_d$ alors $\mathcal{A}^* - \mathcal{B}$ est d'ordre $d - 1$.

. Si $A \in \mathcal{S}_0$ vérifie $\operatorname{Re} A \geq cI$ (avec $c > 0$) alors on a l'inégalité de

Gårding $\mathrm{Re}\,\langle \mathcal{A}u , u\rangle_{0\,;\,\sigma} \geq c'\, \langle u\rangle^2_{0\,;\,\sigma}$ avec $c' > 0$; enfin, pour $A \in \mathcal{S}_1$ vérifiant pour σ assez grand $\mathrm{Re}\, A \geq \sigma c\, I$ (avec $c > 0$), on a pour σ assez grand :

$$\mathrm{Re}\,\langle \mathcal{A}u , u\rangle_{0\,;\,\sigma} \geq c'\,\sigma \langle u\rangle^2_{0\,;\,\sigma} .$$

On écrit les équations (1.1) sous la forme

$$Pu = \sum_0^m A_j D_n^j = A_m[D_n u_{m-1} + A_m^{-1}(\sum_{j=0}^{m-2} A_j\, \Lambda^{-(m-j-1)} u_j)] = f$$

$$B_k u = \sum_0^{m_k} B_{k\,;\,j}\, D_n^j = \sum_0^{m_k} B_{k\,;\,j}\, \Lambda^{-(m-j-1)} u_j = g_k$$

où l'on a posé $u_j = \Lambda^{m-1-j}\, D_n^j u$ avec $j = 0,\dots,m-1$. Ce qui s'écrit encore sous la forme d'un système (pseudo-différentiel en y) d'ordre 1

$$(2.2)\qquad \begin{cases} (D_n - \mathcal{M} + \mathcal{N})v = f & \text{dans } R_+^{n+1} \quad (x_n > 0) \\ Bv = g & \text{dans } R^n \quad (x_n = 0) , \end{cases}$$

où $v = (u_0,\dots,u_{m-1})$, f est remplacé par $A_m^{-1}f$ et les symboles définis par

$$M = - \begin{bmatrix} 0 & \Lambda & & & \\ & 0 & \Lambda & & \\ & & \ddots & \ddots & \\ & & & \ddots & \Lambda \\ \alpha_0 & \cdots & \cdots & \cdots & \alpha_{m-1} \end{bmatrix} \qquad \mathcal{B} = \Big[\, \beta_{k\,;\,j} \,\Big]_{\substack{j=0,\dots,m-1 \\ k=1,\dots,r}}$$

avec $\alpha_j(y\,,x_n\,,\eta) = A_m^{-1}(y\,,x_n)\, A_j(y\,,x_n\,,\eta)\, \Lambda^{-(m-j-1)}$, $j = 0,\dots,m-1$,

$\beta_{k\,;\,j}(y\,,x_n\,,\eta) = B_{k\,,\,j}(y\,,x_n)\, \Lambda^{-(m-j-1)}$,

et $\mathcal{N}$ est un opérateur de degré 0 qu'il est inutile de préciser.

On vérifie que le système (2.2) satisfait aux hypothèses suivantes :

(H_1'') <u>Les symboles</u> $M \in \mathcal{S}_1$ <u>et</u> $B \in \mathcal{S}_0$ <u>dépendent de façon</u> C^∞ <u>du paramètre</u> x_n <u>et constants en dehors d'un compact.</u>

(H_2'') <u>Le symbole</u> $p(\bar{x},\bar{\xi}) = \det(I\xi_n - M(y\,,x_n\,,\eta))$ <u>est un polynôme strictement hyper-</u>

bolique de degré m .

(H_3'') La matrice $B(y, x_n, \eta)$ est rectangulaire $m \times r$ où r est déterminé comme dans (H).

(L") La matrice $B(y, 0, \eta)$ est un isomorphisme de $E_+(y, 0, \eta)$ sur C^r avec une norme bornée par une constante indépendante de (y, η) pour $|\eta| = 1$ et $\sigma > 0$.

Soit (H") la conjonction de ces hypothèses.

On a alors le résultat suivant qui s'applique donc à la fois au cas scalaire (1.1) et à celui des systèmes (1.1)'.

THÉORÈME 2.2 (Kreiss [22]).- Sous l'hypothèse (H"), il existe des constantes C et σ_0 telles que

$$(2.1)' \qquad \sigma|v|^2_{0;\sigma} + \langle v\rangle^2_{0;\sigma} \leq C[\frac{1}{\sigma}|Pv|^2_{0;\sigma} + \langle Bv\rangle^2_{0;\sigma}] ,$$

pour tout $v \in H_{1;\sigma}(R^{n+1}_+)$ et $\sigma \geq \sigma_0$, avec $Pv = D_n v - (\mathcal{M} + \mathcal{N})v$.

Remarque.- Sur la nécessité de la condition de Lopatinski. Sous les hypothèses (H_1', H_2', H_3'), Kreiss montre que la condition (L") est nécessaire pour avoir (2.1)'. Dans le cas de (2.1), on peut montrer qu'il en est de même, en se ramenant à un problème à coefficients gelés (cf. Agemi et Shirota [2]), puis en utilisant la caractérisation donnée dans [11]. Mais si l'on permet un peu moins de régularité au bord dans (2.1) ou (2.1)', il faut considérer une condition de Lopatinski non uniforme ; mais il n'y a pas encore de résultats englobant tous les cas connus (cf. par exemple : Mizohata [27], Friedrichs et Lax [16], Agranovic [4], Agemi et Shirota [2], Beals [9], Chazarain et Piriou [11], Sakamoto [33].

Revenons à la démonstration du théorème 2.2, elle est basée sur la construction d'un certain symbole R , donné par le

THÉORÈME 2.3 (Kreiss [22] et complété par Ralston [28']).- Sous l'hypothèse (H"), on peut construire un symbole $R(y, x_n, \eta) \in \mathcal{S}_0$ à valeurs matrices $m \times m$ qui vérifie

(2.2) $R = R^*$,

(2.3) $\operatorname{Im} R.M \geq c\sigma I$ avec $c > 0$ et pour tout $\sigma > 0$,

(2.4) $-(Rw, w) \geq c'|w|^2 - C|Bw|^2$ avec $c' > 0$ et $C \in R$ et pour tout $w \in \mathbb{C}^m$.

Montrons comment le théorème 2.3 entraîne l'inégalité d'énergie (2.1)'. Soit $\mathcal{R}$ l'opérateur de symbole R , on va estimer l'expression $\operatorname{Im}(v, \mathcal{R} f)_{0;\sigma}$ modulo des termes du type $C|v|^2_{0;\sigma}$ que l'on peut toujours absorber quitte à augmenter σ. On a $\operatorname{Im}(v, \mathcal{R}f)_{0;\sigma} = E + F + G$ où $E = -\operatorname{Im}(v, \mathcal{R}\mathcal{M}v) = \operatorname{Im}(\mathcal{R}\mathcal{M}v, v) \geq c' \sigma|v|^2_{0;\sigma}$ on a utilisé l'inégalité de Gårding grâce à (2.3). Comme $\mathcal{N}$ est de degré 0 , on a $|F| = |-\operatorname{Im}(v, \mathcal{R}\mathcal{N}v)| \leq C|v|^2_{0;\sigma}$. Enfin, une intégration par parties en x_n donne

$$G = \operatorname{Im}(v, \mathcal{R}D_n v) \equiv -\tfrac{1}{2}\langle v, \mathcal{R}v\rangle_{0;\sigma} + \tfrac{1}{2}((\mathcal{R}^* - \mathcal{R})D_n v, v)_{0;\sigma} .$$

D'autre part, on remarque que (2.4) implique

$$\langle -\mathcal{R}v, v\rangle_{0;\sigma} \geq -C'\langle Bv\rangle^2_{0;\sigma} + c'\langle v\rangle^2_{0;\sigma} \qquad \text{avec } c' > 0 \ ;$$

il vient, pour σ assez grand et avec $c'' > 0$

$$\operatorname{Im}(v, \mathcal{R}f) \geq -C'\langle Bv\rangle^2_{0;\sigma} + c''\sigma|v|^2_{0;\sigma} - C|f|^2_{0;\sigma} ,$$

d'où l'on déduit immédiatement l'inégalité d'énergie.

Tout le problème est donc ramené à la démonstration du théorème 2.3, c'est-à-dire à un résultat purement algébrique. La démonstration de Kreiss est basée sur une étude fine de la réduction à la forme de Jordan du symbole $M(y, x_n, \eta)$ dépendant du paramètre σ , mais elle est trop technique pour pouvoir être résumée ici. On trouvera aussi des généralisations dans Agranovic [6].

3. Existence et unicité de la solution

On développe maintenant les conséquences des inégalités d'énergie, en se contentant essentiellement d'énoncer les résultats.

A partir de l'inégalité d'énergie (2.1), on en déduit, par un argument de dualité, l'existence des solutions pour le problème (1.1) à données de Cauchy nulles.

COROLLAIRE 3.1 (Sakamoto [32]).- Sous l'hypothèse (H), il existe un nombre σ_o tel que, pour $f \in H_{s\,;\,\sigma}(R_+^{n+1})$, $h_k \in H_{m-1-m_k+s\,;\,\sigma}(R^n)$, $k = 1,\dots,r$ nuls pour $x_o < 0$, il existe $u \in H_{m-1+s\,;\,\sigma}(R_+^{n+1})$ unique, nul pour $x_o < 0$ et vérifiant $Pu = f$, $B_k u = g_k$; ceci pour tout $\sigma \geq \sigma_o$ et tout entier $s \geq 0$.

(Ce résultat avait été démontré antérieurement par T. Balaban [7], mais avec une hypothèse restrictive sur les racines de P.)

Dans le cas des données de Cauchy non nulles, il est nécessaire d'étendre l'inégalité d'énergie à cette situation, ce qui demande encore un peu de travail :

THÉORÈME 3.1 (Sakamoto [32]).- Sous l'hypothèse (H), il existe un nombre σ_o et une constante C tels que

$$(3.1)\qquad \sigma|u|^2_{m-1\,;\,\sigma} + \sum_{o}^{m-1} \langle D_n^j u\rangle^2_{m-1-j\,;\,\sigma} \leq C[\frac{1}{\sigma}\,|Pu|^2_{o\,;\,\sigma} + \sum_{1}^{r} \langle B_k u\rangle^2_{m-1-m_k\,;\,\sigma} + \sum_{o}^{m-1} [\gamma_j u]^2_{m-1-j\,;\,\sigma}]$$

pour tout $u \in H_{m\,;\,\sigma}(R_{++}^{n+1})$ et $\sigma \geq \sigma_o$, où $R_{++}^{n+1} = \{\bar{x} \mid x_o > 0\,, x_n > 0\}$ et $[\ ]_{s\,;\,\sigma}$ désigne la norme relativement à l'ouvert $\{(x_1,\dots,x_n) \mid x_n > 0\}$.

Pour énoncer le résultat dans le cas général, on introduit quelques notations supplémentaires. Soit $t \geq 0$, on suppose dorénavant que $x_o \in [0,t]$ et on définit le cylindre $\Omega = [0,t] \times X$, sa base $T = \{0\} \times X$ et la surface latérale $\Sigma = [0,t] \times \Gamma$. On note $\mathcal{H}_{m-1+s}$ le complété de l'espace $H_{m+s}(\Omega)$ pour la norme $\|u\|^2_{m-1+s} = |Pu|^2_s + \sum_{1}^{r} \langle B_k u\rangle^2_{m-1-m_k+s} + \sum_{o}^{m-1} [\gamma_j u]^2_{m-1-j+s}$. Alors en combinant le corollaire 3.1 et l'inégalité (3.1), J. Kato [21] démontre le

THÉORÈME 3.2.- On fait l'hypothèse (H) et soit un entier $s \geq 0$. Alors pour $f \in H_s(\Omega)$, $g_j \in H_{s+m-1-j}(T)$, $h_k \in H_{s+m-1-m_k}(\Sigma)$ vérifiant les conditions de com-

<u>patibilité à l'ordre</u> $m + s$ <u>sur</u> Γ , <u>il existe une solution unique</u> u <u>de</u> (1.1) <u>dans</u> $\mathcal{H}_{m-1+s}$. <u>En particulier, la solution est</u> C^∞ <u>pour des données</u> C^∞ <u>compatibles</u>.

On introduit les conditions de <u>compatibilité</u> naturelles sous la forme suivante : si u vérifie $Pu = f$, $\gamma_j u = g_j$, $j = 0,\dots,m-1$, on en déduit, en dérivant formellement en x_0 , une expression pour

$$(D_0^{m+j} u)\big|_{x_0 = 0} = C^j(g_0,\dots,g_{m-1}, f, \text{coefficients de } P) \qquad j \in \mathbb{N} ,$$

et en reportant dans $B_k u$, on obtient une expression pour

$$(D_0^j B_k u)\big|_{x_0 = 0} = C_k^j(g_0,\dots,g_{m-1}, f, \text{coeff. de } P, \text{coeff. de } B_k) .$$

Ce qui permet de poser la

DÉFINITION 3.1.- <u>On dit que les données</u> (f, g_j, h_k) <u>vérifient les conditions de compatibilité à l'ordre</u> $m + s$ <u>sur</u> Γ <u>si on a</u>

$$C_k^j\big|_{x_n = 0} = (D_0^j h_k)\big|_{x_n = 0} \qquad \begin{array}{l} j = 0,\dots,m+s-m_k-r \\ k = 1,\dots,r . \end{array}$$

Pour terminer, indiquons que dans le cas général où X est un ouvert de $\mathbb{R}^n$, dont le bord Γ est une variété C^∞ , J. Kato [21] a démontré que le théorème 3.2 reste valable mot pour mot, si on généralise de façon évidente l'hypothèse (H) et les conditions de compatibilité à cette situation.

Enfin, signalons que dans le cas des systèmes du premier ordre, on a des résultats analogues (Agranovic [5], [6], Rauch [29], Rauch et Massey [30]).

Deuxième Partie : Paramétrix et propagation des singularités pour le problème mixte

1. De quoi s'agit-il ?

Après l'existence et l'unicité de la solution du problème mixte, se pose le

Problème.- Décrire la structure des opérateurs (ou paramétrix) qui expriment la solution en fonction des données.

Pour résoudre ce problème, on propose une méthode (résumée dans [13]) qui consiste à interpréter en termes de transformations canoniques les relations entre un objet, situé dans une enceinte réfléchissante, et ses "images" successives.

On se restreint ici au cas des opérateurs d'ordre deux du type des ondes :

$$P = D_o^2 - \sum_{i,j=1}^{n} a_{ij}(x)\, D_{ij}^2 + (\text{ordre inférieur})$$

et on suppose les hypothèses (H_1, H_2, H_3) satisfaites relativement à un ouvert X (espace objet) de R^n dont le bord ("miroir") est une variété C^∞, de plus, on suppose les coefficients indépendants du temps x_o. On considère sur le bord la condition de Dirichlet, c'est-à-dire $B = 1$, l'hypothèse (L) est donc aussi vérifiée (ceci peut être généralisé [13]).

On considère le problème mixte avec une seule donnée non nulle notée g

$$(1.1)\quad \begin{cases} Pu = 0 & \text{sur } R \times X \\ \gamma_o u = 0\ ,\quad \gamma_1 u = g & \text{sur } \{0\} \times X \\ \operatorname{tr} u = 0 & \text{sur } R \times \Gamma \end{cases}$$

où tr désigne l'opérateur de trace sur $R \times \Gamma$,

et on se propose de décrire l'application $g \to u$.

Dans le cas particulier où P est à coefficients constants et à 2 variables d'espace, un premier résultat a été obtenu par Povzner et Suharevskii [28] concernant les singularités du noyau distribution de l'application $g \to u$.

2. Relations canoniques et optique géométrique du système

a) Tout d'abord, rappelons que pour le problème de Cauchy dans R^{n+1}, on a une paramétrix (cf. Hörmander [18], Duistermaat [14] et aussi Maslov [25]) qui est un opérateur intégral de Fourier $E_o \in I^{-1-1/4}(R^{n+1}, R^n ; C_o)$ vérifiant

$$PE_o \equiv 0 \quad , \quad \gamma_o E_o \equiv 0 \quad , \quad \gamma_1 E_o \equiv \text{Identité} \ ,$$

où $\equiv$ signifie modulo un opérateur régularisant (on utilise les notation de Duistermaat [14] pour les opérateurs intégraux de Fourier). Enfin, C_o est une relation canonique dans $(T^*R^{n+1}\setminus 0) \times (T^*R^n\setminus 0)$ définie par

$$C_o = \left\{ (\bar{x}, \bar{\xi} ; y, \eta) \;\middle|\; \begin{array}{l} \text{Si } (\bar{x}, \bar{\xi}) \text{ appartient à la bicaractéristique de } p \\ \text{passant par } \bar{y} = (0,y) \ , \ \bar{\eta} = (\eta_o, \eta) \text{ où } \eta_o \text{ est} \\ \text{l'une des racines de } p(y, \eta_o, \eta) = 0 \end{array} \right\} .$$

Notons que lorsqu'on sait construire E_o, alors on sait aussi construire la paramétrix du problème non homogène et même l'inverse exact dans des cas généraux (cf. Chazarain [12]).

b) On va définir une relation M dans $(T^*R^{n+1}\setminus 0) \times (T^*R^{n+1}\setminus 0)$ que l'on appelle "relation de réflexion". Pour cela, on rappelle que le fibré conormal $T^*_\Sigma R^{n+1}$ à $\Sigma = R \times \Gamma$ dans R^{n+1} est défini par la suite exacte

$$0 \leftarrow T^*_{\bar{x}}\Sigma \xleftarrow{\rho} T^*_{\bar{x}}R^{n+1} \leftarrow (T^*_\Sigma R^{n+1})_{\bar{x}} \leftarrow 0 \qquad \text{pour } \bar{x} \in \Sigma .$$

On définit la relation réflexion M par

$$M = \left\{ (\bar{y}, \bar{\eta} ; \bar{x}, \bar{\xi}) \;\middle|\; \begin{array}{l} \text{si } \bar{x} = \bar{y} \in \Sigma \text{ , et } (\bar{\xi}, \bar{\eta}) \text{ constitue une paire} \\ \text{de covecteurs qui vérifient} \\ p(\bar{x}, \bar{\xi}) = p(\bar{x}, \bar{\eta}) = 0 \text{ et } \rho(\bar{\xi} - \bar{\eta}) = 0 \end{array} \right\} .$$

Il est immédiat de vérifier que la 2-forme symplectique

$$\sum_{j=o}^{n} (dy_j \wedge d\eta_j - dx_j \wedge d\xi_j)$$

s'annule sur M, donc M est une variété involutive mais ce n'est pas une variété lagrangienne au sens de Hörmander [19] car sa dimension n'est que $2n+1$.

Remarque.- Le terme de réflexion est justifié par la propriété suivante. Soit un couple $((\bar{x}, \bar{\xi}) ; (\bar{x}, \bar{\eta})) \in M$, alors les variables conjuguées $q = \partial_\xi p(\bar{x}, \bar{\xi})$, $r = \partial_\xi p(\bar{x}, \bar{\eta})$ vérifient $\langle d\psi(x), q\rangle . \langle d\psi(x), r\rangle \leq 0$ où $\psi(x) = 0$ désigne une équation de la variété Γ.

c) Relations canoniques " m-ième image " S_m $(m \geq 1)$.

Introduisons quelques notations commodes pour décrire la situation relative à la réflexion des bicaractéristiques dans le miroir Γ. On désigne par $N^{\pm}$ les deux composantes connexes de la variété $N = p^{-1}(0) \setminus 0 \subset T^*R^{n+1} \setminus 0$. Pour $a \in N$, on note $D(a)$ la bicaractéristique de p passant par ce point et on précise $D^{\pm}(a)$, selon que $a \in N^{\pm}$. Dans le cas d'un point $(x,\xi) \in T^*X \setminus 0$, on note $D_0^{\pm}(x,\xi)$ la bicaractéristique $D^{\pm}(\bar{x},\bar{\xi})$ où $\bar{x} = (0,x)$, $\bar{\xi} = (\xi_0,\xi)$ avec ξ_0 tel que $\bar{\xi} \in N^{\pm}$. On rappelle que la bicaractéristique passant par a est définie par l'équation différentielle

$$\begin{cases} \dfrac{dx_j}{ds} = \partial_{\xi_j} p(x,\bar{\xi}) \quad , \quad \dfrac{d\xi_j}{ds} = - \partial_{x_j} p(x,\bar{\xi}) \quad j = 0,\dots,n \\ \text{et} \quad (\bar{x}(s), \bar{\xi}(s))\big|_{s=0} = a . \end{cases}$$

On a donc ξ_0 = constante, $x_0 = 2\xi_0.s$ + constante et, par conséquent, pour $\xi_0 \neq 0$, la bicaractéristique coupe $\{x_0 = 0\}$ en un point unique. D'autre part, on remarque que la projection sur T^*R^n des bicaractéristiques de P sont les bicaractéristiques relatives au symbole $p(x, 1, \xi)$ $(\xi_0 = 1)$.

Pour exclure le "phénomène de diffraction", on fait dorénavant l'hypothèse suivante sur l'ouvert X.

(D) Toute demi-bicaractéristique de $P(x, 1, D_x)$, issue d'un point $(x,\xi) \in T^*X \setminus 0$, coupe Γ transversalement en un point unique.

On peut montrer que cette condition entraîne que l'ouvert X est pseudo-convexe (au sens de [15]) pour l'opérateur $P(x, 1, D_x)$.

Dans ces conditions la demi-bicaractéristique $D_0^{\pm}(x,\xi)$ issue du point $(x,\xi) \in T^*X\setminus 0$, coupe $\mathbb{R}\times\Gamma$ en un point $a \in T^*(\mathbb{R}^{n+1})\setminus 0$ avec $\partial_{\xi_n} p(a) \neq 0$, soit b le point réflecté $((a,b) \in M)$, on définit la bicaractéristique réfléchie $D_1^{\pm}(x,\xi) = D^{\pm}(b)$. On définit ainsi de suite <u>les bicaractéristiques</u> $D_m^{\pm}(x,\xi)$ <u>issues de</u> (x,ξ) <u>après</u> m <u>réflexions</u>.

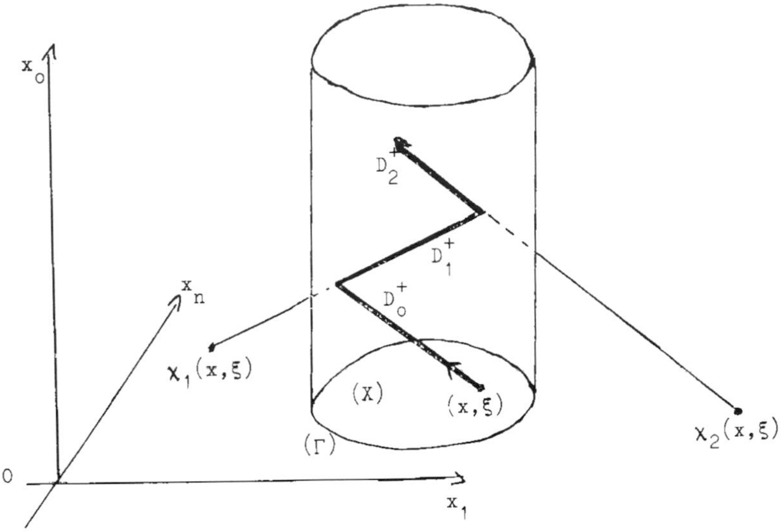

On peut alors définir les transformations χ_m, $m \geq 1$.

DÉFINITION 2.1.- <u>A tout point</u> $(x,\xi) \in T^*X\setminus 0$, <u>on associe le point</u> $\chi_m(x,\xi) \in T^*\mathbb{R}^n$ <u>qui est l'intersection de</u> $D_m^+(x,\xi)$ <u>avec</u> $\{x_0 = 0\}$.

PROPOSITION 2.1.- <u>Sous la condition</u> (D), <u>les applications</u> χ_m <u>sont des transformations canoniques homogènes de</u> $T^*X\setminus 0$ <u>dans</u> $T^*\mathbb{R}^n\setminus 0$, <u>en fait à valeurs dans</u> $T^*Y\setminus 0$ <u>où</u> $Y = \complement\bar{X}$. <u>On note</u> S_m <u>le graphe correspondant, alors la relation</u> S_m <u>est une relation canonique homogène</u>.

La méthode, pour démontrer que la 2-forme symplectique

$\sum_1^n (dy_j \wedge d\eta_j - dx_j \wedge d\xi_j)$ s'annule sur S_m , consiste à écrire S_m comme composée de relations où ceci est vrai.

Remarque (où l'on se regarde dans un miroir !).- A la transformation canonique χ_m on fait correspondre, au moyen de la transformation de Legendre relative à l'hamiltonien $p(x, 1, \xi)$, une transformation θ_m de $TX\setminus 0$ dans $TY\setminus 0$. Alors l'application θ_1 correspond en optique (cf. Luneburg [24]) à la relation entre l'objet et son image dans le "miroir déformant" Γ . L'aberration est la mesure dont θ_1 s'écarte d'une application tangente.

3. Paramétrix du problème mixte

On utilise la notation suivante : soient deux ouverts U et V et un opérateur linéaire $A : \mathcal{E}'(U) \to \mathcal{D}'(V)$, alors on écrit $A \approx 0$ sur U pour indiquer que $A\,\mathcal{E}'(U) \subset C^\infty(V)$.

L'étape essentielle est donnée par le

THÉORÈME 3.1.- Sous l'hypothèse (D), on peut associer aux relations canoniques S_m $(m \geq 1)$ des opérateurs intégraux de Fourier $\mathcal{S}_m \in I^0(R^n, X ; S_m)$ qui vérifient

(3.1) $\quad tr.E_0.\mathcal{S}_{m-1} + tr.E_0.\mathcal{S}_m \approx 0$ sur X pour $m \geq 1$,

où par définition $\mathcal{S}_0$ = identité , et tr est l'opérateur de trace sur la partie de $R \times \Gamma$ qui est atteinte par les bicaractéristiques $D^+_{m-1}(x,\xi)$ et $D^+_m(x,\xi)$ avec $(x,\xi) \in T^*X\setminus 0$.

Principe de la démonstration. On commence par construire $\mathcal{S}_1$, aussi on pose provisoirement $\mathcal{S}_1 = \mathcal{S}$ et $S = S_1$.

Tout d'abord on vérifie facilement l'égalité au niveau des relations canoniques. Ensuite, on détermine $\mathcal{S}$ sous la forme d'un développement asymptotique

$$\mathcal{S} \equiv \sum_{j \geq 0} \mathcal{S}^{(-j)} \quad \text{avec} \quad \mathcal{S}^{(-j)} \in I^{-j}(R^n, X ; S)$$

et les conditions

$$\begin{cases} \mathrm{tr}.E_o \cdot \mathcal{S}^{(o)} + \mathrm{tr}.E_o = R_{-1} \\ \mathrm{tr}.E_o \cdot \mathcal{S}^{(-j)} + R_{-j} = R_{-j-1} \end{cases} \qquad (j \geq 1)$$

où R_{-j} est un opérateur intégral de Fourier de degré $\leq -j-1$.

Cela se traduit par un système d'équations linéaires sur les symboles principaux, ce qui permet de les déterminer par récurrence.

Enfin, on construit $\mathcal{S}_m$ à partir de $\mathcal{S}_{m-1}$, comme on a construit $\mathcal{S}_1$ à partir de $\mathcal{S}_o = I$.

Revenons maintenant au problème mixte (1.1). On définit, pour $m \geq 1$, les opérateurs

$$E_m = E_o \circ \mathcal{S}_m \in I^{-1-1/4}(R^{n+1}, X ; C_o \circ S_m)$$

car on vérifie que l'on peut composer les relations C_o et S_m grâce à (D). D'ailleurs, on a une description très simple de

$$C_o \circ S_m = \left\{ (\bar{y}, \bar{\eta} ; x, \xi) \;\middle|\; \begin{array}{l} \text{si } (\bar{y}, \bar{\eta}) \text{ appartient à l'une des} \\ \text{bicaractéristiques } D_m^{\pm}(x, \xi) \end{array} \right\} .$$

D'autre part, on vérifie d'après la construction des $\mathcal{S}_m$, que pour $u \in \mathcal{E}'(X)$ les distributions

$$E_m u|_{R \times X} \in \mathcal{D}'(R \times X) / C^{\infty}(R \times X)$$

forment une famille localement finie, ce qui permet de définir l'opérateur $E = \sum_{m \geq 0} E_m$ en tant qu'opérateur de $\mathcal{E}'(X)$ dans $\mathcal{D}'(R \times X) / C^{\infty}(R \times X)$.

Alors, il découle facilement du théorème 3.1 que E est une <u>paramétrix</u> du problème (1.1), en ce sens que l'on a le

THÉORÈME 3.2.- <u>Sous l'hypothèse</u> (D), <u>l'opérateur</u> $E = \sum_{m \geq 0} E_m$ <u>vérifie sur</u> X <u>les conditions suivantes</u> :

$$PE \approx 0 \quad , \quad \mathrm{tr}\, E \approx 0 \quad , \quad \gamma_o E \approx 0 \quad , \quad \gamma_1 E \approx \text{Identité} .$$

<u>Remarque</u>.- On peut étendre ce théorème au cas où toutes les données sont non nulles, ceci pourvu que leurs supports ne rencontrent pas la frontière Γ , car sinon il faut définir des conditions de compatibilité, ce que l'on ne détaillera pas ici.

Du théorème, il découle, compte tenu des propriétés des opérateurs intégraux de Fourier (cf. Hörmander [19]), le résultat suivant sur la propagation des singularités.

COROLLAIRE 3.1.- Pour $g \in \mathcal{E}'(X)$ la distribution $u = Eg$ a son spectre singulier (noté S.S.(u) ou WF(u)) contenu dans la réunion des bicaractéristiques réfléchies $D_m^{\pm}(x,\xi)$, $m \geq 0$, issues des points $(x,\xi) \in$ S.S.(g) .

Terminons en indiquant une possibilité d'application de cette paramétrix E à l'étude du comportement asymptotique du spectre du Laplacien sur une variété à bord dans l'esprit de Balian et Bloch [8].

ADDITIF.- Après que ce texte ait été tapé, T. Kawai m'a signalé une note de D. S. Mogilevskii [34] concernant une question analogue à celle de la deuxième partie de cet exposé, mais dans une formulation beaucoup moins précise.

BIBLIOGRAPHIE

[1] R. AGEMI et T. SHIROTA - J. Fac. Sc. Hokkaido Univ., Vol. 21, n° 2 (1970), p. 133-151.

[2] R. AGEMI et T. SHIROTA - J. Fac. Sc. Hokkaido Univ., Vol. 22, n° 3 (1972), p. 137-149.

[3] S. AGMON - Problème mixte pour les équations hyperboliques d'ordre supérieur, Colloque CNRS, Paris (1962), p. 13-18.

[4] M. S. AGRANOVIC - Trad. Russian Math. Surveys, vol. 24 (1969), n° 1, p. 59-126.

[5] M. S. AGRANOVIC - Trad. Maths. USSR Sbornik, vol. 13 (1971), n° 1, p. 25-64.

[6] M. S. AGRANOVIC - Trad. Functional Analysis and Appl., vol. 6 (1972), p. 85-93.

[7] T. BALABAN - Mem. Amer. Math. Soc., n° 112 (1971), p. 1-115.

[8] T. BALIAN et C. BLOCH - Annals of physics, vol. 69 (1972), n° 1, p. 76-160.

[9] R. BEALS - Arch. Rat. Rech. Analysis, vol. 48 (1972), n° 2, p. 123-152.

[10] J. CHAZARAIN - J. Funct. Analysis, vol. 7 (1971), p. 386-446.

[11] J. CHAZARAIN et A. PIRIOU - Ann. Inst. Fourier, t. 22 (1972), fasc. 4, p. 193-237.

[12] J. CHAZARAIN - Opérateurs hyperboliques à caractéristiques de multiplicité constante, Ann. Inst. Fourier, t. 24 (1974), fasc. 1, à paraître.

[13] J. CHAZARAIN - Construction de la paramétrix du problème mixte hyperbolique pour l'équation des ondes, note C.R.A.S., Avril 1973, à paraître.

[14] J. J. DUISTERMAAT - Application of Fourier Integral operators, Séminaire Goulaouic-Schwartz, exposé n° 27 (1972), Ecole Polytechnique.

[15] J. J. DUISTERMAAT et L. HÖRMANDER - Acta Math., 128 (1972), p. 183-269.

[16] K. O. FRIEDRICHS et P. D. LAX - On symmetrisable differential operators, Proc. Symp. Singular Integrals, Amer. Math. Soc., vol. 10 (1967).

[17] R. HERSH - J. Math. Mech., 12 (1963), p. 317-334.

[18] L. HÖRMANDER - The calculus of Fourier Integral operators, Ann. of Math. Studies, n° 70 (1971), Princeton.

[19] L. HÖRMANDER - Acta Math., vol. 127 (1971), p. 79-183.

[20] M. IKAWA - Osaka J. Math., vol. 7 (1970), p. 495-525.

[21] J. KATO - Proc. Japan Acad., vol. 47 (1971), n° 1, p. 67-70.

[22] H. O. KREISS - Com. Pure Appl. Math., vol. 23 (1970), p. 277-298.

[23] M. KRZYSANSKI et J. SCHAUDER - Studia Math., 6 (1936), p. 162-189.

[24] R. K. LUNEBURG - Mathematical theory of optics, Univ. of California Press, Berkeley (1964).

[25] V. P. MASLOV - Théorie des perturbations et méthodes asymptotiques, Moscou (1965), trad. Dunod, Paris (1972).

[26] S. MIYATAKE - Mixed problem for hyperbolic equation of second order (preprint).

[27] S. MIZOHATA - Quelques problèmes au bord du type mixte, Séminaire Leray, Collège de France (1966-67).

[28] A. Ja. POVZNER et I. V. SUHAREVSKII - Mat. Sb., 51 (93), 1960, p. 3-26. [Trad. Amer. Math. Soc. Transl., (2) 47, 1965, p. 131-156.]

[28'] J. RALSTON - Com. Pure Appl. Math., vol. 24 (1971), p. 759-762.

[29] J. RAUCH - Com. Pure Appl. Math., vol. 25 (1972), p. 265-285.

[30] J. RAUCH et F. J. MASSEY - Differentiability of solutions to hyperbolic initial boundary value problems, (preprint).

[31] R. SAKAMOTO - J. Math. Kyoto Univ., vol. 10 (1970), n° 2, p. 349-373.

[32] R. SAKAMOTO - J. Math. Kyoto Univ., vol. 10 (1970), n° 3, p. 403-417.

[33] R. SAKAMOTO - Publ. RIMS, Kyoto Univ., vol. 8 (1972), n° 2, p. 265-293.

[34] D. S. MOGILEVSKII - Dokl. Akad. Nauk USSR, 199 (1971), n° 3, p. 540-543. [Trad. Soviet. Math. Dokl., vol. 12 (1971), n° 4, p. 1118-1122.]

Séminaire BOURBAKI 433-01
25e année, 1972/73, n° 433 Juin 1973

CONTRE-EXEMPLE À LA PROPRIÉTÉ D'APPROXIMATION UNIFORME DANS LES ESPACES DE BANACH

[d'après ENFLO et DAVIE]

par Didier DACUNHA-CASTELLE

Enflo a trouvé [1] un contre-exemple à la conjecture suivante : dans tout espace de Banach, l'identité est limite uniforme sur tout compact d'opérateurs de rang fini, c'est-à-dire, pour tout espace de Banach X et pour tout compact $K \subset X$, il existe un opérateur T de rang fini tel que $\sup_{x \in K} \|Tx - x\| \leq 1$.

Le travail d'Enflo fondé sur des idées très simples concernant la propriété d'approximation est rendu pénible par la non-utilisation d'inégalités probabilistes. Des simplifications techniques importantes ont été apportées par de nombreux auteurs, notamment Fiegel [2] et Davie [3]. Ce dernier a donné un exposé très simple que nous reprendrons. Il paraît difficile de simplifier plus que Davie ne l'a fait la démonstration d'Enflo.

Dans la suite A_1, A_2, ... désigneront des constantes. Soit $G = \bigcup_{K=1}^{\infty} G_K$, où les ensembles deux à deux disjoints G_K sont des groupes abéliens finis à 3.2^K éléments ; $\hat{G}_K$ est le groupe à 3.2^K éléments des caractères de G_K.

1. Une partition de $\hat{G}_K$ associée à une inégalité probabiliste

Lemme 1.– *On peut trouver des nombres ρ_i valant 2 ou -1, $i = 1,\dots,3.2^K$, tels que $\sum_i \rho_i = 0$ et*

$$(1) \qquad \left|\sum_i \rho_i \hat{g}_i(g)\right| \leq A_1 2^{K/2} \sqrt{K+1}) , \qquad \textit{pour tout } g \in G_K .$$

Démonstration.

Sous-lemme.– Soient $Y_1,\dots,Y_K$ des variables aléatoires indépendantes de même loi, $P(Y_i = 2) = \frac{1}{3}$, $P(Y_i = -1) = \frac{2}{3}$. Alors, il existe des constantes A_2, A_3

telles que

$$P\left(\left|\sum_{i=1}^{K} \alpha_i Y_i\right| > A_2 \sqrt{\sum_i |\alpha_i|^2} \sqrt{\log K}\right) < \frac{A_3}{K^3} ,$$

pour tout $K \geq 1$, tout $(\alpha_1,\ldots,\alpha_K) \in \mathbb{C}^K$.

Cette inégalité est élémentaire (inégalité de type exponentiel pour des sommes variables bornées). D'abord, en changeant A_3 en $2A_3$, on peut supposer les α_i réels et $\Sigma\, \alpha_i^2 = 1$. Désignons par E l'espérance.

$$\begin{aligned} E \exp \lambda \left|\sum_i \alpha_i Y_i\right| &\leq E \exp \lambda \sum_i \alpha_i Y_i + E \exp -\lambda \sum_i \alpha_i Y_i \\ &= \prod_i E \exp \lambda\, \alpha_i Y_i + \prod_i E \exp -\lambda\, \alpha_i Y_i \\ &= \prod_i \left(\frac{2}{3} e^{\lambda\alpha_i} + \frac{1}{3} e^{-\lambda\alpha_i}\right) + \prod_i \left(\frac{2}{3} e^{-\lambda\alpha_i} + \frac{1}{3} e^{\lambda\alpha_i}\right) . \end{aligned}$$

Comme, pour tout $x \in \mathbb{R}$, $\frac{1}{3}(e^{2x} + e^{-x}) \leq e^{x^2}$, on a

$$E \exp \lambda \left|\sum_i \alpha_i Y_i\right| \leq 2e^{\lambda^2} , \qquad \text{pour } \lambda \in \mathbb{R} .$$

Pour toute variable aléatoire Z , et tout $\lambda \in \mathbb{R}^+$, on a

$$P(Z > 0) \leq E \exp \lambda Z ,$$

$$E \exp\left(\lambda \left|\sum_i \alpha_i Y_i\right| - \lambda^2 - 3 \log K\right) \leq \frac{2}{K^3} ,$$

et posant $\lambda = \sqrt{3 \log K}$, on a

$$P\left(\left|\sum_i \alpha_i Y_i\right| > 2 \sqrt{3 \log K}\right) \leq \frac{2}{K^3} ,$$

d'où le sous-lemme.

Il existe donc des réalisations $Y_i(\omega)$ telles que, posant $\rho_i = Y_i(\omega)$, on ait

$$\begin{aligned} \left|\sum_{i=1}^{3.2^K} \rho_i\, \hat{g}_i(g)\right| &\leq A_2 \sqrt{\sum_i \hat{g}_i(g)} \sqrt{\log 3.2^K} \\ &\leq A_3\, 2^{K/2} \sqrt{K + 1} . \end{aligned}$$

Faisons $g = e$ élément unité du groupe G_K , on a

$$\Big|\sum_{i=1}^{3.2^K} \rho_i\Big| \leq A_3\, 2^{K/2} \sqrt{K+1} \ .$$

En changeant éventuellement les $A_3\, 2^{K/2} \sqrt{K+1}$ dernières valeurs de ρ_i , on satisfait à la condition $\sum_{i=1}^{3.2^K} \rho_i = 0$. On augmente alors $|\sum_i \rho_i\, \hat{g}_i(g)|$ d'au plus $2A_3\, 2^{K/2} \sqrt{K+1}$, d'où le lemme en posant $A_1 = 3A_3$.

On peut alors séparer les $\hat{g}$ en 2 , les σ_i^K au nombre de 2^K sont ceux qui, pour les ρ_i définis ci-dessus, sont associés à des ρ_i de valeur 2 et les τ_i^K au nombre de 2^{K+1} sont associés aux ρ_i de valeur -1 .

2. Définition de l'espace X ne satisfaisant pas la propriété d'approximation

X sera le sous-espace de $\ell^\infty(G)$ engendré par les fonctions $(e_j^K)_{\substack{j=1,\dots,2^K \\ K=1,2,\dots}}$ suivantes :

$$e_j^K = 0 \quad \text{sur} \quad (G_K \cup G_{K-1})^c \ ,$$

$$e_j^K(g) = \tau_j^{K-1}(g) \qquad \text{si} \quad g \in G_{K-1} \ ,$$

$$e_j^K(g) = \varepsilon_j^K\, \sigma_j^K(g) \qquad \text{si} \quad g \in G_K \ , \text{ les } \varepsilon_j^K \text{ étant des nombres valant}$$

± 1 que nous fixerons par la suite pour les besoins de la cause (rappelons qu'il y a 2^K , τ_j^{K-1} distincts et 2^K , σ_j^K).

On note X_K le sous-espace de dimension 2^K engendré par les e_j^K , $j = 1,\dots,2^K$. On définit une suite e_j^{K*} d'éléments de X^* tels que $\{(e_j^{K*}, e_j^K)\}$ forment un système biorthogonal, $e_j^{K*}(e_{j'}^{K'}) = \delta_j^{j'}\, \delta_K^{K'}$, à partir de l'une des deux formules équivalentes

$$e_j^{K*}(f) = \frac{1}{3.2^K} \sum_{g \in G_K} \varepsilon_j^K\, \sigma_j^K(g^{-1})\, f(g) \ ,$$

$$e_j^{K*}(f) = \frac{2}{3.2^K} \sum_{g \in G_{K-1}} \tau_j^{K-1}(g^{-1})\, f(g) \ ,$$

(le fait que l'on obtienne un système biorthogonal découlant de la relation d'orthogonalité des caractères $\sum_{g \in G_K} \hat{g}_1(g^{-1})\hat{g}_j(g) = \delta_i^j$).

L'espace X étant construit, on définit sur l'espace $L(X)$ des opérateurs linéaires bornés de X dans X une suite de formes linéaires Tr_K définies par

$$Tr_K(T) = \frac{1}{2^K} \sum_{j=1}^{2^K} e_j^{K*}(T\, e_j^K)$$

avec $Tr_K\, T \in L(E)^*$ ($L(E)$ muni de la topologie de la norme),

$Tr_K\, I = 1$ si I est l'identité.

Supposons avoir trouvé un ensemble compact $U \subset X$ et avoir la propriété suivante :

$$|Tr_{K+1}(T) - Tr_K(T)| < \alpha_K \sup_{x \in U} \| Tx \| \qquad \text{où} \quad \sum_{K=1}^{\infty} \alpha_K < \infty .$$

Alors X ne peut pas avoir la propriété d'approximation uniforme.

En effet, la série $\Sigma(Tr_{K+1} - Tr_K)$ converge dans X^* , donc Tr_K converge vers un élément Tr_∞ de X^* . On a

a) $Tr_\infty\, I = 1$

b) $Tr_\infty\, T = 0$, pour tout T de rang fini.

a) est évident.

Pour démontrer b), on remarque que $Tr_L\, T = 0$ pour $L > K$, si T est de la forme $T(x) = y^*(x)e_j^K$, $y^* \in X^*$, et l'ensemble de combinaisons linéaires de tels opérateurs est dense dans l'ensemble des opérateurs de rang fini muni de la topologie de la norme. Supposons qu'il existe une suite T_n d'opérateurs de rang fini convergeant uniformément vers I sur U . On aurait alors

$$Tr_\infty\, |T_n - I| \to 0$$

d'une part, puisque

$$Tr_\infty\, |T_n - I| \leq \sum_K \alpha_K \sup_{x \in U} |(T_n - I)(x)|$$

et par ailleurs

$$\mathrm{Tr}_\infty (I - T_n) = 1 ,$$

d'où la contradiction ; il reste à choisir les ε_j^K pour qu'il en soit ainsi.

3. Choix des ε_j^K

On a, en utilisant la définition des e_j^{K*} ,

$$\mathrm{Tr}_K(T) = \frac{1}{2^K} \sum_{j=1}^{2^K} \frac{1}{3.2^K} \sum_{g \in G_K} \varepsilon_j^K \sigma_j^K (g^{-1})(T e_j^K)(g)$$

$$= \frac{1}{3.4^K} \sum_{g \in G_K} T\Big(\sum_{j=1}^{2^K} \varepsilon_j^K \sigma_j^K (g^{-1}) e_j^K \Big)(g) ,$$

et

$$\mathrm{Tr}_{K+1}(T) = \frac{1}{6.4^K} \sum_{g \in G_K} T\Big(\sum_{j=1}^{2^{K+1}} \tau_j^K(g^{-1}) e_j^{K+1} \Big)(g) .$$

Soit

$$\mathrm{Tr}_{K+1}(T) - \mathrm{Tr}_K(T) = \frac{1}{3.2^K} \sum_{g \in G_K} T(\Phi_g^K)(g) ,$$

où $\Phi_g^K = \frac{1}{2^{K+1}} \sum_{j=1}^{2^{K+1}} \tau_j^K(g^{-1}) e_j^{K+1} - \frac{1}{2^K} \sum_{j=1}^{2^K} \varepsilon_j^K \sigma_j^K (g^{-1}) e_j^K$, si $K \geq 1$.

On a

$$\Phi_g^K = 0 \quad \text{sur} \quad (G_{K-1} \cup G_K \cup G_{K+1})^c ,$$

$$\Phi_g^K(h) = \frac{1}{2^{K+1}} \sum_{j=1}^{2^{K+1}} \varepsilon_j^{K+1} \tau_j^K (g^{-1}) \sigma_j^{K+1}(h) \qquad \text{si } h \in G_{K+1}$$

$$= \frac{1}{2^K}\Big[\frac{1}{2} \sum_{j=1}^{2^{K+1}} \tau_j^K(g^{-1}h) - \sum_{1}^{2^K} \sigma_j^K(g^{-1}h)\Big] \qquad \text{si } h \in G_K$$

$$= -\frac{1}{2^K} \sum_{j=1}^{2^K} \varepsilon_j^K \sigma_j^K (g^{-1}) \tau_j^{K-1}(h) \qquad \text{si } h \in G_{K-1} .$$

Le lemme 1 montre que $|\Phi_g^K(h)| \leq A_1 \sqrt{K+1}\, 2^{-K/2}$ sur G_K . Nous allons montrer que l'on peut choisir les ε_j^K tels que $\| \Phi_j^K \| \leq A_1 \sqrt{K+1}\, 2^{-K/2}$.

Lemme 2.- Soient Y_i des variables indépendantes de Bernoulli, $P(Y_i = \pm 1) = \frac{1}{2}$. Alors, il existe des constantes A_4, A_5 telles que l'on ait, pour tout $K \geq 1$ et tout $(\alpha_1,\ldots,\alpha_K) \in C^K$:

$$P(|\sum_{i=1}^{K} \alpha_i Y_i| \geq A_4 \sqrt{\Sigma |\alpha_i^2|} \sqrt{\log K}) < \frac{A_5}{K^3}.$$

La démonstration de ce lemme est identique à celle du lemme 1.

Soient, alors, $(Y_j^K)_{\substack{j=1,\ldots,2^K \\ K=1,2,\ldots}}$ des variables de Bernoulli indépendantes.

En appliquant le lemme 2, on peut choisir une réalisation $\varepsilon_j^K = Y_j^K(\omega)$ des Y_j^K telle que l'on ait simultanément les inégalités

$$|\sum_{j=1}^{2^K} Y_j^K(\omega)\, \tau_j^{K-1}(g^{-1})\, \sigma_j^K(h)| \leq A_4 \sqrt{\sum_1^{2^K} |\tau_j^{K-1}(g^{-1})\, \sigma_j^K(h)|^2} \sqrt{\log 2^K}$$

$$\leq A_4\, 2^{K/2} \sqrt{K+1},$$

pour $g \in G_{K-1}$, $h \in G_K$ (soit 9.2^{2K-1} inégalités),

et

$$|\sum_{j=1}^{2^K} Y_j^K(\omega)\, \sigma_j^K(g^{-1})\, \tau_j^{K-1}(h)| \leq A_4\, 2^{K/2} \sqrt{K+1},$$

pour $g \in G_K$, $h \in G_{K-1}$ (soit 9.2^{K-1} inégalités).

A g, h fixés, ces inégalités sont vraies sur des évènements de probabilité $> 1 - \frac{A_5}{2^{3K}}$. Donc la conjonction de ces inégalités est vraie sur un évènement de probabilité $> 1 - 18.2^{2K-1} \frac{A_4}{2^{3K}}$

$$> 0 \text{ pour } K > K_o.$$

On a donc pu choisir les ε_j^K de manière que, pour $K > K_o$,

$$\|\Phi_g^K\| \leq A_4\, 2^{-K/2} \sqrt{K+1}.$$

On a

$$|Tr_{K+1}\ T - Tr_K\ T| \leq \sup_{g \in G_K} \|T\ \Phi_g^K\| .$$

Il reste à choisir $U = \{K^2\ \Phi_g^K\ ,\ K \geq K_o\}$. U est relativement compact puisque

$$\|\Phi_g^K\| \leq A_4\ 2^{-K/2}\ \sqrt{K+1} \quad \text{et} \quad \|Tr_{K+1}\ T - Tr_K\ T\| \leq \frac{1}{K^2} \sup_{x \in U} \|Tx\| .$$

On a la situation voulue.

<u>Remarques</u>.— 1) Des constructions très voisines permettent de construire un sous-espace de ℓ^p , pour $p > 2$, qui n'a pas la propriété d'approximation, pour $1 \leq p < 2$, les inégalités probabilistes ou autres utilisées ne valent plus, le problème est ouvert.

2) La propriété d'approximation n'est donc pas vérifiée par tous les Banach. Elle est donc trop forte en ce sens. Elle semble, par ailleurs, trop faible pour être bien intégrée dans la partie qui semble la plus intéressante des travaux actuels sur les Banach : à savoir qu'elle ne se décrit pas par des propriétés des sous-espaces de dimension finie (on peut donner à cet énoncé un sens assez précis). On peut donner plusieurs définitions de propriétés d'approximation plus liées aux espaces de dimension finie et satisfaites par des espaces classiques comme les L^p , les espaces complémentés des L^p , etc... (La propriété classique d'approximation métrique est elle-même apparemment trop faible.)

Dans l'état actuel des choses, il n'est pas possible de dire quelles sont les propriétés d'approximation véritablement utiles et "naturelles".

BIBLIOGRAPHIE

[1] ENFLO - A counterexample to the approximation problem in Banach spaces, Acta Math., 130(1973), p. 309-317.

[2] FIEGEL - Divers articles, à paraître.

[3] DAVIE - The approximation problem for Banach spaces, à paraître.

Séminaire BOURBAKI 434-01
25e année, 1972/73, n° 434 Juin 1973

UN CONTRE-EXEMPLE À LA CONJECTURE DE SEIFERT

[d'après P. SCHWEITZER]

par Harold ROSENBERG

En 1950, Georges Seifert a démontré que tout champ de vecteurs X qui est une C^0-perturbation du champ Y sur S^3 défini par

$$Y(x_1,x_2,x_3,x_4) = (-x_2,x_1,-x_4,x_3) ,$$

admet au moins une orbite périodique [8]. Ceci est vrai pour X continu avec des solutions uniques. Dans cet article, Seifert dit : " It is unknown if every continuous vector field of the three-dimensional sphere contains a closed integral curve " ; d'où l'origine de la conjecture de Seifert.

En 1972, Paul Schweitzer a trouvé un champ de vecteurs sur S^3 , de classe C^1 , sans orbites compactes [7]. Plus généralement, il a démontré :

THÉORÈME 1.- Soit V une variété fermée de dimension trois et soit Y un champ de vecteurs sur V sans zéros. Alors Y est homotope à un champ de vecteurs X , de classe C^1 , et X n'a pas d'orbites compactes. L'homotopie entre Y et X est dans l'espace des champs sur V sans zéros.

On construit X en deux étapes. D'abord, on rend Y homotope à un champ Y_0 ayant un nombre fini d'orbites compactes ; Y_0 aura la même classe de différentiabilité que Y . Ensuite, on casse chaque orbite périodique de Y en insérant un piège dans un flot-box contenant un segment de l'orbite périodique. Naturellement, pour un contre-exemple à la conjecture de Seifert, on n'a pas besoin de la première étape ; c'est facile de construire un champ sur S^3 sans zéro, ayant exactement une orbite compacte.

1. Construction du champ Y_0 ayant un nombre fini d'orbites compactes

Lemme 1.1.- Il existe un entier k et des plongements $f_i : S^1 \times [1,4] \to V$ pour $i = 1,\ldots,k$, tels que :

(i) $f_i(S^1 \times [1,4]) \cap f_j(S^1 \times [1,4]) = \emptyset$ si $i \neq j$;

(ii) Y est transverse à $\bigcup_i f_i(S^1 \times [1,4])$;

(iii) chaque orbite de Y rencontre un $f_i(S^1 \times [2,3])$.

Démonstration. Nous construirons des disques $D_1,\ldots,D_n$, de dimension deux, dans V , tels que $D_i \cap D_j = \emptyset$ si $i \neq j$, et tels que Y soit transverse à $\bigcup_i D_i$ et que chaque orbite de Y rencontre au moins un D_j . Puis, on construit des f_i de la façon suivante : il existe des nombres positifs $\varepsilon_1,\ldots,\varepsilon_n$ tels que les $2n$ disques $D_1,\ldots,D_n$, $\Phi_{\varepsilon_1}(D_1),\ldots,\Phi_{\varepsilon_n}(D_n)$ sont disjoints deux par deux ; Φ_t est le groupe à un paramètre de difféomorphismes de V associé à Y . Soient A_i et B_i deux disques ouverts dans D_i tels que $\bar{A}_i \cap \bar{B}_i = \emptyset$ et $\bar{A}_i \cup \bar{B}_i \subset$ intérieur de D_i . Alors $D_1 - A_1$,..., $D_n - A_n$, $\Phi_{\varepsilon_1}(D_1 - B_1)$,..., $\Phi_{\varepsilon_n}(D_n - B_n)$ sont $2n$ anneaux, disjoints deux par deux, transverses à Y , et chaque orbite de Y passe par l'un d'eux. On obtient des f_i en épaississant ces anneaux. Donc, il suffit de construire $D_1,\ldots,D_n$.

Soient $W_1,\ldots,W_p$ des flot-boxes pour Y qui recouvrent V et tels que chaque W_i soit difféomorphe à $D^2 \times I$ avec Y correspondant au champ $\frac{d}{dt}$. On prend D_1 = la partie de W_1 correspondant à $D^2 \times (0)$. Maintenant regardons W_2 ; identifions W_2 avec $D^2 \times I$ et soit $A = D_1 \cap W_2$. Pour ε petit, $H_\varepsilon = \{\Phi_t(A) \mid -\varepsilon < t < \varepsilon\} \cap W_2$ est un voisinage tubulaire trivial de A dans W_2 . Soit $W = W_2 - H(\varepsilon/2)$. Pour $x \in W$, il existe un voisinage de x de la forme $B_x \times [a_x , b_x] \subset W_2$, tel que $B_x \subset D^2$, $[a_x , b_x] \subset [0,1]$ et $[(B_x \times (a_x)) \cup (B_x \times (b_x))] \cap A = \emptyset$. Donc, on peut recouvrir W par un nombre fini de tels voisinages, $B_1 \times [a_1 , b_1]$,..., $B_m \times [a_m , b_m]$, où chaque B_i est difféomorphe à D^2 . Maintenant, pour ε_i assez petit, et choisi convenablement, on aura

$$B_1 \times [a_1 - \varepsilon_i , b_1] ,\ldots, B_m \times [a_m - \varepsilon_m , b_m] ,$$

un recouvrement de W et les disques $B_1 \times (a_1 - \varepsilon_1)$,..., $B_m \times (a_m - \varepsilon_m)$ disjoints deux par deux. On prend $D_2 = B_1 \times (a_1 - \varepsilon_1)$,..., $D_{m+1} = B_m \times (a_m - \varepsilon_m)$, et on refait le même raisonnement dans W_3 avec A remplacé par

$(D_1 \cup \ldots \cup D_{m+1}) \cap W_3$.

Lemme 1.2.- Il existe un champ de vecteurs X sur $M = S^1 \times [1,4] \times I$ tel que

(i) $X = \frac{d}{dt}$ dans un voisinage de ∂M , où t est la coordonnée de I ,

(ii) X a quatre orbites périodiques dans M ,

(iii) l'orbite de X d'un point $(x,s,0)$ arrive en $(x,s,1)$ si $1 \leq s < 2$ ou $3 < s \leq 4$,

(iv) l'orbite positive d'un point $(x,s,0)$ tend vers une orbite périodique de X si $2 \leq s \leq 3$, et de même pour l'orbite négative du point $(x,s,1)$ si $2 \leq s \leq 3$,

(v) X est homotope à $\frac{d}{dt}$ rel ∂M .

Démonstration. Soit Z un champ unitaire tangent à $S^1 \times [1,4] \times (1/2)$ tel que les orbites de Z par $(x) \times (s) \times (1/2)$ sont des cercles $S^1 \times (s) \times (1/2)$ si $1 \leq s \leq 2$ ou $3 \leq s \leq 4$, et dans $S^1 \times [2,3] \times (1/2)$, les orbites de Z spiralent de $S^1 \times (2) \times (1/2)$ à $S^1 \times (3) \times (1/2)$. C'est clair qu'on peut choisir un tel Z de classe C^∞ . Soit $\varphi : [1,4] \to [0,1]$ une fonction de classe C^∞ telle que $\varphi(t) = 0$ pour t dans un voisinage de 1 , $\varphi(t) < 1$ pour $1 < t < 2$, $\varphi(t) = 1$ pour $2 \leq t \leq 3$ et $\varphi(3+t) = \varphi(2-t)$ pour $0 \leq t \leq 1$. On définit X sur $S^1 \times [1,4] \times (1/2)$ par

$$X(x,s,\tfrac{1}{2}) = (1 - \varphi(s)) \frac{d}{dt} + \varphi(s) Z(x,s,\tfrac{1}{2}) .$$

Ensuite, soit $\lambda : I \to I$ une fonction C^∞ telle que $\lambda(t) = 0$ pour t dans un voisinage de $\partial[0,1]$, $\lambda(t) = 1$ si et seulement si $t = \frac{1}{2}$, et $\lambda(t) = \lambda(1-t)$. On définit X sur $S^1 \times [1,4] \times I$ par

$$X(x,s,t) = (1 - \lambda(t)) \frac{d}{dt} + \lambda(t) X(x,s,\tfrac{1}{2}) .$$

Alors ce champ X a deux orbites périodiques et satisfait aux conditions (i), (iv) et (v), mais X ne satisfait pas (iii). Pour obtenir un champ qui satisfait (i),...,(v), nous prenons le "mirror image" du champ X sur $S^1 \times [1,4] \times [1,2]$ et puis X plus son "mirror image" définissent un champ sur $S^1 \times [1,4] \times [0,2]$

qui satisfait toutes les conditions.

THÉORÈME 1.1 ([9]).- Soient V une variété fermée de dimension trois et Y un champ sur V sans zéros. Alors Y est homotope à un champ Y_0 ayant un nombre fini d'orbites compactes. L'homotopie est dans l'espace des champs sans zéros.

Démonstration. Soient $f_1,\dots,f_k$ des plongements de $S^1 \times [1,4]$ dans V donné par le lemme 1.1. Par les conditions (i) et (ii) de 1.1, on peut étendre $f_1,\dots,f_k$ aux plongements $g_1,\dots,g_k$ de $S^1 \times [1,4] \times I \to V$ tels que

a) $g_i / S^1 \times [1,4] \times (0) = f_i$ pour $i = 1,\dots,k$,

b) $g_i(\frac{d}{dt}) = Y$ pour tout i ,

c) $g_i(S^1 \times [1,4] \times I) \cap g_j(S^1 \times [1,4] \times I) = \emptyset$ si $i \neq j$.

Soit Y_0 le champ sur V défini par

1) $Y_0 = Y$ sur $V - \bigcup_{i=1}^{k} g_i(S^1 \times [1,4] \times I)$,

2) $Y_0 = g_i(X)$ dans $g_i(S^1 \times [1,4] \times I)$, où X est le champ donné par le lemme 1.2.

Par la condition (i) de 1.2, Y_0 est de classe C^∞ si Y l'est, et par les conditions (ii), (iii) et (iv), les orbites périodiques de Y_0 sont les images par g_i des quatre orbites périodiques de X pour $i = 1,\dots,k$.

2. Construction d'un champ sur V sans orbites compactes

Pour construire ce champ, Schweitzer utilise un exemple de Denjoy que nous expliciterons dans le numéro 4.

THÉORÈME 2.1 ([1]).- Il existe un champ de vecteurs Z sur le tore T^2 , de classe C^1 , sans orbite compacte et ayant un ensemble minimal non trivial K .

Remarque.- L'existence d'un tel champ de classe C^0 n'est pas difficile et c'était déjà connu de Poincaré. Par contre, Denjoy (et Van Kampen) a démontré que de tels champs de classe C^2 n'existent pas, [1].

Maintenant, soit D un 2-disque dans $T^2 - K$ et posons $M = T^2 - \mathrm{int}(D)$, $Z = Z/M$.

Lemme 2.2.- Il existe un champ X, de classe C^1, sur $M \times [-2, +2]$ satisfaisant

(i) $X = \frac{d}{dt}$ sur $A \times [-2,+2]$, où $A = M - U$, U voisinage ouvert de K, $U \neq M$,

(ii) si $x \in M - K$, l'orbite positive de X commençant en $(x,-2)$ arrive au point $(x,+2)$.

(iii) si $x \in K$, l'orbite positive de X par $(x,-2)$ tend vers $K \times (-1)$ et l'orbite négative de X par $(x,+2)$ tend vers $K \times (1)$,

(iv) X n'a pas d'orbites compactes, et

(v) X est homotope à $\frac{d}{dt}$ rel $A \times [-2,2]$.

Démonstration. Soit $\varphi : M \to [0,1]$ une fonction de classe C^∞ telle que $K = \varphi^{-1}(1)$ et φ à support compact ; disons $\varphi = 0$ sur $A = M - U$, U voisinage ouvert de K, $U \neq M$.

Soit $\lambda : [-2,0] \to I$ une fonction de classe C^∞ telle que $\lambda = 0$ dans un voisinage de $\partial[-2,0]$ et $\lambda(t) = 1$ si et seulement si $t = -1$. On étend λ à $[-2,2]$ par $\lambda(t) = -\lambda(-t)$. On définit X sur $M \times [-2,2]$ par :

$$X(x,t) = (1 - \varphi(x)|\lambda(t)|) \frac{d}{dt} + \varphi(x)\lambda(t)Z(x) .$$

Il est clair que X est de classe C^1 et satisfait à la condition (i) de 2.2. Par définition, X sur $M \times [0,2]$ est le négatif de la réflection de $X/(M \times [-2,0])$ par $M \times (0)$; c.à.d. X sur $M \times [0,2]$ est le "mirror image" de $X/M \times [-2,0]$. Donc une orbite de X dans $M \times [0,2]$ est la réflection d'une orbite dans $M \times [-2,0]$. Il en résulte que si une orbite de X commençant en un point $(x,-2)$ arrive au point $(y,0)$, alors cette même orbite arrive au point $(x,2)$. Or, pour $x \notin K$, la composante suivant $\frac{d}{dt}$ de $X(x,t)$ est strictement positive, d'où la condition (ii). Si $x \in K$, $X(x,t) = (1 - |\lambda(t)|) \frac{d}{dt} + \lambda(t)Z(x)$. Donc,

$K \times (-1)$ et $K \times (1)$ sont des ensembles minimaux pour X et la condition (iii) est satisfaite. Sur le complément de $K \times (-1)$ et $K \times (1)$, la composante de X suivant $\frac{d}{dt}$ est positive, donc X n'a pas d'orbite compacte. La condition (v) est claire.

3. L'exemple de P. Schweitzer

Soit Y_o un champ de vecteurs sur V ayant un nombre fini d'orbites périodiques, $C_1,\dots,C_n$. Soit x_i un point de C_i et U_i un flot-box de Y_o contenant x_i. Choisissons les U_i de sorte qu'ils soient difféomorphes à $D^2 \times I$ et que Y_o corresponde au champ $\frac{d}{dt}$. Aussi $U_i \cap U_j = \emptyset$ si $i \neq j$. Nous allons modifier Y_o dans chaque U_i.

Soit $f : M \to \mathrm{int}(D^2 \times I)$ un plongement transverse au champ $\frac{d}{dt}$, où $M = T^2 - \mathrm{int}(D)$ est la variété définie dans le numéro 2. Pour obtenir un tel **f**, on peut immerger M dans $\mathrm{int}(D^2 \times (1/2))$ de sorte que les self-intersections soient un petit carré, voir figure 1 :

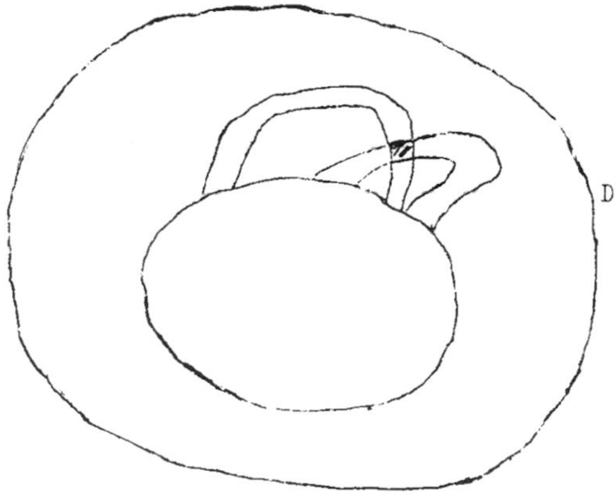

Figure 1

Puis on relève légèrement une des anses dans $D^2 \times I$ pour obtenir f.

Ensuite on étend f à un plongement $f : M \times [-2,+2] \to \mathrm{int}(D^2 \times I)$ tel que

$f(x \times [-2,+2])$ soit contenu dans le segment vertical par $f(x)$ pour chaque $x \in M$. Soit X le champ sur $M \times [-2,+2]$ construit dans 2.2. Soit X_o le champ dans $D^2 \times I$ qui est égal à $f_*(X)$ dans $f(M \times [-2,+2])$ et $X_o = \frac{d}{dt}$ dans $D^2 \times I - f(M \times [-2,+2])$. Il est clair que X_o est un champ de classe C^1 sur $D^2 \times I$.

Maintenant, dans V, nous modifions Y_o dans chaque U_i en mettant l'image de X_o dans U_i par le difféomorphisme qui identifie U_i avec $D^2 \times I$. Il faut prendre une précaution : le plongement de M dans U_i se fait de sorte que x_i appartienne à K, l'ensemble minimal de X. Alors le champ X ainsi obtenu est de classe C^1 est sans orbite compacte. Ceci démontre le théorème 1. Il nous reste à décrire l'exemple de Denjoy.

4. <u>Un difféomorphisme de</u> S^1

Associé à un difféomorphisme $f : V \to V$ de classe C^k, nous avons un champ de vecteurs $X(f)$, de classe C^k, sur la suspension de V par f : $V(f)$ = le quotient de $V \times R$ par la relation $(x,t+1) = (fx,t)$ pour $t \in R$. Le champ $X(f)$ sur $V(f)$ est l'image du champ $\frac{d}{dt}$ sur $V \times R$ par la projection canonique. Il y a une correspondance bijective entre les points périodiques de f et les orbites périodiques de $X(f)$. De même, pour les ensembles minimaux. Lorsque $V = S^1$ et f conserve l'orientation, $V(f) = T^2$. Donc pour construire un champ Z sur T^2 sans orbite compacte, de classe C^1 et non ergodique, il suffit de démontrer :

THÉORÈME 4.1 (Denjoy [1], expliqué dans une lettre de J. Milnor).- <u>Il existe un</u> C^1 <u>difféomorphisme</u> $f : S^1 \to S^1$, <u>sans point périodique et avec un ensemble minimal</u> K <u>non trivial.</u>

<u>Démonstration.</u> L'idée est de construire d'abord la dérivée de f et puis f par intégration. Soient $\ell_n > 0$ pour $n \in Z$, tels que $\sum_{n \in Z} \ell_n = 1$ et

$\lim_{n \to \pm\infty} \frac{\ell_{n+1}}{\ell_n} = 1$. Soit α un nombre irrationnel entre 0 et 1 , et $\alpha_n = n\alpha \pmod 1$. Les α_n sont distincts et denses dans $[0,1]$.

Soient $I_n = (b_n, c_n)$ où $b_n = \sum_{\{m/\alpha_m < \alpha_n\}} \ell_m$ et $c_n = \sum_{\{m/\alpha_m \leq \alpha_n\}} \ell_m = b_n + \ell_n$. Les I_n sont ordonnés sur $[0,1]$ de la même façon que les α_n , c.à.d., $\alpha_n < \alpha_p$ alors $c_n < b_p$. Donc les I_n sont disjoints deux par deux et leur réunion est dense dans $[0,1]$.

Pour chaque entier n , soit $f' : I_n \to (0,\infty)$ une fonction continue telle que :

(i) $f'(t) \to 1$ quand $t \to b_n$ et $t \to c_n$,

(ii) $f'(t) \to 1$ uniformément quand $n \to \pm\infty$,

(iii) $\int_{I_n} f' = \ell_{n+1}$.

C'est pour la condition (ii) qu'on a choisi les ℓ_n tels que $\lim_{n \to \pm\infty} \frac{\ell_{n+1}}{\ell_n} = 1$.

On étend f' à une fonction continue $f' : R \to (0,\infty)$ par $f'(t) = 1$ pour $t \in I - \bigcup_{n \in Z} I_n$ et $f'(t+1) = f'(t)$. Soit $f(t) = b_1 + \int_0^t f'(s)ds$. Alors f est de classe C^1 et f est un difféomorphisme. Il est clair que $f(t+1) = f(t) + 1$, car

$$f(t+1) = b_1 + \int_0^{t+1} f' = b_1 + \int_0^1 f' + \int_1^{1+t} f' = b_1 + 1 + \int_0^t f' .$$

Donc f induit un difféomorphisme $\bar{f} : R/Z \to R/Z$, de classe C^1 . Pour démontrer que $\bar{f}$ satisfait aux conditions désirées, nous avons besoin de deux lemmes.

<u>Lemme</u> 4.2.- Si $\alpha_n < 1 - \alpha$ alors $f(I_n) = I_{n+1}$. Si $\alpha_n \geq 1 - \alpha$ alors $f(I_n) = (b_{n+1} + 1, c_{n+1} + 1)$. Donc, en tous cas, $f(I_n) = I_{n+1} \pmod 1$.

Démonstration. Nous avons

$$f(b_n) = b_1 + \int_0^{b_n} f' = b_1 + \sum_{\{m/\alpha_m < \alpha_n\}} \ell_{m+1} .$$

Cas 1 : $\alpha_n < 1 - \alpha$

$$f(b_n) = b_1 + \sum_{\{m/\alpha_{m+1} < \alpha_{n+1}\}} \ell_{m+1} - \sum_{\{m/\alpha_{m+1} < \alpha_1\}} \ell_{m+1}$$

$$= b_1 + b_{n+1} - b_1 = b_{n+1} .$$

Car si $\alpha_m < \alpha_n$, $\alpha_{m+1} = \alpha_m + \alpha < \alpha_n + \alpha = \alpha_{n+1}$. Et si $\alpha_{m+1} < \alpha_{n+1}$ et $\alpha_m \geq \alpha_n$, alors $\alpha_{m+1} = \alpha_m + \alpha - 1 < \alpha$. Donc

$$\{m/\alpha_m < \alpha_n\} = \{m/\alpha_{m+1} < \alpha_{n+1}\} - \{m/\alpha_{m+1} < \alpha_1\} .$$

Cas 2 : $\alpha_n \geq 1 - \alpha$, donc $\alpha_{n+1} = \alpha_n + \alpha - 1$, alors

$$\{m/\alpha_m < \alpha_n\} = \{m/\alpha_{m+1} < \alpha_{n+1} \text{ où } \alpha_{m+1} \geq \alpha_1\} .$$

Donc $$f(b_n) = b_1 + \sum_{\{m/\alpha_{m+1} < \alpha_{n+1}\}} \ell_{m+1} + \sum_{\{m/\alpha_{m+1} \geq \alpha_1\}} \ell_{m+1}$$

$$= b_1 + b_{n+1} + \sum_{m \in Z} \ell_{m+1} - \sum_{\{m/\alpha_{m+1} < \alpha\}} \ell_{m+1}$$

$$= b_1 + b_{n+1} + 1 - b_1 = b_{n+1} + 1 .$$

Alors $$f(c_n) = f(b_n) + \int_{b_n}^{c_n} f' = c_{n+1} + 1 .$$

Lemme 4.3.- $$\lim_{n \to \pm\infty} \frac{f^n(0)}{n} = \alpha .$$

Démonstration. Notons par $[n\alpha]$, le plus grand entier dans $n\alpha$; $\alpha_n = n\alpha - [n\alpha]$. On voit, par récurrence, que $f^n(0) = [n\alpha] + b_n$:

$$f^{n+1}(0) = [n\alpha] + b_{n+1} \quad \text{si } \alpha_n < 1 - \alpha ,$$

et $$f^{n+1}(0) = [n\alpha] + b_{n+1} + 1 = [(n+1)\alpha] + b_{n+1} \quad \text{si } \alpha_n \geq 1 - \alpha .$$

Donc $$|f^n(0) - n\alpha| < 1 .$$

Maintenant, nous pouvons terminer la démonstration de 4.1. Par le lemme 4.3,

$\bar{f}$ a un nombre de rotations égal à α , donc $\bar{f}$ est sans point périodique. Par le lemme 4.2, $\bar{f}$ laisse invariant l'ensemble fermé, de mesure zéro, égal à

$$R/Z - \sum_{n \in Z} I_n \pmod 1 .$$

Mais tout ensemble, fermé, invariant par $\bar{f}$ et non vide, contient un ensemble minimal. Si K est un tel ensemble minimal, il est clair que $K \neq S^1$.

5. Le théorème de Seifert

Comme nous l'avons dit dans l'introduction, G. Seifert a démontré que toute perturbation de la fibration de Hopf de S^3 admet au moins une orbite compacte. A la fin de son article, il affirme que ce théorème se généralise aux variétés de dimension trois fibrées en cercles au-dessus d'une variété de dimension deux de caractéristique d'Euler différente de zéro. F. Fuller a développé une théorie de l'indice des orbites compactes des champs de vecteurs qui permet de généraliser le théorème de Seifert aux variétés de dimension n .

6. La théorie de Fuller [2]

Soient X un champ de vecteurs sur variété V et C une orbite périodique de X de période T . Soit $\pi = \{(\varphi_t(x) , mT \mid 0 \leq t \leq mT\}$. Alors on dit que π est une orbite périodique de X de période mT et de multiplicité m . On dit que π est isolé s'il existe un voisinage U de π dans $V \times R^+$ tel qu'il n'y a pas de solution de $\varphi_t(x) = x$ dans $U - \pi$. Notons par $i(\pi)$ l'indice de l'holonomie de C^m . Voici le théorème fondamental :

THÉORÈME 6.1.- Supposons que S soit un ensemble compact isolé d'orbites compactes de X dans $V \times R^+$. On peut associer à (X,S) un nombre rationnel $i(X,S)$ satisfaisant :

1) Si $S = \pi$ est une orbite compacte isolée, alors $i(X,S) = i(\pi)/m$.

2) Si S_1 et S_2 sont deux ensembles d'orbites compactes isolées de X et $S_1 \cap S_2 = \emptyset$, alors $i(X , S_1 \cup S_2) = i(X,S_1) + i(X,S_2)$.

3) Soit X_t une homotopie de X telle que $\cup\{(S_t , t) \mid t \in [0,1]\}$ soit un

ensemble compact isolé d'orbites compactes dans $V \times R^{+} \times [0,1]$. Alors $i(X_t, S_t) = i(X_o, S_o)$ pour $t \in [0,1]$. Donc cet indice est invariant par des homotopies qui gardent les périodes uniformément majorées.

COROLLAIRE 6.2.- Soit V une variété fermée, fibrée en cercles au-dessus d'une variété B . Supposons que la caractéristique d'Euler de B soit différente de zéro et X soit un champ de vecteurs sur V tangent aux fibres et sans zéro. Alors toute perturbation de X admet une orbite compacte.

Démonstration. Soit $C \subset V \times R^{+}$, l'ensemble des orbites périodiques de X . On voit que C est compact car les périodes des orbites de X sont majorées. Donc $i(X,C)$ est défini et il suffit de démontrer que $i(X,C) \neq 0$.

Soit H un champ de plans sur V transverse aux fibres de $p : V \to B$. Soit Z le champ gradient à une fonction de Morse sur B . Pour chaque $x \in V$, soit $Y(x)$ le vecteur dans $H(x)$ tel que $p(Y(x)) = Z(p(x))$. Y est de classe C^{∞} et $Y = 0$ sur la fibre au-dessus d'un zéro de Z .

Soit $\varepsilon > 0$ et $X(\varepsilon) = X + \varepsilon Y$. Alors, pour ε petit, $X(\varepsilon)$ est proche de X , et $p(X(\varepsilon)) = \varepsilon Y$. Les orbites périodiques de $X(\varepsilon)$ sont les orbites de X au-dessus des zéros de Z (qui sont en nombre fini), car les orbites de $X(\varepsilon)$ se projettent sur les orbites de εY . Donc $i(X(\varepsilon)) = i(X) = \sum_{i=1}^{m} n_i$, où n_i = l'indice de la i-ème orbite périodique de $X(\varepsilon)$. Or n_i est le degré de l'holonomie de l'orbite périodique π_i de $X(\varepsilon)$ car les multiplicités sont égales à un. Nous calculons l'holonomie de π_i avec un disque transverse à π_i , contenu dans le plan H . L'application de premier retour de l'orbite de $X(\varepsilon)$ de ce disque est conjuguée par p à l'application dans B qui est un déplacement suivant les orbites de εY . Le degré de cette dernière application est l'indice du zéro $p(\pi_i)$ de Z . Donc $i(X,C) = \sum_{i=1}^{m} n_i = \chi(B) \neq 0$.

Remarque.- Pour des feuilletages de S^3 de codimension un, nous savons d'après Novikov qu'il existe toujours une feuille compacte [3]. Par contre, pour les variétés de dimension ≥ 5 , P. Schweitzer a annoncé le résultat suivant :

THEORÈME.- Soit $\mathcal{F}$ un feuilletage de codimension un d'une variété V^n , $n \geq 5$. Alors, il existe un feuilletage $\mathcal{F}_o$ de V^n , de classe C^o , sans feuille compacte et le champ de plans de $\mathfrak{F}_0$ est homotope à celui de $\mathfrak{F}$.

Pour le champ de vecteurs, ceci était déjà connu :

THÉORÈME (Wilson [9]).- Soit X un champ de vecteurs sur une variété V^n , $n \geq 4$. Alors, il existe un champ de vecteurs Y sur V^n , homotope à X , et les seuls ensembles minimaux de Y sont des tores de dimension $n - 1$. En particulier, Y est sans orbite compacte. Aussi Y est de la même classe que X .

Pour beaucoup de gens, la conjecture de Seifert est vraie depuis que C. Pugh a démontré que c'est vrai génériquement :

THÉORÈME DE FERMETURE (Pugh [4]).- Soit X un champ de vecteurs sur une variété fermée V . Alors, on peut C^1-approcher X par un champ Y avec des orbites compactes.

En conclusion, nous mentionnons un problème.

Problème 1.- Soit V une variété fermée, fibrée au-dessus d'une variété B de caractéristique d'Euler différente de zéro. Soit $\mathfrak{F}$ un feuilletage de V proche de la fibration. Est-ce que $\mathfrak{F}$ admet une feuille compacte ?

Je crois que ce problème admet une réponse affirmative quand la fibre est un tore de dimension k . Dans ce cas, ce problème est équivalent à

Problème.- Soit B une variété fermée, $\chi(B) \neq 0$. Soient $f_1, \ldots, f_k$ des difféomorphismes de B , qui commutent deux par deux et qui sont proches de 1_B . Alors ils ont un point fixe en commun.

Quand la fibration de V provient d'une action du groupe R^k , la réponse au problème 1 me semble positive.

BIBLIOGRAPHIE

[1] A. DENJOY - Sur les courbes définies par les équations différentielles à la surface du tore, Journal de Math., 11 (1932).

[2] F. FULLER - An index of fixed point type for periodic orbits, Amer. Journ. Math., 1967, p. 133-148.

[3] A. NOVIKOV - Topology of foliations, Trudy Mosk. Maths., 14, 513-583.

[4] C. PUGH - On closing lemma, Amer. Journal Math., 1967.

[5] G. REEB - Sur un théorème de Seifert sur les trajectoires fermées de certains champs de vecteurs, International Symposium on Nonlinear Differential Equations, New York, 1963.

[6] G. REEB - Sur certaines propriétés topologiques des systèmes dynamiques, Mém. Acad. Roy. Belgique, 27 (1952), n° 9.

[7] P. SCHWEITZER - A counter-example to the Seifert conjecture, à paraître.

[8] G. SEIFERT - Closed integral curves in 3-space and isotopie two-dimensional deformations, Proc. A.M.S., 1 (1950), 287-302.

[9] W. WILSON - On the minimal sets of non-singular vector fields, Annals of Math., Vol. 84, 1966, 529-536.

ABSTRACT HOMOMORPHISMS OF SIMPLE ALGEBRAIC GROUPS

[after A. BOREL and J. TITS]

by Robert STEINBERG

§ 1. Introduction

Let G be a simple algebraic group (i.e. affine, connected, and having only finite, hence central, nontrivial normal subgroups) defined over an algebraically closed field k , and let G(k) denote the group of rational points of G . According to Chevalley [6, exp. 7] :

1.1. A subgroup of G (identified with G(k)) is a Cartan subgroup if and only if it is maximal nilpotent and has every subgroup of finite index of finite index in its normalizer.

Similarly the structure of G(k) as an abstract group determines the Borel subgroups, the maximal unipotent subgroups, ..., even the field k , up to isomorphism, and eventually almost completely determines the structure of G as an algebraic group. The end result (proved in § 2 below) can be stated thus :

1.2. THEOREM.- Let G , k be as above with G simply connected and let G' be an algebraic group over an algebraically closed field k' . Let $\alpha : G(k) \to G'(k')$ be an isomorphism of groups. Then there exists an isomorphism of fields $\varphi : k \to k'$ and a k'-isogeny $\beta : {}^{\varphi}G \to G'$ such that $\alpha = \beta \circ \varphi^o$ on G(k) .

Here ${}^{\varphi}G$ is the group over k' obtained by transfer of base field and $\varphi^o : G \to {}^{\varphi}G$ the corresponding map. (If G is given as a matrix group defined over k , then ${}^{\varphi}G$ is got by applying φ to the equations over k defining G and φ^o by applying φ to the matrix entries.)

Further a statement concerning the uniqueness of φ and β , especially simple when G is simply connected, can be given (see 2.3).

This theorem classifies, not only the possible structures of algebraic group for G(k) , but also the various groups of this type up to abstract isomorphism, thus also their abstract automorphisms. Further it does so in a precise way since the isogenies (i.e. rational homomorphisms, surjective with finite kernel) among the various simple groups are quite well known [6, Exp. 18].

The purpose of the article [4], of which we are giving an account here, is to prove a vast generalization of this result in which the class of groups is considerably extended and in which homomorphisms, not just isomorphisms, are considered, and then to apply this result to diverse situations concerning isomorphisms, automorphisms, continuity of homomorphisms, representations (homomorphisms into some $GL(V)$), etc..

First let us state this result. Let k be an infinite field and G a simple algebraic group defined over k and of positive k-rank, i.e. "isotropic". (Thus G contains nontrivial k-split tori and many rational unipotent elements.) Let H be a subgroup of $G(k)$ containing G^+ , the group generated by the rational points of the unipotent radicals of the rational parabolic subgroups of G . (If k is perfect G^+ is the group generated by the rational unipotent elements.) Finally let G' be a simple algebraic group over an infinite field k' and $\alpha : H \to G'(k')$ a homomorphism. Then the generalization mentioned above is :

1.3. THEOREM ((A) of [4]).- Let everything be as just stated. Assume that G is simply connected or G' adjoint and that $\alpha(G^+)$ is dense in G' (in the Zariski topology). Then there exists a homomorphism $\varphi : k \to k'$, a k'-isogeny $\beta : {}^{\varphi}G \to G'$ with $d\beta \neq 0$ (called <u>special</u> for this reason), and a homomorphism $\gamma : H \to$ center of $G'(k')$, all three unique, such that $\alpha(h) = \gamma(h)\beta(\varphi^{0}(h))$ for all $h \in H$.

1.4. <u>Remarks</u>.- (a) G^+ is always dense in G . If P , P^- are opposed proper parabolic subgroups of G , then their unipotent radicals U , U^- generate G , as is easily seen. Taking P , P^- to be defined over k as we may since G is isotropic [3], we see that $\langle U(k) , U^-(k)\rangle$, hence also G^+ , is dense in G .

(b) It is conjectured that γ above is always trivial. This is certainly so in case G' is adjoint since then the center of $G'(k')$ is trivial. Assume that G is simply connected. Then there is a long standing conjecture, proved in most cases (for G split, quasi-split, a classical group,...), that $G(k) = G^+$ (and hence that the only choice for H in 1.3 is G^+). Now G^+ always equals its own derived group [4 : 6.4], hence has only trivial homomorphisms into Abelian groups. Thus this conjecture would imply the present one.

(c) Even if G is not simply connected, then the groups G^+ and $G(k)$ can be determined quite explicitly in most cases, and hence also the possibilities for H .

(d) An easy consequence of 1.3 is that if G and k are as there and k' is an algebraically closed field in which k has no imbedding, e.g. a field of a different characteristic, then a homomorphism from G^+ to any k'-group G' is necessarily trivial.

The proof of 1.3 and some related results will be discussed in § 3 and § 4.

In view of 1.4 (a) the theorem applies in case H' is a group constructed in the same way as H and $\alpha(H) = H'$. It therefore yields a classification of the groups of this type, and of their automorphisms. For the groups PSL_n over infinite fields, for example, the result can be formulated geometrically as follows, in view of the fundamental theorem of projective geometry : every isomorphism between two groups of this class is effected by a collineation of the underbying projective spaces and every automorphism by a collineation or a correlation. This is the original result of this type and was first proved in a classical memoir [11] of Schreier and van der Waerden who proved also that over finite fields the only exceptions are $PSL_2(\mathbb{F}_7) \cong PSL_3(\mathbb{F}_2)$ and $PSL_2(\mathbb{F}_4) \cong PSL_2(\mathbb{F}_5)$. Later it was extended by Dieudonné, Hua, Rickert, O'Meara and others (see [8, 10, 17] for further references) to include many of the other classical groups ((projective) symplectic, unitary, orthogonal, spin,...), on a case by case basis. Theorem 1.3 unifies these results as they apply to isotropic groups (for unitary and orthogonal groups, the defining form must have positive Witt index) and at the same time extends them to the exceptional groups. The earlier proofs, however, were decidedly more elementary.

Let us remark also that substantially the same results hold over finite fields, as was shown in a number of cases by various of the authors mentioned above and in the general case by the present author [13]. The proofs, indicated in § 2, are, at least in the split case, identical with those in the algebraically closed case from a certain point on.

Now let k , k' above be nondiscrete locally compact topological fields with

k' not isomorphic to $\mathbf{C}$. Then one can show (easily if k, k' are real) that every homomorphism $\varphi : k \to k'$ is necessarily a topological isomorphism of k onto a closed subfield of k', hence is continuous [4, § 2.3]. It follows, in this case, that if $G(k)$ and $G'(k')$ in 1.3 are viewed as topological groups in the natural way, then α must be continuous. In [4] this result is extended to semisimple groups and it is shown that the assumption of isotropicity is not needed. It then includes the result of E. Cartan [5] and van der Waerden [19] that every homomorphism of a compact connected semisimple Lie group into a compact Lie group is continuous, and that of Freudenthal [9] that every isomorphism of a connected Lie group with absolutely simple Lie algebra onto a Lie group is continuous. These results are discussed further in § 5.

Finally let us consider (abstract) representations.

1.5. THEOREM ((B) of [4]).- Let k, G, G^+, H be as in 1.3, k' an algebraically closed field, and $\rho : H \to PGL_n(k')$ $(n \geq 2)$ a projective representation which is irreducible on G^+. Then there exist irreducible rational projective representations π_i of G and distinct homomorphisms $\varphi_i : k \to k'$ $(1 \leq i \leq m < \infty)$ such that ρ is the restriction to H of the tensor product of the representation ${}^{\varphi_i}\pi_i \circ \varphi_i^0$.

This result, conjectured by the present author in case k is algebraically closed in [14], together with a statement of uniqueness, will be proved in § 6 below. Since the only continuous homomorphisms of the complex field into itself are the identity and ordinary complex conjugation the above result overlaps the classical result that every irreducible differentiable complex representation of a connected complex Lie group is the tensor product of a holomorphic representation and an antiholomorphic one (see, e.g., [12, p. 22-12]).

§ 2. Algebraically closed fields and finite fields

We start with 1.2 since its proof, which is quite simple, will serve as a model for that of 1.3, which is not. Let everything be as in 1.2 and identify G with $G(k)$. For the standard facts about affine algebraic groups, many to be used without explicit reference, we cite [2 , 3 , 6].

2.1. In G one has the following abstract characterizations.

(a) The maximal tori : as in 1.1.

(b) The Borel subgroups : those that are maximal solvable and without proper subgroups of finite index.

(c) The maximal connected unipotent subgroups : the derived subgroups of the Borel subgroups.

(d) car k : if p is a prime then car $k = p$ if and only if there is no p-torsion in any maximal torus.

Here G need not be simple, only connected reductive (and nontrivial in the case of (d)). The proof of (a) is given in [6, Exp. 7]. If B satisfies the properties listed in (b), then it is closed by the maximality, connected since it has no subgroups of finite index, hence Borel by the maximality. Conversely, let B be Borel. Then B is maximal solvable [6, p. 9-05]. Write $B = TU$ (semidirect) with T a torus and U the subgroup of unipotent elements of B . Let B' be a subgroup of finite index. Since T is divisible it has no proper subgroup of finite index. Hence $B' \supseteq T$. Since G is reductive, U is the product of one-parameter subgroups each normalized by T according to a nontrivial character (root). If t is a regular element of T (at which no root vanishes) it follows that the map $u \to t^{-1}u^{-1}tu$ on U is surjective (in fact, bijective). Thus if u' is arbitrary, then tu' is conjugate to t , hence semisimple, hence contained in a maximal torus of B , hence contained in B' by the earlier argument. Thus $B' \supseteq U$, $B' \supseteq B$, $B' = B$, which yields (b). Since U above is maximal unipotent connected, (c) follows, for example, from the surjectivity above. Finally since a torus is diagonalizable (d) is clear.

2.2. Proof of 1.2. We observe first that G' is simple. For since B above does not have a proper subgroup of finite index neither does G , which is generated by its Borel subgroups, hence neither does G', which is thus connected. And since G does not have nontrivial infinite normal subgroups, neither does G'. In G let B, B^- be opposite Borel subgroups and U, U^- their unipotent radicals, so that $B \cap B^- = T$ is a maximal torus and one has $B = TU$, $B^- = TU^-$. It follows from 2.1 that the groups $B' = \alpha(B)$, $B^{-\prime} = \alpha(B^-)$, etc., have the same properties in G', and that car k = car k'. Further α matches up the normalizers of T and T', hence also the corresponding Weyl groups. Let a be a simple root for G relative to T, U_a the corresponding one-parameter subgroup of U, and n_a an element of the normalizer of T representing the reflection corresponding to a. Since the union of B and another B, B double coset can be a group only if the coset has the form Bn_aB (a simple) and since $U_a = U \cap {}^{n_a}U^-$, it follows that $\alpha(U_a) = U'_{a'}$ and $\alpha(n_a) = n_{a'}$ for some simple root a' for G'. Since ${}^{n_a}U_a = U_{-a}$ and similarly for a' one obtains from α an isomorphism from $\langle U_a, U_{-a}\rangle$ to $\langle U'_{a'}, U'_{-a'}\rangle$ which may be viewed as an isomorphism from $SL_2(k)$ to $SL_2(k')$ or to $PSL_2(k')$ (see, e.g., [6] and recall that G is simply connected) preserving superdiagonal, subdiagonal, and diagonal elements Let φ and χ on k and k^* be defined by $\alpha(1 + xE_{12}) = 1 + \varphi(x)E'_{12}$ and $\alpha(\mathrm{diag}(y,y^{-1})) = \mathrm{diag}(\chi(y), \chi(y)^{-1})$, with E_{12}, E'_{12} the appropriate matrix units. Here χ is well-defined even if the second group is $PSL_2(k')$ since then $SL_2(k)$ has no center, hence car $k = 2$ and car $k' = 2$. Here one can normalize the identification of $\langle U_a, U_{-a}\rangle$ with $SL_2(k)$ so that $\varphi(1) = 1$ (or one can do this for a'). We claim that then φ is an isomorphism of fields and that $\chi = \varphi/k^*$. One verifies that for given $y \neq 0$ the product $(1 + yE_{12})(1 + zE_{21})(1 + yE_{12})$ normalizes the diagonal subgroup only if $z = -y^{-1}$. Let $w(y)$ denote this product when $z = -y^{-1}$. It follows that $\alpha(w(y)) = w'(\varphi(y))$. Since also $\mathrm{diag}(y,y^{-1}) = w(y)w(1)^{-1}$ and $\varphi(1) = 1$ it follows that $\chi = \varphi/k^*$. Finally since φ is additive and χ is multiplicative, φ is an isomorphism as asserted. It depends on a. Now any root r is simple relative to some ordering of the roots. We write φ_r for the corresponding isomorphism. Also we let $u_r : k \to U_r$ denote a parametrization. Let a and b be simple roots with $a \neq b$ and $(a,b) \neq 0$. Then one has a commutator relation

$(u_a(x), u_b(y)) = \prod_{i,j>0} u_{ia+jb}(C_{abij}\, x^i y^j)$ with C_{abij} fixed in k and $C_{ab11} \neq 0$. On applying α and comparing with the corresponding relation in G' we get $\varphi_{a+b} = \varphi_a^m$ and $\varphi_{a+b} = \varphi_b^n$ with $(a+b)' = ma' + nb'$. Since φ_{a+b}, φ_a and φ_b are isomorphisms it follows that m and n are powers of the characteristic exponent p of k. Since G is simple and its root system irreducible it follows that there exists an isomorphism $\varphi : k \to k'$ and integers m_r, all nonnegative, some equal to 0, such that $\varphi_r = Fr^{m_r} \circ \varphi$ (Fr = Frobenius), first for all simple roots r and then for all roots as we see by making the Weyl group act. We then set $\beta = (\varphi^o)^{-1} \circ \alpha : {}^{\varphi}G \to G'$. Identifying ${}^{\varphi}G$ with G according to φ^o we have a normalization in which $\varphi = id$. Then β is a morphism on each U_r and on each $T_r = \langle U_r, U_{-r}\rangle \cap T$, by the above. Hence β is a morphism on U^-TU since this set is naturally isomorphic to the Cartesian product of all of the groups U_r (r a root) and all of the groups T_a (a simple), arranged in some order. Finally since this set is open in G and β is a homomorphism of groups β is a morphism on G, which proves 1.2.

2.3. Uniqueness. One can choose φ and β in 1.2 so that β is special. Then they are unique. More precisely, if φ and β are so chosen and if $\bar{\varphi}$ and $\bar{\beta}$ satisfy the conclusions of 1.2 then there exists $m \geq 0$ such that $\varphi = Fr^m \circ \bar{\varphi}$ and $\bar{\beta} = \beta \circ (Fr^m)^o$.

Proof. Choose r so that $m_r = 0$ above. Then $\beta : {}^{\varphi}U_r \to U'_r$ is an algebraic isomorphism. Thus $d\beta \neq 0$ and β as constructed above is special. For the other assertions we replace G by ${}^{\bar{\varphi}}G$, thus normalize to the case $\bar{\varphi} = id$. Then on U_r, imbedded as k in SL_2 as above, we have $\bar{\beta} = \beta \circ \varphi$. Since $\bar{\beta}$ is a morphism and β an algebraic isomorphism, it follows that φ is a morphism, hence is of the form Fr^m $(m \geq 0)$. Then $\bar{\beta} = \alpha = \beta \circ (Fr^m)^o$. Hence if $\bar{\beta}$ is also special, $d\bar{\beta} \neq 0$, then $m = 0$, $\beta = \bar{\beta}$, and $\varphi = id = \bar{\varphi}$.

2.4. A slight extension. If we assume that α is surjective instead of bijective in 1.2 and 2.3 then the conclusions still hold.

Proof. $\ker \alpha$ is central in G since G is simple so that $G/\ker \alpha$ is also a simple algebraic group. Applying 2.1 to this group we see that the properties of

B , T ,... are preserved by α , which is all that is needed for the rest of the proof.

2.5. Special isogenies and central isogenies. We recall some facts about isogenies of connected semisimple algebraic groups. An isogeny $\pi : G \to G'$ is central if ker $d\pi$ is central, or, equivalently, if π is an algebraic isomorphism on unipotent subgroups, or, again, if, when restricted to corresponding maximal tori, π^* maps one root system onto the other. Every central isogeny is special and conversely for simple groups a special isogeny can be noncentral only in the exceptional case that G is of type B_n , C_n , F_4 , G_2 and car $k = 2$, 2 , 2 , 3 , resp. . The central isogenies are those that figure in the definition of universal covering, hence of simpleconnectedness. If G is simply connected and F the quotient of the weight lattice by the root lattice then the central isogenies $G \to \cdot$ are in correspondence with the subgroups of F , and also with the subgroups of $Z(G)$ in case $(\text{car } k, |F|) = 1$. For all this see [4, § 3 ; 6, Exp. 18].

2.6. The simple connectedness of G . This assumption can not be entirely dropped in 1.2 since then α need not be a morphism even if it is a morphism on each $\langle U_r , U_{-r}\rangle$ and each such group is isomorphic to SL_2 , as is shown by the example π (nat) : $SL_4 \to PSL_4$, car $k = 2$, $\alpha = \pi^{-1}$. However such examples are the only ones possible :

2.7. Corollary.- In 1.2 as extended in 2.4 drop the assumption that G is simply connected. Then $\alpha = \beta \circ \varphi^{0} \circ \gamma$ with φ and β as in 1.2 and γ the inverse of purely inseparable central isogeny. If G is simply connected or G' adjoint, then γ may be omitted.

Proof. Let $\pi : \widetilde{G} \to G$ be the universal covering of G . By 2.4 one has $\alpha \circ \pi = \widetilde{\beta} \circ \varphi^{0}$ with $\varphi^{0} : \widetilde{G} \to {}^{\varphi}\widetilde{G}$. By replacing $\widetilde{G}$ by ${}^{\varphi}\widetilde{G}$ and G by ${}^{\varphi}G$ we may assume that $\varphi = id$. Factor π thus : $\widetilde{G} \xrightarrow{\pi_s} G_1 \xrightarrow{\pi_i} G$ with π_s separable and π_i purely inseparable, both central. Then π_s is a quotient map and $\widetilde{\beta}$ is constant on its fibres. Hence there is a (unique) morphism $\beta : G_1 \to G'$ such that $\widetilde{\beta} = \beta \circ \pi_s$. Then $\alpha = \beta \circ \gamma$ with $\gamma = \pi_i^{-1}$, as required. Further if $d\widetilde{\beta} \neq 0$ then $d\beta \neq 0$ so that β can be chosen to be special. Finally, if G' is adjoint then $\tilde{\beta}$ factors through π itself so that α is a morphism and γ may be omitted. We have used here (and elsewhere) a theorem of Chevalley [6, p. 18-07] which gives conditions under which one isogeny emanating from a (connected) semisimple group can be factored through another. These conditions are seen to be verified here since G' is adjoint and π is central.

The discussion of uniqueness here, which is very easy, will be omitted.

2.8. Automorphisms. Let G be simple (and k still algebraically closed) and α an (abstract) automorphism of G. Then there exist φ, β, γ as in 2.7 (with $k' = k$ and $G' = G$) such that $\alpha = \gamma^{-1} \circ \beta \circ \varphi^{o} \circ \gamma$. Here γ is necessary only if $\operatorname{car} k = 2$ and G is of type D_{2n} corresponding to a semispinorial representation (thus not simply connected and not adjoint).

Proof. By 2.7 we may suppose that G is not simply connected and not adjoint. Thus we are not in the exceptional cases of 2.5 and every special isogeny is central. Let $\pi : \tilde{G} \to G$ be the universal covering. By 2.4 applied to $\alpha \circ \pi : \tilde{G} \to G$ we have $\alpha \circ \pi = \tilde{\beta} \circ \varphi^{o}$ with φ an automorphism of k and $\tilde{\beta} : {}^{\varphi}\tilde{G} \to G$ a central isogeny. Since ${}^{\varphi}\tilde{G}$ is simply connected, $\tilde{\beta}$ is thus a universal covering, thus equivalent to π. Thus $\operatorname{dg} \tilde{\beta} = \operatorname{dg} \pi = \operatorname{dg} {}^{\varphi}\pi$. Let G, hence also $\tilde{G}$, etc., not be of type D_{2n}. Then the group F of 2.5 is cyclic [6]. Thus there is at most one subgroup of a given index, thus at most one central isogeny ${}^{\varphi}G \to \cdot$ of a given degree. Thus ${}^{\varphi}\pi$ and $\tilde{\beta}$ are equivalent and there exists an algebraic isomorphism $\beta : {}^{\varphi}G \to G$ such that $\tilde{\beta} = \beta \circ {}^{\varphi}\pi$. Then $\alpha \circ \pi = \beta \circ {}^{\varphi}\pi \circ \varphi^{o} = \beta \circ \varphi^{o} \circ \pi$. Since π is surjective, $\alpha = \beta \circ \varphi^{o}$. Now let G be of type D_{2n}. In any case $\tilde{\beta} = \alpha \circ \varphi^{o^{-1}} \circ {}^{\varphi}\pi$. Thus $\ker \tilde{\beta} = \ker {}^{\varphi}\pi$. If $\operatorname{car} k \neq 2$ then again $\tilde{\beta}$ is equivalent to ${}^{\varphi}\pi$ for now the central isogenies coming from ${}^{\varphi}G$ correspond to the central subgroups of ${}^{\varphi}G$ since F is now a (2,2) group, of order prime to $\operatorname{car} k$. Finally if $\operatorname{car} k = 2$ then π is purely inseparable, hence an abstract isomorphism. If we apply what has been proved to $\pi^{-1} \alpha$ on $\tilde{G}$ we get 2.8 with $\gamma = \pi^{-1}$, which ends the proof.

Conversely, if G is of this exceptional type then γ may be needed : let $\tilde{\alpha}$ be an algebraic automorphism of $\tilde{G}$ which maps the semispinorial representation defining G onto another one, and then $\alpha = {}^{\pi}\tilde{\alpha}$.

2.9. Split groups and quasisplit groups. For split groups the proofs of 1.2 and the later results work equally well over arbitrary fields, with $G(k)$, $G'(k')$ replaced by G^+ , G'^+ , once it is known that α must preserve the properties of B , T , U ,... . For quasisplit groups (those having a rational Borel subgroup) only a little more work is needed (see [13] where automorphisms are considered). For infinite fields, this preservation will be shown in § 3 below in a very general setting.

2.10. Finite groups. For finite fields the preservation can be proved in most cases as follows. First G is quasisplit by a theorem of Lang, so that rational B and U exist. One then shows that except for a few cases of small rank car k is that prime which makes the largest contribution to the order of G^+ . This involves an exhaustive analysis of the group orders $|G^+|$ for the various types of simple groups and finite fields (see [1]). Thus G^+ determines $p = \text{car } k$, hence also, up to conjugacy, the Sylow p-subgroup $U(k)$, and finally $B(k)$, the normalizer of $U(k)$. The excluded cases then involve further considerations, and eventually one gets the result as stated for algebraically closed fields with a few exceptions, e.g. $PSL_2(\mathbf{F}_7) \cong SL_3(\mathbf{F}_2)$,... . If we are interested only in automorphisms then this development can be dispensed with since we have the preservation *a priori* (see [13]).

§ 3. Proof of 1.3

We give only several indications, supposing first G' adjoint. If X is a subgroup of G , let us write $\bar{\alpha}(X)$ for $\overline{\alpha(X \cap H)}$ (closure in G').

3.1. (cf. 7.1 of [4]) Let S be a k-subtorus of G and U a connected unipotent subgroup normalized by S such that $Z_G(S) \cap U = \{1\}$. Suppose that $H \cap S$ is dense in S and that $H \supseteq U(k)$. Then U' is a connected unipotent k'-subgroup of G' .

Proof. The set A of $s \in S$ such that $Z(s) \cap U = \{1\}$ is dense open in U , and for each $s \in A \cap H$ the map $u \to (s,u)$ on U is a k-isomorphism of varieties, thus (*) it maps $U(k)$ onto itself [2 : 9.3]. SU is solvable, thus $L = (SU)'$ is also. Let us choose E of finite index in $S \cap H$ such that E' is connected, hence contained in L^o . Since $S \cap H$ is dense in S , there exists $s \in A \cap E$. By (*), $\alpha(U(k)) = (\alpha(s), \alpha(U(k))) \subset (L^o, L) \subset L^o$ and then $\alpha(U(k)) \subset DL^o$, the derived group of L^o . But $DL \subset U'$ since $D(SU) \subset U$. Thus $V = DL^o$, a connected unipotent group by the theorem of Lie-Kolchin.

3.2. One has car k = car k' .

<u>Proof</u>. Since G is isotropic, one can realize the situation in 3.1 with S and U nontrivial [3]. Then U' is nontrivial, for G^+ is generated by U(k) as a normal subgroup of itself [16] and $\alpha(G^+)$ is dense in G' . If car k = 0 then G(k) is divisible, hence $\alpha(G(k))$ is also, hence car k' = 0 . If car k = p $\neq$ 0 , then U(k) has only p-elements, thus $\alpha(U(k))$ has also, and car k' = p .

3.3. (7.2 of [4]) Let P , P^- be opposite parabolic k-subgroups of G , U , U^- their unipotent radicals, $Z = P \cap P^-$.

(a) U' and $U^{-\prime}$ are connected unipotent k'-groups and $U^{-\prime}Z'U'$ is dense open in G' .

(b) P' , $P^{-\prime}$ are opposed parabolic k'-subgroups of G' , U' , $U^{-\prime}$ their unipotent radicals and $Z' = P' \cap P^{-\prime}$.

<u>Proof</u>. (a) There exists a split torus S normalizing U and such that $Z_G(S) \cap U = \{1\}$, and it can be imbedded in a split semisimple k-subgroup of G [3]. It follows that $(S \cap G^+)$ is dense in S , and U' and $U^{-\prime}$ are connected unipotent by 3.1. Let $\Omega' = U^{-\prime}Z'U'$. Now G is the union of a finite number of translates of U^-ZU by elements of G^+ [4 : 6.11] ; thus H and $U^-(k)(Z \cap H)U(k)$ have the same property. Thus G' = H' is the union of a finite number of translates of Ω' . Thus Ω' contains a nonempty open subset of G , thus is itself open since it is a double coset : every double coset AcB is an orbit for the action $g \rightarrow agb^{-1}$ of $A \times B$ on G , thus is locally closed.

(b) Let T' be a maximal torus of Z'^o and V^- , V opposed maximal connected unipotent subgroups of Z'^o normalized by T' and such that $V^-.T'.V$ contains a non empty open subset of Z'^o . By (a) and the density of $\alpha(H)$ in G' . $U^{-\prime}.V^-.T'.V.U'$ contains (thus is) a nonempty open subset of G' , and $U^{-\prime}.V^-$, $V.U'$ are connected unipotent groups normalized by T' . As G' is simple $U^{-\prime}.V^-.T'$ and $T'.V.U'$ are opposed Borel subgroups of G' . From this the assertions of (b) follow without trouble.

In (b) G' can be reductive, and in (a) arbitrary.

Now let S_m be a maximal k-split torus of G, a_m the maximal root on S_m relative to some ordering, $\check{a}_m$ the coroot of a_m, and $S = \check{a}_m$ (Mult) the corresponding one-dimensional torus. Let $Z = Z_G(S)$ and U (resp. U^-) = the connected unipotent subgroup of G corresponding to the positive (resp. negative) weights on S relative to some ordering. Then Z is connected reductive and $P = ZU$, $P^- = ZU^-$ are opposite parabolic subgroups. Further all of these groups are k-groups. For all of this see [3]. This is the set-up in which 3.2 and 3.3 will be used.

3.4. Definition of φ. One uses the action of S on U in much the same way as in 2.2 where the group SL_2 was considered (there S = diagonal subgroup, U = superdiagonal unipotent subgroup), the multiplicative structure of k being embodied in S and the additive structure in U. But now the situation is more complicated since U is not just the group Add. However, U is the extension of one vector space by another such that S acts according to a character a on one and according to $2a$ on the other [4, § 8]. From this and a suitable "preservation theorem", refining 3.2 and 3.3, and a good deal of further work, one can construct a homomorphism $\varphi : k \to k'$ such that if G is replaced by ${}^{\varphi}G$ then α becomes on $U(k)$ the restriction of a special morphism $\beta_U : U \to U'$, and similarly for U^-.

3.5. Completion of proof. The group Z acts on U (via a rational representation, in fact, if one of the above vector spaces is trivial), as does Z' on U', and the last action is faithful since G' is adjoint. From this one gets a morphism β_Z on Z whose restriction to $Z \cap H$ agrees with α. Since the map $U^- \times Z \times U \to U^-ZU = \Omega$ is an isomorphisms of varieties we deduce a morphism β_Ω on Ω which agrees with α on $\Omega \cap H$. Finally we define β on G thus. Write $x \in G$ as gy with $g \in G^+$, $y \in \Omega$, and then set $\beta(x) = \alpha(g)\beta_\Omega(y)$. This defines $\beta(x)$ uniquely since for fixed $g \in G^+$, $\beta_\Omega(gx) = \alpha(g)\beta_\Omega(x)$ for $x \in \Omega \cap g^{-1}\Omega$ for this holds on the dense set $\Omega \cap g^{-1}\Omega \cap H$. Since β is a morphism of varieties on Ω, it is so on each $g\Omega$, hence also on G. But β is also a homomorphism on the dense subgroup H since $\alpha = \beta|_H$, clearly. Thus β

is a morphism of groups. Further β is special since β_U is.

3.6. G simply connected. Consider this case now. Let $\pi : G' \to \mathrm{Ad}\, G'$ be the natural map. Applying the case just proved to $\pi \circ \alpha$ we get φ and β as before such that $\pi \circ \alpha = \beta_1 \circ \varphi^o$ (on H). Since G, hence ${}^{\varphi}G$, is simply connected and π is central there exists an isogeny $\beta : {}^{\varphi}G \to G'$ such that $\beta_1 = \pi \circ \beta$, thus $\pi \circ \alpha = \pi \circ \beta \circ \varphi^o$. Since π is central, α and $\beta \circ \varphi^o$ agree on H up to a map μ into the center of G', and clearly μ is a homomorphism.

3.7. Uniqueness. This can be proved as in 2.3.

3.8. An example. Consider π (nat) : $SL_3(R) \to PSL_3(R)$, $\gamma = \pi^{-1}$. This shows that, even if car $k = 0$, if G is not simply connected and G' is not adjoint then 1.3 may fail (cf. 2.7).

3.9. A complement. Suppose that G', H' are like G, H in 1.3 and that $\alpha(H) = H'$. Then $\varphi : k \to k'$ in 1.3 is an isomorphism, not just a homomorphism.

This is proved in [4 : 8.11].

3.10. Automorphisms. The result is like that in 2.8 except that now a homomorphism $\mu : H \to Z(G) \cap H$ must be included and in the exceptional case of type D_{2n} of 2.8 one does not know (but one supposes) that car $k = 2$ since H may not contain $Z(G)$ (as in the example of 3.8 ; it does so if G is split, quasisplit,...). The proof is similar.

§ 4. Extension and reformulation

We wish to extend 1.3 to the case where G' is reductive. This can not always be done : Let $\alpha : SL_n(C) \to SL_{2n}(R)$ be the map obtained by replacing each complex coordinate by two real coordinates. Clearly there is no homomorphism $\varphi : C \to R$. The image group is semisimple, not simple (as an algebraic group). This process which produces from a group defined over C (SL_n in this case) a corresponding group defined over R (the image) is called restriction of scalars and works whenever we have a finite dimensional field (or even algebra) k' separable over a given field k and a group G defined over k'. We write $R_{k'/k}\, G$ for the resulting group over k. There exists a natural isomorphism

$R^{o}_{k'/k} : G(k') \to (R_{k'/k}G)(k)$ (for this see [16 : I, § 1, 6.6]).

4.1. THEOREM (8.16 of [4]).- Assume as in 1.3 except that G' is reductive. Let G'_i $(1 \leq i \leq m)$ be the normal k'-subgroups of G' that are k'-simple (perhaps not absolutely simple). Then there exist finite separable extensions k_i $(1 \leq i \leq m)$ of k', field homomorphisms $\varphi_i : k \to k_i$, and a special k'-isogeny $\beta : \prod_{i=1}^{m} R_{k_i/k'}({}^{\varphi_i}G) \to G'$ and a homomorphism $\mu : H \to Z(G')(k')$ such that $\beta(R_{k_i/k'}({}^{\varphi_i}G)) = G'_i$ and $\alpha(h) = \mu(h).\beta(\prod_{i=1}^{m} R^{o}_{k_i/k'}(\varphi_i^{o}(h)))$ for all $h \in H$.

We give the proof in case G' is adjoint.

Then G' is the direct product of the G'_i 's, and $G'_i = R_{k_i/k'}G''_i$ with k_i/k' finite separable and G''_i <u>absolutely</u> simple. Let $\pi_i : G' \to G'_i$ be the natural projection. One then applies 1.3 to each of the maps $(R^{o}_{k_i/k'})^{-1} \circ \pi_i \circ \alpha : G \to G''_i$ and collects the results to get 4.1.

4.2. <u>Uniqueness</u>. We consider only the case : k' algebraically closed. Then 4.1 simplifies since the G'_i themselves are absolutely simple, each $k_i = k'$, and each R and each $R^{o} = id$. Then the possibility of making β special and the resulting uniqueness easily follow from that of 1.3. We see further that $\varphi_i = Fr^{m}\varphi_j$ $(i \neq j)$ could never occur since then the image of ${}^{\varphi_i}G \times {}^{\varphi_j}G$ in $G'_i \times G'_j$ would be the graph of a morphism $G'_j \to G'_i$ and thus not dense.

4.3. <u>A reformulation of 4.1</u>. Under the hypotheses of 4.1 there exists a finite dimensional separable commutative k'-algebra L, a homomorphism $\varphi : k \to L$, a k'-isogeny $\beta : R_{L/k'}{}^{\varphi}G \to G'$ and a homomorphism $\mu : H \to$ center $G'(k')$ such that $\alpha(h) = \mu(h).\beta(R^{o}_{L/k'}(\varphi^{o}(h)))$ for all $h \in H$.

<u>Proof</u>. In 4.1 let $L = \dot{\Sigma}\, k'_i$, $\varphi = \dot{\Sigma}\, \varphi_i$,... .

4.4. <u>A conjecture</u>. The result 4.3 remains true if G' is arbitrary, with, perhaps, some mild changes (like dropping the separability).

The authors of [4] indicate that they have proved this in a number of cases and expect to return to it later. It holds, for example, if G is split, simply connected, semisimple and k is infinite and not nonperfect of car 2 .

§ 5. Continuity of homomorphisms

There are many results in [4] on this subject. We discuss here only one or two of them related to the development given so far. We now assume that k is given a nondiscrete locally compact topology which makes it into a topological field, hence $G(k)$ into a Lie group, and similarly for k' and G' , and further that G is semisimple and G' reductive.

5.1. DEFINITION.- Given a connected normal k-subgroup G_1 of G , we say that $G_1(k)$ is a complex factor of $G(k)$ if either (1) $k \cong \mathbf{C}$ or (2) $k \cong \mathbf{R}$ and G_1 is isogenous to a group of the form $R_{\bar{k}/k} G_2$.

5.2. THEOREM (9.8, 9.13 (ii) of [4]).- Let G , G' , k , k' be as above. Suppose that G possesses no nontrivial normal k-anisotropic factor and that G' possesses no nontrivial complex factor. Let H and α be as in 1.3 ($G(k) \supset H \supset G^+$, $\alpha(H)$ Zariski-dense in G') . Then α is continuous. In particular $k \not\cong \mathbf{C}$. Further each surjective homomorphism of $G(k)$ onto $G'(k')$ is continuous and each such isomorphism is a topological isomorphism.

If G is simple then the first statement follows from 4.1 and the fact, mentioned above, that if $k' \ncong \mathbf{C}$ then every homomorphism $\varphi : k \to k'$ is continuous. The general case follows from this case by a series of simple reductions. The last statement then follows since φ is then necessarily surjective by 3.9.

As just seen, the assumption of isotropicity on G has been used to deduce 5.2 from 4.1, but as shown in [4] it is, in fact, not needed here and in many other results. For example :

5.3. THEOREM (9.13 (i) of [4]). In 5.2 replace the assumption of isotropicity on G by : the universal covering of G is separable (which holds if G is simply connected or if car $k = 0$, and in many other cases). Then the last conclusion there holds.

The proof of 5.3 is based on a line of reasoning (due to van der Waerden [19]) not in the spirit of the above development and will be omitted.

In closing, let us mention that in particular this result implies the result of Freudenthal in the introduction, extended to other types of groups and fields.

5.4. Added remark. One of the authors of [4] has proved, over $\mathbb{R}$, a very general theorem [18, § 4] of the type we have been discussing. It implies that 4.4 holds if $k = k' = \mathbb{R}$ and G is simply connected as an algebraic group (but not necessarily semisimple) and equal to its own derived group. The two basic cases are $G = SL_2(\mathbb{R})$ and $G = Spin_3(\mathbb{R})$. From these the general case is deduced.

§ 6. Irreducible representations

We recall that a projective (resp. linear) representation of a group is a homomorphism into some [finite-dimensional] $PGL(V)$ (resp. $GL(V)$). We shall identify isomorphic representations. The principal result in [4] in this area is the following result and its refinement in 6.4.

6.1. THEOREM (10.3 of [4]).- Let k , G , H be as in 1.2, and let k' be an algebraically closed field. Let $\rho : H \to PGL_n(k')$ $(n \geq 2)$ be a projective representation irreducible on G^+ . Then there exist homomorphisms

$\varphi_i : k \to k'$, finite in number, and irreducible rational projective representations π_i of ${}^{\varphi_i}G$ such that, on H , ρ is equivalent to the tensor product of the $\pi_i \circ \varphi_i^o$.

Let $G' = \overline{\rho(G^+)}$. By 3.1 this group is connected, thus by the lemma of Schur it is also reductive, semisimple, adjoint. Let $\{G_i'\}$ be its simple factors. The identity representation of $G' = \Pi\, G_i'$ is irreducible, thus can be written as a tensor product $\Pi\, \lambda_i$ with λ_i an irreducible rational projective representation of G_i' . By 4.1 there exist homomorphisms $\varphi_i : k \to k'$ and special isogenies $\beta_i : {}^{\varphi_i}G \to G_i'$ such that $\rho = \Pi(\lambda_i \circ \beta_i \circ \varphi_i^o)$ on G^+ . If ρ' denotes this product and $h \in H$, then $\rho'(h)\rho(h)^{-1}$ centralizes $\rho(G^+)$ (G^+ is normal in H) and is thus equal to 1 by Schur's lemma. This gives 6.1 with $\pi_i = \lambda_i \circ \beta_i$.

6.2. Refinement and uniqueness. In 6.1 uniqueness does not hold if $\mathrm{car}\, k = p \neq 0$, for, if β is an irreducible rational projective representation then ${}^{Fr}\beta \circ Fr^o$ is one also. The situation is, in fact, more complicated than this, for one has the following result [14, th. 6.1].

6.3. THEOREM.- Assume car $k = p \neq 0$. Let $M(G)$ denote the set of irreducible rational projective representations of G for which the dominant weight is a linear combination of the fundamental weights with all coefficients between 0 and $p - 1$. (Up to isomorphism, there are p^{ℓ} such, $\ell = \text{rank } G$.) Then every irreducible rational projective representation of G is isomorphic to a finite tensor product of the form $\prod_i \pi_i \circ Fr^i$ with $\pi_i \in M(Fr^i_G)$, uniquely up to trivial factors.

For simplicity we shall write $M(G)$ in this situation. If car $k = 0$, then $M(G)$ is defined as above with no restriction on coefficients.

6.4. THEOREM.- In 6.1 it can be arranged that the φ_i are distinct and that each π_i is nontrivial and in $M({}^{\varphi_i}G)$. Then the decomposition is unique. Conversely, if the φ_i and π_i are such, then the resulting product is irreducible.

Proof. The first statement follows easily from 6.1, 6.3 and the last remark of 4.2. For the uniqueness, we put together in blocks the terms of the product for which the corresponding φ_i 's differ only by a power of Fr . We get a coarser factorization $\Pi = \Pi^1 \Pi^2 \ldots$ with $\Pi^j = \pi^j \circ \varphi^j$ and $\pi^j = \Pi_i \pi^j_i \circ Fr^i$ with $\pi^j_i \in M({}^{\varphi^j}G)$. Now $\Pi^j(G)$ is the image of ${}^{\varphi^j}G$ under π^j , hence is simple, equal to one of the G'_i . It follows that the $\Pi^j(G)$ form a permutation of the G'_i . The uniqueness of the φ^j and π^j follows from 4.2, and then the uniqueness of the π^j_i from 6.3. The final statement is proved in [14, th. 5.1].

6.5. Linear representations. The preceding results extend to linear representations if one assumes that G is simply connected and adds a homomorphism into the center of $GL_n(k')$. The proof is rather easy.

We thus see that the theory of abstract irreducible representations of H is very much like that of rational ones, e.g. in case k is algebraically closed so that $H = G$ $(= G(k))$: Let B be a Borel subgroup. Then B fixes a unique line of V and acts on it according to some character, the "highest weight", which conversely determines ρ uniquely.

We close with a reformulation of the conjecture 4.4 in terms of representations. We recall that a function $f : H \to k'$ is called a representative function if the space generated by its translates over k' (left or right) is finite dimensional. As one sees these functions are the matrix coefficients of the finite-dimensional representations of H over k'. They form a k'-algebra. Let L be a finite-dimensional commutative k'-algebra and $\varphi : k \to L$ a homomorphism. Now if f is a polynomial function on G defined over k, and g is a k'-linear function from L to k' one sees easily that $g \circ \varphi \circ f : H \to k'$ is a representative function. For example, if $d : k \to k$ is a derivation, then $d \circ f$ is of this form, with L the algebra of dual numbers over k and φ the map $x \to x + dx \,.\, \epsilon$. This case is related to a number of examples given in [4 : 8.18 (b), 9.15 (a)] to show the pathology that can occur if various assumptions are omitted.

6.6. Reformulation of 4.4. Under the assumptions of 4.4 every representative function on H is a polynomial in functions of the above form.

BIBLIOGRAPHY

[1] E. ARTIN - Orders of classical simple groups, Comm. Pure Appl. Math., 8(1955), 455-472.

[2] A. BOREL - Linear algebraic groups, Benjamin, New York, 1969.

[3] A. BOREL et J. TITS - Groupes réductifs, Publ. Math., I.H.E.S., 27 (1965), 55-151 ; 41 (1972), 253-276.

[4] A. BOREL et J. TITS - Homomorphismes "abstraits" de groupes algébriques simples, Ann. of Math., to appear.

[5] E. CARTAN - Sur les représentations linéaires des groupes clos, Comm. Math. Helv., 2 (1930), 269-283.

[6] C. CHEVALLEY - Classification des groupes de Lie algébriques, Notes from Inst. H. Poincaré, 2 volumes, Paris (1956-58).

[7] M. DEMAZURE et P. GABRIEL - Groupes algébriques, T. I. Masson, Paris (1970).

[8] J. DIEUDONNÉ - La géométrie des groupes classiques, Second Edition, Springer Verlag, Berlin (1963).

[9] H. FREUDENTHAL - Die Topologie der Lieschen Gruppen ..., Ann. of Math., 42 (1941), 1051-1074 ; 47 (1946), 829-830.

[10] O. T. O'MEARA - The automorphisms of the orthogonal groups..., Amer. J. Math., 90 (1968), 1260-1306.

[11] O. SCHREIER und B. L. VAN DER WAERDEN - Die Automorphismen der projectiven Gruppen, Abh. Math. Sem. Hamburg, 6 (1928), 303-322.

[12] Séminaire "Sophus Lie" - Notes from Inst. H. Poincaré, Paris (1955).

[13] R. STEINBERG - Automorphisms of finite linear groups, Canad. J. Math., 12 (1960), 606-615.

[14] R. STEINBERG - Representations of algebraic groups, Nagoya Math. J., 22 (1963), 33-56.

[15] R. STEINBERG - Lectures on Chevalley groups, Yale University lecture Notes, (1967).

[16] J. TITS - Algebraic and abstract simple groups, Ann. of Math., 80 (1964), 313-329.

[17] J. TITS - Homomorphismes et automorphismes "abstraits" de groupes algébriques et arithmétiques, Int. Math. Congress, Nice, 2 (1970), 349-355.

[18] J. TITS - Homomorphismes "abstraits" de groupes de Lie, to appear.

[19] B. L. VAN DER WAERDEN - Stetigkeitssätze für halb-einfache Liesche Gruppen, Math. Zeit. 36 (1933), 780-786.

TABLE PAR NOMS D'AUTEURS

[Séminaire Bourbaki, 1967/68 à 1971/72, Exposés 331 à 417 (*).]

AMICE, Yvette

Conjecture de Schanuel sur la transcendance d'exponentielles [d'après James Ax] 1970/71, n° 382, 10 p.

AZRA, Jean-Pierre

Relations diophantiennes et la solution négative du 10e Problème de Hilbert [d'après M. Davis, H. Putnam, J. Robinson et I. Matiasevitch] 1970/71, n° 383, 18 p.

BASS, Hyman

K_2 des corps globaux [d'après J. Tate, H. Garland,...] 1970/71, n° 394, 23 p.

BÉRARD-BERGERY, Lionel

Laplacien et géodésiques fermées sur les formes d'espace hyperbolique compactes 1971/72, n° 406, 16 p.

BERGER, Marcel

Le théorème de Gromoll-Meyer sur les géodésiques fermées 1969/70, n° 364, 17 p.

BOMBIERI, Enrico

Régularité des hypersurfaces minimales 1968/69, n° 353, 11 p.

Simultaneous approximations of algebraic numbers [following W. M. Schmidt] 1971/72, n° 400, 20 p.

Counting points on curves over finite fields [d'après S. A. Stepanov] 1972/73, n° 430, 8 p.

BOREL, Armand

Sous-groupes discrets de groupes semi-simples [d'après D. A. Kajdan et G. A. Margoulis] 1968/69, n° 358, 17 p.

BRIESKORN, Egbert

Sur les groupes de tresses [d'après V. I. Arnol'd] 1971/72, n° 401, 24 p.

CARTAN, Henri

Travaux de Karoubi sur la K-théorie 1967/68, n° 337, 25 p.

Sous-ensembles analytiques d'une variété banachique complexe [d'après J.-P. Ramis] 1968/69, n° 354, 16 p.

(*) Les Volumes 1948/1949 à 1967/1968, Exposés 1 à 346, ont été publiés par W. A. BENJAMIN, INC. New York.

CARTIER, Pierre

Théorie des groupes, fonctions théta et modules des variétés abéliennes — 1967/68, n° 338, 16 p

Relèvements des groupes formels commutatifs — 1968/69, n° 359, 14 p

Espaces de Poisson des groupes localement compacts [d'après R. Azencott] — 1969/70, n° 370, 21 p

Problèmes mathématiques de la théorie quantique des champs — 1970/71, n° 388, 16 p

Géométrie et analyse sur les arbres — 1971/72, n° 407, 18 p

Problèmes Mathématiques de la Théorie Quantique des Champs II : Prolongement analytique — 1972/73, n° 418, 27 p

Inégalités de corrélation en Mécanique Statistique — 1972/73, n° 431, 19 p

CHAZARAIN, Jacques

Le problème mixte hyperbolique — 1972/73, n° 432, 21 p

CHENCINER, Alain

Travaux de Thom et Mather sur la stabilité topologique — 1972/73, n° 424, 25 p

CHEVALLEY, Claude

Le groupe de Janko — 1967/68, n° 331, 15 p

Théorie des Blocs — 1972/73, n° 419, 16 p

CONZE, Jean-Pierre

Le Théorème d'isomorphisme d'Ornstein et la classification des systèmes dynamiques en Théorie Ergodique — 1972/73, n° 420, 19 p

DACUNHA-CASTELLE, Didier

Contre-exemple à la propriété d'approximation uniforme dans les espaces de Banach [d'après Enflo et Davie] — 1972/73, n° 433, 8 p

DELAROCHE, Claire et KIRILLOV, Alexandre

Sur les relations entre l'espace dual d'un groupe et la structure de ses sous-groupes fermés [d'après D. A. Kajdan] — 1967/68, n° 343, 22 p

DELIGNE, Pierre

Formes modulaires et représentations ℓ-adiques 1968/69, n° 355, 34 p.

Travaux de Griffiths 1969/70, n° 376, 25 p.

Travaux de Shimura 1970/71, n° 389, 43 p.

Variétés unirationnelles non rationnelles [d'après M. Artin et D. Mumford] 1971/72, n° 402, 13 p.

DEMAZURE, Michel

Motifs des variétés algébriques 1969/70, n° 365, 20 p.

DENY, Jacques

Développements récents de la théorie du potentiel [Travaux de Jacques Faraut et de Francis Hirsch] 1971/72, n° 403, 14 p.

DIEUDONNÉ, Jean

La théorie des invariants au XIXe siècle 1970/71, n° 395, 18 p.

DIXMIER, Jacques

Les algèbres hilbertiennes modulaires de Tomita [d'après Takesaki] 1969/70, n° 371, 15 p.

Certaines représentations infinies des algèbres de Lie semi-simples 1972/73, n° 425, 16 p.

DOUADY, Adrien

Espaces analytiques sous-algébriques [d'après B. G. Moĭšezon] 1967/68, n° 344, 14 p.

Prolongement de faisceaux analytiques cohérents [Travaux de Trautmann, Frisch-Guenot et Siu] 1969/70, n° 366, 16 p.

Le théorème des images directes de Grauert [d'après Kiehl-Verdier] 1971/72, n° 404, 15 p.

EYMARD, Pierre

Algèbres A_p et convoluteurs de L^p 1969/70, n° 367, 18 p.

GABRIEL, Pierre

Représentations des algèbres de Lie résolubles [d'après J. Dixmier] 1968/69, n° 347, 22 p.

GÉRARDIN, Paul

Représentations du groupe SL_2 d'un corps local [d'après Gel'fand, Graev et Tanaka] 1967/68, n° 332, 35 p.

GODBILLON, Claude

Travaux de D. Anosov et S. Smale sur les difféomorphismes — 1968/69, n° 348, 13 p.

Problèmes d'existence et d'homotopie dans les feuilletages — 1970/71, n° 390, 15 p.

Cohomologies d'algèbres de Lie de champs de vecteurs formels — 1972/73, n° 421, 19 p.

GODEMENT, Roger

Formes automorphes et produits eulériens [d'après R. P. Langlands] — 1968/69, n° 349, 17 p.

GOULAOUIC, Charles

Sur la théorie spectrale des opérateurs elliptiques (éventuellement dégénérés) — 1968/69, n° 360, 14 p.

GRAMAIN, André

Groupe des difféomorphismes et espace de Teichmüller d'une surface — 1972/73, n° 426, 14 p

GRISVARD, Pierre

Résolution locale d'une équation différentielle [selon Nirenberg et Trèves] — 1970/71, n° 391, 14 p

GUICHARDET, Alain

Facteurs de type III [d'après R. T. Powers] — 1967/68, n° 333, 10 p

HAEFLIGER, André

Travaux de Novikov sur les feuilletages — 1967/68, n° 339, 12 p

Sur les classes caractéristiques des feuilletages — 1971/72, n° 412, 22 p

HIRSCHOWITZ, André

Le groupe de Cremona d'après Demazure — 1971/72, n° 413, 16 p

HIRZEBRUCH, F.

The Hilbert modular group, resolution of the singularities at the cusps and related problems — 1970/71, n° 396, 14 p

ILLUSIE, Luc

Travaux de Quillen sur la cohomologie des groupes — 1971/72, n° 405, 17

KAROUBI, Max

Cobordisme et groupes formels [d'après D. Quillen et T. tom Dieck] — 1971/72, n° 408, 25

KATZ, Nicholas M.
Travaux de Dwork 1971/72, n° 409, 34 p.

KIRILLOV, Alexandre et DELAROCHE, Claire
Sur les relations entre l'espace dual d'un groupe et la structure de ses sous-groupes fermés [d'après D. A. Kajdan] 1967/68, n° 343, 22 p.

KOSZUL, Jean-Louis
Travaux de J. Stallings sur la décomposition des groupes en produits libres 1968/69, n° 356, 13 p.

KRIVINE, Jean-Louis
Théorèmes de consistance en théorie de la mesure de R. Solovay 1968/69, n° 357, 11 p.

KUIPER, Nicolaas H.
Sur les variétés riemanniennes très pincées 1971/72, n° 410, 18 p.

LATOUR, François
Chirurgie non simplement connexe [d'après C. T.C. Wall] 1970/71, n° 397, 34 p.

LELONG, Pierre
Valeurs algébriques d'une application méromorphe [d'après E. Bombieri] 1970/71, n° 384, 17 p.

LIONS, Jacques-Louis
Sur les problèmes unilatéraux 1968/69, n° 350, 23 p.

MALGRANGE, Bernard
Opérateurs de Fourier [d'après Hörmander et Maslov] 1971/72, n° 411, 20 p.

MARS, J. G. M.
Les nombres de Tamagawa de groupes semi-simples 1968/69, n° 351, 16 p.

MARTINEAU, André
Théorèmes sur le prolongement analytique du type "Edge of the wedge theorem" 1967/68, n° 340, 17 p.

MARTINET, Jacques
Un contre-exemple à une conjecture d'E. Noether [d'après R. Swan] 1969/70, n° 372, 10 p.

MAZUR, Barry
Courbes Elliptiques et Symboles Modulaires 1971/72, n° 414, 18 p.

MEYER, Paul-André

Lemme maximal et martingales [d'après D. L. Burkholder] 1967/68, n° 334, 12 p.

Démonstration probabiliste d'une identité de convolution [d'après H. Kesten] 1968/69, n° 361, 15 p.

Le théorème de dérivation de Lebesgue pour une résolvante [d'après G. Mokobodzki (1969)] 1972/73, n° 422, 10 p.

MEYER, Yves

Problèmes de l'unicité, de la synthèse et des isomorphismes en analyse harmonique 1967/68, n° 341, 9 p.

MOKOBODZKI, Gabriel

Structure des cônes de potentiels 1969/70, n° 377, 14 p.

MORLET, Claude

Hauptvermutung et triangulation des variétés [d'après Kirby, Siebenmann et aussi Lees, Wall, etc...] 1968/69, n° 362, 18 p.

MOULIS, Nicole

Variétés de dimension infinie 1969/70, n° 378, 15 p.

POENARU, Valentin

Extension des immersions en codimension 1 [d'après S. Blank] 1967/68, n° 342, 33 p.

Travaux de J. Cerf (isotopie et pseudo-isotopie) 1969/70, n° 373, 22 p.

Le théorème de s-cobordisme 1970/71, n° 392, 23 p.

POITOU, Georges

Solution du problème du dixième discriminant [d'après Stark] 1967/68, n° 335, 8 p.

RAYNAUD, Michel

Travaux récents de M. Artin 1968/69, n° 363, 17 p.

Compactification du module des courbes 1970/71, n° 385, 15 p.

Construction analytique de courbes en géométrie non archimédienne [d'après David Mumford] 1972/73, n° 427, 15 p.

ROBERT, Alain

Formes automorphes sur GL_2 (Travaux de H. Jacquet et R. P. Langlands) 1971/72, n° 415, 24 p.

ROSENBERG, Harold

Feuilletages sur des sphères [d'après H. B. Lawson] 1970/71, n° 393, 12 p.

Un contre-exemple à la conjecture de Seifert [d'après P. Schweitzer] 1972/73, n° 434, 13 p.

SCHIFFMANN, Gérard

Un analogue du théorème de Borel-Weil-Bott dans le cas non compact 1970/71, n° 398, 14 p.

SCHREIBER, Jean-Pierre

Nombres de Pisot et travaux d'Yves Meyer 1969/70, n° 379, 11 p.

SCHWARTZ, Laurent

Produits tensoriels g_p et d_p, applications p-sommantes, applications p-radonifiantes 1970/71, n° 386, 26 p.

SERRE, Jean-Pierre

Travaux de Baker 1969/70, n° 368, 14 p.

p-torsion des courbes elliptiques [d'après Y. Manin] 1969/70, n° 380, 14 p.

Cohomologie des groupes discrets 1970/71, n° 399, 14 p.

Congruences et formes modulaires [d'après H. P. F. Swinnerton-Dyer] 1971/72, n° 416, 20 p.

SIEBENMANN, Laurent

L'invariance topologique du type simple d'homotopie [d'après T. Chapman et R. D. Edwards] 1972/73, n° 428, 24 p.

SMALE, Stephen

Stability and genericity in dynamical systems 1969/70, n° 374, 9 p.

SPRINGER, T. A.

Caractères de groupes de Chevalley finis 1972/73, n° 429, 24 p.

STEINBERG, Robert

Abstract homomorphisms of simple algebraic groups [after A. Borel and J. Tits] 1972/73, n° 435, 20 p.

SZPIRO, Lucien

Travaux de Kempf, Kleiman, Laksov, sur les diviseurs exceptionnels 1971/72, n° 417, 15 p.

TATE, John

Classes d'isogénie des variétés abéliennes sur un corps fini [d'après T. Honda] 1968/69, n° 352, 16 p.

TEMAM, Roger

Approximation d'équations aux dérivées partielles par des méthodes de décomposition 1969/70, n° 381, 9 p.

THOMPSON, John G.

Sylow 2-subgroups of simple groups 1967/68, n° 345, 3 p.

TITS, Jacques

Groupes finis simples sporadiques 1969/70, n° 375, 25 p.

TOUGERON, Jean-Claude

Stabilité des applications différentiables [d'après J. Mather] 1967/68, n° 336, 16 p.

VAN DIJK, G.

Harmonic analysis on reductive $\mathfrak{p}$-adic groups [after Harish-Chandra] 1970/71, n° 387, 18 p.

VERDIER, Jean-Louis

Indépendance par rapport à ℓ des polynômes caractéristiques des endomorphismes de Frobenius de la cohomologie ℓ-adique [d'après P. Deligne] 1972/73, n° 423, 18 p.

VERGNE, Michèle

Sur les intégrales d'entrelacement de R. A. Kunze et E. M. Stein [d'après G. Schiffmann] 1969/70, n° 369, 20 p.

WEIL, André

Séries de Dirichlet et fonctions automorphes 1967/68, n° 346, 6 p.

Vol. 215: P. Antonelli, D. Burghelea and P. J. Kahn, The Concordance-Homotopy Groups of Geometric Automorphism Groups. X, 140 pages. 1971. DM 16,-

Vol. 216: H. Maaß, Siegel's Modular Forms and Dirichlet Series. VII, 328 pages. 1971. DM 20,-

Vol. 217: T. J. Jech, Lectures in Set Theory with Particular Emphasis on the Method of Forcing. V, 137 pages. 1971. DM 16,-

Vol. 218: C. P. Schnorr, Zufälligkeit und Wahrscheinlichkeit. IV, 212 Seiten. 1971. DM 20,-

Vol. 219: N. L. Alling and N. Greenleaf, Foundations of the Theory of Klein Surfaces. IX, 117 pages. 1971. DM 16,-

Vol. 220: W. A. Coppel, Disconjugacy. V, 148 pages. 1971. DM 16,-

Vol. 221: P. Gabriel und F. Ulmer, Lokal präsentierbare Kategorien. V, 200 Seiten. 1971. DM 18,-

Vol. 222: C. Meghea, Compactification des Espaces Harmoniques. III, 108 pages. 1971. DM 16,-

Vol. 223: U. Felgner, Models of ZF-Set Theory. VI, 173 pages. 1971. DM 16,-

Vol. 224: Revètements Etales et Groupe Fondamental. (SGA 1). Dirigé par A. Grothendieck XXII, 447 pages. 1971. DM 30,-

Vol. 225: Théorie des Intersections et Théorème de Riemann-Roch. (SGA 6). Dirigé par P. Berthelot, A. Grothendieck et L. Illusie. XII, 700 pages. 1971. DM 40,-

Vol. 226: Seminar on Potential Theory, II. Edited by H. Bauer. IV, 170 pages. 1971. DM 18,-

Vol. 227: H. L. Montgomery, Topics in Multiplicative Number Theory. IX, 178 pages. 1971. DM 18,-

Vol. 228: Conference on Applications of Numerical Analysis. Edited by J. Ll. Morris. X, 358 pages. 1971. DM 26,-

Vol. 229: J. Väisälä, Lectures on n-Dimensional Quasiconformal Mappings. XIV, 144 pages. 1971. DM 16,-

Vol. 230: L. Waelbroeck, Topological Vector Spaces and Algebras. VII, 158 pages. 1971. DM 16,-

Vol. 231: H. Reiter, L^1-Algebras and Segal Algebras. XI, 113 pages. 1971. DM 16,-

Vol. 232: T. H. Ganelius, Tauberian Remainder Theorems. VI, 75 pages. 1971. DM 16,-

Vol. 233: C. P. Tsokos and W. J. Padgett. Random Integral Equations with Applications to stochastic Systems. VII, 174 pages. 1971. DM 18,-

Vol. 234: A. Andreotti and W. Stoll. Analytic and Algebraic Dependence of Meromorphic Functions. III, 390 pages. 1971. DM 26,-

Vol. 235: Global Differentiable Dynamics. Edited by O. Hájek, A. J. Lohwater, and R. McCann. X, 140 pages. 1971. DM 16,-

Vol. 236: M. Barr, P. A. Grillet, and D. H. van Osdol. Exact Categories and Categories of Sheaves. VII, 239 pages. 1971. DM 20,-

Vol. 237: B. Stenström, Rings and Modules of Quotients. VII, 136 pages. 1971. DM 16,-

Vol. 238: Der kanonische Modul eines Cohen-Macaulay-Rings. Herausgegeben von Jürgen Herzog und Ernst Kunz. VI, 103 Seiten. 1971. DM 16,-

Vol. 239: L. Illusie, Complexe Cotangent et Déformations I. XV, 355 pages. 1971. DM 26,-

Vol. 240: A. Kerber, Representations of Permutation Groups I. VII, 192 pages. 1971. DM 18,-

Vol. 241: S. Kaneyuki, Homogeneous Bounded Domains and Siegel Domains. V, 89 pages. 1971. DM 16,-

Vol. 242: R. R. Coifman et G. Weiss, Analyse Harmonique Non-Commutative sur Certains Espaces. V, 160 pages. 1971. DM 16,-

Vol. 243: Japan-United States Seminar on Ordinary Differential and Functional Equations. Edited by M. Urabe. VIII, 332 pages. 1971. DM 26,-

Vol. 244: Séminaire Bourbaki - vol. 1970/71. Exposés 382-399. IV, 356 pages. 1971. DM 26,-

Vol. 245: D. E. Cohen, Groups of Cohomological Dimension One. V, 99 pages. 1972. DM 16,-

Vol. 246: Lectures on Rings and Modules. Tulane University Ring and Operator Theory Year, 1970-1971. Volume I. X, 661 pages. 1972. DM 40,-

Vol. 247: Lectures on Operator Algebras. Tulane University Ring and Operator Theory Year, 1970-1971. Volume II. XI, 786 pages. 1972. DM 40,-

Vol. 248: Lectures on the Applications of Sheaves to Ring Theory. Tulane University Ring and Operator Theory Year, 1970-1971. Volume III. VIII, 315 pages. 1971. DM 26,-

Vol. 249: Symposium on Algebraic Topology. Edited by P. J. Hilton. VII, 111 pages. 1971. DM 16,-

Vol. 250: B. Jónsson, Topics in Universal Algebra. VI, 220 pages. 1972. DM 20,-

Vol. 251: The Theory of Arithmetic Functions. Edited by A. A. Gioia and D. L. Goldsmith VI, 287 pages. 1972. DM 24,-

Vol. 252: D. A. Stone, Stratified Polyhedra. IX, 193 pages. 1972. DM 18,-

Vol. 253: V. Komkov, Optimal Control Theory for the Damping of Vibrations of Simple Elastic Systems. V, 240 pages. 1972. DM 20,-

Vol. 254: C. U. Jensen, Les Foncteurs Dérivés de $\varprojlim$ et leurs Applications en Théorie des Modules. V, 103 pages. 1972. DM 16,-

Vol. 255: Conference in Mathematical Logic - London '70. Edited by W. Hodges. VIII, 351 pages. 1972. DM 26,-

Vol. 256: C. A. Berenstein and M. A. Dostal, Analytically Uniform Spaces and their Applications to Convolution Equations. VII, 130 pages. 1972. DM 16,-

Vol. 257: R. B. Holmes, A Course on Optimization and Best Approximation. VIII, 233 pages. 1972. DM 20,-

Vol. 258: Séminaire de Probabilités VI. Edited by P. A. Meyer. VI, 253 pages. 1972. DM 22,-

Vol. 259: N. Moulis, Structures de Fredholm sur les Variétés Hilbertiennes. V, 123 pages. 1972. DM 16,-

Vol. 260: R. Godement and H. Jacquet, Zeta Functions of Simple Algebras. IX, 188 pages. 1972. DM 18,-

Vol. 261: A. Guichardet, Symmetric Hilbert Spaces and Related Topics. V, 197 pages. 1972. DM 18,-

Vol. 262: H. G. Zimmer, Computational Problems, Methods, and Results in Algebraic Number Theory. V, 103 pages. 1972. DM 16,-

Vol. 263: T. Parthasarathy, Selection Theorems and their Applications. VII, 101 pages. 1972. DM 16,-

Vol. 264: W. Messing, The Crystals Associated to Barsotti-Tate Groups: With Applications to Abelian Schemes. III, 190 pages. 1972. DM 18,-

Vol. 265: N. Saavedra Rivano, Catégories Tannakiennes. II, 418 pages. 1972. DM 26,-

Vol. 266: Conference on Harmonic Analysis. Edited by D. Gulick and R. L. Lipsman. VI, 323 pages. 1972. DM 24,-

Vol. 267: Numerische Lösung nichtlinearer partieller Differential- und Integro-Differentialgleichungen. Herausgegeben von R. Ansorge und W. Törnig, VI, 339 Seiten. 1972. DM 26,-

Vol. 268: C. G. Simader, On Dirichlet's Boundary Value Problem. IV, 238 pages. 1972. DM 20,-

Vol. 269: Théorie des Topos et Cohomologie Etale des Schémas. (SGA 4). Dirigé par M. Artin, A. Grothendieck et J. L. Verdier. XIX, 525 pages. 1972. DM 50,-

Vol. 270: Théorie des Topos et Cohomologie Etale des Schémas. Tome 2. (SGA 4). Dirigé par M. Artin, A. Grothendieck et J. L. Verdier. V, 418 pages. 1972. DM 50,-

Vol. 271: J. P. May, The Geometry of Iterated Loop Spaces. IX, 175 pages. 1972. DM 18,-

Vol. 272: K. R. Parthasarathy and K. Schmidt, Positive Definite Kernels, Continuous Tensor Products, and Central Limit Theorems of Probability Theory. VI, 107 pages. 1972. DM 16,-

Vol. 273: U. Seip, Kompakt erzeugte Vektorräume und Analysis. IX, 119 Seiten. 1972. DM 16,-

Vol. 274: Toposes, Algebraic Geometry and Logic. Edited by. F. W. Lawvere. VI, 189 pages. 1972. DM 18,-

Vol. 275: Séminaire Pierre Lelong (Analyse) Année 1970-1971. VI, 181 pages. 1972. DM 18,-

Vol. 276: A. Borel, Représentations de Groupes Localement Compacts. V, 98 pages. 1972. DM 16,-

Vol. 277: Séminaire Banach. Edité par C. Houzel. VII, 229 pages. 1972. DM 20,-